Table des matières

Table des matières iii

Liste des Figures vi

Liste des Tableaux viii

Avant-propos x

Remerciements xi

Conventions utilisées dans ce manuel xiii

Note à propos de la traduction française xiv

1 Introduction 1

1.1 Finalité de ce manuel 3

1.2 L'importance de s projets 3

1.3 En quoi les projets sont-ils différents ? 3

1.4 Pourquoi adopter une méthode de management de projet ? 4

1.5 Présentation de PRINCE2 4

1.6 Recommandations connexes de l'OGC 6

1.7 Bénéfices de PRINCE2 8

2 Principes 9

2.1 Justification continue pour l'entreprise 11

2.2 Leçons tirées de l'expérience 12

2.3 Rôles et responsabilités définis 12

2.4 Management par séquences 13

2.5 Management par exception 13

2.6 Focalisation produit 14

2.7 Adaptation à l'environnement de projet 14

3 Présentation des thèmes PRINCE2 15

3.1 Qu'entend-on par thèmes ? 17

3.2 Appliquer les thèmes 18

3.3 Format des thèmes 18

4. Cas d'Affaire 19

4.1. Finalité 21

4.2. Définition du Cas d'Affaire 21

4.3. L'approche PRINCE2 du Cas d'Affaire 22

4.4. Responsabilités 29

5 Organisation 31

5.1 Finalité 33

5.2 Définition de l'organisation 33

5.3 L'organisation selon PRINCE2 35

5.4 Responsabilités 46

6 Qualité 49

6.1 Finalité 51

6.2 Définition de la qualité 51

6.3 La démarche qualité de PRINCE2 53

6.4 Responsabilités 63

7 Plans 65

7.1 Finalité 67

7.2 Définition des plans 67

7.3 L'approche PRINCE2 en matière de plans 69

7.4 Responsabilités 80

8 Risque 81

8.1 Finalité 83

8.2 Définition du risque 83

8.3 L'approche PRINCE2 en matière de risque 84

8.4 Responsabilités 95

9 Changements 97

9.1 Finalité 99

9.2 Définition des changements 99

9.3 L'approche PRINCE2 en matière de changements 100

9.4 Responsabilités 106

10 **Progression** 107
10.1 Finalité 109
10.2 Définition de la progression 109
10.3 L'approche PRINCE2 en matière de progression 110
10.4 Responsabilités 118

11 **Présentation des processus** 121
11.1 Les processus PRINCE2 123
11.2 Le parcours PRINCE2 123
11.3 Le modèle de processus PRINCE2 124
11.4 Structure des chapitres sur les processus 125

12 **Elaborer le Projet** 129
12.1 Finalité 131
12.2 Objectif 131
12.3 Contexte 132
12.4 Activités 132

13 **Diriger le Projet** 143
13.1 Finalité 145
13.2 Objectif 145
13.3 Contexte 145
13.4 Activités 146

14. **Initialiser le Projet** 157
14.1 Finalité 159
14.2 Objectif 159
14.3 Contexte 160
14.4 Activités 160

15 **Contrôler une Séquence** 177
15.1 Finalité 179
15.2 Objectif 179
15.3 Contexte 180
15.4 Activités 180

16 **Gérer la Livraison des Produits** 197
16.1 Finalité 199
16.2 Objectif 199
16.3 Contexte 199
16.4 Activités 200

17 **Gérer une Limite de Séquence** 205
17.1 Finalité 207
17.2 Objectif 208
17.3 Contexte 208
17.4 Activités 208

18 **Clore le Projet** 219
18.1 Finalité 221
18.2 Objectif 221
18.3 Contexte 221
18.4 Activités 222

19 **Adaptation de PRINCE2 à l'environnement du projet** 231
19.1 Qu'est-ce que l'adaptation ? 233
19.2 Approche générale à l'adaptation 233
19.3 Exemples d'adaptation de PRINCE2 235
19.4 Projets dans un environnement de programme 236
19.5 Ampleur du projet 240
19.6 Environnement commercial client/fournisseur 243
19.7 Projets multi-organisations 246
19.8 Type de projet 247
19.9 Différences de secteur 248
19.10 Blocs de connaissances en management de projet 250

Annexe A : Modèles de Descriptions de Produit 251
A.1 Plan de Revue des Bénéfices 253
A.2 Cas d'Affaire 255
A.3 Rapport d'Avancement 256
A.4 Stratégie de Communication 257
A.5 Enregistrement de Configuration 259
A.6 Stratégie de Configuration 260
A.7 Journal de Projet 261

A.8 Rapport de Fin de Projet 262
A.9 Rapport de Fin de Séquence 263
A.10 Rapport d'Exception 264
A.11 Rapport de Progression 265
A.12 Registre des Incidences 266
A.13 Rapport d'incidence 267
A.14 Journal des Retours d'Expérience 268
A.15 Rapport des Retours d'Expérience 269
A.16 Plan 270
A.17 Description de Produit 272
A.18 Rapport d'état du Produit 273
A.19 Exposé du Projet 274
A.20 Documentation d'Initialisation de Projet 275
A.21 Description de Produit du Projet 276
A.22 Stratégie Qualité 278
A.23 Registre Qualité 279
A.24 Stratégie des Risques 280
A.25 Registre des Risques 281
A.26 Lot de Travaux 282

Annexe B : Gouvernance 285

Annexe C : Rôles et responsabilités 289

C.1 Comité de Pilotage de Projet 291
C.2 Exécutif 292
C.3 Utilisateur Principal 293
C.4 Fournisseur Principal 293
C.5 Chef de Projet 294
C.6 Chef d'équipe 295
C.7 Assurance Projet 295
C.8 Autorité de Changement 297
C.9 Support Projet 297

Annexe D : Exemple de planification basée sur le produit 299

D.1 Scénario 301
D.3 Exemple de Structure de Décomposition du Produit 303
D.4 Exemple de Description de Produit 304
D.5 Diagramme de Flux des Produits 305

Annexe E : Listes de Contrôle 307

E.1 Élaborer le Projet 309
E.2 Diriger le Projet 310
E.3 Initialiser le Projet 313
E.4 Contrôler une Séquence 314
E.5 Gérer la Livraison des Produits 314
E.6 Gérer une Limite de Séquence 315
E.7 Clore le Projet 316

Annexe F : Liste de termes 317

F.1 Principes 319
F.2 Thèmes 319
F.3 Processus et activités 319
F.4 Produits Management PRINCE2 320
F.5 Rôles 321
F.6 Glossaire 321

Renseignements complémentaires 323

Glossaire 329

Index 345

Liste des Figures

Figure 1.1 Management de projet 5

Figure 1.2 Structure de PRINCE2 6

Figure 1.3 Recommandations de bonnes pratiques de l'OGC 7

Fig. 4.1 Relation entre les livrables, les résultats et les bénéfices 22

Fig. 4.2 Le chemin de développement du Cas d'Affaire 23

Figure 5.1 Les trois intérêts du projet 34

Figure 5.2 Les quatre niveaux de la structure de management de projet 35

Figure 5.3 Structure de l'équipe de projet 36

Figure 5.4 Structure possible de reporting de projet utilisant des groupes d'utilisateurs et de fournisseurs 40

Figure 5.5 Les multiples facettes du rôle de Chef de Projet 41

Figure 6.1 Liste de contrôle des opérations qualité 54

Figure 7.1 Niveaux de planification PRINCE2 68

Figure 7.2 Approche PRINCE2 en matière de plans 70

Figure 7.3 Technique de planification basée sur le produit 71

Figure 7.4 Exemple simple de représentation potentiel-tâches 77

Figure 8.1 Perspectives organisationnelles 84

Figure 8.2 Procédure de gestion des risques 86

Figure 8.3 Exemple de structure de décomposition du risque 88

Figure 8.4 Cause, événement et effet du risque 88

Figure 8.5 Grille probabilité et impact 90

Figure 8.6 Profil des risques 90

Figure 8.7 Réponses aux menaces et aux opportunités 91

Figure 9.1 Procédure de contrôle des incidences et de maîtrise des changements 103

Figure 9.2 Analyse des options 105

Figure 10.1 Délégation des tolérances et communication de la progression réelle et prévue 111

Figure 10.2 Travail spécialiste défini dans les séquences techniques 114

Figure 10.3 Travail spécialiste franchissant des limites de séquences management 114

Figure 10.4 Travail spécialiste aligné avec les séquences management 114

Figure 11.1 Les processus PRINCE2 123

Figure 11.2 Modèle de processus PRINCE2 125

Figure 11.3 Relations entre les processus, les activités et les actions 126

Figure 12.1 Vue d'ensemble d'Elaborer le Projet 131

Figure 12.2 Résumé de l'activité nommer l'Exécutif et le Chef de Projet 133

Figure 12.3 Résumé de l'activité recueillir les retours d'expérience antérieurs 134

Figure 12.4 Résumé de l'activité composer et nommer l'équipe de projet 135

Figure 12.5 Résumé de l'activité préparer l'ébauche du Cas d'Affaire 137

Figure 12.6 Résumé de l'activité définir l'approche du projet et assembler l'Exposé du Projet 139

Figure 12.7 Résumé de l'activité planifier la séquence d'initialisation 140

Figure 13.1 Vue d'ensemble du processus Diriger le Projet 145

Figure 13.2 Résumé de l'activité autoriser l'initialisation 146

Figure 13.3 Résumé de l'activité autoriser le projet 148

Figure 13.4 Résumé de l'activité autoriser un Plan de Séquence ou d'Exception 150

Figure 13.5 Résumé de l'activité donner les directives appropriées 152

Figure 13.6 Résumé de l'activité autoriser la clôture du projet 155

Figure 14.1 Vue d'ensemble d'Initialiser le Projet 159

Figure 14.2 Résumé de l'activité préparer la Stratégie des Risques 161

Figure 14.3 Résumé de l'activité préparer la Stratégie de Configuration 163

Figure 14.4 Résumé de l'activité préparer la Stratégie Qualité 164

Figure 14.5 Résumé de l'activité préparer la Stratégie de Communication 166

Figure 14.6 Résumé de l'activité mettre en place les contrôles du projet 168

Figure 14.7 Résumé de l'activité créer le Plan de Projet 170
Figure 14.8 Résumé de l'activité affiner le Cas d'Affaire 172
Figure 14.9 Résumé de l'activité assembler la Documentation d'Initialisation de Projet 175
Figure 15.1 Vue d'ensemble de Contrôler une Séquence 179
Figure 15.2 Résumé de l'activité autoriser un Lot de Travaux 181
Figure 15.3 Résumé de l'activité examiner l'état d'un Lot de Travaux 183
Figure 15.4 Résumé de l'activité réceptionner les Lots de Travaux achevés 185
Figure 15.5 Résumé de l'activité examiner l'état de la séquence 186
Figure 15.6 Résumé de l'activité rapporter la progression 189
Figure 15.7 Résumé de l'activité recueillir et analyser les incidences et les risques 191
Figure 15.8 Résumé de l'activité remonter les incidences et les risques 193
Figure 15.9 Résumé de l'activité mener des actions correctives 195
Figure 16.1 Vue d'ensemble de Gérer la Livraison des Produits 199
Figure 16.2 Résumé de l'activité accepter un Lot de Travaux 200
Figure 16.3 Résumé de l'activité exécuter un Lot de Travaux 202
Figure 16.4 Résumé de l'activité livrer un Lot de Travaux 203
Figure 17.1 Vue d'ensemble de Gérer une Limite de Séquence 207
Figure 17.2 Résumé de l'activité planifier la séquence suivante 209
Figure 17.3 Résumé de l'activité actualiser le Plan de Projet 211
Figure 17.4 Résumé de l'activité actualiser le Cas d'Affaire 212
Figure 17.5 Résumé de l'activité rapporter la fin de séquence 214
Figure 17.6 Résumé de l'activité produire un plan d'exception 216
Figure 18.1 Vue d'ensemble de Clore le Projet 221
Figure 18.2 Résumé de l'activité préparer la clôture planifiée 222
Figure 18.3 Résumé de l'activité préparer une clôture prématurée 223
Figure 18.4 Résumé de l'activité remettre les produits 225
Figure 18.5 Résumé de l'activité évaluer le projet 226
Figure 18.6 Résumé de l'activité recommander la clôture du projet 228
Figure 19.1 Influences sur le besoin d'adaptation 234
Figure 19.2 Comparaison entre les projets et les programmes 236
Figure 19.3 Structure d'une organisation où l'Exécutif est un membre du comité de pilotage au programme et l'Utilisateur Principal est nommé par le Responsable de la Conduite du Changement approprié 238
Figure 19.4 Structure d'une organisation où le Responsable de Programme est l'Exécutif du projet et le rôle d'Utilisateur Principal sur le projet est assuré par le Responsable de la Conduite du Changement approprié 238
Figure 19.5 Exemple de cycle de vie d'une étude de faisabilité 248
Figure A.1 Evolution des Produits Management de type référentiel 254
Figure D.1 SDP sous la forme d'organigramme hiérarchique 301
Figure D.2 SDP sous la forme de mindmap 303
Figure D.3 Exemple de DFP pour le projet conférence 305

Liste des Tableaux

Tableau 3.1 Thèmes PRINCE2 17

Tableau 4.1 Responsabilités liées au thème Cas d'Affaire 29

Tableau 5.1 Responsabilités liées au thème Organisation 47

Tableau 6.1 Relation entre Assurance Projet et assurance qualité 53

Tableau 6.2 Exemple de Registre Qualité 58

Tableau 6.3 Responsabilités liées au thème Qualité 64

Tableau 7.1 Responsabilités liées au thème Plans 80

Tableau 8.1 Exemple de technique de valeur monétaire attendue 90

Tableau 8.2 Réponses au risque 92

Tableau 8.3 Responsabilités liées au thème Risque 95

Tableau 9.1 Types d'incidence 100

Tableau 9.2 Décisions du Comité de Pilotage de Projet 105

Tableau 9.3 Responsabilités liées au thème Changements 106

Tableau 10.1 Les six domaines de tolérance par niveau 110

Tableau 10.2 Responsabilités liées au thème Progression 119

Tableau 11.1 Exemple de Tableau de responsabilités 126

Tableau 11.2 Symboles utilisés dans les diagrammes de processus 127

Tableau 12.1 Responsabilités de l'activité nommer l'Exécutif et le Chef de Projet 134

Tableau 12.2 Responsabilités de l'activité recueillir les retours d'expérience antérieurs 135

Tableau 12.3 Responsabilités de l'activité composer et nommer l'équipe de projet 136

Tableau 12.4 Responsabilités de l'activité préparer l'ébauche du Cas d'Affaire 138

Tableau 12.5 Responsabilités de l'activité définir l'approche du projet et préparer l'Exposé du Projet 140

Tableau 12.6 Responsabilités de l'activité planifier la séquence d'initialisation 141

Tableau 13.1 Responsabilités de l'activité autoriser l'initialisation 147

Tableau 13.2 Responsabilités de l'activité autoriser le projet 149

Tableau 13.3 Responsabilités de l'activité autoriser un Plan de Séquence ou d'Exception 151

Tableau 13.4 Responsabilités de l'activité donner les directives appropriées 154

Tableau 13.5 Responsabilités de l'activité autoriser la clôture du projet 156

Tableau 14.1 Responsabilités de l'activité préparer la Stratégie des Risques 162

Tableau 14.2 Responsabilités de l'activité préparer la Stratégie de Configuration 164

Tableau 14.3 Responsabilités de l'activité préparer la Stratégie Qualité 165

Tableau 14.4 Responsabilités de l'activité préparer la Stratégie de Communication 167

Tableau 14.5 Responsabilités de l'activité mettre en place les contrôles du projet 169

Tableau 14.6 Responsabilités de l'activité créer le Plan de Projet 172

Tableau 14.7 Responsabilités de l'activité affiner le Cas d'Affaire 173

Tableau 14.8 Responsabilités de l'activité assembler la Documentation d'Initialisation de Projet 174

Tableau 15.1 Responsabilités de l'activité autoriser un Lot de Travaux 183

Tableau 15.2 Responsabilités de l'activité examiner l'état d'un Lot de Travaux 184

Tableau 15.3 Responsabilités de l'activité réceptionner les Lots de Travaux achevés 185

Tableau 15.4 Responsabilités de l'activité examiner l'état de la séquence 188

Tableau 15.5 Responsabilités de l'activité rapporter la progression 190

Tableau 15.6	Responsabilités de l'activité recueillir et analyser les incidences et les risques	192
Tableau 15.7	Responsabilités de l'activité remonter les incidences et les risques	194
Tableau 15.8	Responsabilités de l'activité mener des actions correctives	196
Tableau 16.1	Responsabilités de l'activité accepter un Lot de Travaux	201
Tableau 16.2	Responsabilités de l'activité exécuter un Lot de Travaux	203
Tableau 16.3	Responsabilités de l'activité livrer un Lot de Travaux	204
Tableau 17.1	Responsabilités de l'activité planifier la séquence suivante	210
Tableau 17.2	Responsabilités de l'activité actualiser le Plan de Projet	211
Tableau 17.3	Responsabilités de l'activité actualiser le Cas d'Affaire	213
Tableau 17.4	Responsabilités de l'activité rapporter la fin de séquence	215
Tableau 17.5	Responsabilités de l'activité produire un Plan d'Exception	217
Tableau 18.1	Responsabilités de l'activité préparer la clôture planifiée	223
Tableau 18.2	Responsabilités de l'activité préparer une clôture prématurée	224
Tableau 18.3	Responsabilités de l'activité remettre les produits	226
Tableau 18.4	Responsabilités de l'activité évaluer le projet	227
Tableau 18.5	Responsabilités de l'activité recommander la clôture du projet	229
Tableau 19.1	Incorporation et adaptation	233
Tableau 19.2	Exemples de projets d'ampleurs diverses	241
Tableau 19.3	Comparaison entre PRINCE2 et un Bloc de connaissances	250
Tableau A.1	Exemple de Liste de Contrôle des Produits	271
Tableau B.1	Principes de Gouvernance du management de projet	287
Tableau D.1	Exemple de Description de Produit de Projet pour une conférence annuelle	302

Avant-propos

PRINCE2™ est considérablement utilisé dans plus de 150 pays dans le monde et enregistre chaque jour une adhésion croissante. Cet outil est largement considéré comme la méthode de référence pour le management de projet, avec plus de 20 000 entreprises bénéficiant déjà de son approche innovante et éprouvée.

Ce guide actualisé aidera les personnes chargées de l'exécution de projets à répondre efficacement aux exigences requises, indépendamment de la taille et de l'environnement de ces projets, en gérant de manière adaptée les coûts, les délais, la qualité, le périmètre, les risques et les bénéfices. Son développement est intervenu après une large consultation et s'est appuyé sur des expériences pratiques au sein d'organisations du secteur public et privé.

Les projets complexes d'aujourd'hui nécessitent souvent que plusieurs organisations travaillent en partenariat ou par le biais d'accords contractuels pour atteindre leurs objectifs, et PRINCE2 fournit un langage commun aux organisations et aux fournisseurs externes. Cet outil permet également de se concentrer sur le Cas d'Affaire, fournissant un mécanisme pour définir ce que le projet tente d'accomplir, ainsi que la logique et la justification d'entreprise dans le cadre de cette finalité.

Cette dernière version de Réussir le Management de Projet avec PRINCE2 représente une évolution par rapport aux manuels précédents. La méthodologie de base reste la même, mais en s'appuyant sur les commentaires des utilisateurs, ce nouveau manuel a pour objectif d'être plus accessible et mieux adapté aux besoins individuels spécifiques.

Cette nouvelle édition décrit les principes de PRINCE2, en consolidant les bonnes pratiques utilisées lors de projets couronnés de succès. Les thèmes décrivent les aspects de la gestion de projet nécessitant un traitement spécifique, et les processus décrivent l'avancement du projet tout au long de son cycle de vie, de son lancement à sa clôture. Il vous est conseillé d'utiliser ce manuel avec l'ouvrage qui l'accompagne, intitulé Réussir la Direction de Projet avec PRINCE2 (TSO, 2009).

Le nombre de personnes se présentant aux examens pour obtenir la qualification PRINCE2 augmente d'environ 20 % chaque année, et cet outil reste le principal élément contribuant à une livraison de projet réussie. PRINCE2 est une méthode essentielle pour toute organisation souhaitant obtenir la garantie de résultats opérationnels efficaces et rentables.

Nigel Smith

Président

Office of Government Commerce
(centrale d'achats gouvernementale britannique)

Remerciements

L'OGC (Office of Government Commerce) a continué le développement et l'amélioration de la définition et de la présentation de PRINCE2 dans ce manuel de référence. Nous remercions l'équipe d'auteurs pour leur importante contribution (dans le cadre d'un contrat) lors de la conception et du développement de ce guide.

Auteur principal

Andy Murray	Outperform UK Ltd

Équipe d'auteurs

Nigel Bennett	Sun Microsystems Ltd
John Edmonds	pearcemayfield
Bob Patterson	Fujitsu Services
Sue Taylor	Examinatrice PRINCE2 pour APMG
Graham Williams	GSW Consultancy Ltd

Réviseur principal et conseiller

Colin Bentley	Examinateur Principal PRINCE2 1998–2008

Autres contributions

Afin de veiller à ce que l'ouvrage Réussir le Management de Projet avec PRINCE2 (2009) de l'OGC reste une illustration fidèle des tendances actuelles et futures dans le domaine international des meilleures pratiques en matière de management de projet, et pour produire un guide de valeur durable, l'OGC a consulté un grand nombre de parties prenantes clés et d'experts à toutes les étapes du processus. L'OGC souhaite remercier les personnes suivantes et leur organisation pour les contributions qu'elles ont apportées dans le cadre de ce nouveau guide :

Groupe de référence PRINCE2

Rob Brace, Department of Work & Pensions (ministère britannique du Travail et des Retraites) ; Andrew Bragg, Directeur APM ; Prof. Christophe Bredillet, ESC Lille ; Terry Cooke Davis, Human Systems ; Lynne Crawford, Université de Sydney ; John Cutting, MOD (DPA – DE&S) ; Prof. Darren Dalcher, Middlesex University, National Centre for Project Management (Université du Middlesex, Centre National pour la gestion de projet) ; Steve Falkenkrog, PMI ; Ruth Little, DTI Projects Centre (Centre de projets de DTI) ; Dusty Miller, Sun Microsystems Ltd ; Bob Patterson, Fujitsu ; Philip Rushbrook, Cabinet Office ; Beverley Webb, BSI Project Management standard committee (comité des normes pour la gestion de projet) ; Jens Wandel, Directeur UNDP

Gouvernance du projet PRINCE2:2009

Mike Acaster, OGC, Exécutif du Projet ; Eddie Borup, BPUG, Utilisateur Principal ; Anne-Marie Byrne, TSO, Chef de Projet ; Janine Eves, TSO, Fournisseur Principal ; Sandra Lomax, BPUG, Utilisateur Principal ; Richard Pharro, APMG, Fournisseur Principal

Panel de contrôle des changements

Coos Groot, Best Practice User Group (PRINCE2 Italie) ; Peter Johnson, Peter Johnson PJ Ltd ; Sheila Roberts, Cupe Ltd ; Martin Rother, Best Practice User Group (PRINCE2 Allemagne) ; David Watson, ADt Partnership

Vérificateurs

Robert Allen, PRS for Music ; Adalcir da Silva Angelo, Elumini IT & Business Consulting ; Paul Askew, Housing Corporation ; Richard Aspden, Pathfinder Project Management ; Gareth Atwood, Foster Wheeler Energy ; Marc Baetens, Pronohau Ltd ; Andrew Ball, Audit Commission ; Jim Barker, Curtis & Cartwright Consulting Ltd ; Keith Batchelor, Foster Wheeler Energy ; Dick Bennett, Principal évaluateur pour APMG ; Kate Blackall, Examinatrice PRINCE2 pour APMG ; Johan Bleeker, Standard Bank ; Eddie Borup, Ibps solutions ; Chris Braithwaite, Wellstream ; George Brooke, Oak Lodge Consulting Ltd ; Mark Canning, North West Regional Development Agency ; Tim Carroll, Standard Chartered Bank ; Jacqueline Chadwick, VOSA ; Sue Childs, Examinatrice PRINCE2 pour APMG ; Alison Clack, Sean Alison Ltd ; Jim Clinch, Clinch Consulting ; Brian Coombes, The Projects Group ; Arthur Coppens, Getronics Consulting Educational Services ; Bjarne Corvinius, Rovsing Management ; Anthony Dailey, MWH ; Terry Dailey, Deliverables Management Consultants ; Bill Duncan, Examinateur PRINCE2 pour APMG ; Hassan El Meligy, IEEE ; Darilyn Evans, Adaptive

Frameworks ; Alan Ferguson, AFA ; Chris Ferguson, Novare Consulting Ltd ; Ray Frew, Aspen Management Training ; Alvin Gardiner, PR-02 (Ecosse) Ltd ; Emmanuel Gianquitto, APMG (International) ; Colin Graham, Aylesbury Vale DC ; John Greenwood, CSC ; Angelika Hamilton, APMG (Allemagne) ; Gary R O Haran Doyle, Swiss Life ; Simon Harris, Logical Model Ltd ; Wietse Heidema, Opmaat Consultancy & Training ; Luis Herreira, Consultant ; Terry Hewins, Land Registry ; Emma Jones, Examinatrice Principale PRINCE2 pour APMG ; Nigel Jones, AJS ; Howard Joseph, Home Office (ministère britannique de l'Intérieur) ; Ravi Joshi, Action For Children ; Hans Kemper, APMG (Pays-Bas) ; Eddie Kilkelly, ILX Group plc ; Lawrie Kirk, Tanner James Management Consultants (Australie) ; Wieslaw Kosieradzki, P2Ware ; Eddie Lamont, Lothian & Borders Police ; Tony Levene, Quality Projects ; Martin Lewis, Lucid IT ; David Lillicrap, London Borough of Ealing ; Steve Livingstone, BNFL ; Tim Lulham, Network Rail ; Maria Maltby, Charnwood Borough Council ; Dusty Miller, Sun Microsystems Ltd ; Trevor Mirams, Parity ; Adrian Newton, Quorum ICT ; Bruce Nicholls, Bryan Cave ; Helen Nicoll, NHS ; Chris Price, Highways Agency ; G. Raghunandan, Satyam Computer Services Ltd ; Geoff Rankins, Goal Professional Services Pty Ltd ; Lizz Robb, Yellowhouse.net pty Ltd ; Graham Robertson, Serco ; Eileen Roden, PM Professional Learning ; Philip Rushbrook, Cabinet Office ; Ian Santry, Home Office (ministère britannique de l'Intérieur) ; Andrew Schuster, Department of Health (ministère de la Santé) ; Noel Scott, Symantec ; John Sherwood, Highways Agency ; Joy Shewring, APMG (USA) ; Jay M. Siegelaub, Impact Strategies LLC ; Raed M. Skaf, Oger Systems Ltd ; Tim Sneller, Southend-on-Sea Borough Council ; Rod Sowden, Aspire Europe Ltd ; Phil Stephensen-Payne, Remarc Group ; Rob Sucher, Armstrong Webb ; Mark Sutton, SCOLL Methods Ltd ; Ian Thomas, Liberty Network Consultancy ; Dot Tudor, TCC ; Bram de Vuyst, Getronics Consulting Management Services ; Jens Wandel, Programme des Nations Unies pour le développement ; Geoff Ward, Examinateur PRINCE2 pour APMG ; Sheryl Ward, Skandia ; Peter Weaver, Corte-grande ; David Whelbourn, Xwave solutions inc ; Stephen Wierzbicki, Bristol Management Centre ; Jorn Wigh, APMG (Danemark) ; Gerald Williams, Projectlabs ; Philip Wilson, Cabinet Office

Groupe pilote *Réussir le Management de Projet avec PRINCE2*

The British Council ; Capital Coast District Health Board ; Department of Labour (Nouvelle-Zélande) ; Fishserve ; Metropolitan Police ; Ministry of Economic Development (Nouvelle-Zélande) ; Ministry of Education (Nouvelle-Zélande) ; Staffordshire Metropolitan Borough Council ; Standard Bank ; Suffolk County Council ; Sun Microsystems Ltd ; Vietnamese Academy of Social Sciences.

Production - Micro-édition

DPS
Digital Printing Services (Grande-Bretagne)

Traduction française

RWS Group
Translation Division (Grande-Bretagne)

Traduction française – Revue qualité

Antoine Breton
P.P.net Ltd

John Higham
PMFRANCE.com

Conventions utilisées dans ce manuel

Dans ce manuel, la première lettre des termes suivants est en majuscule :

- Thèmes PRINCE2
- Processus PRINCE2
- Rôles PRINCE2
- Produits management définis

Il sera toujours fait référence aux activités des processus PRINCE2 en utilisant les mêmes mots ou phrases clés, et elles ne seront pas identifiées autrement, car elles devront être évidentes d'après leur contexte. Par exemple, « Le Comité de Pilotage de Projet donnera des directives appropriées dans ces circonstances ».

Les abréviations et les acronymes ont été évités autant que possible ; toutefois, lorsqu'ils sont utilisés, leur signification est indiquée en intégralité à la première occurrence.

Les points clés sont illustrés de la manière suivante :

> Un projet PRINCE2 nécessite une justification continue pour l'entreprise.

Les exemples de techniques sont illustrés de la manière suivante :

> **Exemple de technique de hiérarchisation des priorités : MoSCoW**
>
> Chaque critère d'acceptation est évalué selon la technique MoSCoW comme étant « **M**ust have » (doit avoir), « **S**hould have » (devrait avoir), « **C**ould have » (pourrait avoir) ou « **W**on't have for now » (n'aura pas pour l'instant).
>
> Tous les critères d'acceptation « Must have » et « Should have » devraient pouvoir être atteints mutuellement.

Note à propos de la traduction française

La traduction en français du texte original anglais a été réalisée par un processus approfondi de traduction et de révision utilisant des traducteurs professionnels. En parallèle, des experts PRINCE2 ont effectué plusieurs revues qualité lors du développement de la traduction.

Des efforts importants ont été faits et l'esprit d'origine du texte et la terminologie a été respectée dans les limites du possible des nuances entre les deux langues.

En cas de doute sur un terme ou le sens d'une phrase, le lecteur doit se référer à la version anglaise du texte qui fait foi, ce manuel n'étant qu'une variance par rapport à version de référence en anglais.

Pour respecter l'esprit du manuel d'origine, il a été parfois, et très exceptionnellement, utile d'utiliser deux termes en français pour le même terme en anglais.

- Accountable - Par exemple le terme anglais « accountable » a pour traduction en français « responsable », mais pour être plus précis dans la version française, ce terme a parfois été traduit par « redevable » ou « rendre compte » suivant le contexte. Par exemple :
  Chapitre 5
  Bien que le Comité de Pilotage de Projet soit responsable du projet, c'est l'Exécutif (avec le soutien du ou des Utilisateurs Principaux et du ou des Fournisseurs Principaux) qui est ultimement redevable vis-à-vis de la réussite du projet.
  Chapitre 19
  Les lignes de responsabilité sont claires (par ex. tout le monde doit rendre compte à quelqu'un).

1 Introduction

Introduction

1.1 FINALITÉ DE CE MANUEL

PRINCE2 (projets en environnements contrôlés) est une méthode de management de projet structurée, basée sur l'expérience acquise dans le cadre de milliers de projets ainsi que sur les contributions d'innombrables sponsors de projet, Chefs de Projet, équipes de projet, universitaires, formateurs et consultants. Ce manuel s'adresse :

- Au personnel de management de projet débutant, désireux d'en savoir plus sur le management de projet en général et sur la méthode PRINCE2 en particulier ;
- Aux Chefs de Projet et aux personnels expérimentés, qui souhaitent en savoir plus sur la méthode PRINCE2 ;
- Aux praticiens PRINCE2 en quête d'une source de référence détaillée ;
- Aux managers qui envisagent d'adopter cette méthode et qui souhaitent de plus amples informations sur PRINCE2.

Ce manuel aborde les questions les plus souvent soulevées par les personnes chargées de rôles de management de projet et de support, y compris :

- Qu'attend-on de moi ?
- Quel est le rôle du Chef de Projet ?
- Que faire si les choses ne se déroulent pas conformément au plan ?
- Quelles décisions serai-je amené à prendre ?
- Quelle sera la nature des informations dont j'aurai besoin ou que je devrai fournir ?
- Vers qui puis-je me tourner pour obtenir un soutien ? Des directives ?
- Comment adapter l'utilisation de PRINCE2 à mon projet ?

1.2 L'IMPORTANCE DES PROJETS

Toute organisation moderne est aujourd'hui confrontée à un défi majeur et se doit d'équilibrer deux impératifs parallèles et conflictuels :

- Préserver les opérations actuelles de l'entreprise : sa rentabilité, sa qualité de service, ses relations avec la clientèle, la fidélité à la marque, sa productivité, la confiance du marché, etc., tout ce que l'on désigne comme le « cours normal des affaires » ;
- Transformer les opérations de l'entreprise de manière à lui permettre de survivre et de rivaliser avec ses concurrentes à l'avenir : la définition des perspectives de l'entreprise constitue la meilleure manière de faire évoluer l'organisation.

Alors que le rythme des changements (technologiques, commerciaux, sociaux, réglementaires, etc.) ne cesse de s'accélérer et que les entreprises incapables de s'adapter paient le prix fort, il incombe aux dirigeants de toute organisation de trouver cet équilibre entre les impératifs du cours normal des affaires et celui du changement.

Les projets permettent d'introduire ce changement. Bien que bon nombre des compétences requises soient identiques, il n'en existe pas moins des différences cruciales entre la manière dont on gère le cours normal des affaires et le travail de projet.

1.3 EN QUOI LES PROJETS SONT-ILS DIFFÉRENTS ?

> Un **projet** est une organisation temporaire, créée en vue de livrer un ou plusieurs produits d'entreprise conformément à un Cas d'Affaire convenu.

Plusieurs caractéristiques distinguent le travail de projet du cours normal des affaires :

- **Changement :** les projets permettent d'introduire le changement ;
- **Temporaire :** comme l'indique la définition précédente, les projets sont temporaires par

nature. Une fois le changement désiré exécuté, le cours normal des affaires reprend (sous une nouvelle forme) et la nécessité du projet disparaît. Il est par conséquent essentiel de définir le début et la fin du projet ;

- **Interfonctionnel :** l'équipe de projet se compose de personnes aux compétences différentes qui travaillent ensemble (de façon temporaire) en vue d'introduire un changement dont l'impact se fera sentir hors de l'équipe. Les projets dépassent souvent les divisions fonctionnelles habituelles d'une organisation et englobent parfois des organisations totalement différentes. Il en résulte souvent des tensions et des contraintes au sein des organisations et, par exemple, entre les clients et les fournisseurs. Les intervenants qui participent au changement proposé peuvent être animés par des perspectives et des motivations différentes ;
- **Unique :** chaque projet est unique. Une organisation aura beau entreprendre de nombreux projets similaires et établir un modèle d'activité de projet éprouvé et familier, chaque projet n'en demeure pas moins unique, ne serait-ce qu'en raison des différences au niveau de l'équipe, du client ou du site, autant de facteurs qui contribuent au caractère unique du projet ;
- **Incertitude :** les caractéristiques énumérées plus haut s'accompagnent inévitablement de menaces et d'opportunités qui dépassent celles que l'on rencontre généralement dans le cours normal des affaires. Les projets présentent plus de risques.

1.4 POURQUOI ADOPTER UNE MÉTHODE DE MANAGEMENT DE PROJET ?

Management de projet : planification, délégation, suivi et contrôle de tous les aspects du projet ainsi que de la motivation des parties impliquées en vue de mener à bien les objectifs du projet conformément aux exigences de performances en matière de durée, de coût, de qualité, de périmètre, de bénéfices et de risques.

La livraison des résultats du projet passe par le développement de ses livrables (désignés dans PRINCE2 sous le nom de produits). Une maison neuve se construit en créant des plans, des fondations, des sols, des murs, des fenêtres et un toit et en installant la plomberie, le câblage électrique et les réseaux connexes. Aucun de ces aspects ne relève cependant du management de projet et on peut donc s'interroger sur la raison d'être de ce dernier. Le rôle du management de projet est de contrôler le travail spécialiste, nécessaire à la création des produits du projet ou, pour reprendre l'analogie de la maison, de s'assurer que l'entreprise de toiture n'arrive pas avant que les murs soient construits.

Etant donné que les projets permettent d'introduire le changement au sein de l'entreprise et que le travail de projet présente un degré de risque plus élevé que d'autres activités, il est donc évident que l'adoption d'une approche de management de projet établie, cohérente et éprouvée constitue un précieux investissement pour l'entreprise.

1.5 PRÉSENTATION DE PRINCE2

PRINCE2 est une méthode de management de projet non-propriétaire qui s'affirme aujourd'hui comme l'une des méthodes de management de projet les plus utilisées au monde. Ce succès s'explique en grande partie par la nature authentiquement générique de PRINCE2. La méthode peut s'appliquer à tout projet, indépendamment de sa taille ou de sa nature, de l'organisation, du territoire géographique ou de la culture.

PRINCE2 s'efforce pour ce faire d'isoler les aspects management du travail de projet des contributions spécialistes, telles que la conception, la construction etc. Les aspects spécialistes de tout type de projet s'intègrent facilement dans la méthode PRINCE2 et, utilisés avec cette dernière, fournissent une solide infrastructure générale pour le travail de projet.

En raison de son caractère générique et des principes éprouvés sur lesquels elle repose, la méthode PRINCE2 permet aux organisations qui l'adoptent d'améliorer sensiblement leur capacité et leur maturité organisationnelles dans de nombreux secteurs d'activité, qu'il s'agisse du changement, de la construction, de l'informatique, des fusions et acquisitions, de la recherche, du développement de produits, etc.

1.5.1 Quel est le rôle du Chef de Projet ?

Tout contrôle passe impérativement par la mise en place d'un plan. Il appartient au Chef de Projet de planifier la séquence des activités de construction de la maison, de calculer le nombre de maçons nécessaires, etc.

Bien qu'il soit possible de bâtir soi-même une maison, le Chef de Projet est cependant généralement amené à déléguer une partie ou la totalité de ses tâches à d'autres personnes. Cette aptitude à déléguer est un élément important de toute forme de management, et tout particulièrement du management de projet (en raison de l'interfonctionnalité et des risques).

Une fois les tâches déléguées, le but est de s'assurer que le projet se déroule « conformément au plan », même si cela n'est pas toujours le cas. Il incombe donc au Chef de Projet de surveiller l'évolution du projet par rapport au plan.

Si le projet ne se déroule pas conformément au plan, le Chef de Projet devra bien entendu intervenir et exercer un contrôle. Le Chef de Projet pourra par ailleurs identifier une occasion d'accélérer le projet ou de réduire ses coûts, même lorsque le projet se déroule normalement. Qu'il s'agisse de mener une action corrective ou d'exécuter des mesures en vue d'améliorer les performances, le but de PRINCE2 est de fournir les bonnes informations au bon moment et aux bonnes personnes afin de leur permettre de prendre les bonnes décisions.

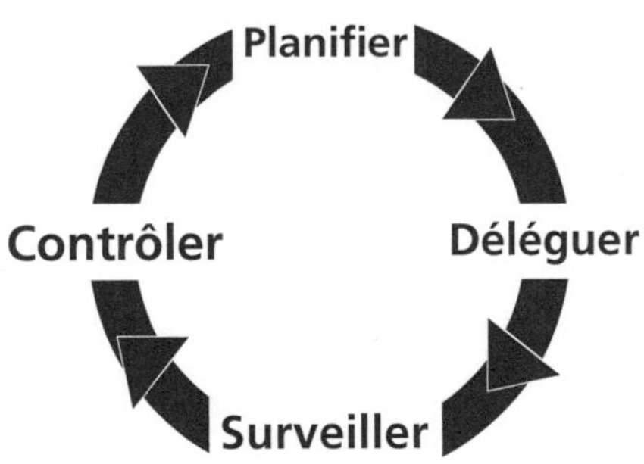

Figure 1.1 Management de projet

1.5.2 Que faut-il contrôler ?

Tout projet repose sur six variables : on devra donc gérer six aspects de performance du projet.

- **Coûts :** le projet doit être abordable. Malgré l'établissement d'un budget initial, le projet sera exposé à de nombreux facteurs qui pourront entraîner une augmentation des dépenses ou au contraire une réduction des coûts ;
- **Durée :** la question de la durée du projet est sans doute la question la plus fréquemment posée au Chef de Projet après celle des coûts ;
- **Qualité :** mener un projet à bien dans les limites de temps et de budget imparties ne sert pas à grand chose si le résultat du projet ne tient pas ses promesses. La méthode PRINCE2 stipule que les produits du projet doivent être adaptés au besoin ;
- **Périmètre :** quels sont exactement les livrables du projet ? En l'absence d'une définition précise, les diverses parties impliquées dans le projet s'exposent à un réel risque de confusion. Le client supposera par exemple que le prix de la maison comprend une cuisine intégrée et/ou une salle de bain, tandis que le fournisseur considérera ces éléments comme des « prestations supplémentaires ». Dans le cadre de projets à grande échelle, la définition du périmètre peut s'avérer beaucoup plus subtile et complexe. Il conviendra alors de s'accorder sur le périmètre du projet, et le Chef de Projet devra être parfaitement conscient des limites du périmètre. Le Chef de Projet doit notamment veiller à ne pas livrer de produits hors du périmètre, car il s'agit là d'une source fréquente de retards, d'augmentation des dépenses et de changement non maîtrisé (on parle alors de « dépassement de périmètre ») ;
- **Risque :** tous les projets comprennent une part de risque, mais quel degré de risque est-on prêt à accepter ? Faut-il construire la maison à proximité d'une ancienne mine désaffectée, qui risque de s'affaisser ? Si la décision est prise de poursuivre le projet, quelles mesures peut-on prendre pour atténuer le risque ? Faut-il prendre une assurance ou faire procéder à des expertises approfondies ?
- **Bénéfices :** la raison d'être du projet est sans doute la question la plus souvent occultée. Il ne sert à rien de construire une maison dans les limites de temps et de budget imparties et conformément aux normes de qualité requises, s'il est par la suite impossible de la vendre, de la louer de manière rentable ou d'y habiter confortablement. Le Chef de Projet doit être pleinement conscient de la finalité du projet en tant qu'investissement, et doit s'assurer que les livrables du projet sont cohérents avec le rendement escompté.

PRINCE2 est une structure de processus et de thèmes intégrée, conçue pour assurer la planification, la délégation, le suivi et le contrôle de ces six aspects de performance du projet.

1.5.3 Structure de PRINCE2

La méthode PRINCE2 aborde le management de projet par le biais de quatre éléments intégrés : les principes, les thèmes, les processus et l'environnement de projet (Figure 1.2).

1 Les principes (Chapitre 2)

Les lignes directrices à observer et les bonnes pratiques permettant de déterminer si le projet est réellement géré à l'aide de PRINCE2. On dénombre sept principes. Un projet n'est pas un projet PRINCE2 tant que tous ces principes ne sont pas appliqués.

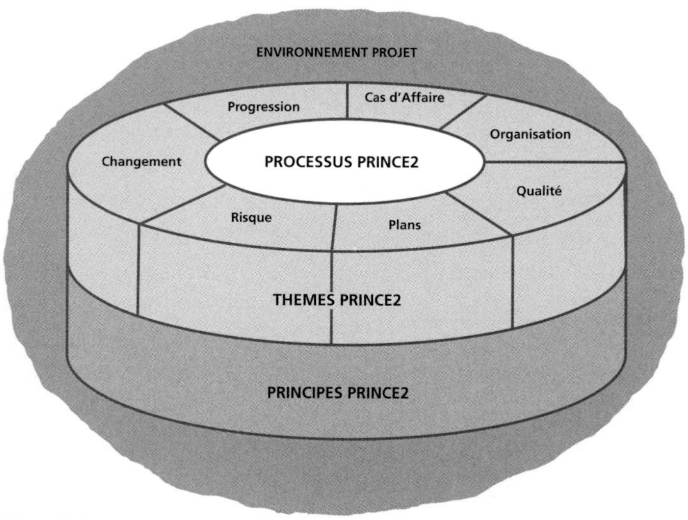

Figure 1.2 Structure de PRINCE2

2 Les thèmes (Chapitres 3 à 10)

Les thèmes renvoient aux aspects de management de projet qui doivent être abordés en permanence et en parallèle tout au long du projet. Les sept thèmes examinent le traitement spécifique requis par PRINCE2 pour les diverses disciplines de management de projet ainsi que leur raison d'être.

3 Les processus (Chapitres 11 à 18)

Les processus renvoient à la progression étape par étape du projet tout au long de son cycle de vie, de l'élaboration du projet à sa clôture. Chaque processus comprend des listes de contrôle des activités préconisées, des produits et des responsabilités afférentes.

4 Adaptation de PRINCE2 à l'environnement de projet (Chapitre 19)

Ce chapitre examine la nécessité d'adapter PRINCE2 au contexte particulier du projet. PRINCE2 n'est pas une solution « à taille unique », mais une structure souple capable de s'adapter facilement à tout type ou taille de projet.

Le guide *Réussir la Direction de Projet avec PRINCE2* examine la méthode PRINCE2 du point de vue des cadres dirigeants, et notamment des membres du Comité de Pilotage de Projet.

1.6 RECOMMANDATIONS CONNEXES DE L'OGC

PRINCE2 s'inscrit dans un ensemble de recommandations développées par l'OGC (UK Office of Government Commerce) en vue d'aider les organisations et les personnes à gérer leurs projets, leurs programmes et leurs services de manière cohérente et efficace. On trouvera la structure de ces recommandations à la Figure 1.3.

Les méthodes et recommandations de l'OGC sont parfois renforcées par des programmes de qualification, et tous leurs aspects s'appuient sur des services de formation et de conseil accrédités. On trouvera de plus amples détails sur ces guides de bonnes pratiques ainsi que sur les autres guides pertinents à la section Informations supplémentaires.

1.6.1 Ce que PRINCE2 ne couvre pas

PRINCE2 n'a pas vocation à et ne saurait couvrir tous les aspects du management de projet. Trois grandes catégories sont délibérément exclues du périmètre de PRINCE2 :

- **Aspects spécialistes :** la force de PRINCE2 réside dans son applicabilité et son caractère entièrement générique. Les activités spécifiques à un secteur ou à un type de projet sont par conséquent exclues. Les modèles d'ingénierie, les cycles de vie des projets ou les techniques spécifiques (telles que la gestion du changement organisationnel ou l'approvisionnement) peuvent être facilement utilisés aux côtés de PRINCE2. PRINCE2 estime qu'il s'agit là d'aspects « spécialistes » du travail de projet (ce qui signifie que les produits spécialistes concernés doivent être identifiés et inclus dans le périmètre et les plans du projet) ;
- **Techniques détaillées :** il existe de nombreuses techniques de contrôle et de planification éprouvées qui peuvent être utilisées pour appuyer les thèmes PRINCE2. On citera par exemple l'analyse du chemin critique (planification) et l'analyse de la valeur acquise (contrôle de la progression). Ces techniques sont amplement documentées ailleurs. Seules les techniques qui relèvent d'une approche PRINCE2 spécifique sont décrites : ce sera notamment le cas des techniques de planification basée sur le produit et de revue qualité ;
- **Aptitudes de leadership :** le leadership, les compétences motivationnelles et les autres compétences interpersonnelles revêtent une importance considérable dans le management de projet, mais sont impossibles à codifier dans une méthode. Les styles de leadership varient considérablement et un style qui conviendra à une situation pourra s'avérer totalement inappropriée dans une autre. De nombreux leaders réussissent parfaitement, en dépit de leurs différences de style, qui peut aller d'un comportement autocratique à une approche consensuelle. PRINCE2 ne peut donc aborder directement cet aspect du management de projet. Les modèles de leadership et les programmes de formation aux compétences interpersonnelles ne manquent pas.

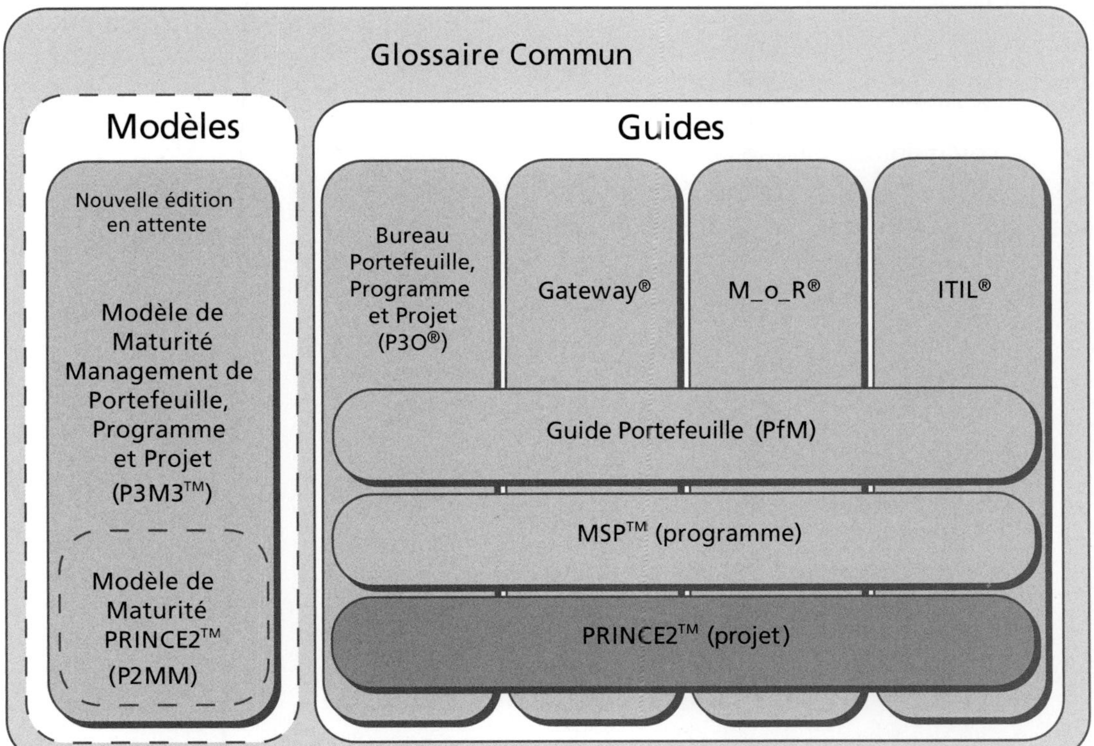

Figure 1.3 Recommandations de bonnes pratiques de l'OGC

1.7 BÉNÉFICES DE PRINCE2

Examinons tout d'abord les principaux bénéfices de la méthode PRINCE2 avant de nous pencher en détail sur sa structure :

- PRINCE2 incarne des principes de bonnes pratiques et de gouvernance, établis et éprouvés en matière de management de projet ;
- La méthode peut être appliquée à n'importe quel type de projet et peut être facilement mise en œuvre aux côtés de modèles spécialistes et propres à une industrie donnée (« modèles d'ingénierie » ou « cycles de vie du développement ») ;
- La méthode PRINCE2 est amplement reconnue et bien comprise : elle fournit par conséquent une terminologie commune à l'ensemble des participants du projet et favorise une communication efficace ;
- PRINCE2 permet de définir de manière explicite les diverses responsabilités au sein du projet afin que tous les participants comprennent les rôles et les besoins des autres parties. Il existe une structure définie en matière de redevabilité, de délégation, d'autorité et de communication ;
- Sa focalisation produit clarifie (pour toutes les parties) les livrables du projet (quoi/pourquoi/quand/par qui/pour qui) ;
- Les plans PRINCE2 sont soigneusement étudiés pour répondre aux besoins des différents niveaux de l'équipe de projet, tout en améliorant la communication et le contrôle ;
- PRINCE2 repose sur une structure de « management par exception » qui se traduit par une utilisation efficace et économe du temps de management (que ce soit au niveau de l'entreprise, du programme, du Comité de Pilotage de Projet ou des niveaux de management de projet) ;
- PRINCE2 s'assure que les participants se concentrent sur la viabilité du projet par rapport aux objectifs du Cas d'Affaire, au lieu de considérer l'exécution du projet comme une fin en soi ;
- PRINCE2 définit une structure de rapports approfondie, mais économe ;
- PRINCE2 veille à ce que les parties prenantes (y compris les sponsors et les fournisseurs de ressources) soient correctement représentées dans le processus décisionnel et de planification ;
- L'adoption de PRINCE2 encourage l'apprentissage et l'amélioration continue au sein des organisations ;
- PRINCE2 favorise la cohérence du travail de projet et la capacité à réutiliser les actifs du projet ; cette méthode facilite également la mobilité des effectifs et atténue l'impact des changements de personnel et des remises des produits ;
- PRINCE2 est un précieux outil de diagnostic, conçu pour faciliter l'assurance et l'évaluation du travail de projet, le dépannage et les audits ;
- Il existe de nombreuses organisations de formation et de conseil accréditées (ATO et ACO) à travers le monde, capables d'apporter une assistance spécialisée aux projets PRINCE2 ou aux organisations qui envisagent d'adopter PRINCE2.

2 Principes

2 Principes

L'objectif de PRINCE2 est de fournir une méthode de management de projet susceptible d'être appliquée, quelle que soit la taille et la nature du projet, l'organisation, le territoire géographique ou la culture. Le fait que PRINCE2 repose sur des principes permet une telle approche. Tout principe est par définition :

- Universel, car il convient à tous les projets ;
- Auto-validant, car il a fait ses preuves dans la pratique pendant de nombreuses années ;
- Habilitant, car il renforce la confiance des praticiens ainsi que sa capacité à influencer et à façonner la manière dont le projet sera géré.

Les principes, qui sont à la base de la méthode PRINCE2 s'inspirent des leçons tirées de bons et de moins bons projets. Ils permettent d'établir une structure-cadre des bonnes pratiques à l'intention de toutes les personnes impliquées dans le projet. Un projet qui ne respecte pas ces principes n'est pas géré sous PRINCE2, puisque ces principes sont la base même de la définition d'un projet PRINCE2.

Les sept principes PRINCE2 peuvent être résumés comme suit :

- Justification continue pour l'entreprise ;
- Leçons tirées de l'expérience ;
- Rôles et responsabilités définis ;
- Management par séquences ;
- Management par exception ;
- Focalisation produit ;
- Adaptation à l'environnement de projet.

L'adoption de ces principes permet de déterminer si le projet utilise PRINCE2, car l'adoption seule de processus et de documents ne suffit pas. Les principes facilitent la bonne utilisation de PRINCE2 en s'assurant que la méthode n'est pas appliquée de manière excessivement normative ou purement nominale, mais de manière suffisante pour contribuer à la réussite du projet.

2.1 JUSTIFICATION CONTINUE POUR L'ENTREPRISE

Un projet PRINCE2 nécessite une justification continue pour l'entreprise.

Un projet PRINCE2 doit remplir les conditions suivantes :

- Il existe une raison justifiable de le démarrer ;
- La justification reste valide tout au long du projet ;
- La justification est documentée et approuvée.

La justification d'un projet PRINCE2 est documentée dans le Cas d'Affaire. Dans la mesure où le projet est inextricablement lié à la justification pour l'entreprise, celle-ci est au cœur des processus décisionnels afin de s'assurer que le projet reste aligné sur les objectifs d'affaire et les bénéfices recherchés.

Les organisations qui manquent de rigueur lorsqu'elles développent leur Cas d'Affaire courent le risque de se retrouver avec un projet qui n'apporte quasiment aucun bénéfice réel ou qui ne présente qu'un rapport limité avec la stratégie de l'entreprise. Un mauvais alignement sur les stratégies d'entreprise peut en outre se traduire par un portefeuille de projets dont les objectifs seront mutuellement incohérents ou redondants.

Même lorsque les projets revêtent un caractère obligatoire (par exemple pour se conformer à une nouvelle loi), l'option retenue doit être justifiée, car il peut y avoir plusieurs options possibles, dont les coûts, les bénéfices et les risques peuvent différer.

Si la justification doit demeurer valide, elle peut cependant évoluer. Il est par conséquent important que le projet et l'évolution de la justification restent cohérents.

Un projet qui ne peut plus être justifié, pour quelque raison que ce soit, doit être interrompu. L'arrêt d'un projet dans de telles circonstances représente une contribution positive pour l'organisation, qui pourra alors réinvestir ses moyens financiers et ses ressources dans d'autres projets plus méritants.

2.2 LEÇONS TIRÉES DE L'EXPÉRIENCE

Les équipes de projet PRINCE2 tirent les leçons des expériences antérieures : les retours d'expérience sont identifiés, enregistrés et appliqués tout au long du cycle de vie du projet.

Les projets nécessitent la mise en place d'une organisation temporaire, pour une durée déterminée et un objectif d'affaire spécifique. Chaque projet se distingue par son caractère unique et ne peut donc être géré par la voie hiérarchique ou les unités fonctionnelles existantes. Ce caractère unique constitue l'essence même de la difficulté du projet, puisque l'équipe temporaire pourra ne jamais avoir rencontré ce type de projet par le passé.

La méthode PRINCE2 s'efforce en permanence de tirer les leçons des expériences antérieures :

- **Lors de l'élaboration du projet** : les projets antérieurs ou similaires doivent être passés en revue afin de voir si les leçons tirées peuvent être appliquées. Si le projet constitue une « première » pour les membres de l'organisation, il sera d'autant plus important d'identifier ces retours d'expérience, et le projet devra alors envisager de faire appel à des intervenants externes ;
- **Au fur et à mesure que le projet progresse** : le projet doit continuer à tirer les leçons qui s'imposent et les intégrer dans tous les rapports et revues. L'enjeu consiste à exécuter les améliorations tout au long du cycle de vie du projet ;
- **A la clôture du projet** : le projet doit transmettre les retours d'expérience. Une leçon qui ne provoque pas de changement sera certes identifiée, mais pas tirée.

Il incombe à toutes les personnes impliquées dans le projet de **rechercher** les leçons assimilées au lieu d'attendre que quelqu'un d'autre les leur fournisse.

2.3 RÔLES ET RESPONSABILITÉS DÉFINIS

Un projet PRINCE2 s'articule autour de rôles et de responsabilités définis et convenus au sein d'une structure organisationnelle qui représente les intérêts des parties prenantes de l'entreprise, des utilisateurs et des fournisseurs.

Il ne saurait y avoir de projet sans collaborateurs. La meilleure planification ou le meilleur contrôle possible ne servira à rien si le projet ne fait pas intervenir les collaborateurs compétents ou si les personnes concernées ne savent pas ce que l'on attend d'elles ni ce qu'elles doivent attendre des autres.

Tout projet implique généralement les différentes divisions fonctionnelles et peut faire intervenir plus d'une organisation, ainsi que diverses ressources à temps plein ou à temps partiel. Les structures de gestion des parties impliquées dans le projet risquent d'être différentes et d'obéir à des priorités, des objectifs et des intérêts divergents. Les structures de gestion quotidiennes pourront ne pas être conçues pour, ou adaptées, au travail de projet.

Pour aboutir, le projet doit disposer d'une structure d'équipe de projet explicite, dans laquelle les rôles et les responsabilités des personnes concernées sont clairement définis et convenus, ainsi que de moyens de communication efficaces entre ces dernières.

Tout projet comporte les trois parties prenantes suivantes :

- Des sponsors « de l'entreprise » chargés d'approuver les objectifs et de s'assurer que l'investissement consenti par l'entreprise offre un investissement de valeur ;
- Des « utilisateurs » qui, une fois le projet achevé, utiliseront les produits en vue de réaliser les bénéfices escomptés ;
- Des « fournisseurs » (internes ou externes) qui apportent les ressources ainsi que l'expertise nécessaire au projet.

Les intérêts de ces trois parties prenantes doivent donc être efficacement représentés au sein de l'équipe de projet et aucune ne devra être négligée. Si les coûts du projet l'emportent sur les bénéfices, le projet échouera. De la même façon, si le résultat du projet ne répond pas aux besoins opérationnels ou des utilisateurs ou s'il ne peut être livré par les fournisseurs, l'échec du projet sera inéluctable.

Une structure d'équipe de projet définie unit les diverses parties autour des objectifs communs du projet et répond à la question : « Qu'attend-on de moi ? »

2.4 MANAGEMENT PAR SÉQUENCES

Un projet PRINCE2 est planifié, suivi et contrôlé séquence par séquence.

Les séquences management permettent à la direction de disposer de points de contrôle à certains intervalles clés du projet. Chaque séquence doit être suivie d'une évaluation de l'état du projet, d'une analyse du Cas d'Affaire et des plans afin de s'assurer que le projet reste viable, et d'une décision concernant la poursuite du projet.

La division du projet en plusieurs séquences permet d'ajuster l'étendue du contrôle de la direction sur le projet en fonction des priorités commerciales, des risques et de sa complexité. Les séquences plus brèves offrent un meilleur contrôle, tandis que les séquences plus longues réduisent la charge de travail de la direction.

La planification ne peut s'effectuer qu'à un niveau de détail gérable et prévisible. Il est facile de se perdre en efforts inutiles en tentant de planifier au-delà d'un horizon raisonnable. A titre d'exemple, un plan détaillé décrivant les activités de chaque membre de l'équipe au cours des 12 prochains mois risque fort d'être obsolète au bout de quelques semaines à peine. L'élaboration d'un Plan d'équipe détaillé à court terme et d'une ébauche de plan à long terme constitue une approche plus efficace.

PRINCE2 surmonte ce problème de la planification à long terme en :

- Divisant le projet en plusieurs séquences de management ;
- Etablissant un Plan de Projet de haut niveau et un Plan de Séquence détaillé (pour la séquence en cours) ;
- Planifiant, déléguant, suivant et contrôlant le projet séquence par séquence.

PRINCE2 nécessite au moins deux séquences management : une séquence d'initialisation et une ou plusieurs séquences management supplémentaires.

2.5 MANAGEMENT PAR EXCEPTION

Un projet PRINCE2 comporte des tolérances définies pour chaque objectif du projet en vue d'établir les limites de l'autorité déléguée.

PRINCE2 facilite la mise en place d'une gouvernance appropriée en définissant des responsabilités distinctes en matière de **direction**, de **management** et de **livraison** du projet, et en définissant clairement la redevabilité à chaque niveau. La redevabilité s'établit :

- En déléguant l'autorité d'un niveau de management à l'autre et en établissant des tolérances pour chaque niveau du plan par rapport à six objectifs :
  - **durée** : variation positive ou négative de temps par rapport aux dates d'achèvement cibles ;
  - **coûts** : variation positive ou négative des coûts par rapport au budget prévu ;
  - **qualité** : variation positive ou négative par rapport à l'objectif de qualité (par ex. le poids cible du produit doit être de 300 g, avec une tolérance de -5 g à +10 g) ; = profondeur
  - **périmètre** : variation admissible des produits du plan (par ex. besoins impératifs/souhaitables) ; = étendue
  - **risque** : limites par rapport aux risques cumulés du plan (par ex. le coût des menaces cumulées doit rester inférieur à 10 % du budget du plan) ou à une menace individuelle (par ex. menace pour le service opérationnel) ;
  - **bénéfice** : variation positive ou négative par rapport à un objectif d'amélioration (par ex. une réduction de coût de 30–40 %).
- En établissant des contrôles en vue de référer immédiatement au niveau de management supérieur les tolérances qui menacent d'être dépassées afin qu'il puisse prendre une décision sur la marche à suivre ;
- En assurant la mise en place d'un mécanisme d'assurance afin que chaque niveau de management puisse être certain que ces contrôles sont efficaces.

La mise en œuvre du « management par exception » permet d'exploiter au mieux le temps de la direction dans la mesure où il réduit la charge de temps des cadres dirigeants, sans supprimer leur contrôle, tout en s'assurant que les décisions sont prises au niveau voulu de l'organisation.

2.6 FOCALISATION PRODUIT

Un projet PRINCE2 se concentre sur la définition et la livraison des produits, et en particulier sur leurs besoins en matière de qualité.

Pour aboutir, le projet doit être axé sur les produits et non sur les activités. Un projet axé sur les produits convient de et les définit avant d'entreprendre les activités nécessaires pour les produire. L'ensemble des produits convenus définit donc le périmètre du projet et forme la base de la planification et du contrôle.

L'objectif du projet est de satisfaire aux exigences des parties prenantes, conformément à la justification pour l'entreprise. Pour ce faire, il doit y avoir une compréhension commune des produits requis et des exigences qualité afférentes. La finalité d'un projet peut être interprétée de nombreuses manières à moins qu'il n'y ait une compréhension explicite des produits devant être générés et de leurs critères d'évaluation individuelle.

Un projet PRINCE2 fait appel à des Descriptions de Produit pour clarifier cet aspect en définissant la finalité, la composition, l'origine, le format, les critères qualité et la méthode qualité de chaque produit. Les Descriptions de Produits permettent de déterminer les prévisions d'effort, les besoins en ressources, les dépendances et les calendriers d'activité.

La « focalisation produit » supporte la quasi-totalité des aspects de PRINCE2 : la planification, les responsabilités, les rapports d'état, la qualité, la maîtrise des changements, le périmètre, la gestion de la configuration, l'acceptation des produits et la gestion des risques.

Sans focalisation produit, les projets seraient exposés à de nombreux risques importants, tels que les conflits d'acceptation, les reprises, les changements incontrôlés (dépassement du périmètre), le mécontentement des utilisateurs et la sous-estimation des activités d'acceptation.

2.7 ADAPTATION À L'ENVIRONNEMENT DE PROJET

PRINCE2 s'adapte en fonction de l'environnement, de la taille, de la complexité, de l'importance, du potentiel et du niveau de risque du projet.

PRINCE2 présente l'avantage d'être une méthode de management de projet universelle qui peut être appliquée indépendamment du type de projet, de l'organisation, du territoire géographique ou de la culture. Cette méthode convient à tous les projets, car elle est conçue pour s'adapter à leurs besoins spécifiques.

Si l'approche PRINCE2 n'est pas adaptée, il est peu probable que les efforts et l'approche du management de projet soient appropriés par rapport aux besoins du projet. Une telle démarche risque alors de se traduire aux deux extrêmes par un management de projet « robotique » (la méthode est suivie sans remise en question) ou « héroïque » (la méthode n'est pas suivie du tout).

L'adaptation vise à assurer :

- Que la méthode de management de projet renvoie à l'environnement de projet (par ex. en alignant la méthode sur les processus d'affaires qui peuvent régir et supporter le projet, tels que les ressources humaines, les finances et les achats) ;
- Que les contrôles du projet sont basés sur la taille du projet ainsi que sur sa complexité, son importance, son potentiel et son niveau de risque (par ex. la fréquence et le caractère formel du reporting et des revues).

L'adaptation exige du Chef de Projet et du Comité de Pilotage de Projet qu'ils prennent une décision active sur la manière dont la méthode sera appliquée, et fournissent des lignes directrices. Lorsqu'on adapte PRINCE2, il convient de ne pas perdre de vue que la méthode a besoin d'informations (pas nécessairement de documents) et de décisions (pas nécessairement de réunions).

Afin d'être certain que toutes les parties impliquées dans le projet comprennent bien les modalités d'utilisation de PRINCE2, la Documentation d'Initialisation de Projet devra stipuler la manière dont la méthode sera adaptée à ce projet particulier.

3 Présentation des thèmes PRINCE2

3 Présentation des thèmes PRINCE2

3.1 QU'ENTEND-ON PAR THÈMES ?

Les thèmes PRINCE2 renvoient aux aspects du management de projet qui doivent être abordés en permanence. En accordant une attention soutenue à ces thèmes, le Chef de Projet s'acquittera de son rôle de manière professionnelle.

La force de PRINCE2 réside cependant dans la manière dont les sept thèmes sont intégrés grâce au **traitement spécifique PRINCE2** de chaque thème : tous les thèmes sont donc conçus avec soin afin d'être reliés les uns aux autres.

Les processus PRINCE2 portent sur le flux chronologique du projet et mêlent les actions relatives aux différents thèmes. Le fil logique qui parcourt chaque thème est ici mis en valeur et des lignes directrices plus détaillées sont fournies pour amplifier les activités du processus. Le Tableau 3.1 énumère les sept thèmes PRINCE2 et les chapitres qui leur correspondent.

Tableau 3.1 Thèmes PRINCE2

Thème	Description	Répond à la question	Chapitre
Cas d'Affaire	Le projet débute par une idée susceptible d'offrir une valeur potentielle à l'organisation concernée. Ce thème examine la manière dont l'idée est développée en une proposition d'investissement viable pour l'organisation ainsi que la façon dont le management de projet ne dévie pas des objectifs de l'organisation tout au long du projet.	Pourquoi ?	4
Organisation	L'organisation qui sponsorise le projet doit assigner le travail aux managers qui en assument alors la responsabilité et le mènent à bien. Les projets étant interfonctionnels, les structures hiérarchiques normales ne conviendront pas. Ce thème décrit les rôles et responsabilités au sein de l'équipe de projet PRINCE2 temporaire, qui doit être mise en place pour gérer efficacement le projet.	Qui ?	5
Qualité	L'idée initiale se présente sous la forme d'une ébauche générale. Ce thème explique comment cette ébauche sera ensuite développée afin que tous les participants comprennent les attributs qualité des produits devant être livrés, et la manière suivant laquelle le management de projet s'assurera que ces besoins seront satisfaits.	Quoi ?	6
Plans	Les projets PRINCE2 progressent à partir d'une série de plans approuvés. Ce thème complète le thème Qualité en décrivant les étapes nécessaires pour développer les plans et les techniques PRINCE2 qui doivent s'appliquer. Dans PRINCE2, les plans sont en adéquation avec les besoins en personnel aux différents niveaux de l'organisation. Ils sont au centre des efforts de communication et de contrôle tout au long du projet.	Comment ? Combien ? Quand ?	7
Risque	Les projets présentent généralement plus de risques qu'une activité opérationnelle stable. Ce thème examine la manière dont le management de projet gère les incertitudes des plans et de l'environnement de projet plus général.	Que se passera-t-il si ?	8
Changement	Ce thème décrit la manière dont le management de projet évalue et réagit face à des incidences qui peuvent avoir un impact sur les aspects référencés du projet (ses plans et produits achevés). Les incidences pourront être des problèmes généraux imprévus, des requêtes de changement ou des défaillances de qualité.	Quel est l'impact ?	9
Progression	Ce thème examine la viabilité continue des plans. Il explique le processus décisionnel d'approbation des plans, le suivi des performances réelles et le processus de remontée si les événements ne se déroulent pas conformément au plan. En fin de compte, le thème Progression détermine si et comment le projet doit se poursuivre.	Où sommes-nous actuellement ? Où allons-nous ? Devons-nous continuer ?	10

3.2 APPLIQUER LES THÈMES

Si ces sept thèmes doivent être impérativement appliqués dans le projet, ils doivent être également **adaptés** en fonction de la taille, de la nature et de la complexité du projet concerné.

Les thèmes peuvent être adaptés dans les deux sens, c'est-à-dire qu'on pourra introduire une documentation détaillée et une discipline de processus supplémentaires pour les projets complexes ou à haut risque, tandis que des présentations concises sous forme de liste et des processus plus informels pourront convenir à des projets plus simples et à faible risque.

3.3 FORMAT DES THÈMES

Tous les chapitres de thèmes sont structurés comme suit :

- **Finalité** : quelle importance pour la bonne livraison du projet ?
- **Thème défini** : termes et définitions utilisés ;
- **L'approche PRINCE2 du thème** : traitement spécifique de tout aspect particulier du management de projet nécessaire pour que le processus PRINCE2 soit totalement efficace ;
- **Responsabilités** : spécifiques au thème clé de chaque rôle PRINCE2.

4 Cas d'Affaire

4. Cas d'Affaire

4.1. FINALITÉ

Le thème Cas d'Affaire a pour objectif d'établir les mécanismes qui permettront de juger si le projet est (et demeure) souhaitable, viable et réalisable, en vue d'étayer les décisions concernant son investissement (continu).

L'un des principes PRINCE2 veut que **le projet démontre une justification continue pour l'entreprise.**

La justification pour l'entreprise est la raison d'être du projet. Aucun projet ne saurait démarrer sans elle. Si la justification pour l'entreprise est valide au début du projet, mais disparaît une fois celui-ci lancé, le projet doit être arrêté ou modifié.

Dans PRINCE2, la justification pour l'entreprise est documentée dans un Cas d'Affaire qui décrit les raisons du projet en se basant sur les prévisions de coûts, de risques et les bénéfices attendus.

Les raisons qui incitent une organisation à entreprendre un projet doivent être au cœur du processus décisionnel. Lorsqu'un projet est confronté à des changements ou à des risques, l'analyse d'impact doit se concentrer sur le Cas d'Affaire, tout en gardant à l'esprit que le projet n'est qu'un moyen pour arriver à une fin, et non une fin en soi.

La décision continue et omniprésente concernant le Cas d'Affaire est de savoir si le projet peut (toujours) être justifié. Il convient de déterminer si le projet est souhaitable (équilibre coûts/bénéfices/risques), viable (le projet peut livrer les produits) et réalisable (les produits peuvent apporter les bénéfices attendus).

L'Utilisateur Principal ou les Utilisateurs Principaux ont pour responsabilité de spécifier les bénéfices, avant de les réaliser par le biais des produits fournis par le projet. L'Exécutif est chargé de s'assurer que les bénéfices spécifiés par l'Utilisateur Principal ou les Utilisateurs Principaux représentent un investissement de valeur, sont alignés sur les objectifs de l'entreprise et sont réalisables.

Dans PRINCE2, le Cas d'Affaire est développé au début du projet et maintenu tout au long du cycle de vie du projet, tout en étant vérifié de manière formelle par le Comité de Pilotage de Projet à chaque point de prise de décision clé, tels que les évaluations de fin de séquence, et les bénéfices sont confirmés dès qu'ils commencent à se concrétiser. Dans certains cas, le projet peut être initialisé à partir d'un Cas d'Affaire préexistant (fourni par la Direction de l'Entreprise ou de Programme), auquel cas il sera affiné durant l'initialisation.

4.2. DÉFINITION DU CAS D'AFFAIRE

4.2.1. Qu'est-ce qu'un Cas d'Affaire ?

Le Cas d'Affaire contient toutes les informations nécessaires pour juger si le projet est (et demeure) souhaitable, viable et réalisable, et s'il justifie par-là même l'investissement consenti.

Le Comité de Pilotage de Projet et les parties prenantes doivent avoir en permanence la certitude que le projet demeure viable. Dans PRINCE2, le Cas d'Affaire constitue le test vital de la viabilité du projet et répond à la question : « L'investissement dans ce projet est-il toujours justifié ? »

Dans la mesure où la question de la viabilité revient continuellement, le Cas d'Affaire n'est pas statique. Il ne doit pas être uniquement utilisé pour obtenir le financement initial du projet, mais doit être activement maintenu tout au long du cycle de vie du projet et être continuellement actualisé en fonction de l'évolution des coûts, des risques et des bénéfices.

En matière de décisions d'investissement, il est important de déterminer la nature des bénéfices que l'on pourra réaliser, et à quel moment, avec quel degré de risque et à partir de quel niveau d'investissement on pourra les réaliser. Les projets doivent être évalués en fonction de leur contribution aux objectifs de l'entreprise. Ce type d'analyse permet d'établir une comparaison entre les différents projets, afin que l'organisation puisse investir dans le meilleur projet possible.

4.2.2. Livrables, résultats et bénéfices

Dans PRINCE2 :

- Un **livrable** du projet est un produit spécialiste du projet (tangible ou intangible) ;
- Un **résultat** est la conséquence du changement à la suite de l'utilisation des livrables du projet ;
- Un **bénéfice** est l'amélioration mesurable découlant d'un résultat et qui est perçue comme un avantage par une ou plusieurs parties prenantes.

Exemple de livrable, de résultat et de bénéfices

Livrable : nouveau système de vente

Résultat : traitement plus rapide et plus précis des commandes

Bénéfices : réduction de 10 % des coûts, hausse de 15 % du volume de commandes et hausse de 10 % du chiffre d'affaires annuel

Dans la mesure où les résultats et les bénéfices du projet ne sont souvent réalisés qu'une fois le projet clos, le projet pourra avoir tendance à ne se concentrer que sur la création des produits (les livrables). Le lien entre les livrables du projet, les résultats et les bénéfices doit être clairement identifié et porté à l'attention des parties concernées, faute de quoi on risque de perdre de vue l'objectif original du projet.

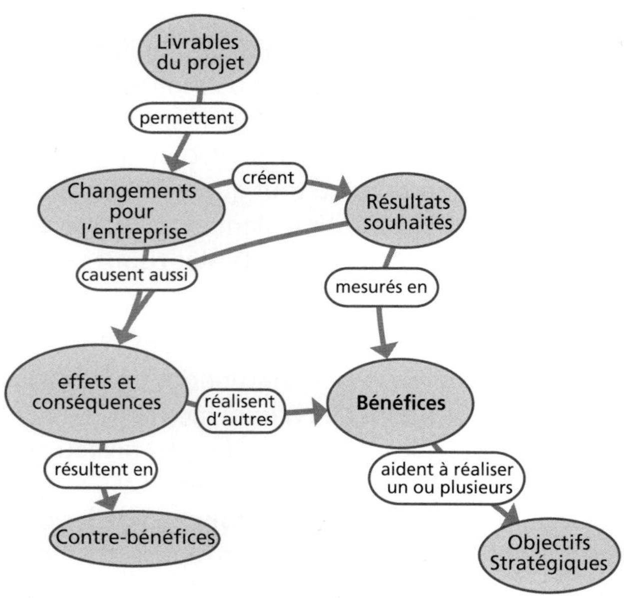

Fig. 4.1 Relation entre les livrables, les résultats et les bénéfices

4.2.3. Types de Cas d'Affaire

Les raisons qui amènent à entreprendre un projet varient considérablement et sont en grande partie tributaires de leur environnement. La nature du projet détermine les objectifs qui permettront de vérifier la désirabilité du projet et de confirmer ultérieurement que les produits du projet ont satisfait à ces objectifs. Ces objectifs seront mesurés de manière différente en fonction du type de projet, selon qu'il s'agit, par exemple :

- d'un projet obligatoire ;
- d'un projet à but non lucratif ;
- d'un projet en évolution ;
- d'un projet client/fournisseur ;
- d'un projet regroupant plusieurs organisations.

Certains de ces projets pourront être essentiellement mesurés à partir de leur « retour sur investissement », tandis que d'autres (et plus particulièrement les projets obligatoires ou sans but lucratif) s'appuieront sur des bénéfices non financiers.

Quel que soit le type de mesure utilisé, la question suivante reviendra constamment : « Pour ce niveau d'investissement, les bénéfices anticipés sont-ils plus souhaitables, viables et réalisables que ceux des autres options disponibles ? » On se reportera au Chapitre 19 pour plus d'informations sur la manière dont l'environnement de projet affecte le Cas d'Affaire.

4.3. L'APPROCHE PRINCE2 DU CAS D'AFFAIRE

Dans PRINCE2, le Cas d'Affaire est **développé** au début du projet et **maintenu** tout au long du cycle de vie du projet, tout en étant **vérifié** de manière formelle par le Comité de Pilotage de Projet à chaque point de prise de décision clé, tels que les évaluations de fin de séquence, et **confirmé** au fur et à mesure que les bénéfices se concrétisent.

Dans ce contexte, ces termes auront les définitions suivantes :

- **Développer** : obtenir les informations voulues en vue d'étayer les décisions ;
- **Vérifier** : s'assurer que le projet est (toujours) justifié ;
- **Maintenir** : actualiser le Cas d'Affaire à partir des coûts et des bénéfices réels et estimés ;

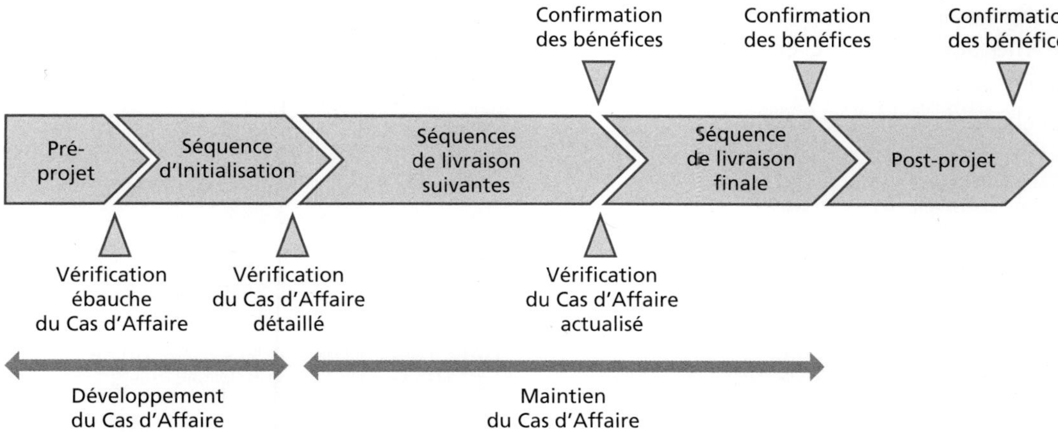

Fig. 4.2 Le chemin de développement du Cas d'Affaire

- **Confirmer** : examiner si les bénéfices attendus ont été (ou seront) réalisés. La confirmation des bénéfices intervient la plupart du temps après la clôture du projet.

Le Cas d'Affaire est au cœur de toute évaluation d'impact des risques, incidences et changements et pose la question suivante : « Dans quelle mesure ce risque, cette incidence ou ce changement affecteront-ils la viabilité du Cas d'Affaire, des objectifs de l'entreprise et des bénéfices recherchés ? »

4.3.1. Développer le Cas d'Affaire

Dans PRINCE2, l'Exécutif est responsable du Cas d'Affaire. Cela ne signifie pas nécessairement que l'Exécutif rédige le Cas d'Affaire, mais plus simplement qu'il est chargé de s'assurer que le Cas d'Affaire est rédigé et approuvé.

Le développement du Cas d'Affaire peut être délégué à un analyste d'entreprise par exemple ou même au Chef de Projet. Dans certains cas, la direction de programme pourra fournir un Cas d'Affaire approuvé dans le cadre de l'Exposé du Projet. Quelle que soit la partie chargée de développer le Cas d'Affaire, il est important de s'assurer qu'elle possède les compétences métier nécessaires (et qu'elle comprenne par exemple la différence entre une prévision de trésorerie, un compte de résultat et un bilan). Dans le cas contraire, le Comité de Pilotage de Projet envisagera de faire appel à une fonction d'Assurance Projet pour faciliter le développement du Cas d'Affaire.

L'ébauche du Cas d'Affaire est dérivée du mandat de projet et développée avant le projet au cours du processus Elaborer le Projet en vue d'obtenir l'aval du Comité de Pilotage de Projet pour initialiser le projet (processus Diriger le Projet).

Le Cas d'Affaire détaillé est dérivé de l'ébauche du Cas d'Affaire, du Plan de Projet (coûts, durée, produits) et du Registre des Risques. En raison des éléments requis pour développer le Cas d'Affaire, son développement est itératif. Il doit y avoir une justification initiale pour poursuivre le projet, mais l'ébauche du Cas d'Affaire reposera sur des estimations de coûts et de durée tout au plus approximatives jusqu'à ce que le projet puisse être planifié en détail. La définition plus précise des coûts et de la durée pourra modifier la désirabilité, la viabilité et la faisabilité du projet et par-là même son approche, entraînant alors une replanification.

4.3.2. Vérifier et maintenir le Cas d'Affaire

Le Cas d'Affaire est au cœur du processus décisionnel en s'assurant que le projet conserve toute sa justification et que les objectifs d'affaires et les bénéfices recherchés peuvent être réalisés.

Pour ce faire, le Cas d'Affaire doit être revu :

- A la fin du processus Elaborer le Projet par le Comité de Pilotage de Projet en vue d'autoriser l'initialisation du projet sur la base d'une justification raisonnable ;
- A la fin du processus Initialiser le Projet par le Comité de Pilotage de Projet en vue d'autoriser le projet ;
- Dans le cadre de toute évaluation d'impact effectuée par le Chef de Projet en cas de nouvelles incidences ou de nouveaux risques ou d'incidences ou de risques révisés ;

- En conjonction avec un Plan d'Exception par le Comité de Pilotage de Projet, en vue d'autoriser la séquence révisée et la poursuite du projet ;
- A la fin de chaque séquence par le Chef de Projet afin de déterminer s'il convient d'actualiser les coûts, les durées, les risques ou les bénéfices ;
- A la fin de chaque séquence par le Comité de Pilotage de Projet, afin d'autoriser la séquence suivante et la poursuite du projet ;
- Durant la séquence finale par le Chef de Projet, afin d'évaluer les performances du projet par rapport à ses besoins et la probabilité que les résultats apporteront les bénéfices attendus ;
- Dans le cadre de la revue des bénéfices (probablement par la Direction de l'Entreprise ou de Programme), afin de déterminer si les résultats du projet se sont traduits par les bénéfices recherchés.

Il incombe à l'Exécutif d'assurer aux parties prenantes du projet que celui-ci reste en permanence souhaitable, viable et réalisable. L'Exécutif ne doit pas se reposer sur les seules évaluations de fin de séquence pour former son jugement et doit faire appel à l'Assurance Projet.

La section évaluation de l'investissement du Cas d'Affaire fournit au Comité de Pilotage de Projet les informations nécessaires pour vérifier que le Cas d'Affaire justifie l'autorisation ou la poursuite du projet.

Exemple de Cas d'Affaire non vérifié

Un projet de construction d'une attraction touristique à Londres a été justifié en affirmant qu'il attirerait 12 millions de visiteurs dès la première année. Les recettes potentielles de cette attraction ont également été déterminées en fonction du nombre de visiteurs estimé. L'équipe de projet étant tenue de construire « une attraction hors pair », le budget du projet a été fixé à un seuil de rentabilité de 11 millions de visiteurs. Le chiffre projeté de 12 millions de visiteurs reposait sur une hypothèse non vérifiée et s'est avéré considérablement plus élevé que le chiffre réel de 4,5 millions de visiteurs. En termes de projet, la réussite était au rendez-vous : l'attraction a ouvert ses portes dans les délais prévus, s'est située dans une fourchette de 5 % par rapports aux coûts budgétés et a offert toutes les infrastructures requises (satisfaisant ainsi aux critères d'acceptation). Mais le déficit de visiteurs a considérablement réduit les recettes, si bien que les subventions de l'Etat sont passées de 399 millions à 628 millions de livres sterling. Le projet s'est soldé par un désastre sur le plan commercial et des relations publiques, ce qui démontre que la livraison d'un projet, dans les limites de temps et de budget imparties et conformément aux spécifications voulues, n'est pas une garantie de succès si les bénéfices attendus reposent sur des hypothèses erronées.

4.3.3. Confirmer les bénéfices

En matière de confirmation des bénéfices, l'approche consiste à :

- Identifier les bénéfices ;
- Sélectionner des mesures objectives capables de prouver de façon fiable que les bénéfices ont bien été réalisés ;
- Collecter les mesures référencées (à partir desquelles les améliorations seront quantifiées) ;
- Décider comment, quand et par qui les mesures des bénéfices seront collectées.

L'Utilisateur Principal ou les Utilisateurs Principaux spécifient les bénéfices et il leur appartient de démontrer à la Direction de l'Entreprise ou de Programme que les bénéfices prévus, qui sont à la base de l'approbation du projet, ont bien été réalisés. Cette approche pourra nécessiter un engagement au-delà de la vie du projet, car il est probable que bon nombre des bénéfices ne seront réalisés qu'après la clôture du projet.

On se retrouvera donc confronté à un dilemme, puisque l'« organisation temporaire » sera démantelée une fois le projet clos, ainsi que l'infrastructure (et en particulier le financement et les ressources) nécessaire aux activités de mesure.

Pour surmonter ce problème, PRINCE2 définit un Plan de Revue des Bénéfices. Le Plan de Revue des Bénéfices du projet s'appuie sur le Cas d'Affaire détaillé pour définir le périmètre, le calendrier et les responsabilités d'un certain nombre de revues en fonction du calendrier et de la nature des bénéfices attendus.

L'Exécutif est chargé, par défaut, de s'assurer que les revues des bénéfices sont planifiées et exécutées, mais il y a des circonstances où ce n'est pas toujours le cas :

- Dans le cas des projets conduits dans un environnement de programme, le Plan de Revue des Bénéfices du projet pourra être produit et exécuté par le programme, l'un des rôles du programme étant précisément de coordonner la réalisation des bénéfices de ses projets ;
- Si l'organisation dispose d'un centre d'excellence ou d'une unité de suivi des performances, celui-ci ou celle-ci pourra être chargé(e) de mesurer les bénéfices de tous les projets au sein de l'organisation ;
- Pour les activités de mesure post-projet, la responsabilité des revues des bénéfices sera transférée de l'Exécutif à la Direction de l'Entreprise ou de Programme à la clôture du projet (afin que les revues puissent être financées et dotées des ressources nécessaires).

Le Plan de Revue des Bénéfices est tout d'abord créé par le Chef de Projet au cours de la séquence d'initialisation, avant d'être soumis à l'approbation du Comité de Pilotage de Projet lors de l'autorisation du projet. Il est possible que le Comité de Pilotage de Projet ait besoin de l'approbation de la Direction de l'Entreprise ou de Programme, si celle-ci doit gérer ou participer à la revue des bénéfices. Le Plan de Revue des Bénéfices est actualisé à la fin de chaque séquence, en fonction des bénéfices réels atteints : un plan révisé est alors créé pour les revues restantes, que celles-ci s'inscrivent ou non dans le cycle de vie du projet.

Le Plan de Revue des Bénéfices pouvant être géré par le management de projet ou la Direction de l'Entreprise ou de Programme, PRINCE2 recommande de le conserver à l'écart du Plan de Projet et des Plans de Séquence.

Le Chef de Projet doit indiquer, dans le Rapport de Fin de Séquence, les bénéfices qui peuvent être mesurés durant le cycle de vie du projet. Tous les bénéfices résiduels doivent être réexaminés et leurs prévisions actualisées dans le cadre du processus Gérer une Limite de Séquence.

Dans le cadre de la ou des revues des bénéfices post-projet, la Direction de l'Entreprise ou de Programme demandera à l'Utilisateur Principal ou aux Utilisateurs Principaux d'apporter la preuve que les bénéfices individuels qui leur ont été assignés ont bien été atteints par rapport aux bénéfices promis pour justifier les coûts et les risques du projet lorsqu'il a été autorisé. La ou les revues des bénéfices post-projet examineront également les performances des produits du projet dans un environnement opérationnel, et identifieront les effets secondaires éventuels (bénéfiques ou défavorables) susceptibles de fournir des retours d'expérience utiles pour d'autres projets.

4.3.4. Contenu d'un Cas d'Affaire

Le Cas d'Affaire doit décrire les raisons du projet en se basant sur les prévisions de coûts, les risques et les bénéfices attendus. Il contient généralement les éléments suivants :

- Sommaire ;
- Raisons ;
- Options pour l'entreprise ;
- Bénéfices attendus ;
- Contre-bénéfices attendus ;
- Période d'exécution ;
- Coûts ;
- Evaluation de l'investissement ;
- Risques principaux.

On trouvera à l'Annexe A la Description de Produit d'un Cas d'Affaire. Les sections suivantes fournissent de plus amples informations sur le contenu du Cas d'Affaire.

4.3.4.1. Raisons

Le Cas d'Affaire doit spécifier les raisons **justifiant** la réalisation du projet. Le Cas d'Affaire doit être de préférence lié au contexte organisationnel et expliquer comment le projet permettra d'atteindre les stratégies et les objectifs de l'entreprise.

Les raisons seront probablement déjà définies dans le mandat de projet. Dans le cas contraire, il conviendra d'obtenir une clarification. Une organisation pourra ainsi par exemple décider de délocaliser ses bureaux en raison d'une évolution des tendances démographiques, d'une hausse du loyer, parce que ses locaux actuels sont devenus trop exigus ou pour se conformer à une nouvelle loi, telle que l'accès des personnes handicapées.

4.3.4.2. Options pour l'entreprise

Pour tout investissement, il existe trois options basiques pour l'entreprise :

- Ne rien faire
- Faire le minimum
- Faire quelque chose

L'option « Ne rien faire » constitue toujours l'option de départ et doit permettre de quantifier les autres options : la différence entre les options « ne rien faire » et « faire le minimum »/« faire quelque chose » correspond au bénéfice procuré par l'investissement.

L'analyse des différentes options fournit au Comité de Pilotage de Projet et aux parties prenantes du projet suffisamment d'informations pour déterminer l'option qui présente le plus de valeur pour l'organisation. Elle répond à la question : « Pour ce niveau d'investissement, les bénéfices anticipés sont-ils plus souhaitables, viables et réalisables que ceux des autres options disponibles ? »

Le Cas d'Affaire de l'option retenue doit faire l'objet d'une évaluation continue par rapport à sa désirabilité, sa viabilité et sa faisabilité, dans la mesure où de nouveaux risques et/ou changements pourraient justifier l'utilisation d'une autre option.

4.3.4.3. Bénéfices attendus

Le Cas d'Affaire doit énumérer tous les bénéfices potentiellement liés au résultat du projet (pour l'option retenue par l'entreprise). Il est important de définir l'état actuel de chaque bénéfice en termes quantifiables, afin de pouvoir évaluer et mesurer les améliorations une fois le projet achevé. Le Cas d'Affaire doit définir les modalités et le calendrier d'évaluation de ces améliorations. Une délocalisation des bureaux pourra par exemple se traduire par des économies sur le plan de la location d'installations de conférence, mais seulement si le nouveau site possède plus de salles de conférence.

Les bénéfices peuvent être d'ordre financier ou non financier. Mais quelle que soit leur nature, les bénéfices doivent être :

- Alignés sur les objectifs et la stratégie de l'entreprise ;
- Etablis à partir des produits et des résultats fournis par le projet ;
- Quantifiés (avec des tolérances) ;
- Mesurables ;
- Assignés.

La définition claire des responsabilités, collectives et individuelles, en matière de bénéfices est une condition essentielle pour leur bonne réalisation. Si l'Utilisateur Principal ou les Utilisateurs Principaux sont responsables de l'ensemble des bénéfices au sein de leurs domaines respectifs, la responsabilité des bénéfices individuels doit être assignée à une personne adéquate, représentant de préférence le groupe des utilisateurs affectés par le bénéfice en question.

La liste des bénéfices attendus influencera l'ensemble des produits que le projet fournira. Le projet ne doit pas contenir de produits qui ne permettent pas, directement ou indirectement, de réaliser les bénéfices recherchés. L'établissement d'une correspondance entre les produits, les résultats et subséquemment les bénéfices facilite le processus décisionnel lors de la planification et du contrôle du projet. Cette mise en correspondance permet de prendre des décisions en fonction de l'impact de la réalisation des bénéfices attendus, c'est-à-dire la justification du projet.

Dans la mesure du possible, les bénéfices doivent être exprimés de manière tangible. L'Utilisateur Principal ou l'Exécutif pourra estimer que de nombreux bénéfices sont intangibles (par exemple, un « personnel plus heureux »). Il est recommandé d'examiner soigneusement les bénéfices intangibles afin de voir s'ils peuvent être exprimés de façon mesurable. Dans le présent exemple, un « personnel plus heureux » pourra se traduire par une rotation plus faible du personnel et/ou un taux d'absentéisme lié au stress moins élevé. Tous deux pourront alors se traduire par des économies potentielles sur le plan financier.

La quantification des bénéfices permet de définir les tolérances des bénéfices (par ex. une hausse de 10–15 % des ventes), tandis que la mesurabilité des bénéfices permet de déterminer s'ils sont atteints. Si le projet comprend des bénéfices qui ne peuvent être démontrés, il sera impossible de juger si le projet :

- A été couronné de succès ;
- A été un investissement de valeur ;
- Devrait être (ou aurait dû être) initialisé.

Il existe de nombreuses manières de vérifier les bénéfices attendus. Une analyse de sensibilité peut par exemple permettre de déterminer si le Cas d'Affaire dépend fortement d'un bénéfice particulier. Si tel est le cas, cela pourra affecter les activités de planification, de suivi et de contrôle du projet ainsi que la gestion des risques, puisqu'il conviendra de prendre des mesures pour protéger ce bénéfice spécifique.

Une autre méthode consiste à examiner la réalisation des bénéfices à partir de trois perspectives différentes : Qu'attend-on réellement ? Que pourra-t-on réaliser si tout se déroule correctement ? Et quel serait le pire scénario ? Ce dernier point pourra être affecté en intégrant aux coûts une provision pour les erreurs d'estimation, les changements et les risques. Cette analyse révèle généralement si les bénéfices attendus sont raisonnables ou exagérément optimistes. Le résultat de cette analyse pourra entraîner une révision de la décision de poursuivre le projet et affecter par-là même la définition des tolérances des bénéfices.

Une fois les bénéfices définis, le Plan de Revue des Bénéfices décrira les activités d'établissement et de collecte des mesures.

4.3.4.4. Contre-bénéfices attendus

Un contre-bénéfice est un résultat perçu comme négatif par une ou plusieurs parties prenantes. Les contre-bénéfices sont les conséquences réelles d’une activité alors que, par définition, un risque présente un certain degré d’incertitude quant à sa matérialisation.

La décision, par exemple, de fusionner deux éléments d'une même organisation sur un nouveau site pourra s'accompagner de bénéfices (par ex. une meilleure collaboration), de coûts (par ex. l'expansion de l'un des deux sites) et de contre-bénéfices (par ex. une baisse de la productivité durant la fusion). Tous ces aspects devront être pris en compte et soupesés dans le cadre de l'évaluation de l'investissement.

4.3.4.5. Période d'exécution

La direction de l'entreprise et/ou de programme a besoin de connaître :

- La période durant laquelle les coûts du projet seront encourus ;
- La période de base de l'analyse des coûts/bénéfices ;
- Quand l'organisation peut espérer réaliser les bénéfices ;
- La date de début la plus proche/tardive possible ;
- La date d'achèvement la plus proche/tardive possible.

L'identification de la durée nécessaire du projet peut contribuer à déterminer les tolérances et le calendrier des revues des bénéfices.

4.3.4.6. Coûts

Le Cas d'Affaire doit résumer les coûts dérivés du Plan de Projet ainsi que les hypothèses sur lesquelles ils reposent. Les coûts doivent également comprendre le détail des coûts des opérations courantes et de maintenance aux côtés de leurs dispositions de financement.

4.3.4.7. Evaluation d'investissement

Grâce aux informations du Cas d'Affaire, il est possible et nécessaire de comparer les coûts de développement, des opérations courantes et de maintenance à la valeur des bénéfices sur une période de temps donnée (ce que l'on désigne souvent sous le terme d'évaluation d'investissement). L'évaluation d'investissement pourra porter sur une période définie de plusieurs années ou sur la durée de vie des produits. L'autorité commanditaire pourra également avoir prescrit des règles de comptabilité définissant la manière dont l'investissement doit être évalué.

L'évaluation d'investissement doit couvrir les coûts du projet (nécessaires pour générer les produits requis et les coûts de management de projet) ainsi que les coûts des opérations courantes et de maintenance. A titre d'exemple, l'estimation des coûts d'une délocalisation des bureaux couvrira les coûts de projet relatifs aux activités de déménagement, les coûts des nouvelles fournitures de bureau, les pénalités liées à la résiliation des contrats de service des locaux actuels et la hausse du loyer/des impôts locaux et des frais de service des nouveaux locaux.

4.3.4.8. Risques principaux

Toute opportunité s'accompagne généralement d'un élément de risque. Avant de pouvoir juger de la « justification pour l'entreprise », le Comité de Pilotage de Projet doit non seulement comprendre les bénéfices et les coûts du projet, mais aussi l'ensemble des risques susceptibles de réduire/renforcer les bénéfices ou de réduire/augmenter les coûts.

Le Cas d'Affaire doit comprendre un résumé des risques cumulés (de préférence sous la forme d'un résumé du profil des risques) et mettre en évidence les principaux risques qui auront un impact sur les objectifs de l'entreprise et les bénéfices (couvrant ainsi à la fois la livraison du projet et les opérations courantes et la maintenance). Par exemple, les risques liés à une délocalisation des bureaux pourront comprendre des frais imprévus (par ex. désamiantation) ou avoir un impact sur la continuité des affaires (par ex. perte de collaborateurs clés refusant d'être délocalisés).

Techniques d'évaluation d'investissement

Les techniques d'évaluation d'investissement comprennent :

- **Coûts de service cumulés** : analyse du coût d'exécution total et des coûts des opérations incrémentales courantes et de maintenance ;
- **Bénéfices nets** : analyse de la valeur totale des bénéfices, moins les coûts d'exécution et des opérations courantes calculés sur une période définie ;
- **Retour sur investissement (RSI)** : bénéfices ou économies résultant des investissements (identiques aux bénéfices nets, si les bénéfices étaient uniquement de nature financière) ;
- **Délai de récupération** : calcul de la période de temps nécessaire au RSI pour « rembourser » la somme de l'investissement original ;
- **Etat des flux de trésorerie** : méthode permettant d'exprimer les futurs bénéfices à partir de la valeur de l'argent actuelle. Les états des flux de trésorerie peuvent comprendre des ajustements au risque si l'entreprise n'est pas certaine que tous les bénéfices se matérialiseront ;
- **Valeur actualisée nette** : la valeur actualisée de la trésorerie nette future d'un investissement moins le coût initial de l'investissement. Par exemple, si l'inflation est à 6 %, la valeur de l'argent se divisera par deux environ tous les 12 ans. Si un projet prévoit qu'un bénéfice de € 500 000 se matérialisera au bout de 12 ans, ce bénéfice ne vaudra aujourd'hui que € 250 000 ;
- **Analyse de sensibilité** : les Cas d'Affaire reposent sur des prévisions incertaines. Afin de déterminer la robustesse d'un Cas d'Affaire, il est important de comprendre la relation entre les données d'entrée (par ex. coûts du projet, durée d'exécution, qualité, périmètre, risque du projet) et les éléments de sortie (par ex. coûts des opérations courantes et de maintenance, bénéfices commerciaux et risques commerciaux). L'analyse de sensibilité consiste à modifier les données d'entrée jusqu'à obtention du point à partir duquel les éléments de sortie ne justifient plus l'investissement. Par exemple, un projet sera justifié s'il peut être effectué en quatre mois, mais cessera de l'être si sa durée est de six mois.

4.4. RESPONSABILITÉS

Le Tableau 4.1 décrit les responsabilités relatives au thème Cas d'Affaire. On se reportera à l'Annexe C pour plus de renseignements sur les rôles de l'équipe de projet et ses responsabilités connexes.

Tableau 4.1 Responsabilités liées au thème Cas d'Affaire

Rôle	Responsabilités
Direction de l'Entreprise ou de Programme	Fournit le mandat de projet et définit les normes de développement du Cas d'Affaire.
	Charge l'Utilisateur Principal ou les Utilisateurs Principaux de réaliser les bénéfices post-projet suite à l'utilisation des produits du projet.
	Responsable du Plan de Revue des Bénéfices (post-projet).
Exécutif	Responsable du Cas d'Affaire pendant toute la durée du projet.
	Responsable du Plan de Revue des Bénéfices (pendant toute la durée du projet), à moins que celui-ci ne soit pris en charge par la Direction de l'Entreprise ou de Programme.
	Supervise le développement d'un Cas d'Affaire viable, s'assure que le projet est aligné sur les stratégies de l'entreprise et obtient le financement du projet.
Utilisateur Principal/ Utilisateurs Principaux	Spécifient les bénéfices à partir desquels le Cas d'Affaire sera approuvé.
	Spécifient le résultat escompté du projet.
	S'assurent que le projet génère des produits qui se traduiront par les résultats souhaités.
	S'assurent que les bénéfices attendus (dérivés des résultats du projet) sont réalisés.
	Comparent les bénéfices réels aux bénéfices prévus dans le cadre des revues des bénéfices.
Fournisseur Principal/ Fournisseurs Principaux	Responsables des Cas d'Affaire du fournisseur (le cas échéant) – voir section 19.6.1.1.
	Confirment que les produits requis peuvent être livrés dans les limites de coûts prévues et sont viables.
Chef de Projet	Prépare le Cas d'Affaire pour le compte de l'Exécutif.
	Effectue l'analyse d'impact des nouvelles incidences et des nouveaux risques ou des incidences/risques révisés susceptibles d'affecter la désirabilité, la viabilité ou la faisabilité du projet par rapport à la base de départ ayant servi à approuver le projet.
	Evalue et actualise le Cas d'Affaire à la fin de chaque séquence management.
	Evalue et communique les performances du projet lors de la clôture du projet.
Assurance Projet (responsabilités de l'assurance entreprise)	Contribue au développement du Cas d'Affaire.
	Vérifie et assure le suivi du Cas d'Affaire par rapport aux événements externes et à la progression du projet.
	S'assure que le projet est conforme à la stratégie globale de l'entreprise ou du programme.
	Surveille le financement du projet pour le compte du client.
	S'assure que la solution offrant le meilleur rapport qualité/prix est constamment réévaluée.
	Surveille les changements apportés au Plan de Projet afin d'identifier tout impact éventuel sur les besoins de l'entreprise ou du Cas d'Affaire.
	Analyse l'évaluation d'impact des changements potentiels sur le Cas d'Affaire et le Plan de Projet.
	Vérifie le Plan de Revue des Bénéfices et s'assure qu'il est aligné sur la Direction de l'Entreprise ou de Programme.
Support Projet	Le Cas d'Affaire doit avoir un référentiel et être soumis à la gestion de la configuration. Le Support Projet doit informer le Chef de Projet de tout changement, proposé ou réel, apporté aux produits et qui affecte le Cas d'Affaire.

5 Organisation

5 Organisation

5.1 FINALITÉ

Le thème Organisation a pour objectif de définir et d'établir la structure des redevabilités et des responsabilités (le qui ?) du projet.

PRINCE2 repose sur un environnement client/fournisseur. Cette structure suppose qu'il y a un client qui spécifie le résultat désiré et qui paye probablement pour le projet, et un fournisseur qui apporte les ressources et les compétences nécessaires pour produire ce résultat.

Tout projet a besoin d'une direction, d'un management, d'un contrôle et d'une communication efficaces. Pour réussir, il est essentiel d'établir une structure d'équipe de projet et une stratégie de communication efficaces dès le début du projet, et de les maintenir tout au long du cycle de vie du projet.

L'un des principes de PRINCE2 est que tout projet a besoin d'une structure organisationnelle définie pour unifier les différentes parties dans la poursuite des objectifs communs du projet et pour permettre une gouvernance de projet et des prises de décision efficaces.

Une bonne équipe de projet doit :

- Inclure des personnes représentant les parties prenantes de l'entreprise, des utilisateurs et des fournisseurs ;
- Assurer une gouvernance appropriée en définissant les responsabilités pour diriger, manager et livrer le projet et en définissant clairement les redevabilités à chaque niveau ;
- Passer régulièrement en revue les rôles du projet pour s'assurer qu'ils restent efficaces ;
- Mettre en place une stratégie efficace pour gérer les flux de communication entre les parties prenantes.

5.2 DÉFINITION DE L'ORGANISATION

5.2.1 Projet

PRINCE2 définit un projet comme « une organisation temporaire, créée en vue de livrer un ou plusieurs produits d'entreprise conformément à un Cas d'Affaire convenu ». Il doit être flexible et demandera probablement une vaste base de compétences pour une période de temps relativement courte.

5.2.2 Programme

Un projet peut se dérouler en tant qu'entité indépendante ou peut faire partie d'un programme de projets liés. Un programme est une structure organisationnelle temporaire souple, créée pour coordonner, diriger et superviser la mise en œuvre d'un ensemble de projets et d'activités connexes en vue de livrer les résultats et bénéfices liés aux objectifs stratégiques de l'organisation. La durée de vie d'un programme dépassera probablement celle d'un projet individuel. Un projet faisant partie d'un programme peut être affecté par la structure du programme et les exigences de reporting.

5.2.3 Organisation de l'entreprise

Qu'un projet fasse partie d'un programme ou non, il existera dans le contexte plus vaste d'une organisation d'entreprise. Les structures organisationnelles d'entreprise peuvent varier entre des structures fonctionnelles « traditionnelles », où le personnel est organisé par type de travail (par exemple, marketing, finance, ventes etc., avec des liens hiérarchiques clairs), et des organisations d'entreprise orientées projet, où les équipes de projet sont la norme, en passant par des variantes intermédiaires.

5.2.4 Rôles et missions

Afin de rester flexible et de satisfaire les besoins d'environnements et de tailles de projet variés, PRINCE2 ne définit pas les **missions** de management à affecter individuellement aux personnes. PRINCE2 définit des **rôles**, et chaque rôle est défini par un ensemble de responsabilités associées. Les rôles peuvent être partagés ou combinés selon les besoins du projet mais les responsabilités doivent toujours être attribuées. Quand des rôles sont combinés, il faut tenir compte des conflits de responsabilité, de la capacité d'une personne à assumer les responsabilités combinées et du risque éventuel de goulots d'étranglement créés en conséquence.

5.2.5 Les trois intérêts du projet

Selon le principe PRINCE2 de « rôles et responsabilités définis », un projet PRINCE2 aura toujours trois catégories principales de parties prenantes et, pour que le projet puisse réussir, il devra satisfaire les intérêts de ces trois catégories. La Figure 5.1 présente les trois principaux intérêts constituant le Comité de Pilotage de Projet. PRINCE2 recommande que les intérêts de l'entreprise, des utilisateurs et des fournisseurs soient continuellement représentés dans le Comité de Pilotage de Projet pour qu'il soit complet.

- **Entreprise** Les produits du projet doivent répondre à un besoin de l'entreprise qui justifiera l'investissement dans le projet. Le projet doit également représenter un investissement de valeur. Par conséquent, le point de vue de l'entreprise doit être représenté pour garantir que ces deux conditions préalables sont réunies avant de s'engager dans un projet et qu'elles subsistent tout au long du projet. Le rôle de l'Exécutif est défini pour veiller aux intérêts de l'entreprise ;
- **Utilisateur** PRINCE2 fait la distinction entre les intérêts de l'entreprise et les exigences de ceux qui utiliseront les produits du projet. Le point de vue utilisateur doit représenter les individus ou groupes pour qui tout ou partie des points ci-dessous s'appliqueront :
  - ils utiliseront les produits du projet pour réaliser les bénéfices une fois le projet achevé ;
  - ils exploiteront, maintiendront ou assureront le support des produits du projet ;
  - ils seront affectés par les produits du projet.

  La présence d'utilisateurs est nécessaire pour spécifier les produits attendus et pour s'assurer que le projet va bien les livrer. Le ou les Utilisateurs Principaux représenteront les intérêts de cette partie prenante au Comité de Pilotage de Projet.
- **Fournisseur** La création des produits du projet nécessitera des ressources possédant des compétences particulières. Le point de vue fournisseur doit représenter ceux qui fournissent les compétences nécessaires et produisent le produit du projet. Le projet peut avoir besoin d'une équipe fournisseur maison ainsi que d'une équipe externe pour réaliser le produit du projet. Le ou les Fournisseurs Principaux représenteront les intérêts de cette partie prenante au Comité de Pilotage de Projet.

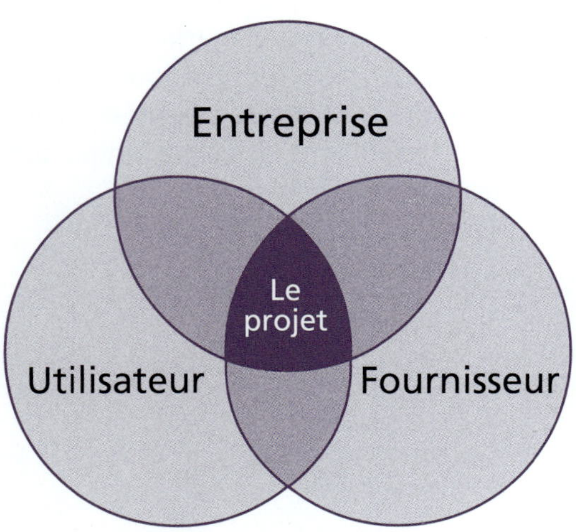

Figure 5.1 Les trois intérêts du projet

Le niveau de recoupement entre les intérêts de l'entreprise, des utilisateurs et des fournisseurs dépendra du type d'organisation de l'entreprise et du projet. Par exemple, si un projet utilise un fournisseur maison, les intérêts de l'entreprise et du fournisseur auront plus de chance de se recouper par rapport à la situation où un fournisseur externe est utilisé.

Notez que le terme « client » est également utilisé dans PRINCE2, généralement dans le contexte d'une relation commerciale client/fournisseur. « Client » peut habituellement être interprété comme un terme collectif pour les intérêts de l'entreprise et des utilisateurs. Cependant, un exemple d'exception à cette règle générale serait quand une organisation développe un nouveau produit à lancer sur le marché. Dans ce cas, l'intérêt de l'entreprise correspond à celui du fournisseur et le « client » équivaut simplement aux « utilisateurs ». Quand l'intérêt de l'utilisateur est externe à l'organisation qui a commandité le développement, comme dans cet exemple, il doit quand même être représenté d'une manière ou d'une autre – éventuellement par la fonction ventes/marketing.

En plus des principales catégories d'intérêts entreprise, utilisateur et fournisseur qui doivent être représentées dans le Comité de Pilotage de Projet, il y aura un ensemble plus vaste de parties prenantes susceptibles d'affecter, ou d'être affectées par, le projet. Ces parties prenantes peuvent être internes ou externes à l'organisation de l'entreprise et peuvent soutenir, s'opposer ou être indifférentes au projet. L'implication effective de ces parties prenantes est la clé de la réussite d'un projet (voir section 5.3.5).

5.3 L'ORGANISATION SELON PRINCE2

5.3.1 Les niveaux de l'organisation

Il se peut que le niveau de management requis pour prendre les décisions et les engagements soit trop occupé pour s'impliquer dans le projet au quotidien. Mais, pour réussir, les projets ont besoin d'être gérés au quotidien. PRINCE2 distingue la direction et le management du projet du travail nécessaire pour livrer les produits du projet et porte son attention sur le premier aspect, en utilisant le principe de management par exception.

La structure de management de projet comprend quatre niveaux : trois représentent l'équipe de projet et le quatrième se situe en dehors du projet. La Figure 5.2 présente ces quatre niveaux de management.

Les quatre niveaux de management sont :

- **La Direction de l'Entreprise ou de Programme** Ce niveau se situe en dehors de l'équipe de projet mais sera responsable de commanditer le projet. Ceci implique notamment d'identifier l'Exécutif et de définir les tolérances de niveau projet à respecter par le Comité de Pilotage de Projet. Ces informations doivent si possible être documentées dans le mandat du projet ;
- **La direction** Le Comité de Pilotage de Projet est redevable de la direction et du management global du projet dans les contraintes établies par la Direction de l'Entreprise ou de Programme. Le Comité de Pilotage de Projet est redevable de la réussite du projet. Dans le cadre de la direction du projet, le Comité de Pilotage de Projet :
  - approuvera toutes les ressources et plans majeurs ;
  - autorisera toute déviation qui dépasse ou qui va dépasser les tolérances de séquence ;
  - approuvera l'achèvement de chaque séquence et autorisera le début de la séquence suivante ;
  - communiquera avec les autres parties prenantes.
- **Le management** Le Chef de Projet est responsable du management du projet au quotidien dans les contraintes établies par le Comité de Pilotage de Projet. La responsabilité principale du Chef de Projet est de s'assurer que le projet développe les produits requis en respectant les objectifs de performance en matière de durée, coûts, qualité, périmètre, risques et bénéfices ;
- **La livraison** Alors que le Chef de Projet est responsable du management du projet au quotidien, les membres de l'équipe sont responsables de la livraison des produits du projet selon des critères qualité appropriés et dans les délais et budgets spécifiés. En fonction de la taille et de la complexité du projet, il est possible de déléguer à un Chef d'équipe l'autorité et la responsabilité de la planification de la création de certains produits et du management d'une équipe de spécialistes pour développer ces produits.

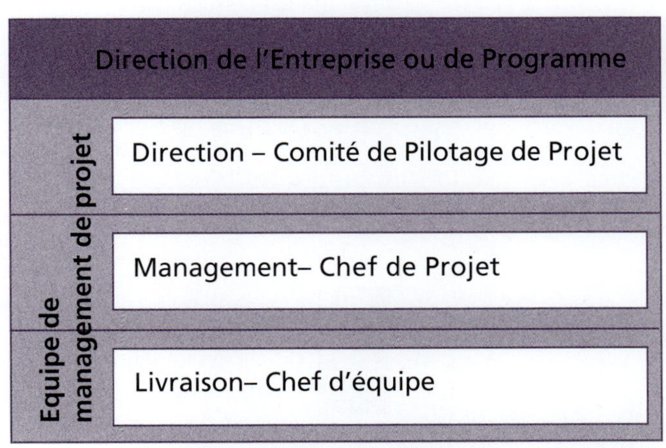

Figure 5.2 Les quatre niveaux de la structure de management de projet

5.3.2 L'équipe de projet

5.3.2.1 Structure de l'équipe de projet

Une équipe de projet est une structure temporaire spécialement conçue pour manager le projet jusqu'à sa conclusion réussie. La structure permet des canaux de communication pour les forums de prise de décision et doit être confirmée par les descriptions des rôles qui spécifient les responsabilités, les objectifs, les limites d'autorité, les relations, les compétences, les connaissances et les expériences requises pour tous les rôles dans l'équipe de projet.
La Figure 5.3 décrit la structure de l'équipe de projet et ses liens hiérarchiques.

Les rôles de l'Exécutif (qui représente le point de vue de l'entreprise) et de l'Utilisateur Principal (qui représente le point de vue des utilisateurs) peuvent souvent être combinés. Dans ce cas, pour éviter les éventuels conflits, deux personnes peuvent être nommées pour assurer l'Assurance Projet, une personne représentant les intérêts des utilisateurs et l'autre représentant les intérêts de l'entreprise.

Certaines des responsabilités PRINCE2 ne peuvent être ni partagées ni déléguées si l'on veut qu'elles soient assumées de manière efficace. Par exemple :

- Les rôles de Chef de Projet et d'Exécutif ne peuvent pas être partagés ; l'Exécutif ne peut pas être également le Chef de Projet et il ne peut y avoir qu'un seul Exécutif ou Chef de Projet ;
- La redevabilité de la prise de décision du Chef de Projet et du Comité de Pilotage de Projet ne peut pas être déléguée.

PRINCE2 fournit en Annexe C les grandes lignes des descriptions des rôles, qui doivent être adaptées aux besoins du projet spécifique et de chaque nomination.

5.3.2.2 Comité de Pilotage de Projet

L'Exécutif, le ou les Utilisateurs Principaux et le ou les Fournisseurs Principaux forment ensemble le Comité de Pilotage de Projet. Le Comité de Pilotage de Projet possède l'autorité et la responsabilité du projet dans les limites des instructions (initialement contenues dans le mandat du projet) définies par la Direction de l'Entreprise ou de Programme.

PRINCE2 définit ainsi les obligations du Comité de Pilotage de Projet :

- Etre redevable de la réussite ou de l'échec du projet vis-à-vis des intérêts de l'entreprise, des utilisateurs et des fournisseurs ;

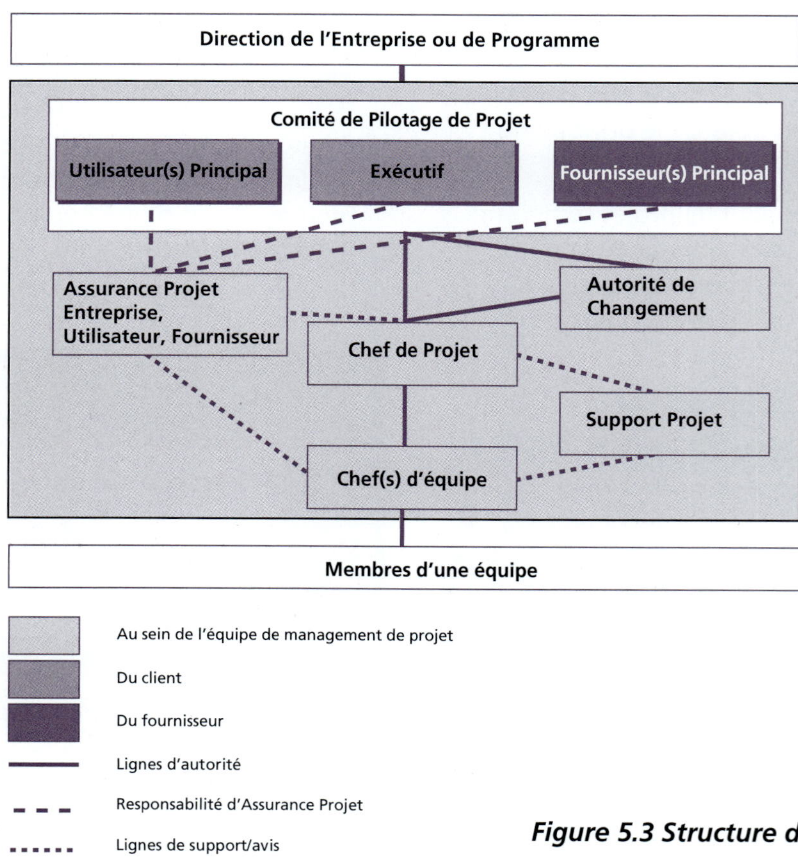

Figure 5.3 Structure de l'équipe de projet

- Fournir des directives unifiées pour le projet. Comme l'une des responsabilités clés du Comité de Pilotage de Projet consiste à fournir une orientation au Chef de Projet, il est important que tous les membres soient d'accord sur cette orientation ;
- Déléguer efficacement, en utilisant la structure organisationnelle et les contrôles PRINCE2 prévus à cet effet ;
- Faciliter l'intégration de l'équipe de projet avec les unités fonctionnelles des organisations participantes de l'entreprise ou externes ;
- Fournir les ressources et autoriser les fonds nécessaires à l'achèvement réussi du projet ;
- Assurer un mécanisme efficace de prise de décision ;
- Apporter un soutien visible et continu au Chef de Projet ;
- Assurer une communication efficace au sein de l'équipe de projet et aussi avec les parties prenantes extérieures.

Le guide *Réussir la Direction de Projet avec PRINCE2 (2009)* de l'OGC contient des conseils supplémentaires sur ces obligations.

Un bon Comité de Pilotage de Projet doit faire preuve des quatre qualités suivantes :

- **Autorité** Les membres du Comité de Pilotage de Projet doivent être suffisamment haut placés dans l'organisation de l'entreprise pour être en mesure de prendre des décisions stratégiques sur le projet. Comme le Comité de Pilotage de Projet est redevable pour le projet, les personnes choisies doivent avoir assez d'autorité pour prendre ces décisions et pour engager des ressources sur le projet, comme le personnel, le financement et l'équipement. Le niveau de direction requis pour remplir les rôles dépendra de facteurs tels que le budget, le périmètre et l'importance du projet ;
- **Crédibilité** La crédibilité des membres du Comité de Pilotage de Projet dans l'organisation de l'entreprise affectera leur capacité à diriger le projet ;
- **Capacité de déléguer** L'un des aspects essentiels du rôle du Comité de Pilotage de Projet est de s'assurer que le Chef de Projet dispose de suffisamment de latitude pour gérer le projet en maintenant l'activité du Comité de Pilotage de Projet au bon niveau. Les membres du Comité de Pilotage de Projet ne doivent pas être impliqués dans les détails de gestion du projet ni dans le contenu spécialiste du projet ;
- **Disponibilité** Les membres du Comité de Pilotage de Projet répondant à tous les critères ci-dessus n'offrent que peu d'intérêt pour le projet s'ils ne sont pas disponibles pour prendre des décisions et guider le Chef de Projet.

Les membres du Comité de Pilotage de Projet occupent souvent des postes de direction. Leurs responsabilités au sein du Comité de Pilotage de Projet s'ajouteront à leurs fonctions habituelles. Le concept de management par exception permet au Chef de Projet de les tenir régulièrement au courant de la progression du projet en leur demandant seulement de prendre des décisions à des points clés du projet.

La fréquence et le niveau de détail des communications requis par le Comité de Pilotage du Projet pendant un projet doivent être indiqués dans la Stratégie de Communication. Les membres du Comité de Pilotage de Projet peuvent exiger des informations plus détaillées ou plus fréquentes au début du projet. Au fur et à mesure que le projet progresse et que le Comité de Pilotage de Projet devient plus confiant vis-à-vis des progrès réalisés, le besoin de Rapports de Progression fréquents ou détaillés peut diminuer. Il est important de vérifier le niveau et la fréquence des rapports pour chaque séquence pendant le processus Gérer une Limite de Séquence.

Exécutif

Bien que le Comité de Pilotage de Projet soit responsable du projet, c'est l'Exécutif (avec le soutien du ou des Utilisateurs Principaux et du ou des Fournisseurs Principaux) qui est ultimement redevable vis-à-vis de la réussite du projet et qui prend les décisions clés. Le Comité de Pilotage de Projet n'est pas une démocratie fondée sur le suffrage universel.

Le rôle de l'Exécutif est de s'assurer que le projet reste, pendant tout son cycle de vie, focalisé sur la réalisation de ses objectifs et sur la livraison d'un produit qui permettra d'atteindre les bénéfices prévus. L'Exécutif doit s'assurer que le projet est un investissement de valeur et qu'il suit une approche économe tout en gérant équitablement les demandes de l'entreprise, de l'utilisateur et du fournisseur.

L'Exécutif est nommé par la Direction de l'Entreprise ou de Programme pendant le processus de pré-projet Elaborer le Projet. Le rôle de l'Exécutif est attribué à une personne unique de façon à ce qu'il n'y ait qu'un seul point de redevabilité pour le projet. L'Exécutif sera responsable de la composition et de la nomination du reste de l'équipe de projet, et notamment des autres membres du Comité de Pilotage de Projet. Si le projet fait partie d'un programme, la Direction de l'Entreprise ou de Programme peut nommer certains ou tous les membres du Comité de Pilotage de Projet.

L'Exécutif reste responsable du Cas d'Affaire durant tout le projet.

Utilisateur Principal

Le ou les Utilisateurs Principaux ont pour responsabilité de spécifier les besoins de ceux qui utiliseront les produits du projet, d'assurer la communication entre les utilisateurs et l'équipe de projet et de veiller à ce que la solution satisfasse à ces besoins en respectant les contraintes du Cas d'Affaire en termes de qualité, de fonctionnalité et de facilité d'emploi.

Ce rôle représente les intérêts de tous ceux qui utiliseront les produits du projet (y compris les opérations et la maintenance), de tous ceux pour qui les produits atteindront un objectif ou de tous ceux qui utiliseront les produits pour réaliser des bénéfices. L'Utilisateur Principal engage des ressources utilisateur et surveille les produits par rapport aux exigences. Il peut être nécessaire de partager ce rôle entre plusieurs personnes pour couvrir tous les intérêts des utilisateurs. Pour rester efficace, il est préférable de limiter le nombre de personnes impliquées.

Le ou les Utilisateurs Principaux spécifient les bénéfices et doivent rendre compte en démontrant à la Direction de l'Entreprise ou de Programme que les bénéfices prévus, qui ont formé la base de l'approbation du projet, sont effectivement réalisés. Leur engagement dépassera probablement la fin du cycle de vie du projet.

Fournisseur Principal

Le ou les Fournisseurs Principaux représentent les intérêts de ceux qui conçoivent, développent, facilitent, approvisionnent et mettent en œuvre les produits du projet.

Ce rôle doit répondre de la qualité des produits livrés par le(s) fournisseur(s) et de l'intégrité technique du projet. Ce rôle couvre notamment la mise à disposition des ressources fournisseur pour le projet et l'assurance que les propositions pour concevoir et développer les produits sont faisables et réalistes.

Dans la plupart des cas, le Fournisseur Principal représente également les intérêts de ceux qui maintiendront les produits spécialistes du projet après sa clôture, par ex. la maintenance et le support technique. Il peut y avoir des exceptions, par ex. quand un fournisseur externe livre des produits à un client qui les maintiendra en service/opération – dans ce cas les intérêts des opérations et de la maintenance seront probablement représentés par un Utilisateur Principal. En fait, la distinction n'est pas vraiment essentielle. Ce qui importe, c'est que les intérêts des opérations, de la maintenance et du support soient représentés de manière appropriée dès le début.

Au besoin, plusieurs personnes peuvent représenter les fournisseurs.

5.3.2.3 Assurance Projet

Le Comité de Pilotage de Projet est responsable, via son rôle d'Assurance Projet, de surveiller tous les aspects de la performance et des produits du projet indépendamment du Chef de Projet.

Les membres du Comité de Pilotage de Projet sont responsables de tous les aspects d'Assurance Projet correspondant à leurs centres de préoccupation respectifs – entreprise, utilisateur ou fournisseur. S'ils disposent de suffisamment de temps et du niveau de compétence et de connaissance approprié, ils peuvent mener leurs propres tâches d'Assurance Projet. Sinon, ils peuvent les déléguer en nommant d'autres personnes.

Le Comité de Pilotage de Projet peut également utiliser d'autres membres assurant des rôles spécifiques d'Assurance Projet dans l'organisation de l'entreprise, et peuvent par exemple nommer le responsable qualité de l'entreprise pour surveiller les aspects qualité du projet. Les membres du Comité de Pilotage de Projet sont redevables des toutes les actions d'Assurance Projet correspondant à leurs centres de préoccupation respectifs, même s'ils les délèguent à d'autres personnes.

Cependant, l'Assurance Projet ne se résume pas à un contrôle indépendant. Le personnel participant à l'Assurance Projet doit également soutenir le Chef de Projet en lui apportant son aide et en lui donnant des conseils sur des points tels que l'application des normes de l'entreprise ou le personnel adéquat à impliquer dans les différents aspects du projet, par ex. les inspections ou les revues qualité.

Quand les tâches d'Assurance Projet sont partagées entre les membres du Comité de Pilotage de Projet et d'autres personnes, il est important de clarifier les responsabilités de chaque personne. Toute personne nommée à un rôle d'Assurance Projet rend compte au membre du Comité de Pilotage de Projet supervisant le centre de préoccupation concerné et doit être indépendante du Chef de Projet. Le Comité de Pilotage de Projet ne doit pas attribuer de rôles d'Assurance Projet au Chef de Projet.

Dans la mesure où l'Assurance Projet doit surveiller tous les aspects de performance et de produits du projet indépendamment du Chef de Projet, elle a un rôle à jouer dans tous les processus PRINCE2.

5.3.2.4 Autorité de Changement

Lors de l'initialisation du projet, il convient d'établir qui a le droit d'autoriser les requêtes de changement ou les hors-spécifications. Il appartient au Comité de Pilotage de Projet de donner son accord pour chaque changement potentiel avant qu'il soit exécuté. Dans un projet où peu de changements sont anticipés, il peut être raisonnable de confier cette autorité au Comité de Pilotage de Projet. Mais certains projets se déroulent dans des environnements dynamiques et sont susceptibles d'avoir, par exemple, de nombreuses requêtes de changement concernant le périmètre initialement convenu pour le projet. Des connaissances techniques seront peut-être également nécessaires pour évaluer les changements potentiels.

Le Comité de Pilotage de Projet doit décider avant la fin de la séquence d'initialisation s'il souhaite déléguer un certain degré d'autorité pour approuver ou refuser les requêtes de changement ou les hors-spécifications.

Pour faciliter la démarche, le Comité de Pilotage de Projet doit définir dans la Stratégie de Configuration une échelle de gravité pour les requêtes de changement. En fonction de la gravité, la requête de changement peut être traitée :

- Par la Direction de l'Entreprise ou de Programme ;
- Par le Comité de Pilotage de Projet ;
- En déléguant à une Autorité de Changement ;
- En déléguant à un Chef de Projet.

Ces autorités déléguées doivent être documentées dans les descriptions des rôles correspondantes. Pour les projets qui se déroulent dans le cadre d'un programme, le management du programme doit définir le niveau d'autorité accordé au Comité de Pilotage de Projet pour qu'il soit en mesure d'approuver les changements.

Le Chef de Projet et/ou les personnes assurant des responsabilités déléguées d'Assurance Projet peuvent faire office d'Autorité de Changement. Le chapitre 9 contient de plus amples informations sur les changements.

Exemple d'Autorité de Changement

On confère à un Chef de Projet l'autorité pour approuver les changements apportés à des produits individuels seulement si les changements :

- Vont coûter moins qu'une limite convenue à l'avance ;
- Ne vont pas affecter le calendrier d'exécution du projet de plus d'une semaine ;
- Ne vont pas nécessiter de changement ni à la Description de Produit du Projet ni à aucun autre produit.

Tous les changements ne respectant pas ces critères doivent être remontés au Comité de Pilotage de Projet.

5.3.2.5 Taille du Comité de Pilotage de Projet

L'Exécutif, assisté par le Chef de Projet, est responsable de convenir d'une structure d'équipe appropriée et de l'adapter à la taille, aux risques et à la complexité du projet. Le Comité de Pilotage de Projet doit représenter toutes les parties intéressées dans l'organisation de l'entreprise, et doit impliquer tous les fournisseurs (internes ou externes) qui ont été identifiés.

Sur les grands projets, l'adaptation de l'équipe de projet peut se faire en décomposant les rôles PRINCE2 en plusieurs nominations – par exemple, plusieurs Utilisateurs Principaux ou Fournisseurs Principaux peuvent être nommés. Cependant, il est de bonne pratique de limiter au maximum la taille du Comité de Pilotage de Projet tout en veillant à représenter tous les intérêts de l'entreprise, des utilisateurs et des fournisseurs. Pour éviter d'étendre le Comité de Pilotage de Projet, des groupes d'utilisateur et de fournisseur peuvent être utilisés pour maintenir un engagement généralisé de la direction à l'égard des projets qui ont un impact sur une communauté importante d'utilisateurs ou de fournisseurs. Ces groupes discutent des problèmes et des risques des utilisateurs ou des fournisseurs et transmettent les recommandations aux Utilisateurs Principaux ou aux Fournisseurs Principaux du Comité de Pilotage de Projet. Si un groupe d'utilisateurs ou de fournisseurs est impliqué, il est important de définir dès le début qui est autorisé à représenter l'opinion collective et comment fonctionnera le groupe. Des membres de ces groupes peuvent également être nommés pour l'Assurance Projet utilisateur ou fournisseur. Des personnes variées peuvent remplir les rôles d'Assurance Projet. Le contexte commercial affectera la structure organisationnelle du projet (par ex. si un entrepreneur principal est nommé).

La Figure 5.4 décrit une structure possible de reporting de projet comprenant des groupes d'utilisateurs et de fournisseurs.

Il est utile d'établir une matrice des parties prenantes et des produits du projet afin de distinguer les parties prenantes du projet (qui doivent être impliquées selon la Stratégie de Communication) des décideurs du projet (qui doivent faire partie du Comité de Pilotage de Projet).

La décision d'inclure ou non les fournisseurs externes dans le Comité de Pilotage de Projet peut dépendre de la culture et de la crainte de divulguer des informations commerciales ou financières. Ne pas les impliquer dans le processus Diriger le Projet pourrait entraîner des délais en raison du manque de ressources fournisseur pour traiter les changements et pour gérer les aspects spécialistes. Il appartient à l'Exécutif de résoudre ce dilemme de façon pratique.

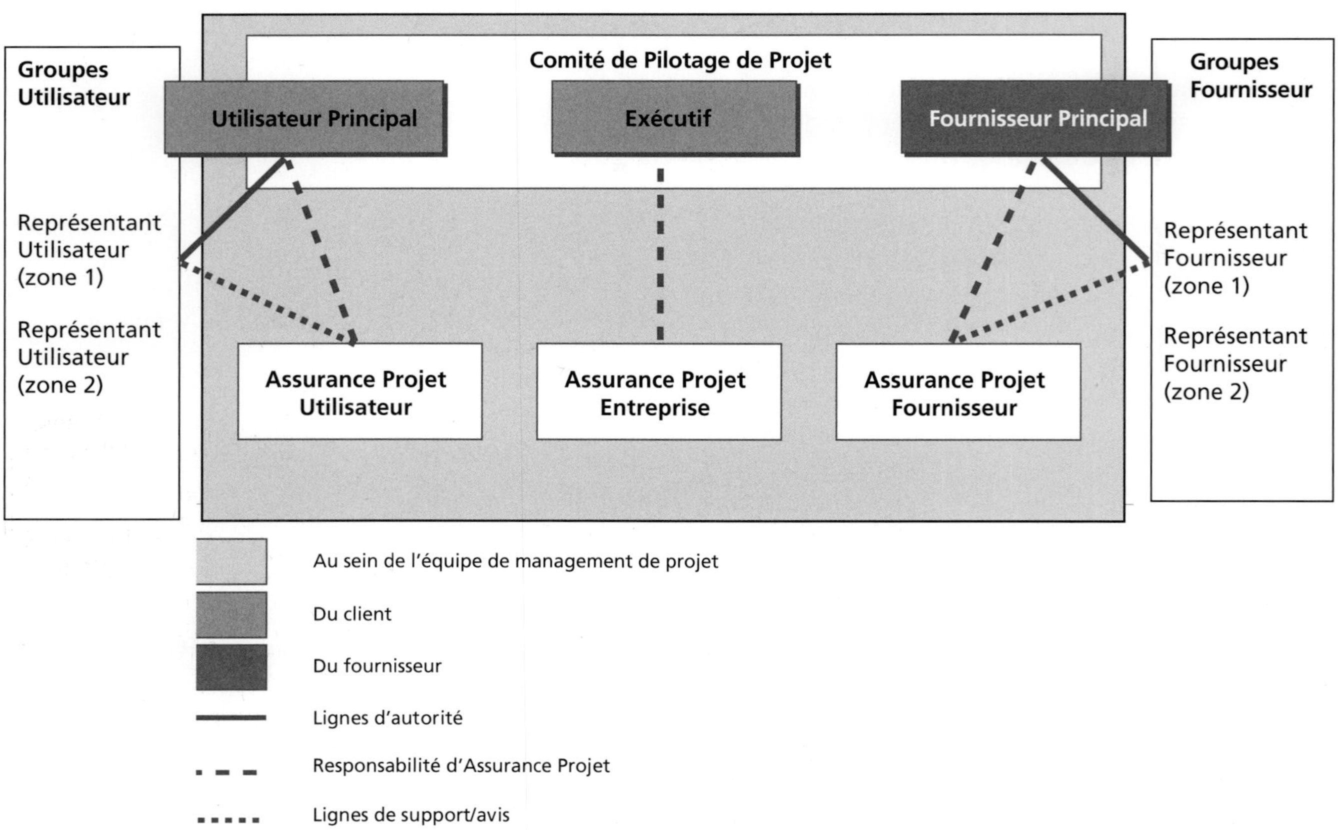

Figure 5.4 Structure possible de reporting de projet utilisant des groupes d'utilisateurs et de fournisseurs

5.3.2.6 Chef de Projet

Le Chef de Projet représente le point de convergence pour le management d'un projet au quotidien. Cette personne détient l'autorité de manager le projet pour le compte du Comité de Pilotage de Projet, et ce dans les limites convenues avec le Comité de Pilotage de Projet. Dans un environnement PRINCE2, le rôle du Chef de Projet ne doit pas être partagé.

Le Chef de Projet vient en principe de l'organisation cliente, mais dans certains projets le Chef de Projet peut venir du fournisseur. Le chapitre 19 contient de plus amples informations sur les relations client/fournisseur.

Le Chef de Projet est responsable du travail de tous les processus PRINCE2 à l'exception du processus Diriger le Projet, et de la nomination de l'Exécutif et du Chef de Projet dans le processus de pré-projet Elaborer le Projet. Le Chef de Projet délègue également la responsabilité du processus Gérer la Livraison des Produits au(x) Chef(s) d'équipe.

Le Chef de Projet manage les Chefs d'équipe et le Support Projet. Il est responsable des relations avec l'Assurance Projet et le Comité de Pilotage de Projet. Dans les projets où le rôle de Chef d'équipe ne correspond pas à une personne dédiée, le Chef de Projet sera responsable de manager le travail directement avec les membres d'équipe concernés. Dans les projets sans rôle de Support Projet distinct, les tâches de support incombent également au Chef de Projet, bien qu'elles puissent être partagées avec les membres de l'équipe.

En tant que point de convergence pour le management d'un projet au quotidien, le rôle du Chef de Projet présente de nombreuses facettes différentes. La Figure 5.5 présente certaines de ces facettes.

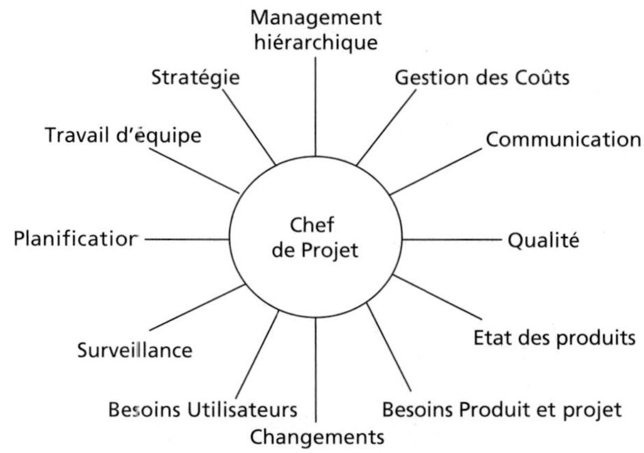

Figure 5.5 Les multiples facettes du rôle de Chef de Projet

5.3.2.7 Chef d'équipe

La principale responsabilité du Chef d'équipe est de garantir la production des produits attribués par le Chef de Projet. Le Chef d'équipe rend compte au Chef de Projet et en dépend hiérarchiquement.

Le rôle de Chef d'équipe peut être attribué au Chef de Projet ou à une autre personne. Il y a de nombreuses raisons expliquant pourquoi le Chef de Projet peut décider de nommer d'autres personnes au rôle de Chef d'équipe au lieu de l'assurer lui-même. Parmi ces raisons, on peut citer la taille du projet, les compétences spécialistes particulières ou les connaissances requises pour certains produits, l'emplacement géographique de certains membres de l'équipe et les préférences du Comité de Pilotage de Projet. Le Chef de Projet doit discuter du besoin de nommer des personnes séparées aux postes de Chefs d'équipe avec le Comité de Pilotage de Projet et, au besoin, doit planifier le rôle au début du projet pendant le processus Elaborer le Projet ou pour chaque séquence dans le processus Gérer une Limite de Séquence.

PRINCE2 utilise des Lots de Travaux pour attribuer le travail aux Chefs d'équipe ou aux membres des équipes. Ils peuvent être utilisés de façon formelle ou informelle, en fonction des besoins du projet. En plus des informations comprises dans l'Annexe A, un Lot de Travaux peut comprendre des éléments tels que les coûts des ressources, les codes comptables, les ressources allouées et d'autres informations de gestion. La définition des produits livrables au niveau approprié aidera aussi les nouveaux Chefs d'équipe à travailler efficacement car ce qui doit être produit sera clairement défini. De plus, avec la définition de la fréquence et de la méthode de production des rapports, le retour d'information du Chef d'équipe peut être clairement contrôlé.

Si le Chef d'équipe vient de l'organisation fournisseur, il devra peut-être rendre compte à un Fournisseur Principal. Il est essentiel que de tels liens soient compris afin d'éviter les conflits d'intérêt et la mise en péril de l'autorité du Chef de Projet.

La structure de l'équipe de projet ne reflète pas nécessairement les dépendances hiérarchiques ou l'ancienneté mais représente les rôles sur le projet. Par exemple, un Chef d'équipe peut être plus haut placé que le Chef de Projet dans l'organisation de l'entreprise ou peut être un représentant supérieur de l'organisation d'un fournisseur externe. Néanmoins, dans le contexte du projet, le Chef d'équipe rend compte au Chef de Projet et en dépend hiérarchiquement.

5.3.2.8 Support Projet

Le Support Projet est de la responsabilité du Chef de Projet. Si nécessaire, le Chef de Projet peut déléguer une partie de ce travail à un rôle de Support Projet : ceci peut comprendre des services administratifs ou des conseils et une assistance sur l'utilisation des outils de gestion de projet ou sur la gestion de la configuration. Le Support Projet peut également couvrir des fonctions spécialistes pour un projet comme la planification ou la gestion des risques. A moins qu'il ne soit assuré par une fonction de la Direction de l'Entreprise ou de Programme, le Support Projet doit généralement administrer toutes les procédures et outils de gestion de la configuration tels qu'ils sont définis dans la Stratégie de Configuration.

Il est important de souligner que le rôle du Support Projet est de toute façon requis, mais que la désignation d'une personne ou d'un groupe dédié pour mener à bien les tâches requises est optionnelle. Par défaut, le Support Projet reste la responsabilité du Chef de Projet s'il n'est pas attribué à quelqu'un d'autre.

Certaines organisations peuvent avoir un Bureau de Projet (bureau temporaire établi pour soutenir la livraison d'un projet spécifique) ou une structure similaire, qui peut remplir tout ou partie du rôle de Support Projet. Consulter la publication de l'OGC sur les *Bureaux de Portefeuilles, Programmes et Projets* (2008) pour obtenir des compléments d'information sur l'utilisation d'un Bureau de Projet.

Les rôles de Support Projet et d'Assurance Projet doivent rester séparés en vue de maintenir l'indépendance de l'Assurance Projet.

5.3.2.9 Changements dans l'équipe de projet

Dans l'idéal, le Chef de Projet et les membres du Comité de Pilotage de Projet restent sur le projet pendant tout son cycle de vie. Néanmoins, dans la pratique ce n'est pas toujours possible et l'équipe de projet peut changer en cours de projet. Une structure d'équipe clairement définie, ainsi que des descriptions de rôle complètes décrivant les responsabilités pour chaque rôle devraient aider à minimiser la perturbation causée par les changements dans l'équipe de projet.

L'utilisation de séquences de management permet également de faciliter la transition pour les changements apportés à l'équipe de projet. Les rôles du projet doivent être passés en revue pour la séquence suivante pendant le processus Gérer une Limite de Séquence. L'utilisation des Rapports de Fin de Séquence et des Plans de Séquence peut aider à s'assurer que toute procédure de transfert est détaillée et bien documentée.

Exemple de changements apportés à l'équipe de projet

Un projet peut comprendre une séquence d'approvisionnement, durant laquelle un fournisseur est sélectionné pour développer certains produits du projet. Avant de sélectionner le fournisseur, un représentant supérieur du service d'approvisionnement peut représenter le Fournisseur Principal sur le projet. Une fois le fournisseur sélectionné et quand le projet passe à la séquence de développement, un cadre supérieur représentant l'organisation du fournisseur sélectionné peut être inclus dans l'équipe en tant que Fournisseur Principal.

Bien que dans l'idéal l'Exécutif du projet et le Chef de Projet doivent rester avec le projet pendant tout son cycle de vie, une limite de séquence donne l'opportunité de transférer le rôle en cours de projet si cela s'avère nécessaire.

5.3.3 Travailler avec l'équipe de projet

5.3.3.1 Equilibrer le projet, l'équipe et les personnes

Les personnes sont indispensables à la réussite d'un projet. Il ne suffit pas de mettre en place les processus et les systèmes requis : si les personnes travaillant sur le projet ne travaillent pas ensemble de manière efficace, les chances de réussite du projet seront sérieusement compromises. La connaissance des différents types de personnalités et de la façon dont elles interagissent peut aider le Chef de Projet à organiser des équipes équilibrées qui peuvent travailler ensemble de manière efficace pendant un projet.

Différentes personnes présentent des caractéristiques différentes et certains types de personnes sont mieux adaptés à certains rôles. Dans un environnement donné, certaines combinaisons de types de personnalité fonctionnent mieux que d'autres.

Exemple de composition d'équipe utilisant différentes personnalités

Certaines personnes sont très sociables et enthousiastes, ce qui encourage la génération de nombreuses idées différentes. D'autres sont plus analytiques et sont à l'aise dans le travail détaillé et pour vérifier qu'aucune tâche n'est oubliée. Bien qu'il ne soit généralement pas possible de changer les caractéristiques des gens, il est possible d'équilibrer l'équipe de façon à ce qu'elle soit composée d'un assortiment approprié de types de personnalités de façon à ce que les tâches puissent être exécutées de manière efficace. Les Chefs de Projet qui connaissent les tendances naturelles des membres des équipes peuvent utiliser cette information pour composer des équipes efficaces pendant le processus Elaborer le Projet pour l'équipe de management et pendant le processus Initialiser le Projet lors de l'identification des membres des équipes. Il est important d'arriver au bon équilibre : par exemple, une équipe composée seulement de personnes débordant d'idées risque de perdre de vue le détail des tâches à réaliser. A l'inverse, une équipe composée exclusivement de personnes attachées aux détails risque de ne pas avoir de vue d'ensemble stratégique pour la solution.

5.3.3.2 Besoins en formation pour les équipes de projet

Au début du projet, les membres des équipes auront peut-être besoin d'être formés. Ce peut être une formation sur les processus et les normes à utiliser sur le projet (comme les procédures de gestion de la configuration, les méthodes qualité, les dispositions de compte-rendu sur l'avancement et d'autres aspects spécifiques au projet), ou bien une présentation du projet et de ses objectifs visant à motiver les membres des équipes. Les membres du Comité de Pilotage de Projet peuvent également avoir besoin d'être formés pour assurer leurs rôles, et notamment sur ce qui est attendu d'eux et sur les procédures nécessaires pour assumer leurs responsabilités. Une formation sur les processus et la terminologie PRINCE2 peut également être requise pour les Chefs d'équipe et les autres membres de l'équipe de projet.

Pendant un projet, les membres des équipes peuvent également avoir besoin d'une formation spécialisée pour leur permettre de mener à bien les tâches qui leur ont été assignées. Le Chef de Projet doit s'assurer que les besoins en formation sont inclus dans les plans appropriés.

5.3.3.3 Equipes à temps partiel

Les équipes de projet sont mises en place pour toute la durée d'un projet et repassent ensuite à leur travail habituel. Le chef d'un petit projet devra donc probablement manager des membres d'équipe travaillant sur le projet à temps partiel. Par rapport aux membres d'équipe à plein temps, les membres d'équipe à temps partiel sont plus souvent absents et détournés de leur tâche, en pourcentage de leur temps de travail. Le Chef de Projet doit en tenir compte quand il élabore un plan – en négociant soit une disponibilité garantie soit une augmentation de la tolérance.

Si des personnes sont chargées de travailler sur trop de projets en même temps, elles feront simplement du sur-place sur chacun d'eux ce qui consommera beaucoup d'effort sans pour autant faire progresser le projet. Une solution serait d'engager le personnel dans moins de projets en parallèle ou, quand c'est possible, de l'affecter sur des projets à plein temps mais pour des périodes limitées.

5.3.4 Travailler avec l'organisation de l'entreprise

5.3.4.1 Management hiérarchique management fonctionnel

Dans un environnement fortement fonctionnel, les Chefs de Projet peuvent rencontrer des difficultés quand ils managent des projets interfonctionnels en raison de l'incapacité d'accepter une direction globale venant des divers groupes. En conséquence, il peut s'avérer nécessaire que le Comité de Pilotage de Projet s'engage de plus près pour diriger, orienter et établir des priorités pour le travail et résoudre les problèmes. Quel que soit l'environnement, le Chef de Projet devra s'adapter à, et travailler dans, l'organisation de l'entreprise et ceci affectera le niveau de management requis pour les membres des équipes.

Exemple de responsabilités d'un Chef de Projet vis-à-vis du management hiérarchique/ fonctionnel

Le Chef de Projet peut être responsable d'effectuer des évaluations de performance des membres de l'équipe dans le cadre d'un projet, ou peut fournir des données pour l'évaluation réalisée par l'entité fonctionnelle responsable du membre de l'équipe dans l'organisation de l'entreprise.

Comprendre et travailler avec l'organisation élargie de l'entreprise peut être difficile pour le Chef de Projet, en particulier s'il travaille à temps partiel ou au forfait. Si des contrôles de projet clairs sont mis en place au début du projet et s'ils sont convenus avec le Comité de Pilotage de Projet, le Chef de Projet aura plus de chance de comprendre le niveau d'interaction et de support à prévoir pendant le projet et de recevoir une exposition appropriée aux autres domaines de l'organisation de l'entreprise.

5.3.4.2 Centre d'excellence

Le concept d'un centre d'excellence consiste en une unité normative centrale, qui définit les normes (comme les processus, les modèles et les outils) et fournit les compétences, la formation et éventuellement les fonctions d'assurance indépendantes à un certain nombre de projets.

Exemple de centre d'excellence

Une organisation a établi un centre d'excellence qui fournit :

- Un système de classement central pour tous les projets ;
- Un système de gestion de la configuration ;
- Une fonction d'expertise pour estimer les techniques ;
- Des conseils sur la préparation des plans ;
- Une base de données historique contenant les durées d'activités spécifiques (mesures) et une analyse de la productivité ;
- Une expertise et des conseils sur PRINCE2 ;
- Des rapports consolidés résumant l'état de tous les projets du portefeuille.

Un centre d'excellence peut être utile dans les circonstances suivantes :

- En cas de pénurie de ressources, en nombre ou en compétence, il devient difficile de trouver du personnel pour assumer les fonctions d'administration de projet pour chaque projet en cours ;
- Il y a plusieurs petits projets de natures variées qui demandent individuellement un support limité du Support Projet ;
- Il y a un programme important nécessitant la coordination de projets individuels ;
- Un gros projet a besoin de plusieurs ressources pour tenir les rôles de Support Projet.

Consulter les conseils de l'OGC dans la publication sur les *Bureaux de Portefeuilles, Programmes et Projets* (2008) pour obtenir des compléments d'information sur le centre d'excellence et sur sa relation vis-à-vis des projets.

5.3.5 Travailler avec les parties prenantes

5.3.5.1 Types de partie prenante

Les parties prenantes seront probablement des personnes ou des groupes qui ne font pas partie de l'équipe de projet mais qui auront éventuellement besoin d'interagir avec le projet ou qui peuvent être affectés par le résultat du projet. De telles personnes peuvent :

- Soutenir ou s'opposer au projet ;

- Gagner ou perdre selon le résultat du projet ;
- Considérer le projet comme une menace ou une amélioration pour leur poste ;
- Devenir des partisans ou des opposants actifs du projet et de sa progression.

Il est important d'analyser qui sont ces parties prenantes et de travailler avec elles de manière appropriée.

Exemple d'analyse des parties prenantes

L'analyse des parties prenantes a identifié les parties prenantes suivantes pour un projet de déménagement d'une usine de produits chimiques :

- Plusieurs syndicats ;
- Un groupe de pression environnemental ;
- Un organisme de réglementation de l'industrie ;
- La fonction d'assurance qualité du programme ;
- Plusieurs fonctions de management de l'entreprise (par ex. audit interne, finance, juridique) ;
- L'entrepreneur externe ;
- Des membres du public affectés par le projet.

Notez que certaines de ces parties prenantes étaient externes à l'équipe de projet mais internes aux organisations de la Direction de l'Entreprise ou de Programme.

5.3.5.2 Implication des parties prenantes

L'implication des parties prenantes est le processus consistant à identifier et communiquer de manière efficace avec les personnes ou les groupes qui ont un intérêt dans ou une influence sur le résultat du projet. Ce processus se déroule généralement au niveau programme. Tous les projets ont besoin d'un certain niveau d'implication des parties prenantes, surtout s'ils ne font pas partie d'un programme.

Les parties externes à l'équipe de projet peuvent avoir une forte influence sur un projet. Une communication efficace avec les principales parties prenantes, qu'elles soient internes ou externes à l'organisation de l'entreprise, est essentielle à la réussite du projet.

Exemple d'implication des parties prenantes

L'infrastructure *Réussir le Management de Programmes* (MSP) (2007) de l'OGC identifie une procédure en six étapes pour l'implication des parties prenantes :

- **Identifier les parties prenantes (Qui ?)** Identifier les parties prenantes individuelles impliquées dans, ou affectées par, le projet et regrouper éventuellement les parties prenantes similaires pour que les messages clés puissent être ciblés de manière efficace ;
- **Créer et analyser les profils des parties prenantes (Quoi ?)** Comprendre les influences, les intérêts et les attitudes des parties prenantes vis-à-vis du projet et l'importance et le pouvoir de chaque partie prenante. Par exemple, un groupe particulier risque-t-il d'être négatif, sans tenir compte du message, et nécessite-t-il donc une attention particulière ? L'influence et les intérêts des parties prenantes, qu'ils soient rationnels ou émotionnels, doivent tous être pris en compte. Ils ont le potentiel d'affecter la réussite du projet. Les perceptions peuvent être fausses, mais il faut les aborder. Si possible, il est utile de quantifier la perception des bénéfices par les parties prenantes ;
- **Définir la stratégie d'implication des parties prenantes (Comment ?)** Définir comment le projet peut travailler de manière efficace avec les parties prenantes, notamment en définissant les responsabilités pour la communication et les messages clés à faire passer. Pour chaque partie intéressée, se mettre d'accord sur :
  - les informations dont la partie à besoin de la part du projet ;
  - les informations que la partie doit fournir au projet ;
  - la méthode, le format et la fréquence des communications ;
  - l'expéditeur et le destinataire des communications.

- **Planifier les implications (Quand ?)** Définir les méthodes et le calendrier des communications. Il est préférable de les planifier après avoir établi comment le projet travaillera avec les différentes parties prenantes. Lors de la sélection des expéditeurs des informations, il est important de choisir des communicateurs qui bénéficient du respect et de la confiance de l'audience. Leur position dans l'organisation de l'entreprise et leur expertise du sujet joueront considérablement sur leur crédibilité. De nombreux projets organisent une réunion d'ouverture formelle pour présenter le projet et ses objectifs à l'organisation de l'entreprise. Dans ce cas, il est important que les membres du Comité de Pilotage de Projet assistent à cette réunion pour montrer leur soutien et leur engagement vis-à-vis du projet ;
- **Impliquer les parties prenantes (Faire)** Mener à bien les implications et les communications prévues. Les deux premières étapes dans l'implication des parties prenantes – identifier et analyser – impliquent également les parties prenantes dans une certaine mesure ;
- **Mesurer l'efficacité (Résultats)** Vérifier l'efficacité des implications. L'Assurance Projet peut participer à la vérification de toutes les parties prenantes clés, de leurs besoins en informations et de l'utilisation des voies de communication les plus appropriées.

5.3.5.3 La Stratégie de Communication

La Stratégie de Communication contient une description des moyens et de la fréquence des communications aux parties internes et externes au projet. Elle facilite l'implication des parties prenantes grâce à l'établissement d'un flux d'informations contrôlé et bidirectionnel.

Quand le projet fait partie d'un programme, la Stratégie de Communication doit également définir de quelles informations le programme a besoin et comment elles doivent être communiquées.

Si une procédure formelle d'implication des parties prenantes a été menée à bien, comme celle décrite plus haut, elle doit aussi être documentée dans la Stratégie de Communication. L'annexe A contient de plus amples informations sur le contenu suggéré de la Stratégie de Communication.

Le Chef de Projet doit être responsable de la documentation de la Stratégie de Communication pendant le processus Initialiser le Projet. Il est également important de vérifier et éventuellement d'actualiser la Stratégie de Communication à chaque limite de séquence de manière à s'assurer qu'elle couvre encore toutes les parties prenantes clés. Lors de la planification de la séquence finale du projet, il est également important de vérifier la Stratégie de Communication pour s'assurer qu'elle comprend toutes les parties qui ont besoin de savoir que le projet va être clos.

Pendant un projet, la Direction de l'Entreprise ou de Programme conserve le contrôle en recevant les informations du projet selon les dispositions de la Stratégie de Communication et en prenant des décisions concernant les exceptions de niveau projet remontées par le Comité de Pilotage de Projet.

Si un projet fait partie d'un programme, il sera nécessaire d'assurer la cohérence et le maintien de la communication entre les niveaux de management projet et programme. Le chapitre 19 contient de plus amples informations sur les différents rôles au sein d'un programme et sur la façon dont ils peuvent interagir avec les rôles d'un projet.

5.4 RESPONSABILITÉS

Le Tableau 5.1 liste les responsabilités liées au thème Organisation. L'annexe C contient de plus amples informations sur les rôles de management de projet et sur les responsabilités associées.

Tableau 5.1 Responsabilités liées au thème Organisation

Rôle	Responsabilités
Direction de l'Entreprise ou de Programme	Nomme l'Exécutif et (éventuellement) le Chef de Projet.
	Fournit des informations au projet conformément à la Stratégie de Communication.
Exécutif	Nomme le Chef de Projet (si la nomination n'a pas été faite par la Direction de l'Entreprise ou de Programme).
	Confirme les nominations au sein de l'équipe de projet et la structure de l'équipe de projet.
	Approuve la Stratégie de Communication.
Utilisateur Principal	Fournit les ressources utilisateur.
	Définit et vérifie les exigences et les attentes des utilisateurs.
Fournisseur Principal	Fournit les ressources fournisseur.
Chef de Projet	Prépare la Stratégie de Communication.
	Vérifie et actualise la Stratégie de Communication.
	Compose, vérifie et actualise la structure de l'équipe de projet.
	Prépare les descriptions des rôles.
Chef d'équipe	Dirige les membres de l'équipe de projet.
	Conseille sur l'implication des membres de l'équipe de projet et des parties prenantes.
Assurance Projet	Conseille sur le choix des membres de l'équipe de projet.
	Conseille sur l'implication des parties prenantes.
	S'assure que la Stratégie de Communication est appropriée et que les activités de communication prévues ont effectivement lieu.
Support Projet	Assure le support administratif pour l'équipe de projet.

6 Qualité

6 Qualité

6.1 FINALITÉ

Le thème Qualité a pour objectif de définir et de mettre en œuvre les moyens utilisés par le projet pour créer et vérifier les produits adaptés aux besoins.

Le thème Qualité définit la démarche PRINCE2 pour s'assurer que les produits du projet :

- Répondent aux exigences de l'entreprise ;
- Permettent de réaliser ultérieurement les bénéfices souhaités.

Le principe de « focalisation produit » est au cœur de la démarche qualité de PRINCE2. Il permet une perception commune de ce que le projet va créer (le périmètre) et des critères utilisés pour évaluer les produits du projet (la qualité). Sans cette compréhension, le projet serait exposé à des risques majeurs (comme des conflits d'acceptation, des corrections, des changements non contrôlés, des utilisateurs non satisfaits) qui pourraient affaiblir ou invalider le Cas d'Affaire.

Tous les coûts et délais du projet ne peuvent être estimés qu'après avoir établi les critères qualité des produits et les activités de management de la qualité à inclure dans les plans du projet. Sous-estimer ou omettre les activités de management de la qualité mènerait probablement à des retards, des dépassements de budget et/ou des résultats qualité médiocres. Le thème Qualité porte sur les méthodes et les responsabilités qualité, non seulement pour la spécification, le développement et l'approbation des produits du projet mais aussi pour le management du projet.

Le thème Qualité couvre aussi la mise en œuvre de l'amélioration continue tout au long du projet. Par exemple, chercher des moyens d'améliorer l'efficacité ou l'efficience dans le management du projet et des produits du projet. En outre, collecter les retours d'expérience et agir en conséquence contribue à la démarche qualité de PRINCE2, car c'est un moyen d'assurer une amélioration continue.

6.2 DÉFINITION DE LA QUALITÉ

Les termes utilisés dans un contexte qualité sont parfois interprétés différemment ou considérés comme interchangeables par différentes personnes, ce qui peut mener à des malentendus. Dans le cadre de PRINCE2, la terminologie utilisée est issue des normes ISO 9000 mais vise spécialement le travail de projet.

6.2.1 Qualité

La qualité est généralement définie comme l'ensemble des fonctionnalités et des caractéristiques inhérentes ou attribuées d'un produit, d'une personne, d'un processus, d'un service et/ou d'un système lui permettant de démontrer qu'il répond aux attentes ou qu'il satisfait aux besoins, aux exigences ou aux spécifications convenues.

Dans PRINCE2, un produit peut également être une personne, un processus, un service et/ou un système, de sorte que la qualité se focalise sur la capacité du produit à répondre à ses exigences.

6.2.2 Périmètre

Le périmètre d'un plan est la somme totale de ses produits. Il est défini par la structure de décomposition du produit du plan et les Descriptions de Produit connexes.

6.2.3 Management de la qualité et systèmes de management de la qualité

Le Management de la qualité se définit comme un ensemble d'activités coordonnées, visant à diriger et à contrôler une organisation en termes de qualité. Un système de management de la qualité correspond à l'ensemble complet des normes, procédures et responsabilités d'un site ou d'une organisation en matière de qualité.

Dans le contexte d'un projet, les termes « sites » et « organisations » désignent la ou les organisations permanentes ou semi-permanentes qui sponsorisent les travaux du projet, c'est-à-dire qui sont « externes » à l'organisation temporaire du projet. A titre d'exemple, un programme peut être considéré comme une organisation semi-permanente sponsorisant le projet, et peut avoir un système de management de la qualité documenté.

Il arrive souvent que plusieurs organisations permanentes soient impliquées dans un projet – par exemple, des entreprises différentes pour le client et le fournisseur – et chacune peut avoir son propre système de management de la qualité. Sinon, si le projet dépend d'une seule organisation sponsor clé, ou s'il fait partie d'un programme, il est plus que probable que le management de la qualité sera régi par un seul système établi. Ces différents cas de figure doivent être examinés lors de l'établissement de la démarche qualité du projet.

6.2.4 Planification de la Qualité

Pour contrôler quoi que ce soit, y compris la qualité, il faut un plan. La planification de la qualité définit les produits attendus du projet, avec leurs critères qualité, leurs méthodes qualité (y compris l'effort nécessaire pour contrôler la qualité et accepter les produits) et les responsabilités qualité respectives des personnes impliquées.

6.2.5 Contrôle qualité

Le contrôle qualité porte sur les techniques et les activités opérationnelles utilisées par les personnes participant au projet pour :

- Remplir les exigences de qualité (par exemple, en réalisant des inspections qualité ou des tests) ;
- Identifier des moyens d'éliminer les causes de performances insatisfaisantes (par exemple, en introduisant des améliorations de processus pour tenir compte de retours d'expérience).

6.2.6 Assurance qualité

Il est de bonne pratique d'organiser une assurance qualité indépendante de l'équipe de projet. L'assurance qualité permet de vérifier que la direction et le management du projet sont adaptés à la nature du projet et que celui-ci respecte les normes et politiques applicables de la Direction de l'Entreprise ou de Programme. Les activités d'assurance qualité sortent du périmètre de PRINCE2 car elles incombent à l'organisation de l'entreprise ou du programme.

L'assurance qualité consiste à vérifier de façon indépendante que l'organisation et les processus sont en place pour la planification et le contrôle qualité (ce qui ne revient pas à effectivement réaliser la planification et le contrôle, ceci étant effectué par l'équipe de projet). Elle donne aux parties prenantes l'assurance que les exigences qualité peuvent être remplies.

Le terme « assurance qualité » a une double signification :

- La fonction dans une organisation (ou un site ou programme) qui établit et maintient le système de management de la qualité ;
- L'activité consistant à passer en revue l'organisation, les processus et/ou les produits d'un projet en vue d'évaluer indépendamment si les exigences qualité sont satisfaites.

Notez que, dans les deux sens du terme, l'assurance qualité demande des contributions indépendantes de l'équipe de projet, alors que la planification de la qualité et le contrôle qualité sont pris en charge par le projet. Néanmoins, il appartient au management du projet de s'assurer qu'une assurance qualité adéquate est en place.

L'assurance qualité ne doit pas se confondre avec l'Assurance Projet. L'Assurance Projet correspond spécifiquement à la redevabilité du Comité de Pilotage de Projet pour s'assurer que le projet est mené convenablement sous tous les rapports. Il s'agit donc d'une responsabilité qui appartient à l'équipe de projet. Bien que l'Assurance Projet soit indépendante du Chef de Projet, contrairement à l'assurance qualité elle n'est pas indépendante du projet. Cependant, l'Assurance Projet et l'assurance qualité se recoupent, comme indiqué dans le Tableau 6.1.

Tableau 6.1 Relation entre Assurance Projet et assurance qualité

	Assurance Projet	Assurance Qualité
Que font-elles ?	Donne l'assurance aux parties prenantes du projet que le projet est mené de manière appropriée et correcte.	Donne l'assurance à l'organisation plus large de l'entreprise ou du programme que le projet est mené de manière appropriée et correcte et qu'il respecte les normes et les politiques applicables de la Direction de l'Entreprise ou de Programme.
En quoi diffèrent-elles ?	Doit être indépendante du Chef de Projet, du Support Projet, des Chefs d'équipe et des équipes de projet.	Réalisée par du personnel indépendant du projet (qui ne fait donc pas partie de l'équipe de projet).
	Responsabilité du Comité de Pilotage de Projet, et donc interne au projet.	**Responsabilité de l'organisation de la Direction de l'Entreprise ou de Programme, et donc externe au projet.**
Comment s'interfacent-elles ?	L'assurance qualité en tant que fonction de la Direction de l'Entreprise ou de Programme peut être utilisée par le Comité de Pilotage de Projet dans le cadre de sa démarche d'Assurance Projet (par exemple, demander à l'assurance qualité d'effectuer une évaluation par les pairs).	L'assurance qualité rechercherait (ou exigerait) une Assurance Projet efficace comme l'un des indicateurs que le projet est convenablement mené.

6.3 LA DÉMARCHE QUALITÉ DE PRINCE2

L'approche spécifique de PRINCE2 vis-à-vis de la qualité est la focalisation sur les produits dès le début, ce qui demande des activités spécifiques pour :

- Identifier tous les produits du projet (à savoir, jusqu'à quel niveau le projet compte exercer un contrôle) ;
- Les définir dans les Descriptions de Produit – avec les critères qualité qui seront utilisés pour les évaluer, les méthodes qualité à appliquer pour les concevoir, les développer et les accepter, et les responsabilités qualité des personnes impliquées ;
- Mettre en place et suivre les méthodes qualité utilisées tout au long du projet.

Les deux premiers points sont couverts par la **planification de la qualité** (section 6.3.1) et le dernier point est couvert par le **contrôle qualité** (section 6.3.2) et **l'assurance qualité** (section 6.2.6).

La démarche qualité de PRINCE2 peut être résumée simplement par la liste de contrôle des opérations qualité présentée dans la Figure 6.1. Les termes utilisés dans le diagramme sont expliqués dans la suite de cette section.

6.3.1 Planification de la qualité

La planification de la qualité a pour objectif de fournir une base solide pour :

- **Un accord du Comité de Pilotage de Projet** sur les exigences qualité globales, les produits requis avec leurs critères qualité associés (y compris les normes de l'entreprise et autres à respecter), les moyens d'obtention et d'évaluation de la qualité et, en fin de compte, le critère d'acceptation selon lequel le produit du projet sera jugé ;
- **Communiquer** ces accords sans ambiguïté pour que toutes les parties prenantes du projet aient une perception commune de ce que le projet vise à réaliser ;
- **Contrôler,** donc établir un référentiel effectif pour les contrôles qualité du projet (y compris les tolérances qualité) ainsi qu'un moyen sûr d'obtenir des produits adaptés au besoin.

Si ces aspects de la planification sont négligés, les personnes impliquées dans le projet risquent d'avoir des opinions divergentes sur le périmètre de la solution, sur ce qui constitue un résultat réussi, sur l'approche à adopter, sur la quantité de travail nécessaire, sur qui doit participer et sur les rôles qu'ils doivent assurer.

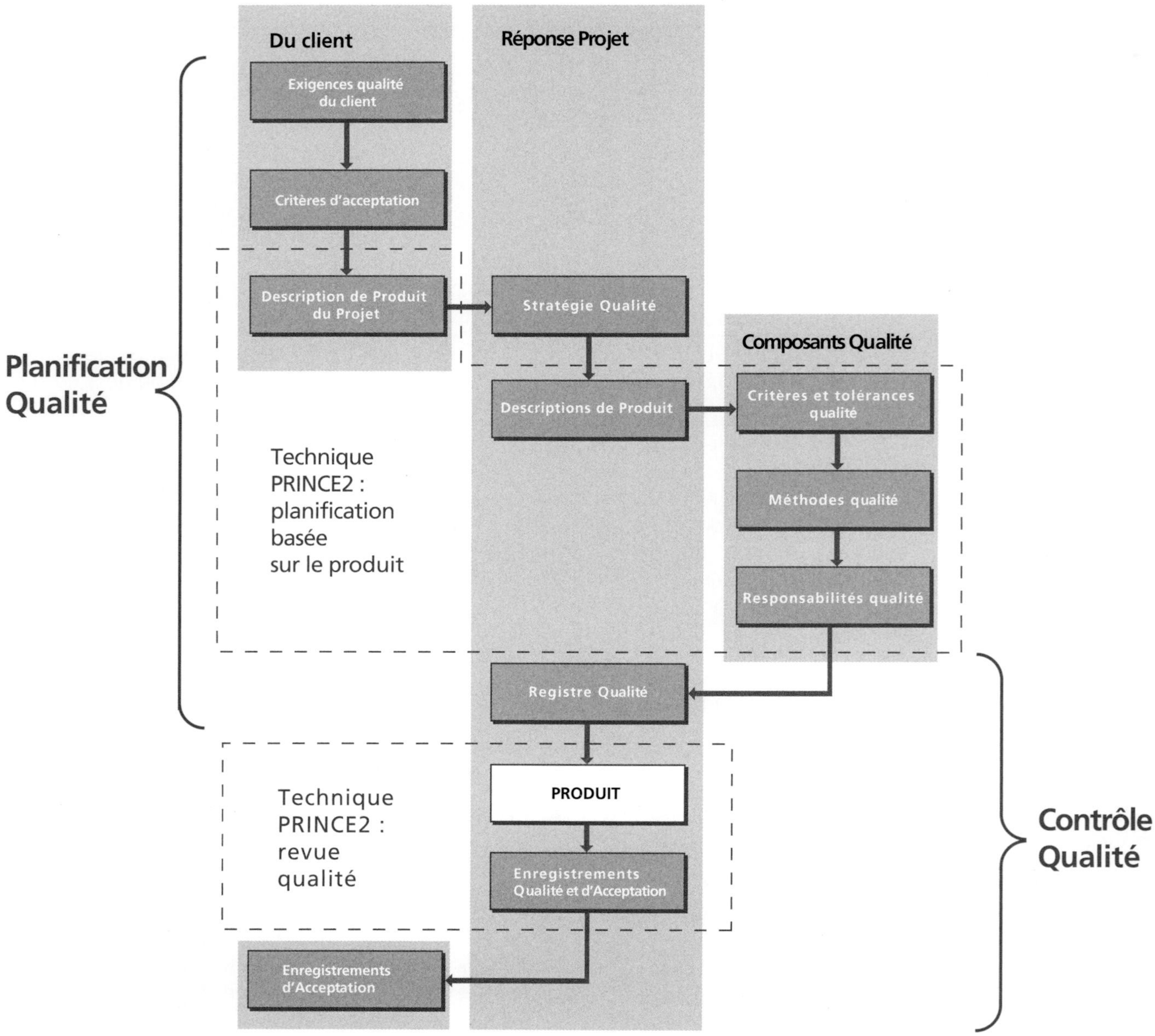

Figure 6.1 Liste de contrôle des opérations qualité

La planification de la qualité donne lieu aux activités suivantes :

- Comprendre les exigences qualité du client (section 6.3.1.1) ;
- Définir les critères d'acceptation du projet (section 6.3.1.2) ;
- Documenter les exigences qualité du client et les critères d'acceptation du projet dans la Description de Produit du Projet (section 6.3.1.3) ;
- Formuler une Stratégie Qualité (section 6.3.1.4) ;
- Ecrire des Descriptions de Produit claires précisant les critères, les tolérances, les méthodes et les responsabilités liées à la qualité (section 6.3.1.5) ;
- Mettre en place un Registre Qualité (section 6.3.1.6).

6.3.1.1 Les exigences qualité du client

Les exigences qualité du client sont une déclaration sur la qualité attendue du produit du projet. Elles sont définies et convenues au début du processus Elaborer le Projet. Les exigences sont identifiées dans le cadre de discussions avec le client puis détaillées afin de les inclure dans la Description de Produit du Projet.

Pour éviter les fausses interprétations et les hypothèses erronées sur les exigences qualité du projet, les exigences qualité du client doivent couvrir :

- Les principales exigences qualité pour le produit du projet ;
- Toutes les normes et tous les processus à appliquer pour satisfaire les exigences qualité spécifiées, y compris dans quelle mesure le système de management de la qualité du client et/ou celui du fournisseur devront être utilisés ;
- Toutes les mesures qui peuvent être utiles pour évaluer si le produit du projet répond aux exigences qualité (par exemple, les mesures de satisfaction des clients existants).

Les exigences qualité clés orienteront le choix de la solution et influenceront également les cibles de performance en matière de durée, coût, périmètre, risque et bénéfices du projet.

Exemples d'exigences qualité

Les exigences qualité pour une pompe à eau dans un village isolé demandent qu'elle soit suffisamment robuste pour « durer toute une vie », alors qu'une pompe à huile dans une voiture de course doit être aussi légère que possible et peut juste durer le temps d'une course.

Les exigences qualité du client sont souvent exprimées en termes généraux de façon à obtenir une perception commune des exigences qualité globales. Elles sont ensuite utilisées pour identifier des critères d'acceptation plus détaillés, qui doivent être spécifiques et précis.

Dans la mesure du possible, les exigences qualité du client doivent être prioritaires car elles seront utilisées pour définir les tolérances qualité des produits du projet.

Les exigences qualité du client doivent être vérifiées à la fin de chaque séquence management au cas où des facteurs externes les auraient changées.

6.3.1.2 Les critères d'acceptation

Les critères d'acceptation du projet forment une liste classée par ordre de priorité de définitions mesurables des attributs requis pour qu'un ensemble de produits soit acceptable pour les parties prenantes clés. Par exemple : facilité d'utilisation, facilité d'assistance, facilité de maintenance, aspect, fonctions principales, coûts de développement, coûts d'exploitation, capacité, disponibilité, fiabilité, sécurité, précision et performances.

Les Critères d'acceptation doivent être classés par ordre de priorité pour, au besoin, faciliter le choix de compromis entre certains critères. Par exemple, haute qualité, livraison précoce et faible coût risquent de ne pas être compatibles et il peut être nécessaire de sacrifier l'un des critères afin de satisfaire aux deux autres.

Exemple de technique d'établissement des priorités – MoSCoW

Chaque critère d'acceptation est classé comme **M**ust have (doit avoir), **S**hould have (devrait avoir), **C**ould have (pourrait avoir) ou **W**on't have for now (n'aura pas pour l'instant) (MoSCoW).

Tous les critères d'acceptation « Must have » et « Should have » doivent être mutuellement réalisables.

Quand le projet peut démontrer que tous les critères d'acceptation ont été satisfaits, les obligations du projet sont remplies et le projet peut être clos.

Les critères d'acceptation doivent être convenus avec le client et le fournisseur pendant le processus Elaborer le Projet et documentés dans le cadre de la Description de Produit du Projet. Il est important de réaliser qu'à ce stade les produits du projet ne seront peut-être pas encore très clairs. En conséquence, il arrive souvent que les critères d'acceptation soient détaillés et convenus pendant le processus Initialiser le Projet et vérifiés à la fin de chaque séquence management. Une fois finalisés dans la Description de Produit du Projet, les critères d'acceptation sont sujets aux procédures de maîtrise des changements et peuvent uniquement être modifiés avec l'accord du Comité de Pilotage de Projet.

En ce qui concerne les critères d'acceptation, il est utile de choisir des mesures d'évaluation indirectes qui seront des indicateurs précis et fiables de la réalisation ultérieure des bénéfices.

Exemple de critères d'acceptation

Si une exigence qualité du client pour une pompe à eau est qu'elle « dure toute une vie », les critères d'acceptation doivent se focaliser sur les mesures donnant une indication ou une preuve suffisante que la pompe est capable de durer toute une vie (définie comme un nombre d'années spécifique). Ceci peut comprendre le respect de certaines normes techniques liées à la durabilité du produit.

L'identification des méthodes d'acceptation est cruciale car elles permettent de répondre à la question : « Comment peut-on prouver si et quand le produit du projet a été achevé et s'il est acceptable pour le client ? »

6.3.1.3 La Description de Produit du Projet

La Description de Produit du Projet est générée lors du processus Elaborer le Projet dans le cadre de l'activité d'évaluation initiale du périmètre, et peut être affinée pendant le processus Initialiser le Projet lors de la création du Plan de Projet. Elle est également utilisée dans le processus Clore le Projet afin de vérifier que le projet a livré les produits attendus et que les critères d'acceptation ont été remplis.

La Description de Produit du Projet comprend :

- La finalité générale du produit ;
- Sa composition (c.-à-d. l'ensemble de produits qu'il doit comprendre) ;
- Les exigences qualité du client ;
- Les critères, la méthode et les responsabilités d'acceptation ;
- Les tolérances qualité de niveau projet.

La Description de Produit du Projet approuvée est incluse en tant que composant de l'Exposé du Projet. Elle est utilisée pour aider à sélectionner l'approche du projet. La Description de Produit du Projet définit ce que le client attend en termes de livraison du projet et l'approche du projet définit la solution ou la méthode à utiliser par le fournisseur pour créer le produit du projet.

La Description de Produit du Projet est une forme spéciale de Description de Produit en ce qu'elle comprend les exigences qualité du client et, à ce niveau, les critères qualité et les méthodes qualité constituent les critères d'acceptation et les méthodes d'acceptation pour l'ensemble du projet.

6.3.1.4 La Stratégie Qualité

La Stratégie Qualité est préparée pendant le processus Initialiser le Projet et approuvée ensuite par le Comité de Pilotage de Projet. Elle complète l'approche du projet et peut être considérée comme les propositions de l'équipe de projet en réponse aux exigences qualité du client et aux critères d'acceptation.

La Stratégie Qualité décrit comment les systèmes de management de la qualité des organisations participantes seront appliqués au projet et confirme l'ensemble des normes, procédures, techniques et outils qualité qui seront utilisés. Quand des modèles et des normes doivent être adaptés, cette adaptation doit également être présentée dans la Stratégie Qualité en vue d'être approuvée.

La Stratégie Qualité offre également un moyen d'ajuster et de s'accorder sur les niveaux de formalité à appliquer dans les plans et contrôles qualité en fonction des besoins particuliers du projet.

Elle doit indiquer les dispositions d'assurance qualité, en précisant les audits indépendants quand ils sont requis par les politiques des organisations participantes.

Les principales responsabilités afférentes à la qualité doivent être définies (que ce soit dans l'équipe de projet ou en dehors), avec un résumé de l'approche vis-à-vis de l'Assurance Projet.

Quand il y a déjà un système de management de la qualité établi pour les projets, par exemple dans un programme, il peut être suffisant de documenter seulement les mesures spécifiques à ce projet.

La Stratégie Qualité est tenue à jour pendant toute la durée du cycle de vie du projet, en appliquant les dispositions de maîtrise des changements.

6.3.1.5 Les Descriptions de Produit

Une fois la planification détaillée commencée, les Descriptions de Produit doivent être rédigées pour tous les produits du projet. Les Descriptions de Produit ne sont pas optionnelles. Elles régissent le développement des produits ainsi que leurs revues et approbation ultérieures.

Le niveau de détail dans une Description de Produit est une question de jugement. L'objectif principal est de choisir un niveau apportant un degré de contrôle sûr et approprié, suffisant pour satisfaire aux exigences qualité du client.

Le contenu d'une Description de Produit est décrit en détail dans l'Annexe A. La section « finalité » de la Description de Produit doit clairement indiquer qui a besoin du produit, pourquoi ils en ont besoin et ce que fera le produit. En plus de la section « finalité », les sections spécifiques à la qualité sont : critères qualité, tolérance qualité, méthode qualité, compétences requises en matière de qualité et responsabilités qualité. Elles définissent les contrôles qualité qui doivent être appliqués pendant le développement du produit et lors des procédures de revue et d'approbation du produit achevé.

Les Descriptions de Produit ne doivent pas être trop détaillées. Leur raison d'être est de soutenir la planification, le développement, la qualité et les méthodes d'approbation. Les Descriptions de Produit contenant trop de détails peuvent entraîner une augmentation inutile du coût de la qualité pour le projet. Par ailleurs, des Descriptions de Produit incomplètes ou inexactes peuvent mener à des conflits lors de l'acceptation si les résultats livrés ne correspondent pas aux exigences du client. Au besoin, la Description de Produit doit faire référence à des informations complémentaires, telles que les normes applicables ou les documents de conception spécialistes.

Le temps nécessaire pour créer de bonnes Descriptions de Produit dépendra de facteurs tels que l'importance, la complexité et l'originalité du produit, le nombre de parties prenantes qui vérifieront et approuveront le produit et le fait que l'organisation dispose ou non d'une bibliothèque de Descriptions de Produit standard et réutilisables. Les utilisateurs de PRINCE2 utilisent souvent des bibliothèques de Descriptions de Produit pour favoriser la cohérence et la réutilisation.

Critères Qualité

La Description de Produit doit inclure les caractéristiques de qualité à satisfaire par le produit et les mesures qualité qui seront appliquées par les personnes inspectant le produit achevé.

Les critères qualité doivent être suffisamment détaillés et clairs pour permettre aux personnes vérifiant un produit de confirmer sans ambiguïté que le produit satisfait à ses exigences.

Exemple de critères qualité

Soit un projet de conception et de fabrication d'un nouvel appareil photo. L'un des critères qualité est que l'appareil et son emballage doivent peser au plus 1 kg. La structure de décomposition du produit identifie un produit manuel utilisateur. Il s'en suit que la taille et le poids du manuel utilisateur représentent un facteur important, à l'inverse, par exemple, du nombre de pages.

Les questions à poser comprennent : Quel est le marché ciblé pour l'appareil photo ? Ceci implique-t-il que le manuel doit être écrit en plusieurs langues ? Sera-t-il donc plus lourd ? Ou un manuel sur CD-ROM suffira-t-il ? Ceci pourrait réduire le poids du manuel et permettre d'avoir un appareil plus lourd.

L'examen des critères qualité met souvent en évidence des liens et des facteurs comme ceux-ci, qui sont utilisés dans le processus de planification ultérieur.

Tolérance qualité

Les tolérances qualité d'un produit peuvent être spécifiées dans les critères qualité en définissant une plage de valeurs acceptable. Par exemple : « La durée de la présentation est-elle de 30 minutes (plus ou moins 5 minutes) ? », « La température est-elle maintenue dans la plage de 1 à 5°C ? »

Méthode qualité

La section méthode qualité de la Description de Produit permet de spécifier les activités qualité à mettre en œuvre pendant le développement d'un produit, pour les revues et l'approbation quand le produit est achevé. Quand des compétences spécialisées sont implicites dans les méthodes qualité, elles doivent également être précisées. Il y a deux principaux types de méthodes qualité : les méthodes en cours de processus et les méthodes d'évaluation (voir section 6.3.2.1).

Responsabilités qualité

Pour éviter les doutes, les responsabilités qualité d'un produit doivent être spécifiées. Les responsabilités appartiendront à l'une des trois catégories suivantes :

- **Producteur** La personne ou le groupe responsable du développement d'un produit ;
- **Vérificateur(s)** Personne ou groupe indépendant du producteur et chargé d'évaluer si un produit satisfait ou non aux exigences telles qu'elles sont définies dans la Description de Produit ;
- **Approbateur(s)** La personne ou le groupe, par ex. un Comité de Pilotage de Projet, identifié comme qualifié et autorisé à approuver un produit comme achevé et adapté au besoin.

6.3.1.6 Le Registre Qualité

Le Registre Qualité est en fait un journal des événements qualité planifiés et réalisés (par exemple, les ateliers, revues, inspections, tests, essais pilotes, acceptation et audits). Il est créé pendant le processus Initialiser le Projet pendant la définition des produits et des mesures de contrôle qualité. Il est ensuite tenu à jour (conformément aux plans référencés courants) pendant toute la durée du projet.

Au fur et à mesure que le projet progresse et que les enregistrements des activités qualité sont reçus, le Registre Qualité est actualisé pour refléter (sous forme résumée) les résultats réels des activités qualité. Le Registre Qualité fournit des informations essentielles pour les audits et l'assurance, en faisant le lien entre ce qui a été planifié et convenu (dans la Stratégie Qualité et les Descriptions de Produit) et les activités qualité effectivement réalisées.

La quantité d'information consignée dans le Registre Qualité peut varier considérablement en fonction du niveau nécessaire de l'analyse des mesures qualité (par ex. « nombre de défauts ») à des fins d'amélioration de processus. Le Tableau 6.2 donne un exemple de Registre Qualité.

6.3.2 Contrôle qualité

Le contrôle qualité se fait en mettant en œuvre, en surveillant et en enregistrant les méthodes et responsabilités qualité définies dans la Stratégie Qualité et les Descriptions de Produit (et ultérieurement convenues dans les Lots de Travaux).

Le contrôle qualité donne lieu aux activités suivantes :

- Appliquer les méthodes qualité (section 6.3.2.1) ;
- Maintenir des enregistrements de qualité et d'approbation (sections 6.3.2.2 et 6.3.2.3) ;

Tableau 6.2 Exemple de Registre Qualité

ID Activité Qualité	ID Produit	Produit	Méthode	Producteur	Vérificateur(s)	Approbateur(s)	Date cible Revue	Date réelle Revue	Date cible Approbation	Date réelle Approbation	Résultat
1	121	Plan test	Inspection	Ali	Paul	Jean, Rita	14-Fév	21-Fév	21-Fév	28-Fév	Réussi
2	124	Pompe à eau	Test Performance	Paul	Ali, Robert	Jean	20-Mar	20-Mar	27-Mar	NA	Echec
3	124	Pompe à eau	Test Maintenance	Paul	Ali, Amir	Rita	21-Mar	21-Mar	27-Mar	27-Mar	Réussi
.	.	.	.	.	.	.	.	.	.	.	.
.	.	.	.	.	.	.	.	.	.	.	.
9	124	Pompe à eau	Test Performance	Paul	Ali, Robert	Jean	14-Juin		21-Juin		

- Obtenir l'acceptation (section 6.3.2.4).

6.3.2.1 Méthodes qualité

Plus les défauts de produit sont détectés tard, plus le coût de leur correction augmente. Il est bien plus facile et économique de corriger un document de conception au début du projet que de corriger une erreur de conception seulement découverte quand le produit fini est testé ou pire, quand le produit est déjà en exploitation. Ainsi, les inspections qualité effectuées tôt dans le processus de conception et de développement sont potentiellement les méthodes qualité disponibles les plus rentables.

Il y a deux types de méthodes qualité :

- **Les méthodes « en cours de processus »** Il s'agit des moyens permettant « d'intégrer » la qualité dans les produits tout au long de leur développement. Elles peuvent donner lieu à l'utilisation de méthodes et/ou de techniques spécialistes, y compris des processus de contrôles calibrés, une automatisation (par ex. robotique, outils logiciels), des exercices de pilotage, des ateliers, des enquêtes et des consultations, ou plus simplement la conduite d'inspections qualité pendant le développement du produit et une fois le produit achevé ;
- **Les méthodes d'évaluation** Il s'agit des moyens permettant d'évaluer les produits finis vis-à-vis de leur achèvement et de leur adéquation aux besoins. Il y a essentiellement deux types de méthodes d'évaluation, en fonction de la mesure dans laquelle il est possible définir des critères qualité objectifs : **test** (si les critères qualité sont réellement objectifs et quantifiables) ou **inspection qualité** (s'il faut apporter un certain jugement subjectif).

Une inspection qualité est une évaluation structurée et systématique d'un produit, exécutée de manière planifiée, documentée et organisée. Il est possible d'adopter une approche systématique mais flexible des inspections qualité :

- Pendant le développement des produits de ce type, que ce soit de façon formelle (c.-à-d. conformément à ce qui a été convenu pendant la planification de la qualité) ou informelle (simplement comme moyen d'évaluer la qualité du « travail en cours ») ;
- Pour marquer l'achèvement et l'approbation de produits ;
- Pour compléter les tests, par ex. pour simplement vérifier les résultats de test.

Les techniques d'inspection qualité sont particulièrement applicables quand un jugement professionnel est nécessaire pour déterminer si le produit est adapté au besoin. Ces techniques peuvent être utilisées dans le projet en tant que contrôles qualité, et par des experts indépendants dans le cadre de l'assurance qualité. Les revues par les pairs et « Gateway » sont des exemples d'activités d'assurance qualité qui peuvent être mises en œuvre en utilisant ou en adaptant une technique d'inspection générique. Utilisées comme contrôle pour l'équipe de projet, les inspections qualité systématiques peuvent également avoir des retombées utiles pour la consolidation de l'équipe.

Même quand les tests représentent la méthode d'évaluation principale, il arrive souvent que quelqu'un doive vérifier que les résultats de test répondent aux critères de réussite. Une simple inspection est donc quand même requise.

Il existe de nombreuses techniques d'inspection systématique, certaines étant spécifiques à des industries ou types de produit particuliers. PRINCE2 est compatible avec l'utilisation de ces techniques mais fournit également une technique utile de revue qualité, qui complète l'utilisation des Description de Produit PRINCE2.

L'approbation formelle d'un produit peut éventuellement résulter d'une revue qualité, mais pas nécessairement. Les produits jugés achevés lors d'une inspection ou d'une revue doivent quand même être soumis à l'approbation d'une autorité séparée.

La technique de revue qualité PRINCE2

Objectifs

- Evaluer la conformité d'un produit qui prend la forme d'un document (ou d'un élément similaire comme une présentation de résultats de test), par rapport à des critères définis ;
- Impliquer les principales parties intéressées dans la vérification de la qualité du produit et la promotion d'une acceptation plus large du produit ;
- Donner la confirmation que le produit est achevé et est prêt à être approuvé ;
- Référencer le produit à des fins de maîtrise des changements.

Rôles de l'équipe de revue

- **Président** Ce rôle est responsable du déroulement général de la revue ;
- **Représentant** Ce rôle présente le produit soumis à la revue et représente le(s) producteur(s) du produit. Le représentant coordonne et assure également les actions de suivi après la revue, c.-à-d. qu'il apporte au produit les modifications convenues par l'équipe ;
- **Vérificateur** Ce rôle passe le produit en revue, soumet des questions et confirme les corrections et/ou les améliorations ;
- **Administrateur** Ce rôle assure un support administratif pour le président et enregistre le résultat et les actions.

La forme minimale d'une revue (utilisée pour les simples inspections, par ex. des résultats de test) demande seulement deux personnes : l'une assure les rôles de président et de vérificateur et l'autre les rôles de représentant et d'administrateur.

Remarque : la revue qualité est une technique générique qui peut être utilisée en dehors du contexte du projet. Ainsi, les rôles de revue qualité n'ont pas de relations spécifiques avec les rôles de la structure de l'équipe de projet. Cependant, l'équipe peut être consolidée quand le Chef de Projet et les Chefs d'équipe président régulièrement des revues. Présider des revues qualité demande des compétences de facilitateur tout en restant indépendant du produit faisant l'objet de la revue (la principale responsabilité est de s'assurer que la revue est effectuée correctement).

Préparation de la revue

- Prendre les dispositions administratives pour la revue (président/administrateur) ;
- Vérifier que le produit est prêt pour la revue et confirmer la disponibilité des vérificateurs (président) ;
- Distribuer des copies du produit et la Description de Produit correspondante à l'équipe de revue, en laissant aux vérificateurs suffisamment de temps pour leurs préparations (représentant) ;
- Vérifier le produit par rapport aux critères qualité spécifiés dans la Description de Produit associée (vérificateurs) ;
- Soumettre une liste de questions au président et au représentant de la revue (vérificateurs) ;
- Annoter les erreurs d'orthographe/grammaire dans la copie du produit et la remettre au représentant (vérificateurs) ;
- Produire une liste de questions consolidée (président) et l'envoyer au représentant avant la réunion.

Ordre du jour de la réunion de revue

- **Présentations des participants,** s'il y a lieu (président) ;
- **Récapitulatif du produit** (représentant) Un résumé très bref couvrant la finalité du produit : qui en a besoin, pourquoi ils en ont besoin et ce qu'il fera ;
- **Questions majeures/globales** (président) Inviter chaque vérificateur à contribuer aux questions majeures ou globales concernant le produit. Les questions globales sont celles qui reviennent plusieurs fois pour le produit. L'équipe de revue s'accorde sur toutes les actions proposées pour régler chaque question soulevée. L'administrateur enregistre les actions et les responsabilités ;
- **Présentation détaillée du produit** (représentant) Accompagner l'équipe de revue dans l'étude du produit section par section ou page par page, suivant les cas, en examinant la liste de questions consolidée et en invitant des explications là où c'est nécessaire. L'équipe de revue s'accorde sur les actions proposées pour régler

chaque question soulevée. L'administrateur enregistre les actions et les responsabilités ;

- **Récapitulatif des actions** (administrateur) Confirmer les actions et les responsabilités ;
- **Résultat de la revue** (président) Amener l'équipe de revue à prendre une décision commune parmi les options suivantes :
  - **achevé** (le produit est conforme au besoin tel quel) ;
  - **achevé sous condition** (le produit est conforme au besoin sous réserve que les actions soient exécutées) ;
  - **incomplet** (le produit nécessite un autre cycle de revue qualité).
- **Clôture de la revue** (président) ;
- **Communication du résultat aux parties intéressées** (président).

Suivi de la revue

- Coordonner les actions (représentant) ;
- Approuver les actions individuelles (vérificateurs, comme convenu pendant la réunion) ;
- Une fois toutes les actions exécutées, approuver l'achèvement du produit (président) ;
- Communiquer l'issue de la revue qualité aux responsables/personnel de support appropriés (administrateur) ;
- Conserver les enregistrements qualité (administrateur) ;
- Demander l'approbation pour le produit (représentant).

Conseils et astuces

- **Vérificateurs** Vérifiez le produit, **pas** la personne. Il faut donc éviter de personnaliser les problèmes (« Vous… ») et travailler en tant qu'équipe (« Nous … ») ;
- **Vérificateurs** Travaillez en équipe mais remettez-vous en à des experts pour les domaines spécialisés. Certains vérificateurs peuvent être sélectionnés pour traiter des aspects spécifiques du produit et leurs commentaires peuvent être considérés comme plus pertinents dans ces domaines ;
- **Vérificateurs** Ne discutez pas de futilités pendant les revues (orthographe, ponctuation, etc.) sauf s'il s'agit d'un problème majeur/global (par ex. si le document va être communiqué à une audience importante, comme le public) ;
- **Président** Encouragez le représentant à maintenir un rythme constant pendant la présentation du produit. Les vérificateurs doivent avoir l'opportunité de soulever leurs questions mais le temps imparti doit être contrôlé pour éviter d'encourager les commentaires superflus. Le représentant ne doit pas commencer de discussions inutiles.
- **Président** Réglez chaque point au fur et à mesure en obtenant une décision de l'équipe de revue. Le produit doit-il être modifié ou pas ? Ne laissez pas les discussions s'égarer. Souvenez-vous que l'objectif de la revue est d'identifier les défauts, pas de concevoir des solutions pour les résoudre. Evitez la tentation de formuler et de convenir de solutions. Ceci doit être fait après la revue.
- **Président** Focalisez-vous sur ce produit. Ne laissez pas la discussion diverger vers d'autres produits connexes. Si un produit associé semble avoir un problème, traitez-le comme une incidence en dehors de la réunion ;
- **Président** Veillez à ce que les vérificateurs contribuent de manière efficace. Il vous incombe de vous assurer que le produit approuvé est adapté au besoin ;
- **Président** Si un vérificateur ne peut pas assister à la revue, acceptez sa liste de questions et soulevez les questions de sa part, acceptez un délégué ou remplacez le vérificateur ;
- **Représentant** Il peut arriver qu'une action de suivi ne soit pas faisable ou qu'elle ne puisse pas être réalisée dans les limites de tolérance convenues. Dans ce cas, il faut soumettre une incidence au Chef de Projet ;
- **Approbateur** Si la personne (ou le groupe) qui approuvera le produit participe à la revue qualité, il peut être possible d'approuver le produit dans le cadre de la revue.

La technique de revue qualité PRINCE2 (et d'autres techniques d'inspection qualité) peut avoir des retombées importantes, particulièrement en termes de :

- **Implication des parties prenantes** Les inspections qualité sont des opportunités de communications interfonctionnelles efficaces. Pour de nombreuses parties prenantes importantes, ces revues peuvent être l'unique point de contact direct. Elles représentent donc une sorte de « fenêtre d'observation » sur le projet. Ceci est particulièrement vrai pour les utilisateurs. Les inspections qualité structurées sont l'un des moyens les plus efficaces pour encourager l'appui du projet. En général, des revues systématiques et efficaces donnent une meilleure impression aux parties prenantes ;
- **Leadership** Dans de nombreuses situations, une focalisation sur la qualité (dans le sens « adaptation au besoin ») suscite une meilleure réponse de la part des membres de l'équipe de revue (et des utilisateurs) qu'une simple focalisation sur les budgets et les calendriers d'exécution. Les techniques d'inspection qualité fournissent souvent d'excellents conseils et suggestions sur les comportements et les prises de décision effectives lors des réunions ;
- **Consolidation de l'équipe** Les inspections qualité formelles et informelles sont des opportunités de se concentrer sur la formation d'une équipe de projet efficace, où les membres comprennent les contributions, les besoins et les priorités de chacun ;
- **Développement personnel** Les nouveaux apprennent grâce au personnel plus expérimenté et peuvent remarquer des oublis dans des aspects survolés par les autres. Le personnel expérimenté peut profiter des nouveaux points de vue des recrues récentes ;
- **Documentation qualité** Des enregistrements cohérents et familiers permettent d'améliorer la communication et l'analyse des mesures qualité ;
- **Culture qualité** La technique de revue qualité PRINCE2 est générique. Elle peut être utilisée sur des programmes, projets et services dans l'ensemble de l'organisation, ce qui permet d'instaurer une « culture qualité » positive et familière.

6.3.2.2 Enregistrements qualité

Il est important de rassembler des preuves pour démontrer que les activités qualité planifiées ont été réalisées. Les enregistrements soutiennent les entrées du Registre Qualité en donnant au Chef de Projet et au Comité de Pilotage de Projet l'assurance que :

- Les produits sont réellement achevés (et donc que les activités associées sont terminées) ;
- Les produits satisfont aux critères qualité associés et sont adaptés aux besoins prévus (sinon, des enregistrements existent pour tous les défauts de qualité et toutes les actions correctives) ;
- Les processus convenus ont été suivis ;
- Les autorités d'approbation et les parties prenantes clés pour le produit sont satisfaites ;
- Les audits prévus ont été menés et ont fait l'objet d'un compte-rendu.

Les enregistrements qualité doivent contenir des références aux documents d'inspection qualité, tels qu'un plan de test, le détail de toutes les statistiques des « défauts » et des actions requises pour rectifier les erreurs et les omissions des produits inspectés, ainsi que tous les rapports liés à la qualité (les comptes-rendus d'audit par exemple). Quand ces enregistrements sont reçus par le Support Projet, les entrées du Registre Qualité pour les produits correspondants peuvent être renseignées. Pendant le projet et quand le projet est clos, les enregistrements qualité fournissent une précieuse source d'information à analyser, dans l'esprit du principe PRINCE2 selon lequel les projets doivent utiliser « les leçons tirées l'expérience ». Par exemple, les mesures qualité telles que les types et les tendances des défauts peuvent être utilisées comme une source de retours d'expérience et d'améliorations des processus.

6.3.2.3 Enregistrements des approbations

Même si que les enregistrements qualité donnent la preuve que chaque produit satisfait à ses exigences telles qu'elles sont spécifiées dans sa Description de Produit, il est de bonne pratique de conserver une trace que le produit a été approuvé.

PRINCE2 ne spécifie pas le format ou la composition des enregistrements d'approbation car ils dépendront du niveau de formalité requis, de la relation client/fournisseur et du système de management de la qualité des organisations concernées. Le format des enregistrements d'approbation peut être par exemple une note dans le compte-rendu d'une réunion, un courriel, une lettre, une signature sur un document ou encore un certificat.

6.3.2.4 Enregistrements d'acceptation

Des produits sont approuvés tout au long du projet et la prise en charge peut même être transférée au client dans le cadre d'une remise progressive. Mais pendant le processus Clore le Projet, il est important de vérifier que tous les formulaires d'approbation ont été obtenus et que les enregistrements ont été conservés à des fins d'audit et/ou de dispositions contractuelles.

PRINCE2 utilise le terme « acceptation » pour décrire l'approbation finale du produit du projet. Une acceptation est souvent requise de la part de plusieurs parties prenantes, par ex. celles qui utilisent les produits du projet et celles qui les maintiennent (auquel cas les deux catégories de parties prenantes doivent avoir participé à la définition des produits correspondants, aux inspections qualité et aux décisions d'approbation au cours du projet).

L'acceptation peut être qualifiée, et des « compromis » documentés peuvent être accordés (par ex. s'il y a des défauts dans la solution ou si certains critères de performance ne sont pas encore complètement remplis). Quand des compromis ont été accordés par le Comité de Pilotage de Projet, il peut être nécessaire de recommander des actions de suivi pour des améliorations ultérieures ou des ajustements aux produits concernés.

6.4 RESPONSABILITÉS

Le Tableau 6.3 liste les responsabilités liées au thème Qualité. L'annexe C contient de plus amples informations sur les rôles de management de projet et sur les responsabilités associées.

Tableau 6.3 Responsabilités liées au thème Qualité

Rôle	Responsabilités
Direction de l'Entreprise ou de Programme	Donne des détails sur le système de management de la qualité de l'entreprise ou du programme.
	Fournit l'assurance qualité.
Exécutif	Approuve la Description de Produit du Projet.
	Approuve la Stratégie Qualité.
	Confirme l'acceptation du produit du projet.
Utilisateur Principal	Fournit les exigences qualité du client et les critères d'acceptation.
	Approuve la Description de Produit du Projet.
	Approuve la Stratégie Qualité.
	Approuve les Descriptions de Produit pour les produits utilisateur clés.
	Fournit les ressources pour mener à bien les activités qualité utilisateur et l'approbation du produit.
	Donne l'acceptation du produit du projet.
Fournisseur Principal	Approuve la Description de Produit du Projet (le cas échéant).
	Approuve la Stratégie Qualité.
	Approuve les méthodes, les techniques et les outils qualité adoptés pour le développement du produit.
	Fournit les ressources pour mener à bien les activités qualité fournisseur.
	Approuve les Descriptions de Produit pour les produits spécialistes clés.
Chef de Projet	Documente les exigences qualité du client et les critères d'acceptation.
	Prépare la Description de Produit du Projet (avec les utilisateurs).
	Prépare la Stratégie Qualité.
	Prépare et tient à jour les Descriptions de Produit.
	S'assure que les Chefs d'équipe mettent en œuvre les mesures de contrôle qualité convenues dans les Descriptions de Produit et les Lots de Travaux.
Chef d'équipe	Développe des produits conformes aux Descriptions de Produit.
	Gère les contrôles qualité pour les produits concernés.
	Prépare les enregistrements qualité.
	Informe le Chef de Projet de l'état de la qualité du produit.
Assurance Projet	Conseille le Chef de Projet sur la Stratégie Qualité.
	Assiste le Comité de Pilotage de Projet et le Chef de Projet en passant en revue les Descriptions de Produit.
	Conseille le Chef de Projet sur des vérificateurs/approbateurs qualité appropriés.
	Assure les membres du Comité de Pilotage de Projet de la bonne mise en œuvre de la Stratégie Qualité, c.-à-d. la conduite appropriée du management du projet et des procédures qualité.
Support Projet	Assure le support administratif pour les contrôles qualité.
	Tient à jour le Registre Qualité et les enregistrements qualité.
	Aide les Chefs d'équipe et les membres pour l'application des processus qualité du projet.

7 Plans

7 Plans

7.1 FINALITÉ

Le thème Plans a pour objectif de faciliter la communication et le contrôle en définissant ou en estimant les moyens de livraison des produits (où et comment, par qui et l'estimation de quand et de combien).

Un management de projet efficace repose sur une planification efficace, car il ne saurait y avoir de contrôle sans plan. La planification fournit les informations suivantes à l'ensemble du personnel impliqué dans le projet :

- Ce qu'on attend de lui ;
- La manière dont les objectifs seront atteints, par qui et à l'aide de quels équipements et ressources spécialistes ;
- Le déroulement des événements ;
- Si les exigences de durée, de coûts, de qualité, de périmètre, de risque et de bénéfices sont réalisables.

Le développement et le maintien de plans crédibles fournissent un référentiel par rapport auquel la progression du projet peut être mesurée. Ils permettent de diffuser les informations de planification aux parties prenantes en vue d'obtenir les engagements nécessaires pour appuyer le plan.

Le simple fait de planifier aide l'équipe de projet à anticiper sur le projet et à le « répéter mentalement ». Une telle répétition permet d'identifier et de gérer les omissions, les duplications, les menaces et les opportunités.

Le thème Plans fournit l'infrastructure nécessaire pour concevoir, développer et maintenir les plans du projet (Plan de Projet, Plans de Séquence et Plans d'équipe).

7.2 DÉFINITION DES PLANS

7.2.1 Qu'est-ce qu'un plan ?

La notion de plan évoque chez la plupart des gens l'image d'un tableau divisé en périodes de temps.

Un plan PRINCE2 est cependant plus exhaustif. C'est un document qui décrit comment, quand et par qui un objectif ou un ensemble d'objectifs spécifiques doit être atteint. Ces objectifs comprennent les produits, la durée, les coûts, la qualité et les bénéfices du projet.

Le plan doit donc contenir suffisamment d'informations et de détails pour confirmer que les objectifs sont réalisables.

Les plans sont l'épine dorsale du système de management de l'information de tout projet. Il est primordial que les plans soient en permanence alignés sur le Cas d'Affaire. Un plan nécessite l'approbation et l'engagement des niveaux pertinents de l'équipe de projet.

7.2.2 Qu'est-ce que la planification ?

La planification est l'acte ou le processus d'élaboration et de maintien d'un plan. Ce terme est également utilisé pour décrire les procédures formelles utilisées dans le cadre de cet exercice, telles que la création de documents et de diagrammes. La planification est essentielle, quel que soit le type ou la taille du projet ; loin de constituer un exercice trivial, elle revêt une importance vitale pour la réussite du projet.

Sans une planification efficace, il serait impossible de prédire le résultat de projets complexes en termes de périmètre, de qualité, de risque, de durée, de coûts et de bénéfices. Les acteurs chargés de fournir les ressources ne pourraient pas optimiser leurs opérations.

Les projets mal planifiés entraînent frustration, gaspillage et reprises. Il est par conséquent essentiel d'affecter suffisamment de temps à la planification.

PRINCE2 exige une approche de la planification basée sur le produit.

7.2.3 Niveaux de plan

Plus la planification se projette dans l'avenir et plus elle devient difficile. On désigne sous le terme d'horizon de planification la période de temps pour laquelle une planification précise est possible. Il est par conséquent rarement souhaitable, voire même possible, de planifier en détail dès le début la totalité d'un projet. Les plans doivent donc être produits à différents niveaux de périmètre et de détail (voir section 2.4).

PRINCE2 préconise trois niveaux de plan pour refléter les besoins des différents niveaux de management impliqués dans le projet, la séquence et l'équipe. On trouvera à l'Annexe A la Description de Produit d'un plan.

La Figure 7.1 décrit les niveaux de planification PRINCE2.

Le Plan de Projet est créé par le processus Initialiser le Projet.

Le Plan de Séquence d'initialisation est créé par le processus Elaborer le Projet, et chaque Plan de Séquence subséquent est créé par le processus Gérer une Limite de Séquence. Attention : dans la mesure où le Plan de Séquence d'initialisation est créé avant le Plan de Projet, il sera influencé par le plan d'entreprise ou de programme (ou son équivalent) de l'organisation commanditaire du projet.

Les plans d'équipe sont créés par le processus Gérer la Livraison des Produits.

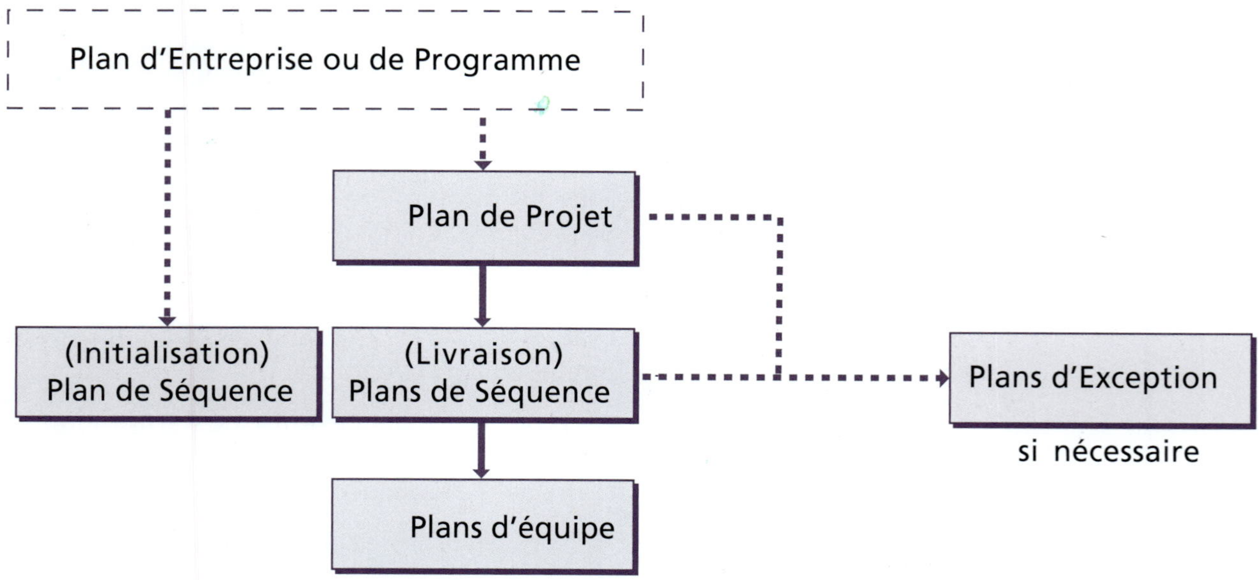

Figure 7.1 Niveaux de planification PRINCE2

Le seul autre plan de PRINCE2 est le Plan de Revue des Bénéfices (voir Chapitre 4 pour plus de détails). Ce plan couvre les activités effectuées durant et après le projet et peut s'inscrire dans un plan d'entreprise ou de programme. Le Plan de Revue des Bénéfices couvre les niveaux entreprise, projet et séquence.

7.2.4 Le Plan de Projet

Le Plan de Projet examine quand et comment les exigences de performance du projet (durée, coûts, périmètre et qualité) doivent être atteintes, en identifiant les principaux produits, activités et ressources requis pour le projet. Le Plan de Projet :

- Fournit les prévisions de coûts et de durée du projet au Cas d'Affaire, et identifie les principaux points de contrôle, tels que les séquences management et les échéances ;
- Est utilisé par le Comité de Pilotage de Projet en tant que référentiel afin de surveiller la progression du projet séquence par séquence ;
- Doit être aligné sur le plan de la Direction de l'Entreprise ou de Programme.

7.2.5 Plans de Séquence

Un Plan de Séquence doit être établi pour chaque séquence management. Le Plan de Séquence est semblable au Plan de Projet en termes de contenu, mais chaque élément est décomposé jusqu'au niveau de détail requis pour permettre au Chef de Projet d'assurer le contrôle au quotidien.

Le Plan de Séquence de la séquence management suivante doit être produit vers la fin de la séquence management en cours. Cette approche permet de :

- Produire le Plan de Séquence juste avant que les événements planifiés ne se déroulent ;
- Limiter la durée du Plan de Séquence par rapport au Plan de Projet (ce qui résout la question de l'horizon de planification) ;
- Produire le Plan de Séquence en fonction des performances des séquences management antérieures.

Voir Chapitre 10 pour plus d'informations sur la division d'un projet en séquences management.

7.2.6 Plans d'équipe

Un Plan d'équipe est produit par un Chef d'équipe en vue de faciliter l'exécution d'un ou plusieurs Lots de Travaux. Les Plans d'équipe sont optionnels : leur nécessité et leur nombre sont déterminés par la taille et la complexité du projet ainsi que par le nombre de ressources concernées.

PRINCE2 ne prescrit pas le format ou la composition du Plan d'équipe. Le projet pourra rassembler plusieurs équipes, et chaque équipe pourra être issue d'organisations séparées, utilisant différentes normes de management de projet (autres que PRINCE2). Dans certains contextes client/fournisseur, il pourra être même inapproprié pour le Chef de Projet d'avoir connaissance du Plan d'équipe du fournisseur. Un résumé des informations suffisamment exhaustif sera alors remis au Chef de Projet pour lui permettre d'exercer son contrôle. La formalité du Plan d'équipe peut donc varier du simple ajout d'un calendrier au Lot de Travaux à un plan soigneusement élaboré, calqué sur le modèle d'un Plan de Séquence.

Le ou les Chefs d'équipe pourront créer leurs propres Plans d'équipe parallèlement à la création, par le Chef de Projet, du Plan de Séquence de la séquence management.

7.2.7 Plans d'Exception

Un Plan d'Exception est un plan préparé à l'intention du niveau de management approprié afin d'indiquer les actions requises pour remédier aux effets d'une déviation des tolérances. S'il est approuvé, le Plan d'Exception remplace le plan faisant l'objet de l'exception et devient le nouveau Plan de Projet référencé ou, le cas échéant, le Plan de Séquence en cours.

Le remplacement d'un Plan de Séquence nécessite l'approbation du Comité de Pilotage de Projet. Le remplacement d'un Plan de Projet doit être référé par le Comité de Pilotage de Projet à la Direction de l'Entreprise ou de Programme, si la décision échappe à l'autorité du Comité de Pilotage de Projet.

Le Plan d'Exception doit être préparé de façon aussi détaillée que le plan qu'il remplace. Il part des données actuelles du plan en cours et se poursuit jusqu'à la fin de ce plan. Les Plans d'Exception ne sont pas produits pour les Lots de Travaux. Si un Chef d'équipe estime que le Lot de Travaux qui lui a été assigné risque de dépasser les tolérances, il en informe le Chef de Projet en générant une incidence. Si l'incidence relative au Lot de Travaux peut être résolue dans les limites de tolérance de la séquence, le Chef de Projet mènera une action corrective en actualisant le Lot de Travaux ou en émettant un nouveau Lot de Travaux et en en informant le ou les Chefs d'équipe en conséquence.

Pour plus d'explications sur les types de tolérances et leur utilisation dans PRINCE2, voir Chapitre 10.

7.3 L'APPROCHE PRINCE2 EN MATIÈRE DE PLANS

7.3.1 Philosophie

La philosophie de production des plans sous PRINCE2 consiste à identifier tout d'abord les produits requis, avant de définir les activités, dépendances et ressources nécessaires pour les livrer. Cette approche, désignée sous le terme de **planification basée sur le produit**, est utilisée pour le Plan de Projet, le Plan de Séquence et, s'il y a lieu, le Plan d'équipe. La Figure 7.2 décrit les étapes requises pour produire un plan PRINCE2.

Il pourra s'avérer nécessaire de revenir sur chaque étape de la procédure de planification au fur et à mesure que les étapes suivantes seront achevées (par exemple, pour préparer le calendrier si des activités ou dépendances supplémentaires sont identifiées).

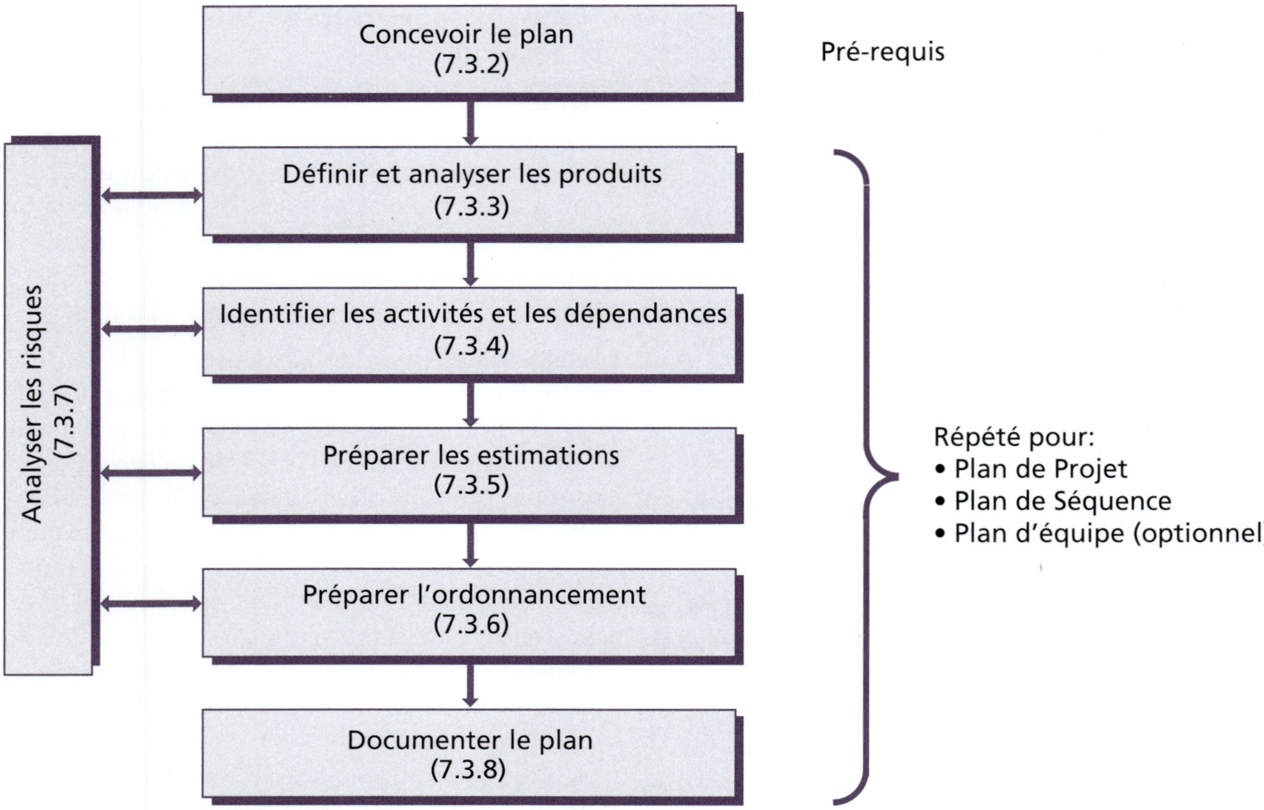

Figure 7.2 Approche PRINCE2 en matière de plans

7.3.2 Produits préalables pour la planification – concevoir le plan

Il convient de décider de la meilleure manière de présenter le plan, selon l'audience à laquelle il s'adresse et la façon dont il sera utilisé, et d'examiner, aux côtés de la présentation et de l'agencement du plan, les outils de planification, les méthodes d'estimation, les niveaux de plan et les méthodes de suivi qui seront utilisés pour le projet. Cette démarche prévoit l'utilisation de diagrammes plutôt que de texte et sera en partie dictée par les normes adoptées par le projet.

Si le projet fait partie d'un programme, le programme pourra avoir développé une approche commune en matière de planification de projet. Cette approche pourra couvrir les normes utilisées, par exemple le niveau de planification, et les outils. Ceux-ci formeront alors le point de départ de la conception du Plan de Projet. Les variations spécifiques au projet devront être mises en exergue et nécessiteront l'aval de la direction de programme. Il pourra également y avoir une norme d'entreprise pour la planification et les aides au contrôle, ou le client pourra stipuler l'utilisation d'un jeu d'outils particulier. Le choix de l'outil de planification pourra dépendre de la complexité du projet : la décision pourra donc être reportée jusqu'à ce que le niveau de complexité soit connu.

Dans la mesure où les méthodes d'estimation utilisées dans le plan peuvent affecter sa conception, les décisions relatives aux méthodes devront s'inscrire dans la conception du plan même.

L'utilisation d'outils de planification n'est pas une obligation, mais elle peut permettre d'économiser beaucoup de temps, si le plan doit être régulièrement actualisé et modifié. Un outil efficace permettra également de vérifier que les dépendances correctes ont été intégrées et qu'elles n'ont pas été corrompues par les actualisations du plan.

7.3.3 Définir et analyser les produits

PRINCE2 fait appel à une technique désignée sous le terme de planification basée sur le produit pour identifier, définir et analyser les produits du plan, comme illustré à la Figure 7.3.

La planification basée sur le produit tend à être itérative. Dans le cas des Descriptions de Produit, cela signifie qu'elle pourra tout d'abord simplement

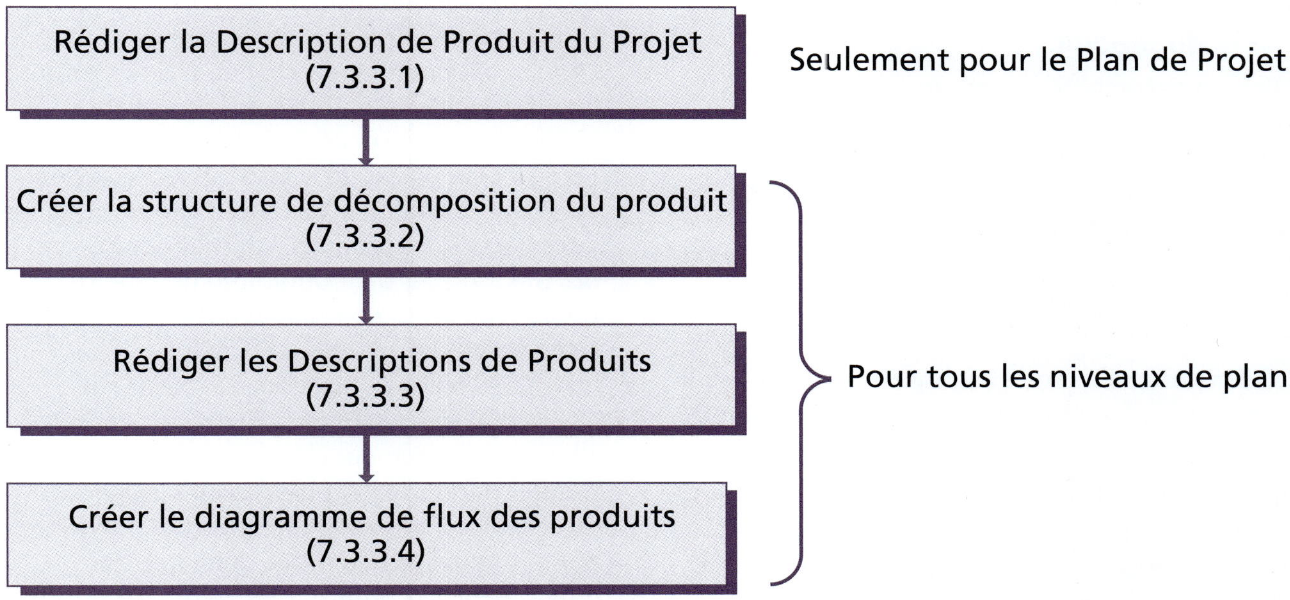

Figure 7.3 Technique de planification basée sur le produit

comprendre un titre et une déclaration d'intention. Par conséquent, le terme « rédiger » (par ex. « rédiger une Description de Produit ») signifiera ici « commencer à rédiger et compléter selon les besoins aussi rapidement que possible. »

Le format et la présentation de la structure de décomposition du produit et du diagramme de flux des produits sont déterminés par les préférences personnelles. Voir Annexe D pour plus d'exemples.

La planification basée sur le produit offre de nombreux bénéfices et permet :

- D'identifier et de documenter de manière claire et cohérente les produits du plan et les interdépendances qui les relient. On courra ainsi moins le risque de négliger ou d'omettre des aspects importants du périmètre ;
- De résoudre les ambiguïtés relatives aux exigences ;
- D'impliquer les utilisateurs dans la spécification des exigences du produit, ce qui permettra d'augmenter le taux d'approbation et de réduire les conflits ;
- D'améliorer la communication : la structure de décomposition du produit et le diagramme de flux des produits fournissent des moyens simples et efficaces de partager et d'analyser les options par rapport au périmètre et à l'approche à adopter pour le projet ;
- De clarifier les limites du périmètre : en définissant les produits internes/externes au périmètre du plan et en posant les bases de la maîtrise des changements, de manière à prévenir tout changement non contrôlé ou « dépassement du périmètre » ;
- D'identifier les produits qui échappent au périmètre du plan, mais qui sont nécessaires pour lui permettre de progresser, et de les assigner à d'autres projets ou organisations ;
- De préparer la production des Lots de Travaux pour les fournisseurs ;
- D'obtenir un accord sans ambiguïté sur les responsabilités en matière de production, de revue et d'approbation.

7.3.3.1 Rédiger la Description de Produit du Projet

La première tâche de la planification basée sur le produit consiste à rédiger la Description de Produit du Projet. Bien que l'Utilisateur Principal soit chargé de spécifier le produit du projet, la Description de Produit du Projet est, dans la pratique, souvent rédigée par le Chef de Projet, en consultation avec l'Utilisateur Principal et l'Exécutif. Tous les efforts doivent être consentis pour que la Description de Produit soit aussi exhaustive que possible dès le départ. On se reportera à l'Annexe A pour la composition suggérée de la Description de Produit du Projet.

7.3.3.2 Créer la structure de décomposition du produit

Le plan est décomposé en ses produits principaux, lesquels sont à leur tour décomposés jusqu'à obtention du niveau de détail approprié pour le plan. Un produit de niveau inférieur ne peut être le composant que d'un seul produit de niveau supérieur. La hiérarchie de produits qui en résulte est désignée sous le terme de structure de décomposition du produit.

On veillera à tenir compte des aspects suivants lors de la création d'une structure de décomposition du produit :

- Il est habituel de confier la création de la structure de décomposition du produit à une équipe de personnes, représentatives, le cas échéant, de l'éventail des intérêts et compétences nécessaires pour produire le(s) produit(s) du plan ;
- Il est fréquent d'identifier les produits en organisant une séance de brainstorming structurée (par exemple, en utilisant des notes autocollantes ou un tableau blanc) afin de capturer chaque produit identifié ;
- La création de la structure de décomposition du produit par une équipe entraînera probablement des discussions sur la meilleure manière de décomposer les produits. Par exemple, si le produit du plan est un système de comptabilité informatisé, les utilisateurs pourront vouloir diviser le système en Compte Créditeurs, Compte Débiteurs, Grand Livre, etc. Les fournisseurs, quant à eux, pourront préférer une division par écrans, rapports, bases de données, etc. Bien qu'aucune de ces deux décompositions ne soit erronée, l'équipe de projet devra parvenir à un consensus sur l'approche qui sera utilisée dans la structure de décomposition du produit (et par-là même le plan) ;
- Il est utile d'identifier les **produits externes** requis par le plan. Les produits externes sont des produits qui existent déjà ou qui sont en cours de création ou d'actualisation hors du périmètre du plan, et qui sont nécessaires pour créer un ou plusieurs produits du plan. Par exemple, un projet d'approvisionnement montrera les réponses des soumissionnaires à un appel d'offres comme autant de produits externes. Le Chef de Projet n'est pas redevable de la création des produits externes, puisque ceux-ci sont fournis par des parties externes à l'équipe de projet. Pour chaque produit externe, il doit y avoir une entrée correspondante dans le Registre des Risques détaillant la menace pour le plan en cas de retard dans sa livraison ou s'il ne satisfait pas aux spécifications requises. Considérer si les produits externes nécessitent des Descriptions de Produit afin de réduire la probabilité qu'ils ne répondent pas à ce qu'on attend d'eux ;
- Lorsqu'on utilise la planification basée sur le produit, il convient de s'interroger sur la nécessité d'inclure les différents **états** d'un produit particulier. A titre d'exemple, les divers états d'une machine pourront renvoyer à une « machine démontée, déplacée et remontée ». Les différents états pourront être identifiés comme des produits séparés, chaque état nécessitant alors sa propre Description de Produit et ses propres critères qualité et contrôles qualité. Cette approche peut être particulièrement utile quand on transfère la responsabilité de la création de chaque état d'une équipe à une autre. On pourra également utiliser une seule Description de Produit, accompagnée d'un ensemble de critères qualité, auxquels le produit devra satisfaire pour que chaque état puisse être approuvé ;
- La présentation de la structure de décomposition du produit pourra faire appel à toute une variété de formes, de styles et de couleurs pour les différents types de produits. Par exemple, la structure de décomposition du produit pourra utiliser un rectangle pour représenter la plupart des types de produits, mais utilisera d'autres formes, telles que des ellipses ou des cercles, pour distinguer les produits externes. L'utilisation de couleurs différentes peut également permettre de distinguer les équipes responsables du produit ou la séquence durant laquelle le produit sera créé ;
- Si le projet est décomposé en plusieurs séquences, les produits de chaque séquence seront extraits de la structure de décomposition du produit du projet pour former la structure de décomposition du produit de la séquence. Celle-ci pourra être développée de façon plus détaillée et des « produits supplémentaires » pourront donc être ajoutés pour fournir le

niveau de détail requis du Plan de Séquence. On prendra soin d'utiliser les mêmes noms dans les diagrammes du Plan de Séquence que dans le Plan de Projet. La création des diagrammes du Plan de Séquence pourra déboucher sur de nouvelles réflexions qui se traduiront alors par une modification des diagrammes du Plan de Projet pour des raisons de cohérence ;

- Dans certains cas, le modèle de cycle de vie de l'organisation pourra comporter une structure de décomposition du produit et un diagramme de flux des produits prédéterminés pour les types de projets courants, aux côtés d'une bibliothèque d'ébauches de Descriptions de Produit pour les produits les plus fréquents. Dans un tel cas, on veillera à ne pas sauter les étapes de la technique PRINCE2 de planification basée sur le produit, mais à l'utiliser pour vérifier l'exhaustivité du matériel de la bibliothèque. En raison du caractère unique de chaque projet, il pourra y avoir des exigences de produits supplémentaires pour le projet ou des différences subtiles au niveau des critères qualité, tandis que les sites, les collaborateurs et les responsabilités pourront être différents. Les modèles de cycle de vie n'abordent en outre souvent qu'un seul aspect du périmètre du projet.

7.3.3.3 Rédiger les Descriptions de Produits

Il doit y avoir une Description de Produit pour chaque produit identifié. On veillera à tenir compte des aspects suivants lors de la création d'une Description de Produit :

- Les Descriptions de Produits doivent être rédigées aussi rapidement que possible une fois le besoin du produit identifié. Celles-ci prendront tout d'abord la forme de « squelettes », avec pour seule information le titre et l'identifiant du produit. Elles seront ensuite affinées et modifiées au fur et à mesure que l'on comprendra mieux le produit et des étapes de planification ;
- La Description de Produit doit être référencée lorsque le plan contenant la création du produit est référencé. Si le produit est modifié par la suite, la Description de Produit doit également être modifiée (maîtrise des changements) ;
- Bien que le Chef de Projet ou d'équipe soit officiellement chargé de rédiger les Descriptions de Produit, il est recommandé de faire appel aux représentants des fonctions qui disposent de l'expertise nécessaire par rapport au produit ainsi que des fonctions qui utiliseront le produit en question. Ces dernières doivent être impérativement consultées lorsqu'on définit les critères qualité des produits ;
- Les Descriptions de Produit les plus abouties pourront être réutilisées pour d'autres projets au sein du programme ou de l'organisation. Cette approche passera par la mise en place d'une bibliothèque des Descriptions de Produit réutilisables aux côtés d'un mécanisme de transfert des Descriptions de Produit dans la bibliothèque. Le Chef de Projet devra par conséquent se reporter à la bibliothèque pour voir si certaines des Descriptions de Produit qu'elle contient peuvent être réutilisées et/ou modifiées pour le projet ;
- Si l'on dispose déjà d'une spécification des besoins détaillée pour le produit, celle-ci pourra être utilisée en lieu et place de la Description de Produit à la condition qu'elle couvre les composants et satisfasse aux critères qualité attendus d'une Description de Produit. On pourra également créer une Description de Produit pour référencer le contenu de la spécification des besoins le cas échéant ;
- La simple rédaction d'une Description de Produit du Projet peut suffire dans le cadre d'un petit projet ;
- Les critères qualité, conçus pour distinguer entre les produits acceptables et inacceptables, appellent à une réflexion approfondie. L'une des méthodes de vérification des critères qualité consiste à poser la question : « Comment savoir à quel moment le travail sur le produit sera achevé (plutôt qu'arrêté) ? ».

7.3.3.4 Créer le diagramme de flux des produits

Un diagramme de flux des produits doit être créé pour identifier et définir l'ordre dans lequel les produits du plan seront développés, ainsi que les dépendances qui les unissent.

Le diagramme de flux des produits identifie également les dépendances vis-à-vis de tout produit hors du périmètre du plan. Il prend naturellement en compte les activités requises et contient des informations destinées aux autres techniques de planification, telles que l'estimation et l'établissement d'un calendrier.

On veillera à tenir compte des aspects suivants lors de la création d'un diagramme de flux des produits :

- Bien que le Chef de Projet ou d'équipe soit responsable de la création du diagramme de flux des produits, il est recommandé d'y impliquer les parties qui seront chargées de développer ou de contribuer aux produits contenus dans le plan ;
- Au lieu de préparer le diagramme de flux des produits une fois la structure de décomposition du produit établie, certains planificateurs préfèrent les créer en parallèle ;
- Un diagramme de flux des produits ne nécessite que très peu de symboles. Chaque produit devant être développé dans le plan en question est identifié (il sera par exemple entouré d'un rectangle) et l'ordre de création des produits sera indiqué (les rectangles pourront être reliés par des flèches). Tous les produits qui existent déjà ou qui proviennent de tâches échappant au périmètre du plan devront être clairement identifiés en tant que produits externes (ils pourront être représentés de manière différente, par exemple à l'aide d'une ellipse) ;
- Il peut s'avérer utile de doter le diagramme de flux des produits d'un point de départ auquel tous les points d'entrée seront rattachés. Un diagramme de flux des produits ne contient qu'une seule sortie, mais peut comporter plusieurs entrées : la présence de ce point de départ permettra de n'omettre aucune des entrées. Ce symbole représente l'étape précédente de tous les points d'entrée et est également le seul symbole du diagramme de flux des produits à ne pas figurer sur la structure de décomposition du produit.

7.3.4 Identifier les activités et les dépendances

7.3.4.1 Activités

La simple identification des produits peut s'avérer insuffisante pour l'établissement du calendrier et le contrôle. Les activités requises pour créer ou modifier chacun des produits planifiés doivent être identifiées afin de dresser un tableau plus global de la charge de travail du plan.

Il existe plusieurs manières d'identifier les activités, y compris :

- Etablir une liste séparée des activités, tout en continuant à utiliser le diagramme de flux des produits comme source d'information ;
- Prendre les produits de la structure de décomposition du produit et créer un organigramme des tâches en vue de définir les activités requises.

Les activités doivent inclure des activités de management et de contrôle qualité aux côtés des activités nécessaires pour développer les produits spécialistes. Elles doivent également comprendre toutes les activités nécessaires à l'interaction avec les parties externes, par exemple pour obtenir un produit à partir d'une source extérieure ou convertir des produits externes pour répondre aux besoins du plan.

Attention à la prolifération des activités au-delà du niveau de détail approprié pour le niveau du plan ! Il est préférable d'opter pour la simplicité en cas de doute.

7.3.4.2 Dépendances

Toutes les dépendances entre les activités (et les produits) doivent être également identifiées. Il existe deux types de dépendance : **interne et externe.** On parle de dépendance interne lorsqu'une activité C ne peut démarrer avant que les activités A et B ne soient achevées. Il y a dépendance externe lorsque :

- Le projet nécessite la livraison d'un produit venant d'un autre projet ;
- L'utilisateur fournit un bon de commande ;
- La direction de programme doit prendre une décision.

Exemples de techniques d'estimation :

- **Estimation descendante** : après avoir établi une estimation globale satisfaisante pour le plan (de quelque manière que ce soit), celle-ci est subdivisée en fonction des niveaux de la structure de décomposition du produit. Le développement pourra par exemple représenter historiquement 50 % du total, contre 25 % pour les essais. On subdivisera le développement et les essais en fonction de leurs composants, et l'effort sera ventilé en conséquence ;
- **Estimation ascendante** : chaque tâche est estimée individuellement.

Ces estimations individuelles sont ensuite ajoutées les unes aux autres, afin d'estimer les efforts nécessaires pour les diverses activités de niveau résumé et le plan général ;

- **Approche descendante et ascendante** : cette technique consiste à établir une estimation globale pour le plan. Les estimations individuelles sont ensuite calculées ou extraites de plans antérieurs afin de représenter la pondération relative des tâches. L'estimation globale est alors ventilée entre les diverses tâches de niveau résumé et détaillé en utilisant les chiffres de l'estimation ascendante comme facteurs de pondération ;
- **Estimation comparative** : on dispose généralement de nombreuses données sur les efforts requis et la durée des tâches particulières. Avec le temps, l'organisation pourra constituer sa propre base de données historique concernant les projets qu'elle a entrepris (sous forme d'expériences antérieures ou de leçons tirées). Lorsqu'elles existent, ces données pourront être référencées pour des projets similaires et appliquées aux estimations ;
- **Estimation en trois points** : cette technique consiste à demander aux ressources compétentes de fournir trois estimations basées sur le scénario du meilleur cas, le cénario le plus probable et le scénario du pire cas. Le Chef de Projet doit retenir la valeur correspondant à la moyenne pondérée de ces trois estimations ;
- **Technique Delphi** : cette technique consiste à recueillir les suggestions et les idées d'un groupe à des fins de résolution de problème mais ne nécessite pas de participation en face-à-face. Elle s'appuie sur une série de questionnaires aux côtés des résumés d'informations et du retour d'information provenant de réponses antérieures pour obtenir une estimation.

7.3.5 Préparer les estimations

La décision concernant le temps et les ressources nécessaires pour effectuer une tâche selon des normes de performance acceptables passe par :

- L'identification du type de ressources requis. Des compétences spécifiques pourront s'avérer nécessaires selon le type et la complexité du plan. Les besoins pourront porter sur des ressources non humaines (équipements, déplacements, argent, etc.) ;
- L'estimation des efforts requis pour chaque activité par type de ressource. A ce stade, les estimations seront approximatives et par conséquent provisoires.

Les estimations ne sont pas une garantie d'exactitude, mais fournissent une vue d'ensemble des coûts et de la durée d'exécution du plan. Les estimations seront invariablement amenées à changer au fur et à mesure que le projet évolue.

Les estimations peuvent être remises en question, car une même tâche effectuée dans les mêmes conditions pourra faire l'objet d'estimations différentes selon les personnes ou le moment.

Règles de base en matière d'estimation

Ces règles de base, qui font l'objet de nombreux ouvrages et progiciels, doivent permettre une estimation aussi précise et réaliste que possible. Les quelques règles de planification suivantes s'appliqueront notamment :

- Toujours partir du principe que les ressources ne sont généralement productives que 80 % du temps ;
- Les ressources affectées à plusieurs projets mettent plus longtemps à exécuter les tâches en raison du temps perdu à passer d'un projet à l'autre ;
- Les gens sont généralement optimistes et sous-estiment souvent le temps nécessaire pour effectuer une tâche ;
- Toujours mettre à profit l'expérience des autres et sa propre expérience ;
- Veiller à ce que la personne responsable de la création du produit soit également chargée d'estimer les efforts nécessaires à sa réalisation ;
- Toujours intégrer une provision pour la résolution de problèmes, les réunions et autres événements inattendus ;
- Calculer le coût de chaque activité plutôt que le coût du plan dans son ensemble ;
- Communiquer toutes les hypothèses, exclusions ou contraintes aux utilisateurs.

7.3.6 Préparer l'ordonnancement

Un plan ne peut démontrer la faisabilité ultime de ses objectifs que si les activités sont réunies dans un calendrier définissant le déroulement de chaque activité. Il existe de nombreuses approches dans ce domaine. L'établissement du calendrier peut s'effectuer soit manuellement, soit à l'aide d'un outil de planification et de contrôle informatisé.

7.3.6.1 Définir l'ordre des activités

Après avoir identifié les activités et leurs dépendances et estimé leur durée et les efforts nécessaires, la tâche suivante consiste à déterminer l'ordre optimal dans lequel elles doivent se dérouler.

Il s'agit là d'une tâche itérative, puisque l'affectation de ressources réelles peut affecter les estimations d'efforts et de durée.

La période de temps durant laquelle une activité peut être retardée sans affecter la durée d'exécution du plan global est désignée sous le terme de **marge** (parfois appelé battement). Cette marge peut être considérée comme une provision au sein du plan ou une période de temps supplémentaire.

Le ou les chemins critiques du diagramme correspondent à l'ordre des activités qui ne comportent aucune marge. Si l'une des activités du ou des chemins critiques s'achève avec du retard, l'ensemble du projet sera retardé (par exemple, si la tâche 4 de la Figure 7.4 est retardée, l'exécution du plan tout entier accusera un retard).

L'identification du chemin critique du plan permet au Chef de Projet de surveiller les activités :

- Qui doivent être achevées à temps pour permettre l'exécution du plan conformément au calendrier ;
- Qui peuvent être retardées pendant une certaine période de temps si les ressources doivent être réaffectées pour rattraper le retard d'autres activités.

Exemple de technique potentiel-tâches

Une représentation potentiel-tâches (parfois également désignée sous le terme de diagramme de Pert) peut être utilisée pour établir le calendrier des activités dépendantes au sein du plan. Elle permet au Chef de Projet de déterminer l'ordre des événements le plus efficace pour achever le plan, et favorise la création d'un calendrier réaliste.

La représentation potentiel-tâches décrit les interdépendances entre les activités au moyen de cases et de flèches. Les flèches pointant vers une case d'activité proviennent des activités précédentes, qui doivent être achevées avant que l'activité ne puisse démarrer. Les flèches au départ d'une case d'activité désignent les activités suivantes, qui ne peuvent démarrer avant que cette activité au moins ne soit achevée. On trouvera un simple exemple de représentation potentiel-tâches à la Figure 7.4.

7.3.6.2 Evaluer la disponibilité des ressources

Il convient également de déterminer le nombre de personnes disponibles pour effectuer le travail (ou le coût d'achat des ressources). Toutes les informations spécifiques doivent être consignées (par ex. les noms, les niveaux d'expérience, le pourcentage de disponibilité, les dates disponibles, etc.).

7.3.6.3 Assigner des ressources

Le Chef de Projet s'appuie sur les ressources disponibles et sur l'ordre des activités pour assigner les ressources aux diverses activités. Le calendrier qui en résulte indique la charge de travail de chaque personne ainsi que l'utilisation des ressources non humaines.

Il est préférable d'assigner en premier lieu les ressources aux activités qui ne présentent aucune marge (et qui, par définition, figurent sur le chemin critique). Les activités qui ont le plus de marge revêtent le caractère le moins prioritaire en termes d'allocation des ressources.

Il est important de définir un surveillant pour chaque tâche. Si le groupe doit exécuter une tâche, la redevabilité pour cette tâche doit être confiée à l'un des membres du groupe.

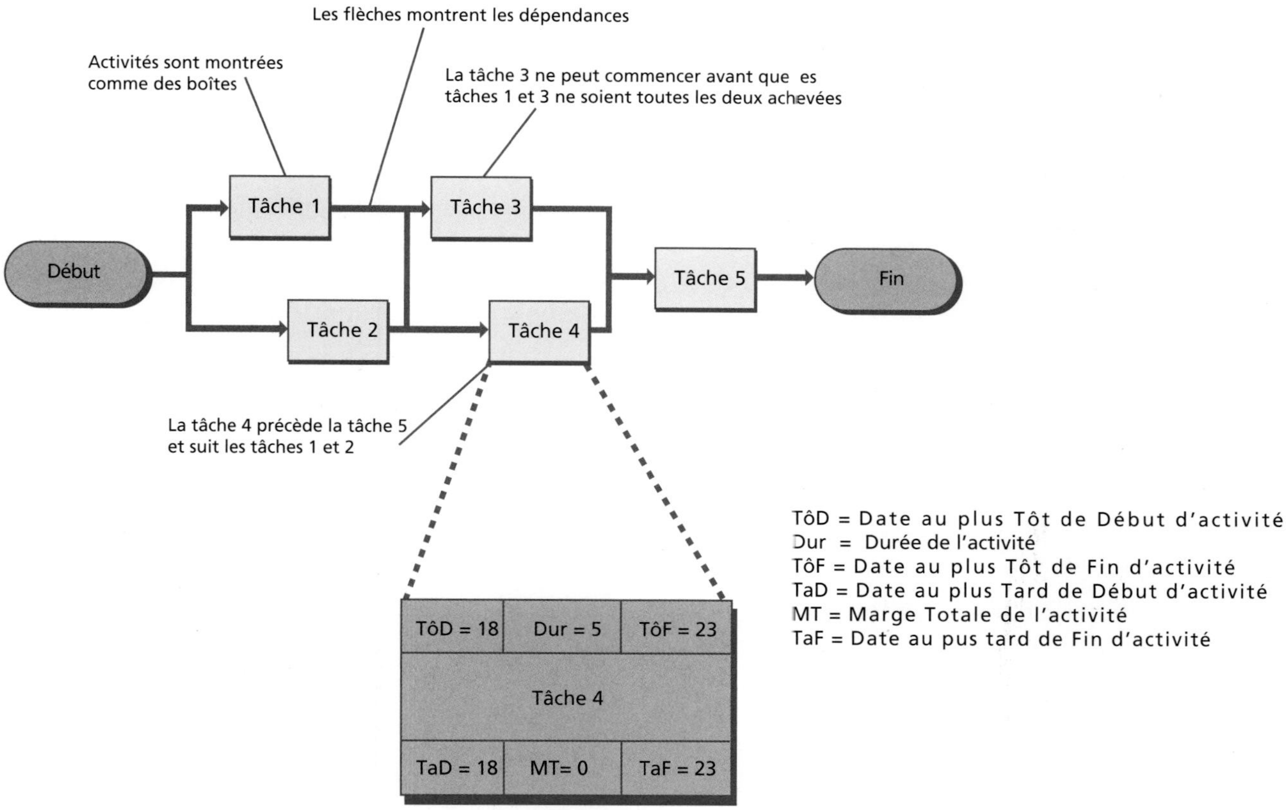

Figure 7.4 Exemple simple de représentation potentiel-tâches

Si certains des surveillants de tâches ne participent pas à la création du calendrier, vérifier tout d'abord avec eux qu'ils sont effectivement disponibles et disposés à assumer la responsabilité de la tâche. Le simple fait d'inscrire leurs noms sur un plan ou un calendrier ne suffit pas à garantir que le travail sera fait. Il convient de collaborer, de communiquer et d'assurer le suivi avec chaque surveillant de tâche afin de s'assurer qu'il comprend les implications de son rôle.

Il est important, lors de l'assignation des ressources, de re-vérifier le chemin critique, dans la mesure où la productivité des ressources assignées pourra varier par rapport aux hypothèses établies lors du calcul des efforts et de la durée des activités.

7.3.6.4 Niveler l'utilisation des ressources

L'assignation initiale des ressources pourra se traduire par une utilisation inégale des ressources ou une surexploitation de certaines d'entre elles. Il pourra par conséquent s'avérer nécessaire de réorganiser les ressources, c'est-à-dire de les **niveler**.

Les activités pourront être réassignées ou leurs dates de début et leurs durées pourront être modifiées dans les limites de marge disponibles.

Le calendrier final comporte toutes les activités assignées et décrit la ventilation des ressources en fonction de leur disponibilité.

Technique de la chaîne critique

La méthode de planification de la chaîne critique met plus l'accent sur les ressources nécessaires à l'exécution du plan et sur leur disponibilité. Elle contraste par-là avec les méthodes traditionnelles, plus axées sur l'ordre des tâches et un calendrier rigide. Un réseau de chaîne critique tend à niveler la charge de travail des ressources, mais leur demande d'être flexibles par rapport au démarrage des tâches et de passer rapidement d'une tâche ou d'une chaîne de tâches à une autre pour respecter le calendrier du plan tout entier.

7.3.6.5 Convenir de points de contrôle

La version provisoire du calendrier permet au Comité de Pilotage de Projet de confirmer les points de contrôle.

Les activités relatives à la fin d'une séquence management (par exemple, préparer le Rapport de

Fin de Séquence et le Plan de Séquence suivante) doivent être ajoutées au réseau d'activités, et le calendrier doit être révisé.

L'une des erreurs les plus fréquentes lors de la création d'un calendrier consiste à ne pas prévoir suffisamment de temps pour l'approbation des produits ou des versions livrées.

7.3.6.6 *Définir les échéances*

Une échéance est un événement important dans le calendrier du plan, qui marque l'achèvement d'activités clés, qu'il s'agisse d'un Lot de Travaux, d'une séquence technique, ou d'une séquence management. Dans un contexte commercial, l'achèvement d'une échéance peut déclencher le paiement d'un fournisseur.

La décomposition d'un plan en intervalles associés à une échéance permet au Chef de Projet d'identifier de manière précoce les incidences liées au calendrier même, et de mieux saisir les activités dont l'exécution revêt une importance critique pour le bon déroulement du plan. Bien qu'il n'y ait pas de nombre « correct » d'échéances ou d'intervalles entre celles-ci, les échéances perdent de valeur lorsqu'elles sont trop nombreuses ou trop espacées. S'il doit y avoir moins d'échéances que de livrables ou de Lots de Travaux, il doit y en avoir suffisamment, et à des intervalles clés, afin de juger si le plan se déroule ou non conformément aux prévisions.

7.3.6.7 *Calculer le total des besoins en ressources et des coûts*

Les besoins en ressources peuvent être présentés sous forme d'un tableau et le coût des ressources calculé, aux côtés des autres coûts, pour produire le budget du plan.

Le budget doit inclure :

- Les coûts des activités nécessaires pour développer et vérifier les produits spécialistes, ainsi que le coût de gestion des activités de projet ;
- Le budget de risque (voir Chapitre 8) ;
- Le budget de changement (voir Chapitre 9) ;
- Les tolérances de coûts.

L'utilisation des budgets de risque et de changement est optionnelle.

7.3.6.8 *Présenter le calendrier*

Il est recommandé de présenter le calendrier sous forme de graphique. Il existe plusieurs manières de présenter un calendrier, et le choix et le format retenus dépendront de la taille et de la complexité du plan, ainsi que des besoins des individus auxquels il est destiné. La plupart des outils de planification offrent différents formats de présentation du calendrier.

Exemples de formats de présentation du calendrier

Diagrammes de Gantt

Un diagramme de Gantt est une représentation graphique de la durée des tâches dans le temps. Il permet au Chef de Projet :

- D'évaluer la durée théorique du plan ;
- De déterminer l'ordre dans lequel les tâches doivent être exécutées ;
- De gérer les dépendances entre les tâches ;
- De voir les objectifs qui auraient dû être atteints à un point donné dans le temps ;
- De déterminer la manière dont les actions correctives peuvent remettre le plan sur la bonne voie.

Diagramme de chemin critique

Un diagramme de chemin critique met en exergue les tâches qui ne peuvent être retardées sans entraîner le retard du plan tout entier, ainsi que les tâches dont le retard n'affectera pas la date d'exécution du plan. Il facilite le suivi et la communication.

Feuilles de calcul

On peut également créer une feuille de calcul comportant une liste des tâches dans le sens vertical et une ligne de temps dans le sens horizontal. Il suffit ensuite de colorier les cellules pour représenter le moment où les tâches sont exécutées sur la ligne de temps ainsi que la progression du projet. Cette approche peut convenir pour les projets simples, où il est peu probable que la ligne de temps change. La ligne de temps pourra être cependant amenée à changer fréquemment dans le cadre de projets importants ou complexes. Le Chef de Projet risque donc de passer un temps considérable à modifier le calendrier et de négliger les tâches quotidiennes de management du projet.

Liste de contrôle des produits
La liste de contrôle des produits correspond à la liste des principaux produits d'un plan, accompagnée des dates clés de leur livraison. On trouvera un exemple de liste de contrôle des produits dans l'ébauche de Description de Produit pour un plan à l'Annexe A.

7.3.7 Analyser les risques

Cette activité de planification se déroule généralement parallèlement aux autres étapes, dans la mesure où les risques peuvent être identifiés à n'importe quel moment de la création ou de la révision d'un plan.

Toutes les ressources et activités doivent être examinées, aux côtés des informations de planification, afin d'identifier les risques potentiels. Tous les risques identifiés doivent être consignés dans le Registre des Risques (ou le Journal de Projet lors de la planification de la séquence d'initialisation).

Une fois le plan produit, celui-ci conservera son caractère provisoire jusqu'à ce que tous les risques inhérents au plan soient identifiés et évalués, et que le plan soit éventuellement modifié.

Voir Chapitre 8 pour plus d'informations sur l'identification et l'analyse des risques.

7.3.8 Documenter le plan

Une fois le calendrier établi de manière satisfaisante, il convient de consolider le plan, les coûts, les contrôles requis et le texte de soutien conformément à la conception du plan.

Un narratif devra être ajouté pour expliquer le plan, les contraintes afférentes, les dépendances externes, les hypothèses établies, le suivi et les contrôles requis, les risques identifiés et les réponses qui s'imposent.

Il est recommandé de simplifier les plans autant que faire ce peut. On envisagera d'utiliser des diagrammes récapitulatifs si le plan doit être présenté au Comité de Pilotage de Projet.

Il est judicieux d'adopter un format de plan pour les soumissions et les demandes d'approbation et un format plus détaillé à des fins de contrôle quotidien. On envisagera également d'adapter le niveau de présentation du plan en fonction au public ciblé. La plupart des progiciels de planification offrent ce type d'options.

Voir Annexe A pour la suggestion de la composition du plan.

Exemples de risques de planification

- Omission des plans au(x) niveau(x) de management approprié(s) ;
- L'apport simultané de nombreuses ressources dans un projet peut ralentir sa progression et entraîner des incidences de communication (le tracé d'une courbe en S pour le profil des ressources dans le temps permettra d'identifier ce point, les courbes raides sont à éviter) ;
- Le plan comprend des ressources non identifiées, ce qui peut entraîner un écart entre la productivité de la ressource réelle et la productivité estimée dans le plan ;
- Le plan contient un nombre important de dépendances externes ;
- Le plan fait appel à des fournisseurs non testés ou dépend de nouvelles technologies ;
- Le chemin critique contient un nombre important d'activités : le retard de l'une de ces activités retardera le plan ;
- Le plan ne prévoit pas suffisamment de points de décision de management, tels que les limites de séquence ;
- Le plan ne contient guère de marge (la création d'un histogramme représentant le nombre d'activités en fonction de leur degré de marge permettra d'identifier ce risque) ;
- Le nombre de produits devant être achevés simultanément est important ;
- Le plan est limité dans le temps par des contraintes fiscales (par ex. le budget ne peut être reporté d'un exercice à l'autre) ou de calendrier (par ex. les projets relatifs au bogue de l'an 2000 étaient limités par le calendrier) ;
- Le calendrier montre que plusieurs chemins parallèles, proches du chemin critique, risquent eux-mêmes de devenir critiques au moindre écart.

7.4 RESPONSABILITÉS

Le Tableau 7.1 décrit les responsabilités afférentes au thème des Plans. On se reportera à l'Annexe C pour plus de renseignements sur les rôles de l'équipe de projet et ses responsabilités connexes.

Tableau 7.1 Responsabilités liées au thème Plans

Rôle	Responsabilités
Direction de l'Entreprise ou de Programme	Définit les tolérances de projet et les documente dans le mandat de projet.
	Approuve les Plans d'Exception lorsque les tolérances de niveau projet menacent d'être dépassées.
	Fournit les normes de planification de la Direction de l'Entreprise ou de Programme.
Exécutif	Approuve le Plan de Projet.
	Définit les tolérances pour chaque séquence et approuve les Plans de Séquence.
	Approuve les Plans d'Exception lorsque les tolérances de niveau séquence menacent d'être dépassées.
	Engage les ressources de l'entreprise vis-à-vis des Plans de Séquence (par ex. finance).
Utilisateur Principal	S'assure que les Plans de Projet et les Plans de Séquence restent cohérents du point de vue utilisateur.
	Engage les ressources utilisateur vis-à-vis des Plans de Séquence.
Fournisseur Principal	S'assure que les Plans de Projet et les Plans de Séquence restent cohérents du point de vue fournisseur.
	Engage les ressources fournisseur vis-à-vis des Plans de Séquence.
Chef de Projet	Conçoit les plans.
	Prépare le Plan de Projet et les Plans de Séquence.
	Décide de la manière dont les séquences management et les séquences techniques seront appliquées, et conçoit les Plans de Séquence.
	Mène une action corrective lorsque les tolérances de niveau Lot de Travaux menacent d'être dépassées.
	Prépare un Plan d'Exception pour exécuter la décision de la Direction de l'Entreprise ou de Programme ou du Comité de Pilotage de Projet en réponse aux rapports d'Exception.
Chef d'équipe	Prépare les Plans d'équipe.
	Prépare les calendriers pour chaque Lot de Travaux.
Assurance Projet	Assure le suivi des changements apportés au Plan de Projet pour voir s'ils impactent sur les besoins de l'entreprise ou du Cas d'Affaire.
	Surveille la progression des séquences et du projet par rapport aux tolérances convenues.
Support Projet	Contribue à la compilation des Plans de Projet, des Plans de Séquence et des Plans d'équipe.
	Apporte une expertise spécialiste (par exemple, des outils de planification).
	Référence, enregistre et distribue les Plans de Projet, les Plans de Séquence et les Plans d'équipe.

8 Risque

8 Risque

8.1 FINALITÉ

Le thème Risque a pour but d'identifier, d'évaluer et de contrôler les incertitudes du projet, et par-là même d'améliorer ses perspectives de réussite.

La prise de risques est un aspect inévitable de tout projet, dans la mesure où les projets sont porteurs de changements et où tout changement s'accompagne d'incertitudes et donc de risques.

La gestion des risques doit être systématique et ne rien laisser au hasard. Elle passe par une identification, une évaluation et un contrôle proactifs des risques susceptibles d'affecter la réalisation des objectifs du projet.

Le projet doit établir et maintenir une procédure de gestion des risques rentable. Le but est d'améliorer le processus décisionnel grâce à une meilleure compréhension des risques, de leurs causes, de leur probabilité, de leur impact et de leur calendrier ainsi que du choix de réponses qui peuvent y être apportées.

La gestion des risques est une activité continue, qui se poursuit tout au long du cycle de vie du projet. Sans une procédure de gestion des risques continue et efficace, il serait impossible de prédire avec confiance si le projet peut ou non atteindre ses objectifs et mérite d'être poursuivi. Une gestion des risques efficace constitue un produit préalable nécessaire au principe de **justification continue pour l'entreprise.**

8.2 DÉFINITION DU RISQUE

8.2.1 Qu'est-ce qu'un risque ?

Un risque est un événement ou un ensemble d'événements incertains, qui, s'il se produisait, affecterait la réalisation des objectifs. Un risque se mesure en combinant la probabilité d'occurrence d'une menace ou d'une opportunité perçue et l'ampleur de son impact sur les objectifs, sachant :

- qu'une menace désigne un événement incertain, susceptible d'avoir un impact négatif sur les objectifs ;
- qu'une opportunité désigne un événement incertain, susceptible d'avoir un impact positif sur les objectifs.

8.2.2 Qu'est-ce qui est à risque ?

Dans le contexte d'un projet, ce sont les objectifs mêmes du projet qui sont à risque, notamment en matière de durée, de coûts, de qualité, de périmètre, de bénéfices et de risque.

Pour de plus amples informations sur ces objectifs, voir section 2.5.

8.2.3 Qu'est-ce que la gestion des risques ?

Le terme de gestion des risques renvoie à l'application systématique de procédures aux tâches d'identification et d'évaluation des risques ainsi que de la planification et de la mise en œuvre des réponses aux risques. Ceci se traduit par la mise en place d'un environnement discipliné, favorable à un processus décisionnel proactif.

Afin que la gestion des risques puisse être efficace, les risques doivent être :

- **Identifiés** : tous les risques susceptibles d'affecter la réalisation des objectifs du projet doivent être pris en compte et décrits, afin d'assurer une compréhension commune des risques ;
- **Evalués** : chaque risque doit pouvoir être classé en fonction de sa probabilité, de son impact et de sa proximité, de manière à mieux comprendre le niveau de risque global associé au projet ;
- **Contrôlés** : les réponses aux risques appropriées doivent être identifiées et les surveillants du risque désignés, avant d'exécuter, de surveiller et de contrôler ces réponses.

La gestion des risques s'inscrit dans des perspectives stratégiques, opérationnelles, de programme et de projet. Bien que l'approche de gestion des risques puisse être commune à l'ensemble de ces perspectives, les procédures de gestion des risques doivent être adaptées à chaque perspective. On se reportera à la Figure 8.1 pour les perspectives organisationnelles.

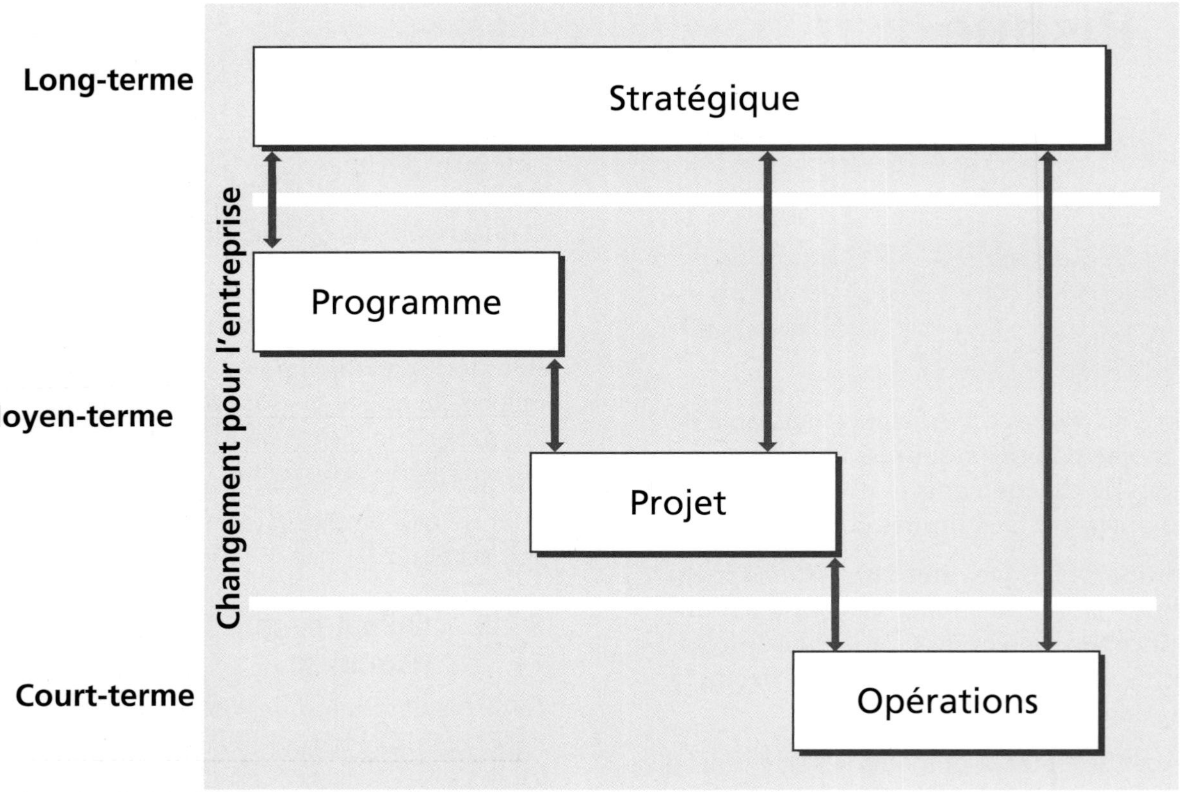

Figure 8.1 Perspectives organisationnelles

8.3 L'APPROCHE PRINCE2 EN MATIÈRE DE RISQUE

8.3.1 Principes de gestion des risques

L'approche de gestion des risques de PRINCE2 repose sur une publication de l'OGC intitulée « *Management of Risk : Guidance for Practitioners* (2007) » *(Management des risques : Conseils à l'intention des praticiens).* La Gestion des risques repose sur plusieurs principes. Certains de ces principes s'appliquent tout particulièrement à un contexte de projet :

- Comprendre le contexte du projet ;
- Impliquer les parties prenantes ;
- Etablir clairement les objectifs du projet ;
- Développer l'approche de gestion des risques du projet ;
- Produire des rapports réguliers sur les risques ;
- Définir clairement les rôles et les responsabilités ;
- Etablir une structure de soutien et une culture axée sur la gestion des risques ;
- Rechercher les précurseurs ;
- Etablir un cycle de revue et poursuivre une politique d'amélioration continue.

8.3.2 Gestion des risques dans le cadre de projets

Le point de départ de tout projet consiste à identifier s'il convient d'appliquer certaines politiques ou certains processus de l'entreprise ou du programme. Ces informations pourront prendre la forme d'une politique de gestion des risques et/ ou d'un guide des processus de gestion des risques (ou de documents similaires).

- La politique de gestion des risques de l'organisation doit exposer les modalités de mise en œuvre de la gestion des risques à l'échelle de l'organisation en vue de favoriser la réalisation de ses objectifs stratégiques. Elle comprendra des informations telles que l'appétit du risque (l'attitude propre à une organisation vis-à-vis de la prise de risque et qui détermine le degré de risque qu'elle juge acceptable), les tolérances de risque, les procédures de remontées et la définition des rôles et des responsabilités ;

- Le guide des processus de gestion des risques d'une organisation doit décrire les différentes étapes et les activités afférentes nécessaires à la mise en œuvre de la gestion des risques. Ce guide doit fournir une approche de bonnes pratiques, conçue pour appuyer une méthode de gestion des risques cohérente à travers l'organisation.

Lorsque le projet fait partie d'un programme, l'approche de gestion des risques du projet sera déterminée par la Stratégie des Risques du programme.

PRINCE2 recommande d'élaborer une Stratégie des Risques pour chaque projet (afin de définir les procédures de gestion des risques du projet, de l'identification à l'exécution) aux côtés d'un moyen de contrôle, c.-à-d. du Registre des Risques.

On trouvera de plus amples informations sur la politique et le guide des processus de gestion des risques dans la publication de l'OGC « *Management of Risk : Guidance for Practitioners* (2007) » *(Gestion des risques : Conseils à l'intention des praticiens).*

8.3.3 Stratégie des Risques

Après avoir passé en revue les documents de niveau programme et organisationnel, et avant de se lancer dans les activités de gestion des risques proprement dites, il convient de développer la Stratégie des Risques du projet. Cette stratégie a pour but de décrire les modalités d'intégration de la gestion des risques dans les activités de management de projet.

L'attitude du Comité de Pilotage de Projet vis-à-vis de la prise de risque, qui détermine le degré de risque qu'il juge acceptable, constitue une décision clé qui doit être consignée dans la Stratégie des Risques. Ces informations sont saisies sous forme de tolérances de risque, c'est-à-dire de seuils d'exposition au risque, qui, lorsqu'ils sont franchis, déclenchent un Rapport d'Exception destiné à attirer l'attention du Comité de Pilotage de Projet sur la situation.

Exemple de tolérance de risque

Un important distributeur de matériel électrique ne tolère aucun bouleversement inutile de ses systèmes de support durant la période des fêtes, qui s'étend de la mi-novembre à la fin du mois de janvier. Il est donc interdit aux projets de modifier les systèmes de support au cours de cette période. Tout risque figurant dans le Registre des Risques et susceptible de modifier les systèmes de support durant cette période doit être par conséquent référé au Comité de Pilotage de Projet.

Voir Annexe A pour la Description de Produit d'une Stratégie des Risques.

8.3.4 Registre des Risques

Le Registre des Risques permet de recueillir et de conserver les informations relatives à l'ensemble des menaces et opportunités identifiées dans le cadre du projet. Chaque entrée du Registre des Risques dispose d'un identifiant unique et peut comporter les informations suivantes :

- La personne qui a soumis le risque ;
- La date à laquelle le risque a été identifié ;
- La catégorie de risque ;
- La description du risque (cause, événement de risque, effet) ;
- La probabilité, l'impact et la valeur attendue ;
- La proximité ;
- La catégorie de réponse au risque ;
- Les actions de réponse au risque ;
- L'état du risque ;
- Le surveillant du risque ;
- L'exécuteur du risque.

Le Support Projet est généralement chargé de maintenir le Registre des Risques pour le compte du Chef de Projet. La Stratégie des Risques doit décrire la procédure d'enregistrement des risques et de tenue du Registre des Risques.

Voir Annexe A pour la Description de Produit d'un Registre des Risques.

8.3.5 Procédure de gestion des risques

PRINCE2 recommande l'adoption d'une procédure de gestion des risques articulée autour des cinq étapes suivantes :

- Identifier (contexte et risques) ;
- Apprécier (estimer et évaluer) ;
- Planifier ;
- Exécuter ;
- Communiquer.

Les quatre premières étapes sont séquentielles, alors que l'étape « Communiquer » se déroule parallèlement, puisqu'il pourra s'avérer nécessaire de communiquer les conclusions des autres étapes avant que la procédure ne soit intégralement achevée. Toutes les étapes sont itératives par nature, c'est-à-dire qu'il sera souvent nécessaire de revenir sur les étapes antérieures et de les réexécuter pour obtenir le meilleur résultat possible au fur et à mesure que de nouvelles informations seront disponibles.

La Figure 8.2 représente les éléments de la procédure de gestion des risques décrits aux sections 8.3.5.1–8.3.5.5.

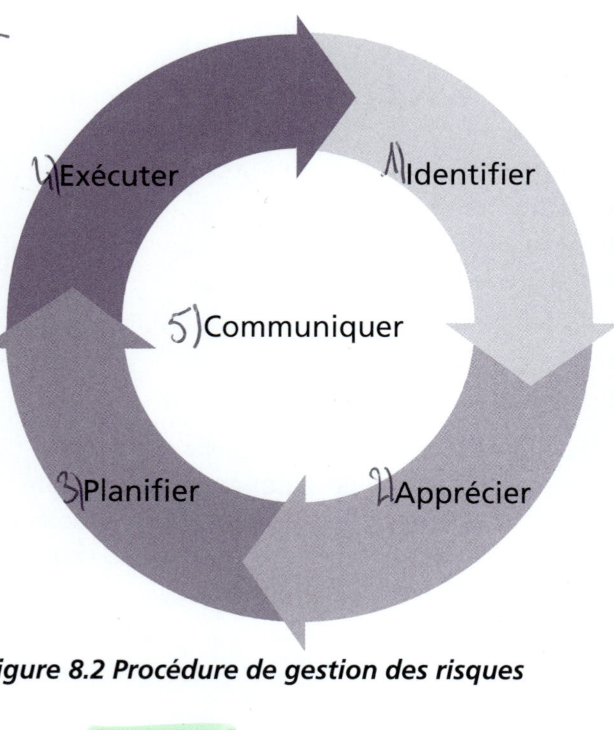

Figure 8.2 Procédure de gestion des risques

8.3.5.1 Identifier

Identifier le contexte

L'étape « Identifier le contexte » a essentiellement pour but de recueillir des informations sur le projet, afin de mieux comprendre les objectifs spécifiques qui sont à risque, et de formuler la Stratégie des Risques du projet. La Stratégie des Risques décrit les modalités de gestion des risques durant le projet. Elle est créée durant la séquence d'initialisation, puis revue et, le cas échéant, actualisée à la fin de chaque séquence. La Stratégie des Risques du projet doit être basée sur la politique de gestion des risques de l'entreprise ou sur la Stratégie des Risques du programme.

Les éléments suivants influenceront la Stratégie des Risques du projet :

- Les exigences qualité du client ;
- Le nombre d'organisations impliquées et leurs relations mutuelles ;
- Les besoins des parties prenantes impliquées dans le projet ;
- L'importance, la complexité et la taille du projet ;
- Les hypothèses qui ont été faites ;
- L'environnement propre à l'organisation (par ex. exigence légale ou de gouvernance) ;
- L'approche de gestion des risques de l'organisation, telle qu'elle est décrite dans sa politique de gestion des risques.

Ces informations sont dérivées du mandat de projet, de l'Exposé du Projet et de la Description de Produit du projet. La Stratégie des Risques comprend des décisions sur :

- La procédure de gestion des risques ;
- Les outils et techniques devant être utilisés ;
- Les enregistrements devant être conservés ;
- La communication des risques ;
- Le calendrier des activités de gestion des risques ;
- Les rôles et responsabilités de la procédure de gestion des risques ;
- Les barèmes de risque devant être utilisés (probabilité, impact, proximité) ;
- Les catégories de risques (et si possible, la structure de décomposition du risque devant être utilisée) ;
- Les catégories de réponse au risque devant être utilisées ;
- Les précurseurs ;
- Les tolérances de risque éventuelles ;
- L'établissement éventuel d'un budget de risque, et, dans un tel cas, la manière dont il sera contrôlé.

Les précurseurs (relatifs au projet) permettent d'indiquer si un ou plusieurs objectifs du projet sont potentiellement à risque. Les précurseurs peuvent inclure des données de performance relatives à la progression du projet (voir Chapitre 10) telles que :

- Le pourcentage de Lots de Travaux achevés/non achevés par rapport au calendrier ;
- Le pourcentage d'approbations réalisées/non réalisées par rapport au calendrier ;
- Le nombre d'incidences générées (par semaine/mois) ;
- Le pourcentage d'incidences non résolues ;
- Le nombre moyen de jours durant lesquels les incidences ne sont pas résolues ;
- Le nombre moyen de défauts détectés lors des inspections qualité ;
- Le respect du budget (par ex. les dépenses sont-elles supérieures/inférieures aux prévisions ?) ;
- Le respect du calendrier (par ex. le nombre de jours de retard ou d'avance sur le calendrier).

Les autres précurseurs peuvent inclure des données qui ne relèvent pas directement du projet, telles que le degré de satisfaction du client, les niveaux d'absentéisme, les taux d'attrition du personnel, etc., à la condition que celles-ci soient pertinentes pour le projet. Il sera également utile d'analyser et de signaler l'évolution de ces précurseurs (indiquent-ils une amélioration/détérioration ?), dans la mesure où ces informations peuvent être plus révélatrices qu'un simple instantané.

Identifier les risques

L'étape « Identifier les risques » a essentiellement pour but d'identifier les menaces et les opportunités susceptibles d'affecter les objectifs du projet.

PRINCE2 recommande les actions suivantes :

- Consigner les menaces et les opportunités identifiées dans le Registre des Risques ;
- Préparer les précurseurs pour surveiller les aspects critiques du projet et fournir des informations sur les sources de risque potentielles ;
- Comprendre la manière dont les parties prenantes perçoivent les risques spécifiques identifiés.

L'organisation d'un atelier sur les risques constitue un moyen efficace d'identifier les risques. Un tel atelier doit permettre d'identifier tant les menaces que les opportunités. L'animateur devra être à même d'utiliser toute une gamme de techniques d'identification, telles que celles figurant dans l'encadré. Les ateliers doivent déboucher sur l'identification d'un vaste éventail de risques et des surveillants de risques potentiels.

Techniques d'identification des risques

Plusieurs techniques permettent d'identifier les risques :

- **Analyse des retours d'expérience** : les risques se nourrissent d'incertitude ! L'un des moyens les plus efficaces pour réduire cette incertitude consiste à passer en revue des projets antérieurs similaires afin d'identifier les menaces et les opportunités qui les ont affectés ;
- **Listes de contrôle des risques** : ces listes de risques internes renvoient à des risques qui ont été identifiés ou qui se sont produits durant des projets similaires. Les listes de contrôle des risques sont d'autant plus utiles qu'elles évitent d'occulter les risques identifiés lors de projets antérieurs ;
- **Listes des indicateurs de risque** : ces listes publiquement disponibles catégorisent les risques par types ou par domaines, et conviennent généralement à une vaste gamme de projets. Les listes des indicateurs de risque facilitent l'identification des sources de risque dans un contexte plus large ;
- **Brainstorming** : une séance de brainstorming encourage la réflexion de groupe et peut s'avérer plus productive qu'une réflexion individuelle. Il est cependant essentiel de ne pas critiquer les autres participants, afin de ne pas les décourager. Outre l'identification des risques, le brainstorming peut permettre de mieux comprendre la manière dont les diverses parties prenantes perçoivent les risques identifiés ;
- **Structure de décomposition du risque** : cette décomposition hiérarchique de l'environnement de projet permet d'illustrer les sources de risque potentielles. Chaque niveau descendant correspond à une définition de plus en plus détaillée des sources de risque du projet. La structure de décomposition du risque invite et aide l'équipe de projet à s'interroger sur les

sources de risque potentielles pour les objectifs. Il existe plusieurs manières de décomposer le risque et il peut s'avérer utile de dresser plus d'une liste. La structure de décomposition du risque pourra par exemple tenir compte de critères politiques, économiques, sociologiques, technologiques, légaux/législatifs et environnementaux (PESTLE), de la structure de décomposition du produit, de la séquence, des bénéfices/objectifs etc. La Figure 8.3 décrit une structure de décomposition du risque relative à un risque financier. Ces structures facilitent également l'identification des surveillants de risque chargés d'élaborer des réponses.

L'un des aspects majeurs de l'identification des risques consiste à pouvoir exprimer chaque risque de façon claire et sans ambiguïté. La meilleure manière d'exprimer un risque passe par l'analyse des aspects suivants :

- **Cause du risque** : décrit la source du risque, c'est-à-dire l'événement ou la situation à l'origine du risque. On emploie souvent le terme de facteurs de risques. Ils ne constituent pas un risque en soi, mais correspondent aux points de déclenchement potentiels des risques. Ils peuvent être internes ou externes au projet ;
- **Événement de risque** : décrit la zone d'incertitude en termes de menace ou d'opportunité ;
- **Effet du risque** : décrit le ou les impacts que le risque pourrait avoir sur le projet s'il se matérialisait.

La Figure 8.4 décrit la relation entre la cause, l'événement et l'effet du risque.

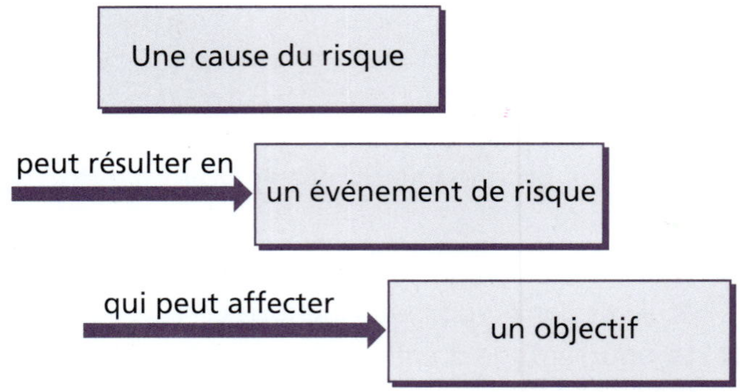

Figure 8.4 Cause, événement et effet du risque

La relation entre la cause, l'événement et l'effet du risque peut être également exprimée sous forme de phrase, par exemple :

- **Menace** : en raison des fortes pluies (cause du risque), la rivière qui traverse le champ menace de sortir de son lit (événement de risque), ce qui pourrait sérieusement endommager les récoltes (effet du risque) ;
- **Opportunité** : en raison de l'hiver particulièrement doux (cause du risque), il est possible que moins de patients soient hospitalisés à cause de la grippe (événement de risque), ce qui perturbera moins les opérations de routine prévues (effet du risque).

8.3.5.2 Apprécier (avec matrice de cotation des risq)

Estimer

L'étape « Estimer » a essentiellement pour but d'apprécier les menaces et les opportunités du projet en termes de probabilité et d'impact. La proximité du risque permet également de juger de la vitesse à laquelle le risque pourra se matérialiser si aucune action n'est menée.

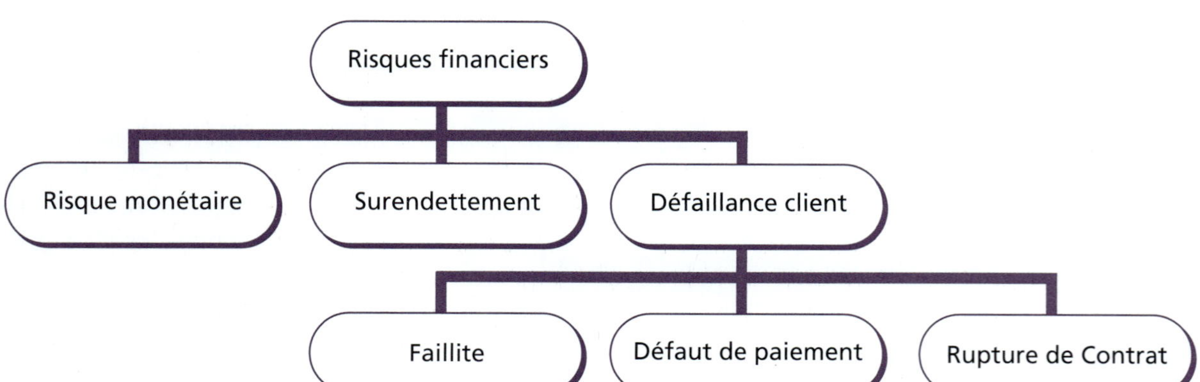

Figure 8.3 Exemple de structure de décomposition du risque

(NB = combinaison PROBABILITÉ + IMPACT = CRITICITÉ d'un risque)

PRINCE2 recommande d'examiner les éléments suivants (pour chaque risque identifié)

- La probabilité des menaces et opportunités (à quel point sont-elles susceptibles de se produire ?) ;
- L'impact de chaque menace et opportunité sur les objectifs du projet. Par exemple, si les objectifs sont mesurés en termes de durée et de coûts, l'impact devra également être mesuré par rapport à ces critères ;
- La proximité des menaces et opportunités (quand risquent-elles de se matérialiser ?) ;

L'évolution de l'impact des menaces et des opportunités au cours du cycle de vie du projet.

Techniques d'estimation des risques

Plusieurs techniques permettent d'estimer les risques :

- **Arbres de probabilité** : ce sont les représentations graphiques d'événements possibles résultant de circonstances données. Un arbre de probabilité peut être utilisé pour prédire un résultat de manière qualitative, l'utilisation des données historiques permettant de prévoir la probabilité d'occurrence de chaque circonstance. Les arbres de probabilité permettent d'informer les participants au projet ou les décideurs de la probabilité des différents résultats possibles dans des circonstances données ;
- **Valeur attendue** : cette technique permet de quantifier le risque en combinant le coût de l'impact du risque et sa probabilité d'occurrence. La valeur attendue est particulièrement utile lorsqu'on veut mesurer le risque de manière tangible pour hiérarchiser les risques. Par exemple, si le coût d'un risque est de 160 000 euros et que la probabilité d'occurrence est estimée à 25 %, la valeur attendue sera de 40 000 euros ;
- **Analyse de Pareto** : cette technique permet de classer ou d'ordonner les risques une fois appréciés, afin de déterminer l'ordre dans lequel ils doivent être abordés. L'analyse de Pareto peut être utilisée pour centrer les efforts du management sur les risques susceptibles d'avoir le plus d'impact sur les objectifs du projet ;
- **Grille probabilité et impact** : cette grille contient des valeurs de classement qui permettent de classer qualitativement les menaces et les opportunités. Les barèmes de probabilité renvoient à des mesures de probabilité dérivées des pourcentages, tandis que les barèmes d'impact reflètent le niveau d'impact sur les objectifs du projet. Les valeurs contenues dans les cases de la grille correspondent à la combinaison d'une probabilité et d'un impact particuliers et s'obtiennent en multipliant la probabilité par l'impact. Une grille probabilité et impact permet d'évaluer la gravité des risques et de les classer afin de pouvoir hiérarchiser les efforts et le temps du management. Par exemple, le Comité de Pilotage de Projet pourra fixer sa tolérance de risque à partir de tout risque dont la valeur est supérieure à 0,18 et pourra exiger une réponse proactive pour tout risque dont la valeur est supérieure à 0,045 (voir Figure 8.5).

L'une des méthodes les plus pratiques pour résumer un ensemble de risques, et leurs estimations afférentes, consiste à tracer un profil des risques (voir exemple à la Figure 8.6). Ce profil représente une situation à un moment donné, c.-à-d. un instantané de l'environnement de risque. Les marqueurs numérotés de la matrice représentent les identifiants de risque uniques utilisés dans le Registre des Risques de départ. Les risques situés au-dessus et à droite de la ligne de tolérance de risque en pointillés représentent les risques que l'organisation ne tolérera pas, sauf circonstances exceptionnelles. Dans le cas illustré, le Chef de Projet référera les risques 1, 3 et 4 au Comité de Pilotage de Projet.

Le profil des risques permet également d'afficher les tendances. Par exemple, le risque 6 pourra avoir été préalablement enregistré comme ayant « une faible probabilité et un impact élevé », ce qui indique que sa probabilité d'occurrence s'est accrue.

Evaluer

L'étape « Evaluer » a essentiellement pour but d'estimer l'effet net de toutes les menaces et opportunités identifiées pour un projet et cumulées. On peut ainsi estimer la gravité globale des risques auxquels le projet est confronté en vue de déterminer si ce niveau de risque s'inscrit dans les limites de tolérance de risque définies par le Comité de Pilotage de Projet et si le projet démontre une justification continue pour l'entreprise.

Probabilité							
	0.9	Très élevé 71–90%	0.045	0.09	0.18	0.36	0.72
	0.7	Elevé 51–70%	0.035	0.07	0.14	0.28	0.56
	0.5	Moyen 31–50%	0.025	0.05	0.10	0.20	0.40
	0.3	Faible 11–30%	0.015	0.03	0.06	0.12	0.24
	0.1	Très faible jusqu'à 10%	0.005	0.01	0.02	0.04	0.08
			Très faible	Faible	Moyen	Elevé	Très élevé
			0.05	0.1	0.2	0.4	0.8
			Impact				

Figure 8.5 Grille probabilité et impact

Techniques d'évaluation des risques

Plusieurs techniques permettent d'évaluer les risques :

- **Modèles de risque** : prenons par exemple l'analyse de Monte Carlo. Ce modèle permet de simuler des scénarios hypothétiques à partir de chiffres aléatoires afin de déterminer si chaque risque compris dans une plage donnée se produira ou non. Ces simulations sont répétées de manière à prédire le niveau de risque « moyen » par rapport à la durée ou au coût du projet. Les scénarios peuvent être également utilisés pour modéliser des cas extrêmes (par ex. si la quasi-totalité des risques se produisent) ;
- **Valeur monétaire attendue** : cette technique prend les valeurs attendues d'un certain nombre de risques et les totalise pour obtenir une valeur globale. Elle permet d'évaluer rapidement et facilement un groupe de risques pour comprendre leur effet conjugué (voir exemple au Tableau 8.1).

Prob. / Impact	Très faible	Faible	Moyen	Elevé	Très élevé
Très élevé				❶❸	
Elevé	❷				❹
Moyen		❽		❻	
Faible		❿		❼	
Très faible	❾		❷		❺

- - - - - Ligne de tolérance de risque

Figure 8.6 Profil des risques

Tableau 8.1 Exemple de technique de valeur monétaire attendue

ID Risque	Probabilité (%)	Impact (€)	Valeur attendue (€)
1	60	20.000	12.000
2	30	13.000	3.900
3	10	4.000	400
4	5	10.000	500
		Valeur monétaire attendue	16.800

8.3.5.3 Plan

L'étape « Plan » a essentiellement pour but de préparer les réponses de management spécifiques aux menaces et aux opportunités identifiées, afin, idéalement, de supprimer ou de réduire les menaces et de maximiser les opportunités. La bonne préparation de cette étape permet d'éviter, dans la mesure du possible, que le projet ne soit pris par surprise si un risque se matérialise.

L'étape « Plan » consiste à identifier et à évaluer toute une gamme d'options pour répondre aux menaces et aux opportunités. Il est important que la réponse au risque soit proportionnelle au risque et qu'elle représente un investissement de valeur. L'un des principaux facteurs de sélection des réponses consiste à équilibrer le coût d'exécution des réponses par rapport à la probabilité et à l'impact du risque s'il se produit. Les réponses choisies doivent ensuite être intégrées au niveau de plan approprié, et contenir une provision pour d'éventuels plans de repli.

On trouvera un résumé des différents types de réponses aux menaces et aux opportunités à la Figure 8.7.

Le Tableau 8.2 examine plus en détail les types de réponses.

Les réponses au risque ne suppriment pas nécessairement l'intégralité du risque inhérent, et un risque résiduel subsiste souvent. Si le risque inhérent est important et que la réponse au risque ne parvient qu'en partie à le réduire, le risque résiduel pourra être considérable. Il pourra donc être approprié de choisir plus d'une réponse au risque.

Dans certains cas, l'exécution de la réponse au risque pourra réduire ou supprimer d'autres risques connexes. Il est également possible que les réponses aux risques, une fois exécutées, modifient un aspect donné du projet, ce qui pourra alors entraîner des risques secondaires, c'est-à-dire des risques susceptibles de se produire à la suite d'une réponse au risque. Il est essentiel que ces risques secondaires soient identifiés, évalués et contrôlés de la même manière que les risques inhérents.

Il est recommandé de passer en revue les retours d'expérience de projets antérieurs similaires lors de la planification des réponses au risque. Cette approche permettra d'identifier la gamme de réponses disponibles et d'évaluer leur efficacité potentielle.

On examinera également l'effet potentiel que les réponses possibles pourront avoir sur :

- Le Plan de Projet, le Plan de Séquence et les Lots de Travaux ;
- Le Cas d'Affaire ;
- La direction de l'entreprise et/ou de programme.

EVITER = réduire le risque à 0.

Réponses aux menaces	Réponses aux opportunités
Eviter	Exploiter
Réduire (probabilité et/ou impact) Repli (réduit uniquement l'impact) Transférer (réduit uniquement l'impact, et souvent uniquement l'impact financier)	Améliorer
Partager	
Accepter	Rejeter

Figure 8.7 Réponses aux menaces et aux opportunités

Tableau 8.2 Réponses au risque

Réponse	Définition	Exemple
Eviter (menace)	Consiste généralement à modifier un aspect du projet, c.-à-d. le périmètre, les modalités d'approvisionnement, le fournisseur ou la séquence d'activités, afin que la menace n'ait plus d'impact ou ne puisse plus se matérialiser.	Une réunion cruciale menace d'être perturbée par une grève du trafic aérien. La décision est donc prise d'organiser une téléconférence à la place.
Réduire (menace)	Actions proactives menées pour : ■ Réduire la probabilité d'occurrence de l'événement en exerçant une forme de contrôle ; ■ Réduire l'impact de l'événement au cas où il se produirait.	Afin de réduire le risque de non utilisation du produit, le nombre d'événements de formation a été augmenté. Afin de réduire l'impact sur les délais du projet au cas où un prototype serait endommagé durant le transport, deux prototypes ont été construits.
Repli (menace)	Un plan de repli est mis en place pour les actions qui seront prises en vue de réduire l'impact de la menace en cas de matérialisation du risque. Il s'agit-là d'une forme réactive de la réponse « réduire » qui n'a aucun impact sur la probabilité.	Les installations d'essais de l'entreprise ne seront disponibles que pendant deux semaines au mois d'août. Afin de réduire l'impact au cas où les produits ne seraient pas prêts à temps, un plan de repli a été élaboré pour louer d'autres installations d'essai (pour un coût supérieur).
Transférer (menace)	Une tierce partie assume la responsabilité d'une partie de l'impact financier de la menace (par ex. par le biais d'une assurance ou de clauses appropriées dans un contrat). Il s'agit-là d'une forme de la réponse « réduire » qui permet uniquement de réduire l'impact financier de la menace.	Afin de réduire l'impact financier au cas où un prototype serait endommagé durant le transport, le prototype est assuré. Afin de réduire l'impact financier au cas où un produit ne serait pas prêt à temps pour un salon professionnel, le contrat passé avec le fournisseur prévoit des clauses de pénalités financières pour tout retard.
Accepter (menace)	La décision consciente et délibérée est prise de conserver la menace, après avoir déterminé qu'il est plus économique de procéder ainsi au lieu de tenter une action de réponse au risque. Il est nécessaire de continuer à surveiller la menace pour s'assurer qu'elle reste tolérable.	Un concurrent menace de lancer le premier un produit rival, ce qui pourrait affecter la part de marché attendue du produit. L'entreprise peut choisir d'accélérer le projet en mobilisant plus de ressources, de réduire le périmètre du produit de manière à ce qu'il puisse être achevé plus tôt ou de ne rien faire. L'accélération du projet pourra se traduire par des incidences de qualité au niveau du produit, tandis que la réduction du périmètre pourra rendre le produit moins attrayant : la décision est donc prise d'accepter le risque et de choisir l'option « ne rien faire ».
Partager (menace ou opportunité)	Les méthodes d'approvisionnement modernes prévoient généralement une certaine forme de partage des risques par le biais d'une formule de type « pertes/gains ». Les deux parties se partagent les gains (dans des limites préalablement convenues) si les coûts sont inférieurs au plan des coûts et se partagent les pertes (là encore dans des limites préalablement convenues) si les coûts sont supérieurs au plan des coûts. De nombreux secteurs d'activité intègrent des principes de partage des risques dans leurs contrats avec des tierces parties.	Le coût du projet pourrait être affecté par les fluctuations des cours du pétrole. Le client et le fournisseur conviennent de partager, de manière égale, le surcoût ou les économies résultant d'une éventuelle augmentation ou réduction des prix, à partir d'une valeur moyenne fixée au moment de la signature du contrat.

Exploiter (opportunité)	Saisir une opportunité pour s'assurer qu'elle se produira et que l'impact se matérialisera.	Le projet risque d'être retardé. Ce retard permettra cependant d'exécuter une version plus récente du logiciel, et par-là même de réduire la maintenance continue. Le Comité de Pilotage de Projet accepte de modifier les délais et le périmètre du projet, afin que la version plus récente du logiciel puisse être achetée et exécutée.
Améliorer (opportunité)	Actions proactives menées pour : ■ Renforcer la probabilité d'occurrence de l'événement ; ■ Renforcer l'impact de l'événement au cas où il se produirait.	Il est possible que le produit passe les tests d'acceptation utilisateur dès le premier cycle d'essai, au lieu des deux initialement prévus, ce qui permettrait de le livrer plus tôt et de devancer le lancement d'un produit concurrent. Le Comité de Pilotage de Projet décide d'organiser une répétition des essais afin d'accroître la probabilité que le produit passe d'emblée les tests d'acceptation utilisateur et de préparer un lancement anticipé.
Rejeter (opportunité)	La décision est sciemment et délibérément prise de ne pas exploiter ou améliorer l'opportunité, après avoir déterminé qu'il est plus économique de procéder ainsi au lieu de tenter une action de réponse à l'opportunité. Il est nécessaire de continuer à surveiller l'opportunité.	Il est possible que le produit passe les tests d'acceptation utilisateur dès le premier cycle d'essai, au lieu des deux initialement prévus, ce qui permettrait de le livrer plus tôt et de devancer le lancement d'un produit concurrent. Le Comité de Pilotage de Projet décide cependant de ne pas opter pour ce lancement anticipé et de s'en tenir à la date de lancement prévue.

8.3.5.4 Exécuter

L'étape « Exécuter » a essentiellement pour but d'assurer la mise en œuvre des réponses au risque planifiées, le suivi de leur efficacité et l'adoption d'actions correctives lorsque les réponses ne correspondent pas aux attentes.

L'étape « Exécuter » doit notamment veiller à ce que les rôles et les responsabilités soient clairement définis et alloués afin d'appuyer le Chef de Projet dans le cadre de la gestion des risques du projet. Les principaux rôles concernés sont :

- **Surveillant du risque** : personne chargée de la gestion, du suivi et du contrôle de tous les aspects d'un risque particulier qui lui a été confié, y compris la mise en œuvre des réponses retenues pour faire face aux menaces ou maximiser les opportunités ;
- **Exécuteur du risque** : personne chargée d'exécuter la ou les actions de réponse au risque face à un risque ou un ensemble de risques particulier. L'exécuteur du risque assiste le surveillant du risque et reçoit ses instructions de ce dernier.

Exemple de surveillant du risque et d'exécuteur du risque

Un important fournisseur est menacé de faillite. Le directeur commercial a été nommé en tant que surveillant du risque. Plusieurs réponses au risque ont été identifiées et sélectionnées. L'une de ces réponses au risque (repli) consiste à identifier d'autres fournisseurs potentiels, capables de prendre en charge à court terme les Lots de Travaux affectés, et à leur demander des devis. Le Directeur de l'Approvisionnement jouera le rôle d'exécuteur du risque pour cette réponse au risque particulière.

Il est fréquent que le surveillant du risque et l'exécuteur du risque ne fassent qu'un. Le surveillant du risque doit être la personne la plus à même de gérer le risque. On évitera par ailleurs de confier un trop grand nombre de risques à une seule personne.

8.3.5.5 *Communiquer*

L'étape de communication se poursuit continuellement. Elle doit s'assurer que les menaces et les opportunités auxquelles le projet est confronté sont communiquées au sein du projet et aux parties prenantes externes. Les risques sont communiqués dans le cadre des produits management suivants :

- Rapports d'Avancement ;
- Rapports de Progression ;
- Rapports de Fin de Séquence ;
- Rapports de Fin de Projet ;
- Rapports des Retours d'Expérience.

Ces rapports doivent être utilisés avec soin pour communiquer les risques aux parties prenantes externes. On se référera à la Stratégie de Communication pour la méthode la plus appropriée.

Il existe de nombreuses autres méthodes de communication, telles que des bulletins, panneaux d'affichage, tableaux de bord, fils de discussion, briefings etc., qui peuvent être utilisés aux côtés des produits management PRINCE2.

Une gestion des risques efficace doit tenir compte et aborder plusieurs aspects de la communication :

- L'exposition au risque d'un projet n'est jamais statique : une communication efficace est donc essentielle pour identifier les nouveaux risques ou l'évolution des risques existants. Elle passe par le maintien d'un bon réseau de communication, comprenant les contacts et les sources d'information pertinents, afin de faciliter l'identification des changements susceptibles d'affecter l'exposition au risque globale du projet ;
- Une gestion des risques efficace dépend de la participation, et la participation dépend à son tour d'une communication efficace.

8.3.6 Budget de risque

Le budget de risque, lorsqu'il existe, se présente sous la forme d'une somme d'argent intégrée au budget du projet et conservée à l'écart afin de financer les réponses spécifiques aux menaces et opportunités du projet (par exemple, pour couvrir les coûts d'éventuels plans de repli s'ils doivent être exécutés).

Une approche financière de la gestion des risques est nécessaire pour déterminer le budget de risque du projet. Chaque risque doit être soigneusement analysé en fonction des coûts de l'impact, des coûts de la réponse et de sa probabilité. Le cumul des coûts (des réponses et de l'impact) pondéré par la probabilité de chaque risque génère la valeur monétaire attendue pour l'ensemble des risques. La valeur monétaire attendue peut être utilisée pour déterminer le budget de risque. On part du principe que le budget de risque sera utilisé au cours du projet. On veillera cependant à ce que le cumul des coûts factorisés ne soit pas faussé par un petit nombre de risques importants. L'utilisation de techniques analytiques, telles que l'analyse de Monte Carlo et les outils logiciels associés, peut s'avérer précieuse à cet égard.

Dans la mesure où le budget de risque fait partie du budget du projet, on pourra avoir tendance à le considérer comme une simple somme d'argent à la disposition du Chef de Projet. Il est important de décourager cette approche au profit d'une Stratégie des Risques qui définira les mécanismes de contrôle et d'accès à ce budget. Au fur et mesure de la progression du projet, certains des risques préalablement identifiés se produiront. De nouveaux risques pourront être identifiés durant le cycle de vie du projet, alors que le budget de risque n'a pas prévu les coûts afférents à leurs réponses. Il est toujours prudent d'établir un budget de risque suffisant pour couvrir les risques connus (c.-à-d. identifiés) et de prévoir une provision pour les risques imprévus (qui ne sont pas encore identifiés).

8.4 RESPONSABILITÉS

Le Tableau 8.3 décrit les responsabilités afférentes au thème Risque. On se reportera à l'Annexe C pour plus de renseignements sur les rôles de l'équipe de projet et ses responsabilités connexes.

Tableau 8.3 Responsabilités liées au thème Risque

Rôle	Responsabilités
Direction de l'Entreprise ou de Programme	Fournit la politique de gestion des risques et le guide des processus de gestion des risques de l'entreprise (ou des documents similaires).
Exécutif	Est redevable de tous les aspects de la gestion des risques et veille en particulier à la mise en place d'une Stratégie des Risques pour le projet.
	S'assure que les risques associés au Cas d'Affaire sont identifiés, évalués et contrôlés.
	Réfère les risques à la Direction de l'Entreprise ou de Programme s'il y a lieu.
Utilisateur Principal	S'assure que les risques relatifs aux utilisateurs sont identifiés, évalués et contrôlés (impact sur les bénéfices, utilisation opérationnelle et maintenance).
Fournisseur Principal	S'assure que les risques relatifs aux aspects fournisseurs sont identifiés, évalués et contrôlés (création des produits du projet).
Chef de Projet	Crée la Stratégie des Risques.
	Crée et tient à jour le Registre des Risques.
	S'assure que les risques du projet sont identifiés, évalués et contrôlés tout au long du cycle de vie du projet.
Chef d'équipe	Participe à l'identification, à l'évaluation et au contrôle des risques.
Assurance Projet	Revoit les pratiques de gestion des risques afin d'assurer qu'elles sont exécutées conformément à la Stratégie des Risques du projet.
Support Projet	Aide le Chef de Projet à tenir à jour le Registre des Risques du projet.

9 Changements

9 Changements

9.1 FINALITÉ

Le thème Changements a pour objectif d'identifier, d'évaluer et de contrôler tout changement potentiel et approuvé au référentiel.

Durant le cycle de vie d'un projet, les changements sont inévitables et tout projet doit adopter une approche systématique pour identifier, évaluer et contrôler les incidences susceptibles d'entraîner des changements.

Comme les changements peuvent provenir de membres de l'équipe de projet, de requêtes de parties prenantes, de plaintes ou de nombreux autres facteurs variés, PRINCE2 propose une approche commune au contrôle des incidences et à la maîtrise des changements.

Cette approche est à la fois systématique et commune, ce qui permet de s'assurer que les incidences susceptibles d'affecter les cibles de performance du projet (durée, coûts, qualité, périmètre, risque et bénéfices) sont gérées de manière appropriée.

Le contrôle des incidences et la maîtrise des changements est une activité continue, réalisée tout au long du cycle de vie du projet. Sans procédure efficace pour contrôler les incidences et maîtriser les changements, un projet risque de ne plus tenir compte de ses parties prenantes ou de déraper rapidement hors de tout contrôle.

L'objectif des procédures de contrôle des incidences et de maîtrise des changements n'est pas d'empêcher les changements mais de s'assurer que chaque changement est accepté par l'autorité appropriée avant d'être mis en œuvre. Les changements peuvent seulement être examinés par rapport à un statu quo établi, c.-à-d. un référentiel. Par conséquent, pour contrôler efficacement les incidences et les changements, il faut d'abord mettre en place un système approprié de gestion de la configuration qui enregistre les référentiels pour les produits du projet et garantit que les versions correctes sont livrées au client.

9.2 DÉFINITION DES CHANGEMENTS

9.2.1 Contrôle des incidences et maîtrise des changements

Les procédures de contrôle des incidences et de maîtrise des changements garantissent que toutes les incidences et tous les changements susceptibles d'affecter les référentiels convenus du projet sont identifiés, évalués et ensuite approuvés, rejetés ou reportés.

9.2.2 Gestion de la configuration

La gestion de la configuration est l'activité technique et administrative afférente à la création, à la maintenance et au changement contrôlé de la configuration pendant toute la durée de vie d'un produit (ou d'un élément).

Un élément de configuration est une entité soumise à la gestion de la configuration. L'entité peut être un composant d'un produit, un produit ou encore un ensemble de produits constituant une version livrée. Par exemple :

- Un composant d'un produit : un moteur électronique faisant partie d'une machine ;
- Un produit : une machine ;
- Une version livrée : une machine, la salle des machines réaménagée, les ressources de formation et les certificats de santé et de sécurité nécessaires.

Une version livrée est un ensemble complet et cohérent de produits qui sont gérés, testés et déployés en tant qu'entité unique à remettre à l'utilisateur (ou aux utilisateurs).

Les procédures de contrôle des incidences et de maîtrise des changements doivent être intégrées au système de gestion de la configuration utilisé par le projet.

Tableau 9.1 Types d'incidence

Types d'incidence	Définition	Exemples
Requête de changement	Proposition de changement d'un produit référencé.	L'Utilisateur Principal aimerait augmenter la capacité d'un produit de 100 à 150 utilisateurs.
Hors-spécification	Elément qui devrait être fourni par le projet mais qui ne l'est pas encore (ou lorsqu'il est prévu qu'il ne le sera pas). Il peut s'agir d'un produit manquant ou d'un produit non conforme à sa spécification.	Avis d'un fournisseur indiquant qu'il ne peut plus fournir l'un des produits spécifiés par le client.
Problème/souci	Toute autre incidence à résoudre ou à remonter par le Chef de Projet.	Avis d'un Chef d'équipe indiquant que, suite au congé maladie d'un membre de l'équipe, la date cible pour l'achèvement d'un Lot de Travaux sera reportée d'une semaine.
		Notification de faillite de l'un des fournisseurs, entraînant le besoin d'identifier et de faire appel à un nouveau fournisseur.

9.2.3 Incidences

PRINCE2 utilise le terme « incidence » pour désigner tout événement significatif qui est survenu n'étant pas planifié et qui nécessite une action de management. Ceci peut être un souci, une question, une requête de changement, une suggestion ou une hors-spécification généré au cours d'un projet. Les incidences de projet peuvent porter sur tout ce qui a trait au projet.

9.2.4 Types d'incidence

Les incidences peuvent être soulevées à tout moment pendant le projet, par toute personne ayant un intérêt dans le projet ou dans son résultat.

Le Tableau 9.1 résume les différents types d'incidences qui doivent être traitées pendant un projet.

9.3 L'APPROCHE PRINCE2 EN MATIÈRE DE CHANGEMENTS

9.3.1 Etablir les contrôles

Les contrôles de projet pour la gestion des incidences, des changements et de la configuration seront définis et établis par le processus Initialiser le Projet puis passés en revue et (au besoin) actualisés vers la fin de chaque séquence management par le processus Gérer les Limites de Séquences. Les produits management suivants sont utilisés pour établir et maintenir les contrôles du projet pour la gestion des incidences, des changements et de la configuration :

- Stratégie de Configuration ;
- Enregistrements de Configuration ;
- Rapports d'état du Produit ;
- Journal de Projet ;
- Registre des Incidences ;
- Rapports d'Incidence.

L'importance et l'utilisation de chacun de ces produits management sont décrites dans les sections 9.3.1.1–9.3.1.6.

9.3.1.1 Stratégie de Configuration

Un contrôle des incidences et une maîtrise des changements efficaces sont seulement possibles s'ils s'appuient sur un système de gestion de la configuration facilitant les évaluations d'impact (relations entre les produits) et maintenant les référentiels de produit (la base par rapport à laquelle l'entité changera).

Le point de départ pour tous les projets consiste à déterminer s'il y a des politiques ou des processus de l'entreprise ou du programme à appliquer, et à les intégrer dans la Stratégie de Configuration spécifique au projet. La Stratégie de Configuration du projet doit définir :

- La procédure de gestion de la configuration (par ex. planification, identification, contrôle, rapport d'état, vérification et audit) ;
- La procédure de contrôle des incidences et de maîtrise des changements (par ex. collecter, examiner, proposer, prendre des décisions, mettre en œuvre) ;
- Les outils et techniques qui seront utilisés ;
- Les enregistrements qui seront conservés ;
- La manière dont les performances des procédures seront communiquées ;
- Le calendrier des activités (de gestion de la configuration et des activités de contrôle des incidences et de maîtrise des changements) ;
- Les rôles et les responsabilités pour les activités de gestion de la configuration et les activités de contrôle des incidences et de maîtrise des changements (en précisant si des rôles de niveau Direction de l'Entreprise ou de Programme doivent participer).

La Stratégie de Configuration doit définir la manière dont les incidences sont traitées. Pendant la séquence d'initialisation, le Chef de Projet et le Comité de Pilotage de Projet doivent se mettre d'accord sur les points suivants :

- L'échelle de priorité des incidences ;
- L'échelle de gravité des incidences ;
- Quelle gravité d'incidence peut être traitée à quel niveau de management.

Quand il décide des niveaux de management requis pour traiter les différentes gravités d'incidence, le Comité de Pilotage de Projet peut choisir de déléguer à une Autorité de Changement certaines prises de décision pour accepter/ rejeter des requêtes de changement ou des hors-spécifications et peut également examiner la possibilité d'accorder un budget pour financer les changements :

- **Autorité de Changement** Le Comité de Pilotage de Projet est responsable d'examiner et d'approuver les requêtes de changement et les hors-spécifications. Dans un projet où peu de changements sont anticipés, il peut être raisonnable de confier cette autorité au Comité de Pilotage de Projet. Mais si la fréquence prévue des changements est jugée importante, le Comité de Pilotage de Projet peut juger préférable de déléguer certaines décisions à une personne ou un groupe appelé Autorité de Changement. Ce rôle peut être assumé par le Chef de Projet et/ou les personnes assurant des responsabilités déléguées d'Assurance Projet. Ainsi, il peut être approprié d'assigner le rôle d'Autorité de Changement au Chef de Projet pour les Lots de Travaux de façon à ce que tout changement compris dans les limites de l'autorité déléguée puisse être effectué sans nécessiter l'approbation du Comité de Pilotage de Projet ;
- **Budget de changement** Il s'agit d'une somme d'argent que le client et le fournisseur conviennent d'utiliser pour financer le coût des requêtes de changement et éventuellement les coûts d'analyse associés. A moins que le niveau de changement anticipé pour un projet ne soit faible, il est conseillé de prévoir un budget pour couvrir le coût des changements. Cette disposition peut réduire le nombre d'exceptions sans gravité dans les projets où l'on prévoit

Exemple de priorité et de gravité

Les priorités des incidences peuvent être fixées de nombreuses façons différentes, dont la méthode MoSCoW où (pour les requêtes de changement) l'incidence est classée ainsi :

- **Must have** (doit avoir) Le changement est essentiel pour la viabilité du projet ;
- **Should have** (devrait avoir) Le changement est important et son rejet affaiblirait le Cas d'Affaire ;
- **Could have** (pourrait avoir) Le changement est utile mais son rejet n'affaiblirait pas le Cas d'Affaire ;
- **Won't have (for now)** (n'aura pas pour l'instant) Le changement n'est ni essentiel ni important et peut attendre.

De même, il y a de nombreuses façons de classer la gravité des incidences, comme les classements numériques (par ex. 1–4) ou descriptifs (par ex. mineur, important, majeur, critique). Le Chef de Projet et le Comité de Pilotage de Projet peuvent se mettre d'accord pour autoriser le traitement des incidences mineures par le Chef de Projet et celui des incidences importantes par une Autorité de Changement, et pour exiger la remontée des incidences majeures jusqu'au Comité de Pilotage de Projet et des incidences critiques jusqu'à la Direction de l'Entreprise ou de Programme.

de nombreuses requêtes de changement. L'allocation d'un budget de changement se traduit par des attentes plus réalistes pour les coûts/délais globaux du projet. Si un budget de changement est accordé à une Autorité de Changement, le Comité de Pilotage de Projet souhaitera peut-être imposer une limite sur (a) le coût d'un changement donné et (b), sur le montant consacré aux changements pendant une séquence donnée sans avoir à consulter le Comité de Pilotage de Projet. La procédure de maîtrise des changements sera ensuite définie de façon à contrôler l'accès au budget de changement. Si un budget de changement est utilisé, il est documenté dans le plan correspondant.

L'Annexe A contient la Description de Produit de la Stratégie de Configuration.

9.3.1.2 Enregistrements de Configuration

Les Enregistrements de Configuration ont pour objectif de fournir un ensemble d'enregistrements contenant des informations telles que l'état, la version et la variante de chaque élément de configuration et tous les détails des relations importantes entre ces éléments.

L'Annexe A contient la Description de Produit des Enregistrements de Configuration.

9.3.1.3 Rapport d'état du Produit

Le Rapport d'état du Produit fournit des informations sur l'état des produits par rapport à des limites définies. Ces limites peuvent varier. Le rapport peut par exemple couvrir l'ensemble du projet, une séquence donnée, un domaine particulier du projet ou même l'historique d'un seul produit. Ce rapport est particulièrement utile si le Chef de Projet souhaite vérifier les numéros de version des produits.

L'Annexe A contient la Description de Produit d'un Rapport d'état du Produit.

9.3.1.4 Journal de Projet

Un Journal de Projet est utilisé pour enregistrer les problèmes/soucis qui peuvent être traités de façon informelle par le Chef de Projet. Les problèmes initialement consignés dans le Journal de Projet peuvent être transférés ultérieurement dans le Registre des Incidences si, après examen, il est décidé qu'ils doivent être traités de manière plus formelle.

Le Journal de Projet peut également être utilisé pour enregistrer les actions nécessaires ou les événements importants qui ne figurent dans aucun autre registre ou journal PRINCE2. Il fait office de carnet de bord du projet.

L'Annexe A contient la Description de Produit d'un Journal de Projet.

9.3.1.5 Registre des Incidences

Le but du Registre des Incidences est de collecter et de tenir à jour les informations sur toutes les incidences gérées de façon formelle. Ce registre doit être vérifié régulièrement par le Chef de Projet.

L'Annexe A contient la Description de Produit d'un Registre des Incidences.

9.3.1.6 Rapport d'Incidence

Un Rapport d'Incidence est un rapport contenant la description, l'évaluation d'impact et les recommandations relatives à une requête de changement, une hors-spécification ou un problème/souci. Il est uniquement créé pour les incidences qui exigent une approche formelle.

9.3.2 Procédure de gestion de la configuration

Les procédures de gestion de la configuration peuvent varier mais elles comprennent généralement les cinq activités de base suivantes :

- **Planification** Décider du niveau de gestion de la configuration requis pour le projet et planifier la façon dont ce niveau sera atteint. Le niveau de contrôle requis varie d'un projet à l'autre. Il est possible de déterminer le niveau de contrôle maximum en décomposant les produits du projet jusqu'à ce que chaque composant puisse être installé, remplacé ou modifié indépendamment. Le niveau de contrôle exercé sera cependant influencé par l'importance du projet et la complexité de la relation entre ses produits ;
- **Identification** Spécifier et identifier tous les composants des produits du projet (appelés éléments de configuration) au niveau de contrôle requis. Il faut mettre en place un système de codification permettant d'affecter un identificateur unique à chaque élément de configuration et d'enregistrer différents attributs du produit ;

- **Contrôle** La capacité d'approuver et de référencer des produits et d'y apporter des changements seulement s'ils ont été acceptés par les autorités appropriées. Une fois un produit approuvé, il faut respecter le principe « Rien ne bouge et rien ne change sans autorisation ». Un référentiel est un niveau de référence par rapport auquel une entité est surveillée et contrôlée. En termes de gestion de configuration, il s'agit d'un instantané d'une version livrée, d'un produit et de tous les produits composants, figés à un moment donné et dans un but particulier. Il peut être établi quand un produit est prêt pour une revue ou quand il a été approuvé. S'il faut modifier un produit référencé, une nouvelle version est créée pour mettre en œuvre le changement et la version référencée reste inchangée. Les anciennes versions référencées doivent si possible être archivées et non pas supprimées. Le contrôle de la configuration couvre également : le stockage et la récupération de toutes les informations liées à la gestion du projet ; l'assurance de la sûreté et de la sécurité des éléments de configuration et le contrôle de qui y a accès ; la distribution des copies de tous les éléments de configuration ; et l'archivage de toute la documentation produite pendant le cycle de vie du projet. Les produits management et les produits spécialistes sont tous deux soumis au contrôle de la configuration ;
- **Suivi d'état** La présentation de toutes les données actuelles et historiques concernant chaque produit sous la forme d'un Rapport d'état du Produit. Le Chef de Projet peut demander un Rapport d'état du Produit vers la fin d'une séquence, à la fin d'un projet ou pour examiner des incidences et des risques ;
- **Vérification et audit** Une série de revues et d'audits de la configuration destinée à comparer l'état réel de tous les produits à l'état autorisé des produits tel qu'il est enregistré dans les Enregistrements de Configuration, de manière à détecter les éventuelles divergences. Ces revues et audits vérifient également que la procédure de gestion de la configuration est mise en œuvre conformément à la Stratégie de Configuration. Les revues sont généralement réalisées à la fin de chaque séquence et à la fin du projet.

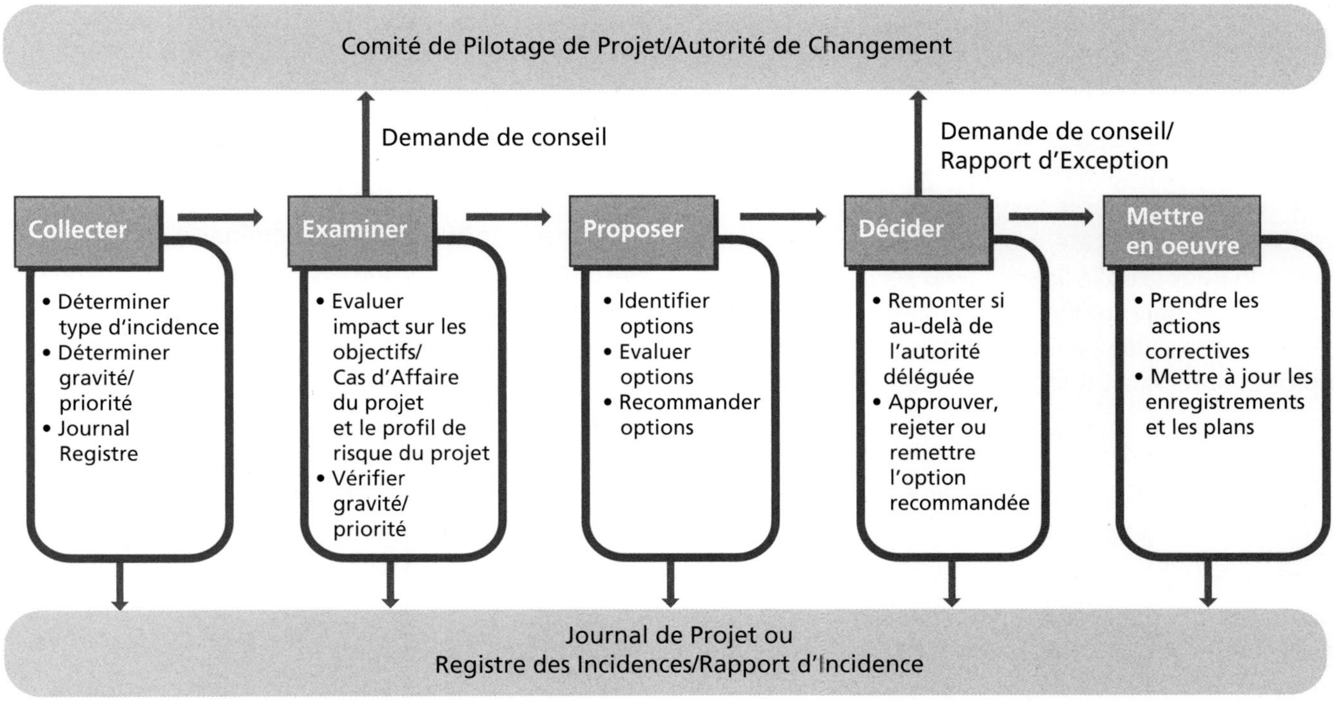

Figure 9.1 Procédure de contrôle des incidences et de maîtrise des changements

9.3.3 Procédure de contrôle des incidences et de maîtrise des changements

PRINCE2 fournit une approche commune pour traiter les requêtes de changement, les hors-spécifications et les problèmes/soucis. Cette approche est illustrée dans la Figure 9.1.

9.3.3.1 Collecter

La première étape de la procédure consiste à effectuer une analyse initiale pour déterminer le type d'incidence soulevée et si elle peut être gérée de façon informelle ou formelle.

Le Chef de Projet recevra probablement de nombreuses incidences qui peuvent être traitées de façon informelle, surtout si l'incidence peut être réglée immédiatement – par exemple, un membre de l'équipe signale une incidence car son badge d'admission sur le site est sur le point d'expirer. Dans de tels cas, le Chef de Projet doit décider de la meilleure marche à suivre.

Distinguer les incidences qui peuvent être gérées de façon informelle de celles qui doivent être gérées de façon formelle permet :

- De s'assurer que les décisions sont prises à un niveau approprié dans l'équipe de projet ;
- D'éviter d'inonder le Comité de Pilotage de Projet avec trop d'incidences qui réduisent le temps disponible pour traiter les incidences qui affectent vraiment le projet ;
- De réduire le fardeau administratif du Chef de Projet quand il s'occupe des incidences quotidiennes.

Les incidences traitées de façon formelle doivent être consignées dans le Registre des Incidences et recevoir un identificateur unique. Il faut également créer un Rapport d'Incidence pour recueillir ce que l'on connaît déjà sur l'incidence. Il est souvent utile de demander à la personne ayant soulevé l'incidence de créer le Rapport d'Incidence initial.

9.3.3.2 Examiner

L'étape suivante consiste à examiner l'incidence en effectuant une analyse d'impact.

Le Chef de Projet doit déterminer s'il vaut la peine de mener une analyse d'impact détaillée car le temps et l'effort requis pour cette analyse pourraient eux-mêmes entraîner une déviation par rapport au plan.

L'analyse d'impact doit examiner l'impact que l'incidence a (ou aura) sur :

- Les cibles de performance du projet en matière de durée, coûts, qualité et périmètre ;
- Le Cas d'Affaire du projet, en particulier en termes d'impact sur les bénéfices ;
- Le profil des risques du projet, c.-à-d. l'impact sur l'exposition globale aux risques du projet.

Si le projet fait partie d'un programme, il faut examiner l'impact du changement sur l'ensemble du programme. Des effets sont également possibles sur d'autres projets qui ne font pas nécessairement partie du programme.

L'examen de l'impact des incidences peut être mal interprété comme se limitant à l'impact sur le client. En fait, l'analyse d'impact doit couvrir les trois domaines que sont l'entreprise, l'utilisateur et le fournisseur – par exemple, le coût et l'effort requis de la part du fournisseur pour mettre en œuvre un changement et quels produits devraient être modifiés. Une fois l'analyse d'impact réalisée, il faut réévaluer la gravité et la priorité.

Le Registre des Incidences et le Rapport d'Incidence doivent être actualisés pour y ajouter les informations ci-dessus. La personne qui a soulevé l'incidence et la personne qui a créé le Rapport d'Incidence (si elles sont différentes) doivent être tenues au courant de leur état.

Il peut s'avérer nécessaire de consulter le Comité de Pilotage de Projet pour leur demander leur avis sur la priorité ou la gravité de l'incidence avant de proposer des résolutions.

9.3.3.3 Proposer

Une fois l'impact de l'incidence bien compris, l'étape suivante consiste à examiner d'autres options pour y répondre et à proposer une marche à suivre.

Il faut tenir compte de l'effet de chacune des options sur les objectifs de performance en matière de durée, coûts, qualité, périmètre, bénéfices et risque du projet. Il convient également de trouver un équilibre entre les avantages à gagner en mettant l'option en œuvre, et le délai, le coût et le risque associés à sa mise en œuvre, comme illustré dans la Figure 9.2.

L'examen des risques doit tenir compte des risques pour le projet (c.-à-d. de ne pas l'achever en respectant les tolérances) et des risques

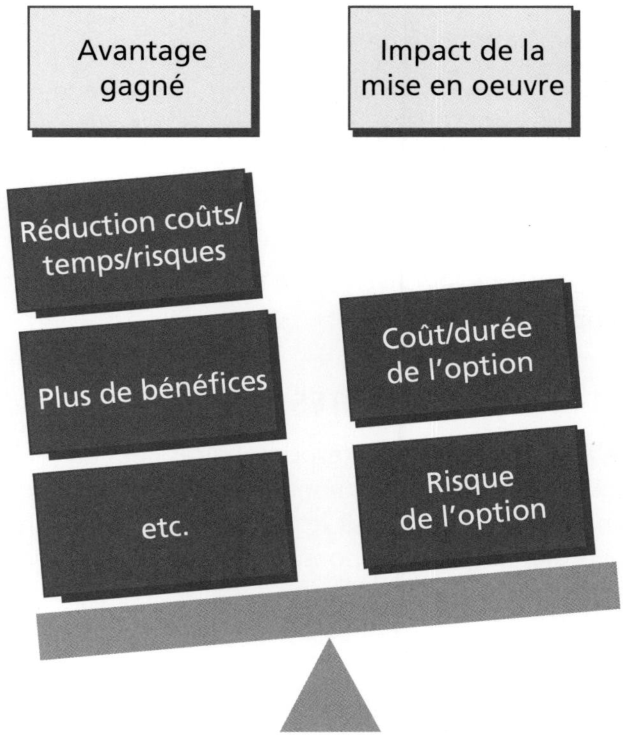

Figure 9.2 Analyse des options

opérationnels (par ex. des problèmes de performance possibles quand les produits du projet seront utilisés).

Si l'une des options proposées amènerait la séquence ou le projet à dépasser des tolérances, il peut être utile de préparer un Rapport d'Exception pour cette option afin de le joindre au Rapport d'Incidence.

9.3.3.4 Décider

Le Chef de Projet peut être en mesure de résoudre des incidences sans avoir besoin de les remonter au Comité de Pilotage de Projet. Par exemple, un changement mineur à un document approuvé de conception détaillée et qui n'affecte aucun autre produit pourrait être traité par le Chef de Projet (si ceci est autorisé par la Stratégie de Configuration), sous réserve qu'il soit formellement enregistré.

D'autres incidences peuvent nécessiter d'être remontées au Comité de Pilotage de Projet (ou son Autorité de Changement déléguée) pour la

Tableau 9.2 Décisions du Comité de Pilotage de Projet

Requête	Réponse du Comité de Pilotage de Projet (ou de l'Autorité de Changement)	Points à examiner
Requête de changement	■ Approuver le changement ; ■ Rejeter le changement ; ■ Reporter la décision ; ■ Demander des informations complémentaires ; ■ Demander un Plan d'Exception (si la requête de changement ne peut pas être mise en œuvre dans les limites déléguées à l'Autorité de Changement).	Si une requête de changement entraîne un coût supplémentaire, il y a trois moyens principaux de le financer : ■ Utiliser le budget de changement (si utilisé et suffisant) ; ■ Augmenter le budget du projet ; ■ Eliminer d'autres éléments du périmètre du projet. La tolérance ne doit pas être utilisée pour financer les requêtes de changement.
Hors-spécification	■ Accorder un compromis ; ■ Demander à ce que la hors-spécification soit résolue ; ■ Reporter la décision ; ■ Demander des informations complémentaires ; ■ Demander un Plan d'Exception (si le compromis ne peut pas être accordé dans les limites déléguées à l'Autorité de Changement).	Le Comité de Pilotage de Projet peut décider d'accepter la hors-spécification sans action corrective immédiate. C'est ce qu'on appelle un **compromis.** Quand un compromis est accordé à un produit, il faut réviser la Description de Produit avant de remettre le produit à l'utilisateur.
Problème/souci	■ Donner des conseils ; ■ Demander un Plan d'Exception.	Le problème/souci peut-il être résolu en assouplissant les tolérances de séquence ?

prise d'une décision. Cette remontée d'information peut prendre la forme d'un Rapport d'Incidence (dans le cadre d'une demande de conseil) ou d'un Rapport d'Exception (si l'option sélectionnée pour résoudre l'incidence entraînerait une exception – voir chapitre 10).

Pour les incidences et les exceptions remontées, les réponses probables du Comité de Pilotage de Projet sont indiquées dans le Tableau 9.2.

9.3.3.5 Mettre en œuvre

Le Chef de Projet procède de l'une des façons suivantes :

- Il prend l'action corrective nécessaire (comme actualiser un Lot de Travaux ou en créer un nouveau) ; ou
- Il crée un Plan d'Exception à approuver par le Comité de Pilotage de Projet.

Dans les deux cas, le Chef de Projet actualise le Registre des Incidences et le Rapport d'Incidence avec la décision et informe toutes les parties intéressées.

Quand l'incidence est close, le Chef de Projet doit mettre à jour le Registre des Incidences et le Rapport d'Incidence.

9.4 RESPONSABILITÉS

Le Tableau 9.3 liste les responsabilités liées au thème Changements. L'annexe C contient de plus amples informations sur les rôles de management de projet et sur les responsabilités associées.

Tableau 9.3 Responsabilités liées au thème Changements

Rôle	Responsabilités
Direction de l'Entreprise ou de Programme	Fournit la stratégie de l'entreprise ou de programme pour la maîtrise des changements, la résolution des incidences et la gestion de la configuration.
Exécutif	Nomme l'Autorité de Changement et établit le budget de changement.
	Définit l'échelle des niveaux de gravité pour les incidences.
	Définit l'échelle des niveaux de priorité pour les requêtes de changement et les hors-spécifications.
	Répond aux demandes de conseil émanant du Chef de Projet.
	Prend des décisions sur les incidences remontées, en faisant particulièrement attention à maintenir la justification pour l'entreprise.
Utilisateur Principal	Répond aux demandes de conseil émanant du Chef de Projet.
	Prend des décisions sur les incidences remontées, en faisant particulièrement attention à maintenir les bénéfices attendus.
Fournisseur Principal	Répond aux demandes de conseil émanant du Chef de Projet.
	Prend des décisions sur les incidences remontées, en faisant particulièrement attention à maintenir l'intégrité de la solution complète.
Chef de Projet	Gère la procédure de gestion de la configuration, avec l'aide du Support Projet quand c'est possible.
	Gère la procédure de contrôle des incidences et de maîtrise des changements, avec l'aide du Support Projet quand c'est possible.
	Crée et tient à jour le Registre des Incidences, avec l'aide du Support Projet quand c'est possible.
	Met en œuvre les actions correctives.
Chef d'équipe	Met en œuvre les actions correctives.
Assurance Projet	Conseille sur l'examen et la résolution des incidences.
Support Projet	Administre la gestion de la configuration et les procédures de contrôle des incidences et de maîtrise des changements : ■ Tient à jour les Enregistrements de Configuration ; ■ Produit les Rapports d'état du Produit ; ■ Aide le Chef de Projet à tenir le Registre des Incidences à jour.

10 Progression

10 Progression

10.1 FINALITÉ

Le thème Progression a pour objectif d'établir des mécanismes pour surveiller et comparer les réalisations réelles par rapport à celles qui étaient planifiées, de fournir des prévisions quant aux objectifs et à la viabilité continue du projet, et de contrôler toutes les déviations inacceptables.

Le management par séquences et la justification continue pour l'entreprise sont deux des principes PRINCE2. Le thème Progression fournit les mécanismes de surveillance et de contrôle qui permettent l'évaluation critique de la viabilité continue.

Le thème Progression fournit de tels mécanismes pour tous les niveaux de management (livraison, management, direction) au sein de l'équipe de projet, et pour la Direction de l'Entreprise ou de Programme extérieure au projet.

Selon un autre principe PRINCE2, les projets sont managés par exception en définissant des tolérances pour les objectifs de projet en vue d'établir les limites de l'autorité déléguée. Les tolérances définissent le pouvoir discrétionnaire que chaque niveau de management peut exercer sans avoir besoin d'une approbation du niveau supérieur. Le thème Progression fournit les mécanismes pour surveiller la progression par rapport aux tolérances autorisées, et les contrôles pour remonter au niveau supérieur si une prévision suggère qu'une ou plusieurs tolérances vont être dépassées.

Le contrôle de la progression doit faciliter la prise de décision. Il est au cœur du management de projet et s'assure que le projet reste viable par rapport à son Cas d'Affaire approuvé.

10.2 DÉFINITION DE LA PROGRESSION

10.2.1 Qu'est-ce que la progression ?

La progression est la mesure de la réalisation des objectifs d'un plan. Elle peut être surveillée au niveau Lot de Travaux, séquence et projet.

10.2.2 Qu'entend-on par contrôles de la progression ?

Les contrôles de la progression s'assurent que, pour chaque niveau de l'équipe de projet, le niveau supérieur peut :

- Surveiller la progression ;
- Comparer le niveau de réalisation au plan ;
- Examiner les plans et les options par rapport aux situations futures ;
- Détecter les problèmes et identifier les risques ;
- Engager des actions correctives ;
- Autoriser du travail supplémentaire.

10.2.3 Exceptions et tolérances

Une exception est une situation où une déviation au-delà des niveaux de tolérance convenus est prévisible.

Les tolérances correspondent aux déviations admissibles au-delà et en deçà des estimations de délai et de coûts du plan qui ne nécessitent pas d'en référer au niveau de management supérieur. Il est également possible d'avoir des tolérances de qualité, de périmètre, de bénéfices et de risque.

En l'absence de tolérances définies, il n'y a pas de pouvoir de discrétion clair si le projet ne se déroule pas conformément au plan. Par exemple, si toutes les déviations mineures sont remontées au Comité de Pilotage de Projet, le Chef de Projet se contente de surveiller le travail, sans effort spécial pour mettre en œuvre des actions correctives. Ceci est de toute évidence inacceptable du point de vue des membres du Comité de Pilotage de Projet car, en fin de compte, le Comité de Pilotage de Projet doit faire le travail du Chef de Projet. D'un autre côté, si le Chef de Projet continue à travailler pour rectifier les problèmes en mettant en œuvre des actions correctives, les membres du Comité de Pilotage de

Domaine de tolérance	Tolérances niveau Projet	Tolérances niveau Séquence	Tolérances niveau Lot de Travaux	Tolérances niveau Produit
Durée +/- quantité de temps par rapport à la date cible d'achèvement	Plan de Projet	Plan de Séquence	Lot de Travaux	NA
Coût +/- montant du budget planifié	Plan de Projet	Plan de Séquence	Lot de Travaux	NA
Périmètre Variance permise du périmètre de la solution d'un projet, ex. prioritisation des besoins MoSCoW (Doit avoir, Devrait avoir, Pourrait avoir, N'aura pas pour l'instant).	Plan de Projet (note 1)	Plan de Séquence (note 1)	Lot de Travaux (note 1)	NA
Risque Limite sur la valeur accumulée des menaces (ex. valeur monétaire anticipée doit être inférieure à 10% du budget planifié); et Limite sur tout menace individuelle (ex. toute menace aux services opérationnels)	Stratégie des Risques	Plan de Séquence (note 2)	Lot de Travaux (note 2)	NA
Qualité Définir les objectifs qualité en termes de marge, ex. un produit pèse 300g +/- 10g	Description de Produit du Projet	NA (note 3)	NA (note 3)	Description de Produit
Bénéfices Définir des bénéfices cibles en termes de marge, ex. atteindre un minimum de réduction des coûts de 5% par département, avec une moyenne de 7% sur l'ensemble des départements.	Cas d'Affaire	NA	NA	NA

Note 1 – le périmètre d'un plan est défini comme l'ensemble des produits à livrer. Si elle est utilisée, la tolérance de périmètre doit prendre la forme d'une note ou se référer à la structure de décomposition du produit du plan. La tolérance de périmètre au niveau de la séquence ou du Lot de Travaux est particulièrement utile lorsqu'on applique une méthode de développement itérative basée sur la durée comme Agile.

Note 2 – des tolérances de risques liées spécifiquement au niveau de la séquence peuvent être fixées par le Comité de Pilotage de Projet lors de l'autorisation de la séquence ou par le Chef de Projet lorsqu'il donne des Lots de Travaux, en particulier avec des fournisseurs externes.

Note 3 – les tolérances qualité ne sont pas décrites au niveau de la séquence ou d'un Lot de Travaux mais sont définies par Description de Produit dans le cadre du périmètre du plan.

Projet risquent de considérer ceci comme un abus de pouvoir du Chef de Projet, et demanderont pourquoi les problèmes n'ont pas été remontés plus tôt. Dans ce cas, le Chef de Projet est perçu comme prenant le rôle du Comité de Pilotage de Projet.

Le Tableau 10.1 décrit où les tolérances peuvent être avantageusement appliquées et indique les produits management dans lesquels elles sont documentées.

10.3 L'APPROCHE PRINCE2 EN MATIÈRE DE PROGRESSION

Pour contrôler la progression, il faut mesurer les progrès réels par rapport aux cibles de performance en matière de durée, coûts, qualité, périmètre, bénéfices et risque, et s'appuyer ensuite sur ces informations pour prendre des décisions (par ex. s'il faut approuver ou pas une séquence ou un Lot de Travaux, s'il faut remonter les déviations, s'il faut clore le projet prématurément, etc.) et prendre des mesures en fonction des besoins. PRINCE2 permet de contrôler la progression en :

- Déléguant l'autorité d'un niveau de management au niveau directement inférieur ;
- Divisant le projet en séquences management et en autorisant le projet une séquence à la fois ;
- Produisant des rapports de progression et des revues en fonction de la périodicité et de la réactivité ;
- Générant des exceptions.

Les contrôles du projet doivent être documentés dans la Documentation d'Initialisation de Projet.

10.3.1 Délégation de l'autorité

10.3.1.1 Les quatre niveaux de management

Pour contrôler un projet, le principe de management par exception utilise six types de tolérance. L'attribution des tolérances est alignée sur les quatre niveaux de l'équipe de projet illustrés dans la Figure 10.1 et décrits ci-dessous :

- **La Direction de l'Entreprise ou de Programme** se situe en dehors du projet mais définit les exigences et les niveaux de tolérance globaux pour le projet. Les trois niveaux de management du projet (responsables de la direction, du management et de la livraison) géreront et exécuteront le projet dans les limites de ces tolérances et remonteront toute prévision de dépassement d'une tolérance du projet ;
- **Le Comité de Pilotage de Projet** exerce un contrôle général au niveau projet, sous réserve que les prévisions restent comprises dans la tolérance du projet, et alloue au Chef de Projet des tolérances pour chaque séquence management. Le Comité de Pilotage de Projet est en mesure d'examiner la progression et de décider de continuer, changer ou arrêter le projet. Pendant l'exécution du Plan de Projet, si une prévision quelconque indique que le projet va probablement dépasser les tolérances convenues pour le projet, le Comité de Pilotage de Projet doit signaler la déviation à la Direction de l'Entreprise ou de Programme en vue d'obtenir une décision sur une action corrective ;
- **Le Chef de Projet** assure le contrôle d'une séquence management au quotidien, dans les limites de tolérance établies par le Comité de Pilotage de Projet. Pendant l'exécution d'un Plan de Séquence, si une prévision quelconque indique que la séquence va probablement dépasser les tolérances convenues pour la séquence, le Chef de Projet doit signaler la déviation au Comité de Pilotage de Projet en vue d'obtenir une décision sur une action corrective ;
- **Le Chef d'équipe** a le contrôle d'un Lot de Travaux mais ne doit jamais sortir des tolérances du Lot de Travaux convenues avec le Chef de Projet. Pendant l'exécution du Lot de Travaux, si une prévision quelconque indique que les tolérances convenues vont probablement être dépassées, la déviation doit être signalée au Chef de Projet par le Chef d'équipe en vue d'obtenir une décision sur une action corrective.

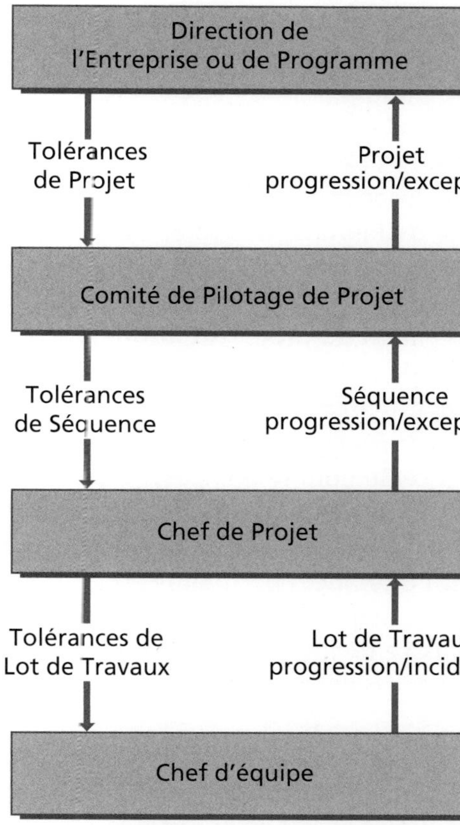

Figure 10.1 Délégation des tolérances et communication de la progression réelle et prévue

10.3.1.2 Contrôles du Comité de Pilotage de Projet

Les principaux contrôles disponibles pour le Comité de Pilotage de Projet comprennent :

- Autorisations Le Comité de Pilotage de Projet utilise le processus Diriger le Projet pour autoriser l'initialisation, autoriser le projet, autoriser chaque séquence et enfin, autoriser la clôture du projet :

- après le processus de pré-projet Elaborer le Projet, le Comité de Pilotage de Projet autorise le passage à la séquence d'initialisation, qui correspond au « démarrage » officiel du projet ;
- après le processus Initialiser le Projet, le Comité de Pilotage de Projet examine les informations de la Documentation d'Initialisation de Projet et, s'il estime que le lancement du projet est justifié, peut approuver cette documentation et autoriser le projet lui-même ;
- après le processus Gérer une Limite de Séquence, le Comité de Pilotage de Projet examine un Plan de Séquence ou un Plan d'Exception et peut soit approuver le plan, avec les tolérances pertinentes pour la séquence management suivante, soit, s'il n'y a pas assez de justifications pour continuer le projet, déclencher une clôture prématurée du projet ;
- après le processus Clore le Projet, le Comité de Pilotage de Projet examine le Rapport de Fin de Projet et, s'il estime que le projet est achevé ou qu'il n'a plus rien à offrir, peut autoriser sa clôture.

- **Comptes-rendus de progression** Avec notamment les Rapports de Progression et les Rapports de Fin de Séquence ;
- **Exceptions et changements** Avec notamment les Rapports d'Exception et les Rapports d'Incidence.

Après avoir convenu des tolérances de séquence avec le Chef de Projet, le Comité de Pilotage de Projet est tenu au courant de la progression grâce aux Rapports de Progression. Il n'est pas nécessaire de tenir des réunions de progression régulières pendant cette séquence, mais le personnel assurant des rôles d'Assurance Projet doit communiquer régulièrement avec le Chef de Projet et les membres de l'équipe.

10.3.1.3 Contrôles du Chef de Projet

Les principaux contrôles disponibles pour le Chef de Projet comprennent :

- **Autorisations** Les autorisations du Chef de Projet sont accordées pendant le processus Contrôler une Séquence (voir chapitre 15). Le Chef de Projet sera responsable de convenir et d'autoriser les Lots de Travaux et leurs tolérances ;
- **Comptes-rendus d'avancement** Avec notamment les Rapports d'Avancement produits par les Chefs d'équipe ou les membres des équipes ;
- **Exceptions et changements** Utilisation des registres et des journaux du projet pour étudier la progression et identifier les incidences et les risques qui pourraient avoir besoin d'être résolus. Ils sont détaillés dans la section 10.3.3.2.

10.3.2 Utilisation des séquences management pour le contrôle

Les séquences management sont des partitions du projet avec des points de décision de management. Une séquence management est un ensemble d'activités et de produits dont la livraison est gérée comme une unité. En tant que telle, cette séquence est un sous-ensemble du projet et, en termes PRINCE2, correspond à l'élément de travail géré par le Chef de Projet pour le compte du Comité de Pilotage de Projet à un moment donné.

Les séquences management :

- Fournissent des points de revue et de décision qui donnent au Comité de Pilotage de Projet l'opportunité d'évaluer la viabilité du projet à intervalles réguliers, au lieu de le laisser se dérouler de manière incontrôlée ;
- Permettent de s'assurer que les décisions clés sont prises avant de commencer le travail détaillé nécessaire pour les mettre en œuvre ;
- Permettent de clarifier ce que sera l'impact d'une influence extérieure identifiée, comme un nouveau budget pour l'entreprise ou la finalisation d'une loi ;
- Facilitent le principe de management par exception en déléguant l'autorité au Chef de Projet séquence par séquence.

Le Comité de Pilotage de Projet autorise une séquence management du projet à la fois. Vers la fin de chaque séquence, pendant le processus Gérer une Limite de Séquence, le Chef de Projet examine le Cas d'Affaire et le Plan de Projet, actualise la documentation du projet avec les résultats de la séquence, et crée un Rapport de Fin de Séquence et un Plan de Séquence pour demander l'autorisation de commencer la séquence management suivante. Le Rapport de Fin de Séquence, avec le Plan de la Séquence suivante, doit contenir toutes les informations nécessaires pour permettre au Comité de Pilotage de Projet d'effectuer une évaluation de fin de séquence et de décider de poursuivre ou pas. Le Comité de Pilotage de Projet autorise seulement la séquence management suivante s'il y a suffisamment de justifications pour l'entreprise pour continuer. Si le projet n'a plus de Cas d'Affaire valide, le Comité de Pilotage de Projet est habilité à le clore prématurément.

Le Comité de Pilotage de Projet délègue au Chef de Projet l'autorité nécessaire pour contrôler une séquence au quotidien, dans les limites de tolérance convenues. Tant qu'il est prévu que la séquence reste dans ses tolérances, le Chef de Projet a le pouvoir discrétionnaire de faire des ajustements en fonction des besoins. Ceci permet au Comité de Pilotage de Projet de manager par exception, en conservant le niveau de contrôle dont il a besoin tout en réduisant l'effort d'administration générale nécessaire.

10.3.2.1 Nombre de séquences

Bien qu'il soit impératif d'utiliser des séquences management dans un projet PRINCE2, le nombre de séquences est flexible et dépend de l'ampleur et du risque du projet. Chaque projet PRINCE2 consiste en au moins deux séquences management. La séquence d'initialisation est indispensable car elle permet de s'assurer que le projet s'appuie sur une base solide et comprise par toutes les parties. En plus, il faut au minimum une autre séquence management pour couvrir le reste du projet. Pour les projets plus importants, des séquences management supplémentaires peuvent être nécessaires pour donner à l'équipe de projet le niveau de détail optimal de planification et de contrôle.

La définition des séquences management est essentiellement un processus d'équilibre qui doit tenir compte des points suivants :

- Combien de temps à l'avance est-il raisonnable de planifier ?
- Où doivent se situer les points de décision clés sur le projet ?
- Quel est le degré de risque dans le projet ?
- Y a-t-il trop de séquences management courtes (augmentent la surcharge de management du projet) / trop de séquences longues (réduisent le niveau de contrôle) ?
- Quel est le degré de confiance du Comité de Pilotage de Projet et du Chef de Projet pour procéder ?

Le nombre de séquences management requises sera déterminé par la nature du projet et par sa durée. Pour les projets de courte durée (où par exemple le projet peut être achevé dans l'horizon de planification), l'introduction de nombreuses séquences management pourrait se traduire par des « surcharges » superflues et des coûts supplémentaires.

10.3.2.2 Durée des séquences

PRINCE2 ne spécifie pas la durée prescrite d'une séquence. Les séquences doivent être plus courtes lorsque le risque, l'incertitude ou la complexité sont importants, comme au début et à la fin des projets. Elles peuvent être plus longues quand le risque est limité, en général au milieu des projets. De plus, la durée de ces séquences management peut varier en fonction du point atteint dans le cycle de vie du projet. Les facteurs influençant cette décision comprennent :

- **L'horizon de planification à un moment donné** L'horizon de planification peut varier en fonction de la nature du travail entrepris. Par exemple, le travail nécessaire pour installer un système informatique pendant un projet de migration d'une application peut être mieux compris et moins risqué que le travail nécessaire pour migrer l'application elle-même ;
- **Les séquences techniques dans le projet** La fin des séquences management ne doit pas forcément coïncider avec la fin des séquences techniques, mais les aligner présente souvent des avantages. Par exemple, il peut être intéressant pour le Comité de Pilotage de Projet de comprendre tous les effets des résultats d'une « validation de concept » sur le Cas d'Affaire avant de s'engager dans un déploiement généralisé ;
- **Alignement sur les activités de programme** Il peut être exigé d'aligner la fin d'une séquence management et la revue fin-de-tranche dans le programme. Ceci permet au projet de contribuer pleinement à l'évaluation de la viabilité continue du programme lui-même ;
- **Le degré de risque** Les séquences management peuvent être très utiles au Comité de Pilotage de Projet comme moyen de contrôler les projets risqués. Des pauses de séquence peuvent être insérées à des points clés quand les risques pour le projet peuvent être examinés avant d'engager des sommes ou des ressources importantes.

10.3.2.3 Séquences techniques

Une autre méthode de regroupement des travaux consiste à s'appuyer sur les techniques utilisées ou sur les produits créés. Les séquences qui en découlent couvrent des aspects tels que la conception, la construction et la mise en œuvre. Ces séquences sont des séquences **techniques** et sont différentes du concept de séquences management déjà présenté.

Les séquences techniques se chevauchent souvent (comme dans les Figures 10.2 et 10.3) alors que ce n'est pas le cas pour les séquences management. Les séquences techniques se caractérisent par l'utilisation d'un ensemble de compétences spécialistes. Les séquences management correspondent à l'engagement de ressources et à l'autorité de dépenser.

Il arrive souvent que la limite entre les deux types de séquence coïncide – par exemple, quand la décision de management repose sur le produit de la séquence technique. Cependant, il est également possible que les limites ne correspondent pas – une séquence management peut très bien couvrir plusieurs séquences techniques.

Quand une séquence technique franchit une limite de séquence management, il faut clairement indiquer dans la ou les Descriptions de Produit concernées, si le ou les produits de la séquence technique doivent être achevés à la limite de la séquence.

Les Figures 10.2, 10.3 et 10.4 donnent des exemples de différences entre les séquences techniques et les séquences management. La Figure 10.2 présente un projet comportant cinq séquences techniques.

La Figure 10.3 présente le même projet que la Figure 10.2 mais décomposé en quatre séquences management. Deux des séquences techniques s'étendent sur plusieurs séquences management.

La Figure 10.4 montre que la séquence technique « conception » a été décomposée en trois groupes de produits. La conception globale se situe maintenant dans la séquence management 1, la conception détaillée et le programme de formation constituent la deuxième séquence management et la conception périphérique est planifiée pour la séquence management 3, avec la création de l'installation construite et la formation du personnel.

L'approche PRINCE2 consiste à concentrer la gestion du projet sur les séquences management car celles-ci formeront la base des processus de planification et de contrôle décrits dans l'ensemble de la méthode. Sinon, le projet risquerait d'être dirigé par les équipes spécialistes au lieu de l'être par la direction du client.

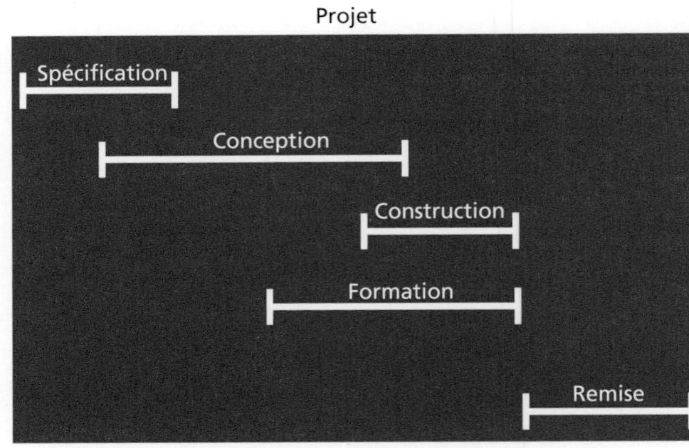

Figure 10.2 Travail spécialiste défini dans les séquences techniques

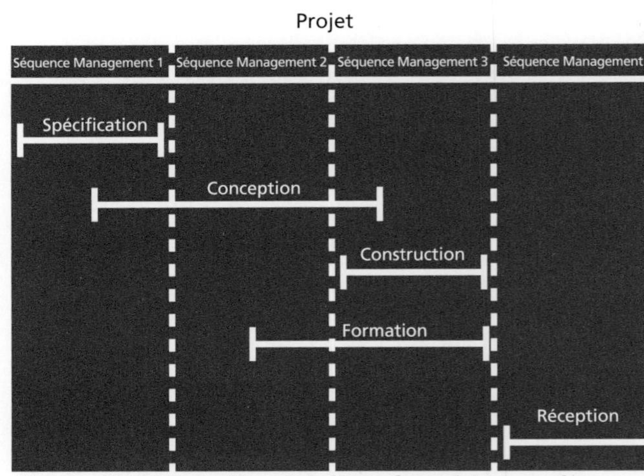

Figure 10.3 Travail spécialiste franchissant des limites de séquences management

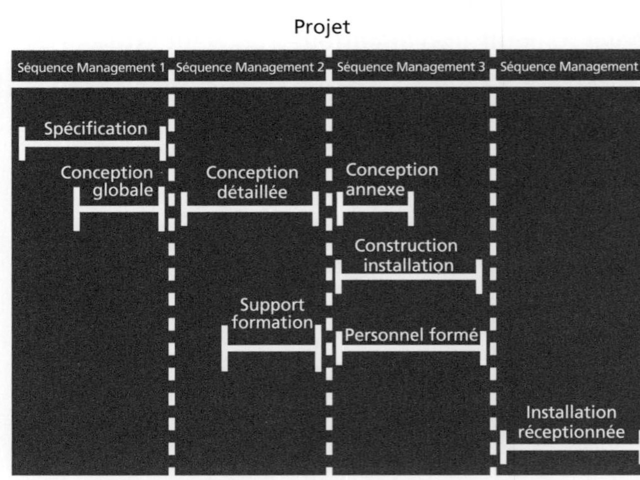

Figure 10.4 Travail spécialiste aligné avec les séquences management

10.3.3 Contrôles réactifs et périodiques

PRINCE2 fournit deux types de contrôle de la progression à utiliser pendant toute la durée de vie d'un projet :

- **Contrôles réactifs** Appliqués quand un événement spécifique se produit. Ce peut être la fin d'une séquence, l'achèvement de la Documentation d'Initialisation de Projet ou la création d'un Rapport d'Exception. Ils peuvent également couvrir des événements organisationnels susceptibles d'affecter le projet, comme la fin de l'exercice financier ;
- **Contrôles périodiques** Appliqués à des intervalles de temps prédéfinis. Ce peut être la production de Rapport de Progression mensuels pour le Comité de Pilotage de Projet ou de Rapports d'Avancement hebdomadaires montrant les progrès d'un Lot de Travaux.

La surveillance et la production des rapports nécessitent une approche temporelle alors que le contrôle (prise de décision) est une activité qui repose sur les événements.

Les sections suivantes décrivent les produits management utilisés pour établir et exécuter les contrôles réactifs et périodiques.

10.3.3.1 Référentiels pour le contrôle de la progression

Il est seulement possible de contrôler au niveau de granularité spécifié dans les plans. Ainsi, si vous souhaitez des Rapports d'Avancement toutes les semaines, vous avez besoin de savoir (dans le Plan de Séquence) ce que vous comptez accomplir semaine après semaine.

Les produits management suivants aident le Chef de Projet à établir les référentiels pour le contrôle de la progression :

- **Plan de Projet** Il contient les cibles et les tolérances de performance de niveau projet. Toute menace aux tolérances de niveau projet doit être remontée au Comité de Pilotage de Projet, qui demandera conseil à la Direction de l'Entreprise ou de Programme pour déterminer une action corrective ;
- **Plans de Séquence** Ils forment la base du contrôle de la séquence au quotidien. Ils doivent contenir les détails des activités à effectuer pendant une séquence management, leurs calendriers de travail et les ressources nécessaires pour les mener à bien ;
- **Plan d'Exception** Le Comité de Pilotage de Projet peut demander un Plan d'Exception après avoir examiné un Rapport d'Exception pendant le processus Diriger le Projet. Le Plan d'Exception doit être produit au même niveau que le plan qu'il remplace ;
- **Lots de Travaux** Le Chef de Projet autorise un Lot de Travaux afin de déclencher la réalisation d'une tâche par un membre d'une équipe ou un Chef d'équipe pendant une séquence. Cela signifie que le travail ne peut pas commencer si le Chef de Projet ne l'a pas spécifiquement autorisé. Les détails de la tâche à accomplir ainsi que les tolérances à respecter doivent être convenus entre le Chef de Projet et le Chef d'équipe ou un membre de l'équipe, et documentés dans le Lot de Travaux. L'autorisation d'un Lots de Travaux est un contrôle particulièrement utile pour travailler avec des prestataires ou des sous-traitants. Les personnes ou les équipes surveillent la progression par rapport au Lot de Travaux et en rendent compte au Chef de Projet par l'intermédiaire des Rapports d'Avancement. Un projet peut être composé d'équipes internes et externes. Il peut donc être préférable d'utiliser une combinaison de Lots de Travaux formels et informels de tailles variées, avec des tolérances strictes ou souples, en fonction des besoins du projet.

10.3.3.2 Vérification de la progression

Dans le cadre du processus Contrôler une Séquence, le Chef de Projet devra régulièrement vérifier les progrès des travaux grâce aux Rapports d'Avancement et maintenir un ensemble de registres et de journaux du projet. Le Chef de Projet utilisera ces informations pour actualiser le Plan de Séquence avec les progrès effectivement réalisés. La fréquence des Rapports d'Avancement produits peut changer en fonction des besoins des différents Lots de Travaux.

Il est également utile d'examiner les tendances pour appréhender la « santé » générale de la séquence. Par exemple, il est possible que la séquence semble bien progresser en termes de produits achevés par rapport au calendrier de travail. Cependant, le Registre des Incidences peut révéler un nombre croissant d'incidences non résolues et qui pourraient donner matière à s'inquiéter. De même, de nombreux points à régler pour un produit dans le Registre Qualité pourraient indiquer des problèmes de conception pour ce produit.

Les produits management suivants aident le Chef de Projet à vérifier la progression :

- **Journal de Projet** C'est un outil précieux pour enregistrer les actions. Des actions de projet peuvent provenir de nombreuses sources, dont les points d'avancement, les revues qualité, les évaluations de fin de séquence ou les conversations improvisées. Des actions risquent d'être « perdues » si elles sont seulement enregistrées dans des comptes-rendus ou des rapports d'avancement. Les petites actions peuvent être simplement enregistrées dans le Journal de Projet et cochées quand elles sont terminées. Les actions demandant un effort important devront éventuellement être intégrées au Plan de Séquence. Si de telles actions ne peuvent pas être incorporées au plan en respectant les tolérances, une incidence doit être générée pour examiner leur impact sur la séquence et le projet. Le Journal de Projet peut également être utilisé pour enregistrer les incidences informelles et toutes les autres remarques et observations qui ne sont pas consignées dans d'autres registres ou journaux. Le Journal de Projet est un moyen utile d'enregistrer des observations individuelles qui isolées peuvent sembler insignifiantes mais ensemble peuvent attirer l'attention du Chef de Projet sur une nouvelle incidence ou un nouveau risque ;
- **Registre des Incidences** Il contient les détails de toutes les incidences formelles générées pendant le projet. Celles-ci peuvent prendre la forme de requêtes de changement, de hors-spécifications ou de problèmes/soucis. La vérification du Registre des Incidences peut révéler des problèmes d'avancement des travaux – par exemple, une augmentation soudaine du nombre de requêtes de changement ou un nombre croissant d'actions correctives en retard ;
- **Rapport d'état du Produit** Il fournit un instantané de l'état de produits du projet, d'une séquence management ou d'un domaine particulier du projet. Il peut révéler des problèmes d'avancement des travaux car il indique les dates planifiées et réelles pour les points clés de la production, les revues et l'approbation des produits à livrer par le plan. Le Rapport d'état du Produit est généré en utilisant les Enregistrements de Configuration ;
- **Registre Qualité** Il s'agit d'un enregistrement de toutes les activités planifiées et réalisées. Le Registre Qualité peut révéler des problèmes d'avancement car le Chef de Projet peut voir s'il reste des activités qualité à effectuer ou s'il y a des tendances utiles dans les résultats qualité – par exemple, un nombre croissant de produits rejetés au terme des revues qualité ou une augmentation du nombre moyen des actions des revues qualité ;

Registre des Risques Il s'agit d'un enregistrement de tous les risques identifiés. Le Chef de Projet doit vérifier le Registre des Risques quand il vérifie l'état de la séquence. Comme les risques reposent sur l'incertitude, le nombre de risques diminue généralement au fur et à mesure que le projet avance et que le niveau de certitude augmente. Il faut vérifier le Registre des Risques pour déterminer si les risques cumulés pourraient avoir un impact sur la progression pour le reste de la séquence et du projet, par ex. il peut y avoir un grand nombre de risques de proximité similaire dans le temps, indiquant une période critique pour la progression.

Techniques d'évaluation de la progression

Mesurer la progression d'une séquence management nécessite de regarder vers le passé, pour examiner la progression réalisée par rapport aux plans, et vers l'avenir, pour voir ce qu'il reste à faire, dans quels délais et avec quelles ressources. Il existe de nombreuses techniques pour mesurer la progression d'un projet, dont :

- **Graphique des dates butoir** Il s'agit d'un graphique représentant les étapes clés planifiées et réelles dans une séquence ;
- **Courbe en S** Il s'agit d'un graphique montrant les chiffres réels cumulés (par exemple, les coûts ou les heures) par rapport au temps. La courbe est généralement en forme de « S », ce qui reflète le fait qu'un projet consomme habituellement moins de ressources et de fonds au début et à la fin du projet, et davantage au milieu. Plus la courbe est inclinée, plus il faut de ressources. Quand les chiffres planifiés et réels sont

représentés sur le même graphique, celui-ci peut être utilisé pour identifier les éventuels dépassements de budget ou pour prévoir les domaines où les tolérances risquent d'être dépassées ;

- **Gestion de la valeur des revenus** Il s'agit d'une technique pour mesurer les performances en matière de périmètre, de calendrier de travail et de coût par rapport aux plans, en comparant les produits achevés et le coût et le temps qui ont été nécessaires avec les estimations dans le calendrier et le budget. L'approche PRINCE2 de la planification basée sur le produit fournit les conditions préalables nécessaires pour la gestion de la valeur des revenus.

10.3.3.3 Collecte et communication des retours d'expérience

Les produits management suivants sont utilisés pour collecter et communiquer les retours d'expérience lors de la vérification de la progression :

- Journal des Retours d'Expérience L'un des principes d'un projet PRINCE2 est que l'équipe de projet tire parti de l'expérience, ce qui signifie qu'elle recherche, enregistre et exploite les retours d'expérience pendant tout le cycle de vie du projet. La vérification de la progression permet souvent d'identifier des retours d'expérience. Ceux-ci peuvent être des informations sur les processus de management ou spécialistes, les produits, les techniques ou les procédures qui ont soit contribué au succès du projet soit causé un problème – par exemple, la performance de l'équipe de projet, le succès de l'adaptation de PRINCE2 au projet ou encore l'analyse des statistiques et des mesures de qualité ;
- Rapport des Retours d'Expérience Bien que les retours d'expérience puissent être identifiés et enregistrés pendant un projet, il est nécessaire pour tirer parti de ces leçons de prendre des mesures pour exécuter des améliorations. Ces actions peuvent s'appliquer au projet actuel, auquel cas elles doivent être intégrées aux plans et Lots de Travaux appropriés, ou elles peuvent être intéressantes pour d'autres projets. Si un retour d'expérience est significatif et qu'il pourrait être utile aux projets futurs, il doit être inclus dans le Rapport des Retours d'Expérience.

  Il est important de noter que les actions permettant de tirer parti des leçons peuvent être prises, et que le Rapport des Retours d'Expérience peut être créé, à tout moment approprié pendant un projet. Cependant, il faut au minimum créer un Rapport des Retours d'Expérience pendant le processus Clore le Projet.

10.3.3.4 Communiquer la progression

La fréquence des rapports doit refléter le niveau de contrôle requis, et ceci est susceptible de changer au cours du projet. Par exemple :

- Pendant la séquence de conception, un contrôle moins fréquent peut être suffisant par rapport aux séquences management ultérieures ;
- Si l'équipe est très expérimentée, il peut être approprié d'espacer les rapports alors que, pour une équipe novice, le Chef de Projet demandera peut-être des rapports plus fréquents jusqu'à ce qu'il ait suffisamment confiance dans la capacité de l'équipe.

Les produits management suivants sont utilisés pour communiquer la progression :

- **Rapport d'Avancement** Produit par le Chef d'équipe pour donner au Chef de Projet les détails des progrès réalisés en fonction du Lot de Travaux. Le Lot de Travaux spécifiera la fréquence requise des Rapports d'Avancement. Le Chef de Projet rassemblera les Rapports d'Avancement et les utilisera pour évaluer la progression pendant l'examen de l'état de la séquence ;
- **Rapport de Progression** Le Chef de Projet produit ce rapport sur la progression de la séquence management pour le Comité de Pilotage de Projet. Le Comité de Pilotage de Projet déterminera la fréquence requise des Rapports de Progression, soit pour l'ensemble du projet, soit séquence par séquence, et la spécifiera dans la Stratégie de Communication. Le Rapport de Progression permet aux membres du Comité de Pilotage de Projet de manager par exception entre les évaluations de fin de séquence car ils connaissent les tolérances convenues avec le Chef de Projet dans le Plan de Séquence. Le Rapport de Progression doit confirmer que les travaux avancent en respectant ces tolérances et doit permettre d'anticiper les problèmes possibles susceptibles de nécessiter des actions. Dans le cadre de

la Stratégie de Communication, le Comité de Pilotage de Projet peut demander à ce que des copies du Rapport de Progression soient envoyées à d'autres parties intéressées extérieures au projet. Le Comité de Pilotage de Projet peut également diffuser le Rapport de Progression (ou un résumé) à la Direction de l'Entreprise ou de Programme ;

- **Rapport de Fin de Séquence** Il est produit par le Chef de Projet vers la fin de chaque séquence management et fournit au Comité de Pilotage de Projet les informations sur les progrès réalisés jusqu'ici, la situation générale du projet et (associées au Plan de la Séquence suivante) suffisamment d'informations pour demander au Comité de Pilotage de Projet de décider de la marche à suivre pour la suite du projet ;
- **Rapport de Fin de Projet** Il est produit par le Chef de Projet vers la fin du projet, pendant le processus Clore le Projet. Il est utilisé par le Comité de Pilotage de Projet pour évaluer le projet et autoriser la clôture.

10.3.4 Génération d'exceptions

La vérification de la progression permet de décider si le Lot de Travaux, le Plan de Séquence ou le Plan de Projet restent, ou s'il est prévu qu'ils restent, dans les tolérances convenues :

- **Exceptions de niveau Lot de Travaux** Une fois les tolérances du Lot de Travaux convenues avec le Chef d'équipe, il doit tenir le Chef de Projet informé des progrès grâce à des Rapport d'Avancement réguliers. Si les tolérances d'un Lot de Travaux vont être dépassées, le Chef d'équipe doit prévenir le Chef de Projet en générant une incidence. Le Chef de Projet indiquera alors les actions correctives requises ;
- **Exceptions de niveau séquence** Si la séquence menace de dépasser ses tolérances, le Chef de Projet doit produire un Rapport d'Incidence pour collecter et analyser les détails de la déviation et produire ensuite un Rapport d'Exception à l'intention du Comité de Pilotage de Projet. En fonction des informations contenues dans ce rapport, le Comité de Pilotage de Projet peut demander au Chef de Projet de produire un Plan d'Exception pour remplacer le plan qui aurait dépassé les tolérances. Sinon, le Comité de Pilotage de Projet peut aussi éliminer la cause, accepter et ajuster la tolérance ou demander plus de temps pour étudier ou rejeter les recommandations du Rapport d'Incidence. Un Plan d'Exception n'est pas la conséquence automatique d'un Rapport d'Exception : le Comité de Pilotage de Projet mènera une évaluation d'exception, similaire à l'évaluation de fin de séquence, afin d'analyser et d'approuver le Plan d'Exception ;
- **Exceptions de niveau projet** Si les tolérances du projet menacent d'être dépassées, le Comité de Pilotage de Projet n'a plus l'autorité de manager le projet et doit porter la question devant la Direction de l'Entreprise ou de Programme pour qu'elle prenne une décision. Le Comité de Pilotage de Projet peut demander au Chef de Projet de produire un Plan d'Exception pour le projet.

Le chapitre 9 contient de plus amples informations sur les procédures de contrôle des incidences et de maîtrise des changements.

10.4 RESPONSABILITÉS

Le Tableau 10.2 liste les responsabilités liées au thème Progression. L'annexe C contient de plus amples informations sur les rôles de management de projet et sur les responsabilités associées.

Tableau 10.2 Responsabilités liées au thème Progression

Rôle	Responsabilités
Direction de l'Entreprise ou de Programme	Fournit les tolérances du projet et les documente dans le mandat de projet.
	Prend les décisions sur les Plans d'Exception en cas de menace de dépassement des tolérances de niveau projet.
Exécutif	Fournit les tolérances de séquence.
	S'assure que les progrès vers le résultat souhaité restent conformes aux attentes de l'entreprise.
	Prend les décisions sur les Plans d'Exception en cas de menace de dépassement des tolérances de niveau séquence.
	Recommande des actions futures concernant le projet à la Direction de l'Entreprise ou de Programme, en cas de menace de dépassement de la tolérance du projet.
Utilisateur Principal	S'assure que les progrès vers le résultat souhaité restent conformes aux attentes de l'utilisateur.
Fournisseur Principal	S'assure que les progrès vers le résultat souhaité restent conformes aux attentes du fournisseur.
Chef de Projet	Autorise les Lots de Travaux.
	Surveille la progression par rapport aux Plans de Séquence.
	Produit des Rapports de Progression, des Rapports de Fin de Séquence, des Rapports des Retours d'Expérience et des Rapports de Fin de Projet.
	Produit des Rapports d'Exception pour le Comité de Pilotage de Projet en cas de menace de dépassement des tolérances de niveau séquence.
	Tient à jour les registres et journaux du projet.
Chef d'équipe	Convient des Lots de Travaux avec le Chef de Projet.
	Informe le Support Projet des activités qualité achevées.
	Produit des Rapports d'Avancement.
	Informe le Chef de Projet de toute déviation anticipée par rapport aux tolérances du Lot de Travaux.
Assurance Projet	Vérifie le Cas d'Affaire par rapport aux événements externes et à la progression du projet.
	Vérifie les changements apportés au Plan de Projet afin d'identifier tout impact éventuel sur les besoins de l'entreprise ou du Cas d'Affaire.
	Confirme la progression des séquences et du projet dans les tolérances convenues.
Support Projet	Aide à la rédaction des rapports.
	Apporte son expertise pour les outils spécialistes (par exemple, pour les outils de planification et de contrôle).
	Numérote, enregistre, stocke et diffuse les Rapports d'Incidence et les Rapports d'Exception.
	Aide le Chef de Projet à tenir à jour le Registre des Incidences et le Registre des Risques.
	Tient à jour le Registre Qualité pour le compte du Chef de Projet.

11 Présentation des processus

11 Présentation des processus

11.1 LES PROCESSUS PRINCE2

PRINCE2 est une approche de management de projet reposant sur des processus. Un processus est un ensemble d'activités structuré, conçu pour mener à bien un objectif précis. Il utilise un ou plusieurs éléments d'entrée définis et les transforme en élément de sortie définis.

PRINCE2 compte sept processus qui couvrent l'ensemble des activités requises pour diriger, manager et livrer un projet avec succès.

La Figure 11.1 décrit comment chaque processus est utilisé tout au long du cycle de vie d'un projet.

11.2 LE PARCOURS PRINCE2

Le Comité de Pilotage de Projet définit l'orientation et prend les décisions clés tout au long du cycle de vie du projet. Les activités du Comité de Pilotage de Projet sont couvertes par le processus Diriger le Projet (voir chapitre 13), qui se déroule à partir de la phase pré-projet jusqu'à la séquence finale inclue.

11.2.1 Pré-projet

Au début, quelqu'un a une idée ou un besoin. Ce peut être la conséquence de nouveaux objectifs de l'entreprise, de pressions concurrentielles, de changements dans la législation ou d'une recommandation dans un rapport ou un audit. Le déclencheur du projet peut être extrêmement varié. Dans PRINCE2, ce déclencheur est appelé un mandat de projet. Le mandat de projet est fourni par l'organisation commanditaire (Direction de l'Entreprise ou de Programme) et peut prendre des formes diverses allant d'instructions orales à une définition de projet clairement définie et justifiée.

Avant de commencer à délimiter complètement le projet, il est important de vérifier que ce projet est valable et viable. Cette activité est couverte par le processus Elaborer le Projet (voir chapitre 12), qui aboutit à la production d'un Exposé du Projet et d'un Plan de Séquence pour l'initialisation du projet.

Le Comité de Pilotage de Projet examine l'Exposé du Projet, décide s'il faut initialiser le projet et spécifie les niveaux d'autorité à déléguer au Chef de Projet pour la séquence d'initialisation.

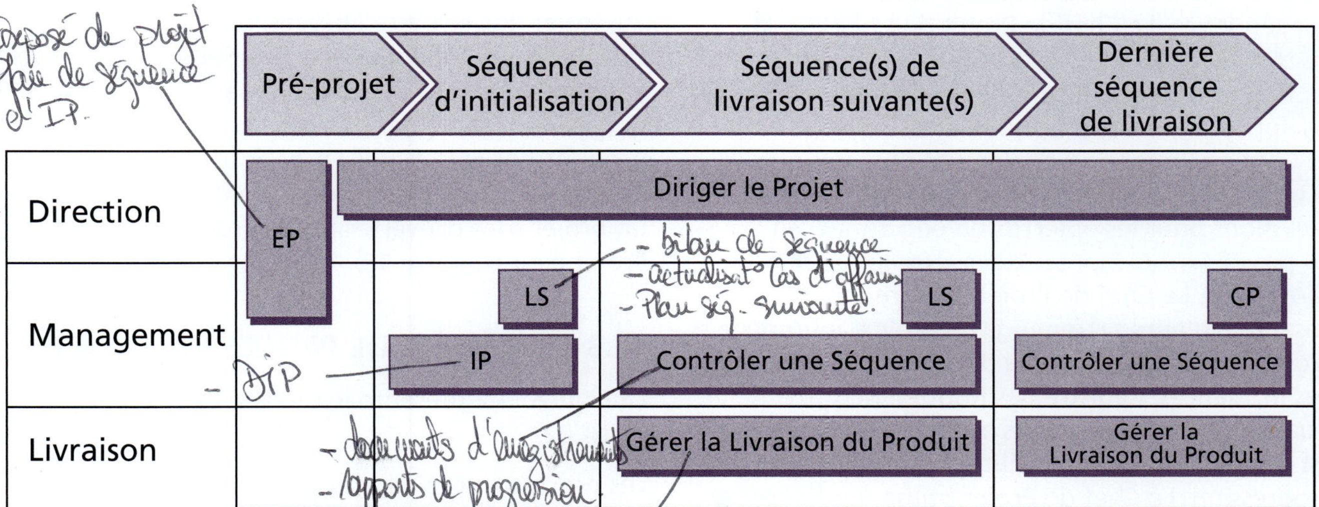

Légende
EP = Elaborer le Projet
IP = Initialiser le Projet
LS = Gérer une Limite de Séquence
CP = Clore le Projet

Note
- Elaborer le Projet est utilisé par les niveaux Direction et Management.
- Il doit y avoir au moins deux séquences management, la première d'entre elle étant la séquence d'initialisation.
- Gérer une Limite de Séquence est d'abord utilisé à la fin de la séquence d'initialisation puis répété à la fin de chacune des séquences à l'exception de la dernière séquence. Il est également utilisé pour préparer les Plans d'Exception. Ceci peut être fait à tout moment même durant la dernière séquence.
- Il est possible d'utiliser Contrôler une Séquence et Gérer la Livraison du Produit pour gérer la séquence d'initialisation lors d'initialisations longues et complexes.

Figure 11.1 Les processus PRINCE2

11.2.2 Séquence d'Initialisation

Si la décision est prise de lancer le projet, celui-ci doit être planifié en détail. Il est nécessaire d'obtenir un financement et de définir des contrôles pour s'assurer que le projet se déroule conformément aux souhaits des personnes finançant le projet et de celles qui utiliseront le produit du projet. La planification détaillée, l'établissement des stratégies et des contrôles de management du projet, le développement d'un Cas d'Affaire robuste et les moyens de vérifier les bénéfices sont tous couverts par le processus Initialiser le Projet (voir chapitre 14). De plus, pendant la séquence d'initialisation, le processus Gérer une Limite de Séquence (chapitre 17) est utilisé pour planifier la séquence suivante en détail.

La séquence d'initialisation aboutit à la production de la Documentation d'Initialisation de Projet, qui est vérifiée par le Comité de Pilotage pour décider s'il autorise le projet. Comme le contenu de cette documentation est susceptible de changer au cours du projet (selon les modalités de la maîtrise des changements), cette version de la Documentation d'Initialisation de Projet est conservée comme données d'entrée pour les revues de performance ultérieures.

11.2.3 Séquences de livraison ultérieures

Le Comité de Pilotage de Projet délègue le contrôle quotidien au Chef de Projet séquence par séquence. Le Chef de Projet doit affecter les tâches à réaliser, s'assurer que les produits répondent aux spécifications pertinentes et obtenir les approbations appropriées le cas échéant. Le Chef de Projet doit également s'assurer que la progression suit le plan approuvé et que les prévisions pour les objectifs de performance du projet sont comprises dans les tolérances convenues. Le Chef de Projet s'assure qu'un ensemble d'enregistrements de projet (Journal de Projet, Journal des Retours d'Expérience, Registre des Incidences, Registre des Risques, Registre Qualité et Enregistrements de Configuration) est tenu à jour afin de faciliter le contrôle de la progression. Le Chef de Projet utilise des Rapport de Progression réguliers pour tenir le Comité de Pilotage de Projet au courant de la progression du projet. Les activités permettant de contrôler chaque séquence sont couvertes par le processus Contrôler une Séquence (voir chapitre 15).

Dans le processus Gérer la Livraison des Produits (voir chapitre 16), le(s) Chef(s) d'équipe ou membres des équipes exécutent les Lots de Travaux attribués (qui livreront un ou plusieurs produits) et tiennent le Chef de Projet informé des progrès grâce aux Rapports d'Avancement.

Vers la fin de chaque séquence management, le Chef de Projet demande la permission de passer à la séquence suivante en rendant compte de l'exécution de la séquence, en actualisant le Cas d'Affaire et en planifiant en détail la séquence management suivante. Le Chef de Projet fournit les informations nécessaires au Comité de Pilotage de Projet pour qu'il puisse évaluer la viabilité continue du projet et décider s'il faut autoriser la séquence management suivante. Les activités permettant de gérer chaque limite de séquence sont couvertes par le processus Gérer une Limite de Séquence (voir chapitre 17).

11.2.4 Séquence de livraison finale

Comme le projet est un engagement temporaire, il faut le démanteler lors de la séquence finale (quand le Chef de Projet a obtenu l'approbation de tous les produits du projet). Le Comité de Pilotage de Projet doit estimer que les destinataires des produits du projet sont en mesure de les assumer et de les utiliser de façon continue. Si c'est le cas, les produits peuvent être transférés en exploitation et le projet peut être clos. La documentation du projet doit être mise en ordre et archivée, les performances du projet doivent être évaluées par rapport au plan d'origine et les ressources allouées au projet doivent être libérées. Les activités de clôture comprennent la planification des revues de bénéfices post-projet correspondant aux bénéfices qui peuvent seulement être évalués quand les produits ont été utilisés (et donc après la clôture du projet). Les activités permettant de démanteler un projet sont couvertes par le processus Clore le Projet (voir chapitre 18).

11.3 LE MODÈLE DE PROCESSUS PRINCE2

La Figure 11.2 présente le modèle de processus PRINCE2.

Les processus sont alignés sur les niveaux de management entreprise ou programme, direction, management et livraison. Les déclencheurs de chaque processus sont indiqués.

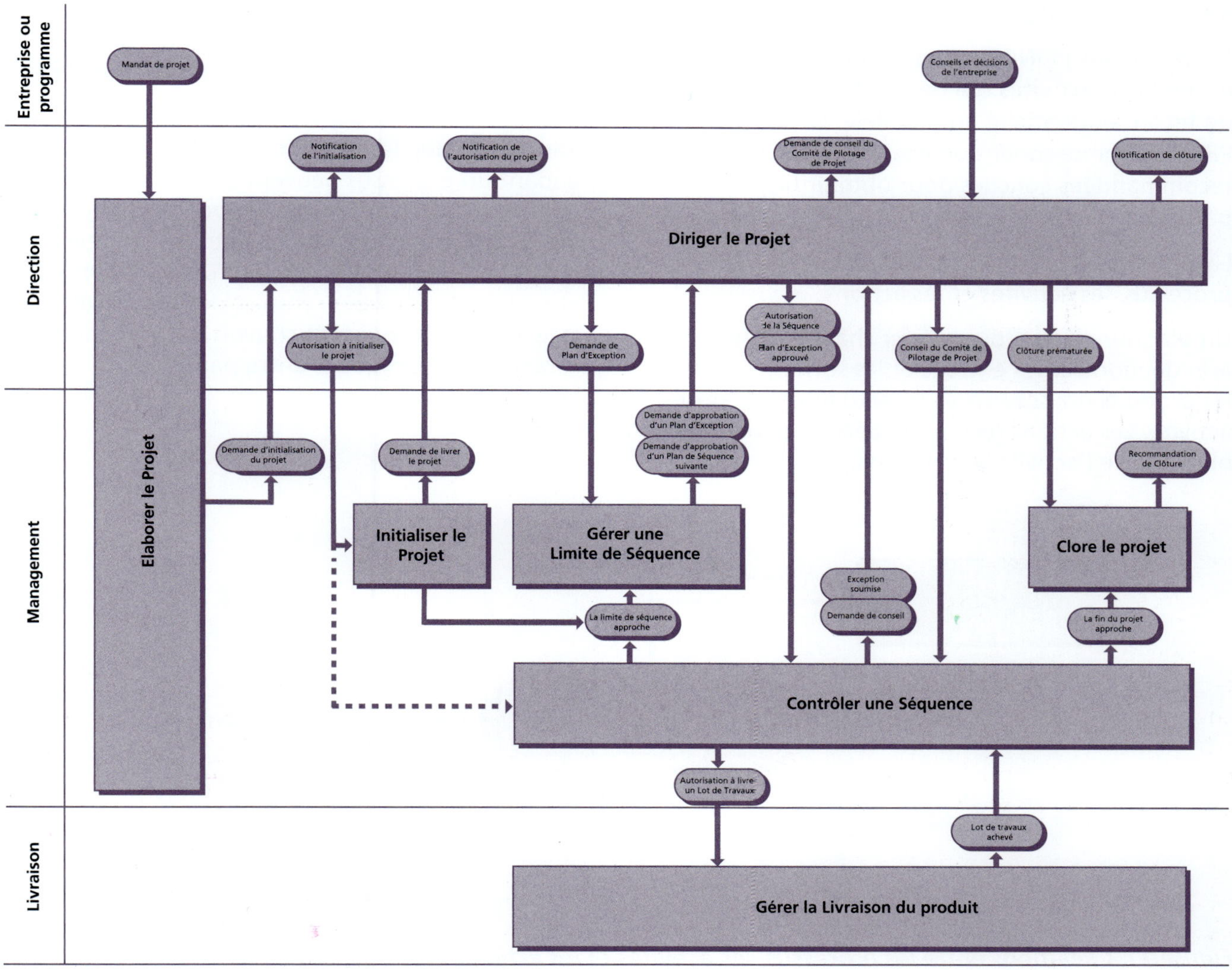

Notes:

Note 1: à la fin de la séquence d'initialisation, le processus Initialiser le Projet est utilisé pour demander au Comité de Pilotage de Projet d'approuver l'initialisation du projet (en soumettant la Documentation d'Initialisation de Projet) et en même temps, le processus Gérer une Limite de Séquence est utilisé pour demander au Comité de Pilotage de Projet d'approuver le Plan de Séquence de la seconde séquence management.

Note 2: les activités de clôture sont planifiées et approuvées lors de l'approbation de la séquence finale. Ainsi, le processus Clore le Projet se passe durant la dernière séquence.

Figure 11.2 Modèle de processus PRINCE2

11.4 STRUCTURE DES CHAPITRES SUR LES PROCESSUS

Chaque processus PRINCE2 est décrit selon la structure et le format suivants.

11.4.1 Finalité

Cette section décrit la raison d'être du processus.

11.4.2 Objectif

Cette section décrit les objectifs spécifiques à réaliser par le processus.

11.4.3 Contexte

Cette section positionne chaque processus dans le contexte des autres processus ainsi que les activités se déroulant dans le projet et provenant de la Direction de l'Entreprise ou de Programme.

11.4.4 Activités

Les **processus** PRINCE2 comprennent un ensemble d'**activités** qui peuvent être réalisées de façon séquentielle ou parallèle. Les activités PRINCE2 comprennent un ensemble d'**actions recommandées** conçues pour obtenir un résultat particulier.

La Figure 11.3 présente les relations entre les processus, les activités et les actions.

Un diagramme est fourni pour chaque **activité** afin de montrer les entrées et les sorties, y compris les produits qui sont créés ou actualisés par cette activité. Les actions recommandées pour réaliser les objectifs de l'activité sont décrits.

Chaque activité est conclue par un tableau listant les responsabilités pour chaque produit créé ou mis à jour pendant l'activité, comme illustré dans le Tableau 11.1.

Il faut noter que les produits management créés pendant un processus peuvent être approuvés dans un autre (par ex. un Plan de Séquence est créé dans le processus Gérer une Limite de Séquence mais approuvé dans le processus Diriger le Projet). Cependant, l'ensemble complet des responsabilités est listé, et celles qui sont couvertes par un autre processus sont indiquées entre parenthèses, par ex. (A).

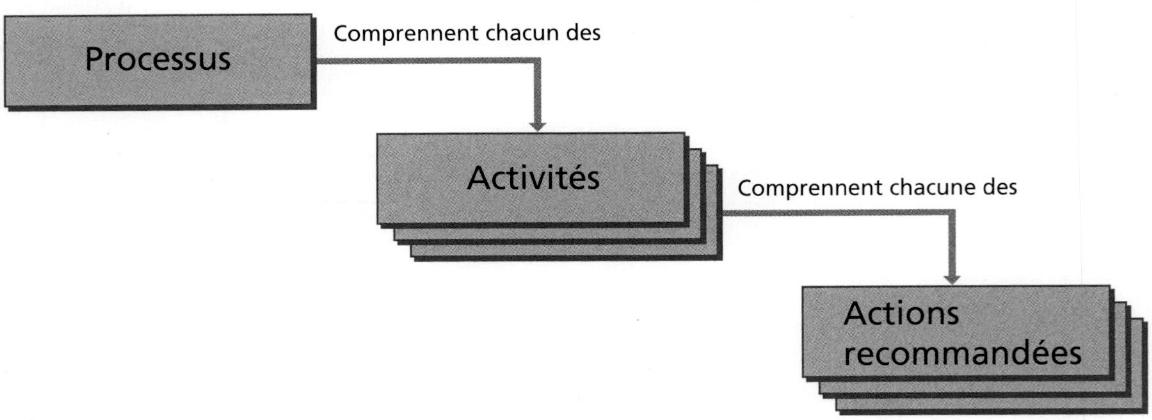

Figure 11.3 Relations entre les processus, les activités et les actions

Tableau 11.1 Exemple de Tableau de responsabilités

Producteur – responsable de la production du produit

Vérificateur – idéalement indépendant de la production

Approbateur – confirme l'approbation

Produit	Action	Entreprise/Programme	Exécutif	Utilisateur Principal	Fournisseur Principal	Chef de Projet	Chef d'équipe	Assurance Projet	Support Projet	Description de Produit disponible
Plan de Séquence	Créer		(A)	(A)	(A)	P		V		A.16

Tableau 11.2 Symboles utilisés dans les diagrammes de processus

Symbole	Légende
Elaborer le Projet	Ceci est un processus PRINCE2.
Autoriser l'initialisation	Ceci est une activité. Chaque processus comprend un certain nombre d'activités.
Demande de Plan d'Exception Action corrective	Ceci est un événement ou une décision qui déclenche un autre processus ou est utilisé pour communiquer avec la direction de l'entreprise ou de programme. Les flèches indiquent quel processus est déclenché par l'événement. Un déclencheur double indique des alternatives de déclencheurs d'un processus vers un autre (par exemple, une demande d'approbation d'un Plan de Séquence suivante ou une demande d'approbation d'un Plan d'Exception) L'utilisation de lignes pointillées indique l'utilisation à l'intérieur d'un processus (par exemple, une action corrective est un déclencheur d'une activité du processus Contrôler un Séquence vers une autre activité de ce même processus).
Cas d'Affaire Recommandations d'actions de suivi	Ce sont des produits management qui sont créés ou actualisés par les activités d'un processus. Les encadrés indique qu'il s'agît d'un produit management dont la Description de Produit se trouve à l'Annexe A. Ceux entourés d'un pointillé sont des éléments d'un produit management ou sont des produits management non-définis par PRINCE2 ou pour lesquels PRINCE2 n'exige pas de composition spécifique ni de critère qualité.

12

Elaborer le Projet

12 Elaborer le Projet

12.1 FINALITÉ

Le processus Elaborer le Projet vise à s'assurer que les produits préalables à l'initialisation du projet sont en place en répondant à la question : le projet est-il viable et justifié ?

Rien ne doit être entrepris avant que les informations de base nécessaires à la prise de décisions rationnelles concernant la mise en œuvre du projet n'aient été définies, que les principaux rôles et responsabilités n'aient été dotés des ressources voulues et n'aient été affectés et que les bases nécessaires à une planification détaillée ne soient disponibles.

Le processus Elaborer le Projet vise tout autant à éviter l'initialisation de projets mal conçus qu'à approuver l'initialisation de projets viables. Il est, à ce titre, sensiblement moins lourd que le processus Initialiser le Projet, plus détaillé et plus approfondi. Le but est de procéder aux vérifications minimum nécessaires pour déterminer si l'initialisation même du projet est justifiée.

12.2 OBJECTIF

Le processus Elaborer le Projet a pour objectif de s'assurer :

- Qu'il existe une justification pour l'entreprise pour initialiser le projet (documentée sous forme d'ébauche du Cas d'Affaire) ;
- Que l'on dispose de toutes les autorités nécessaires pour initialiser le projet ;
- Que l'on dispose d'informations suffisantes pour définir et confirmer le périmètre du projet (sous forme d'Exposé du Projet) ;
- Que les différentes modalités de livraison du projet ont été évaluées et qu'une approche du projet a été retenue ;
- Que les candidats potentiels ont été nommés afin de prendre en charge les tâches requises lors de l'initialisation et/ou d'assumer des rôles de management de projet clés dans le cadre du projet ;

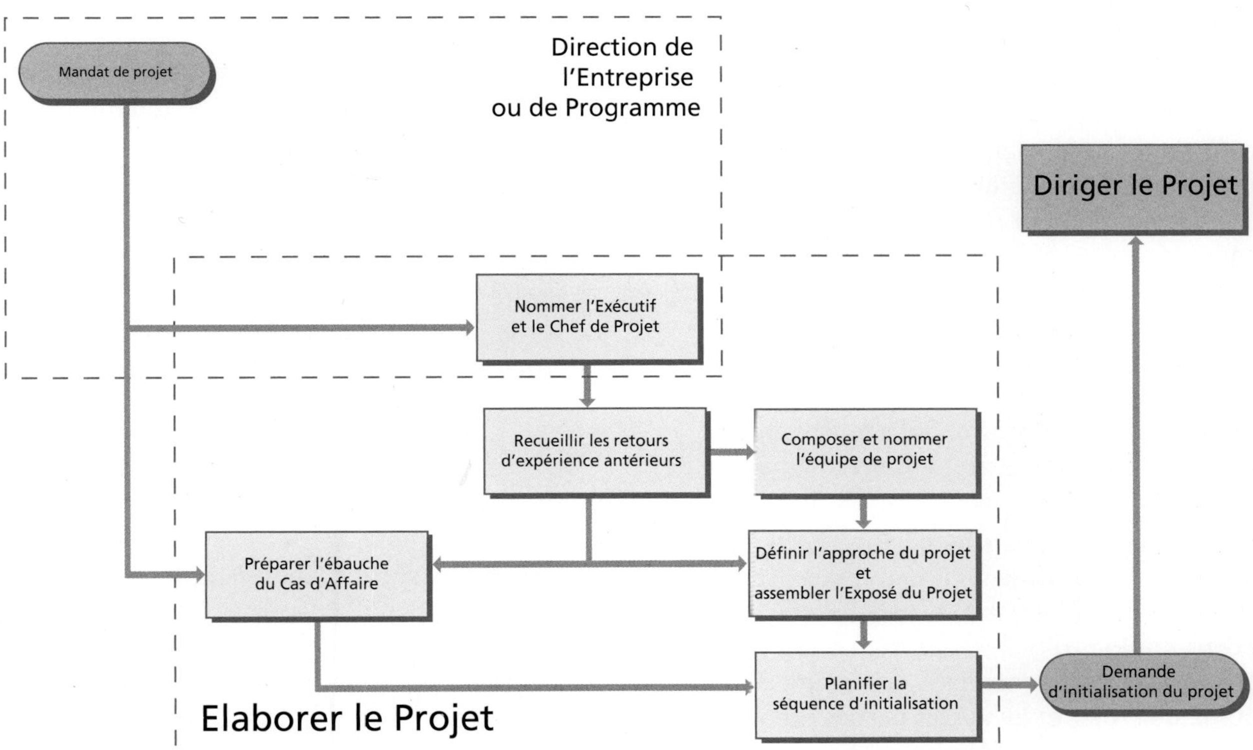

Figure 12.1 Vue d'ensemble d'Elaborer le Projet

- Que les tâches requises pour l'initialisation du projet sont planifiées (documentées dans un Plan de Séquence) ;
- Que l'on ne perd pas de temps à initialiser un projet en s'appuyant sur des hypothèses erronées concernant le périmètre, les délais, les critères d'acceptation et les contraintes du projet.

12.3 CONTEXTE

Il existe différentes manières d'identifier un projet, et les informations disponibles au moment de son élaboration peuvent varier considérablement. L'approche PRINCE2 utilise un mandat de projet pour déclencher le projet. Le mandat de projet est généré par l'autorité responsable ayant commandité le projet, généralement la Direction de l'Entreprise ou de Programme. Le terme mandat de projet s'applique à toutes les informations utilisées pour déclencher le projet, qu'il s'agisse d'une étude de faisabilité ou de la réception d'une "demande de proposition" dans une relation client-fournisseur par exemple. Le mandat de projet doit établir les termes de référence du projet et contenir suffisamment d'informations pour permettre au minimum d'identifier le candidat au rôle d'Exécutif du Comité de Pilotage de Projet. Le mandat est ensuite affiné pour développer l'Exposé du Projet.

Le Comité de Pilotage de Projet doit disposer de suffisamment d'informations pour décider ou non d'initialiser le projet. La préparation de l'Exposé du Projet s'inscrit donc dans cette optique.

Les efforts nécessaires pour élaborer le projet peuvent varier considérablement d'un projet à l'autre. Si le projet fait partie intégrante d'un programme, celui-ci devra fournir l'Exposé du Projet et nommer une partie ou la totalité des membres du Comité de Pilotage de Projet, éliminant du même coup une grande partie des tâches de ce processus. Dans un tel cas, il reviendra au Chef de Projet de valider les informations fournies par le programme et, le cas échéant, de recommander des modifications.

La préparation de l'ébauche du Cas d'Affaire et la préparation de l'Exposé du Projet (deux activités parallèles et itératives) exigent une interaction et des consultations régulières et fréquentes entre le Chef de Projet, les membres du Comité de Pilotage de Projet et les autres parties prenantes. Plus les exigences sont définies de manière précise au cours du processus Elaborer le Projet et plus on économisera de temps lors de la livraison du projet, en évitant les incidences, exceptions et replanifications.

Le contenu de l'Exposé du Projet est ensuite développé et affiné pour laisser place à la Documentation d'Initialisation de Projet via le processus Initialiser le Projet.

12.4 ACTIVITÉS

Les activités du processus Elaborer le Projet se répartissent généralement entre la Direction de l'Entreprise ou de Programme, l'Exécutif et le Chef de Projet, et consistent à :

- nommer l'Exécutif et le Chef de Projet ;
- recueillir les retours d'expérience antérieurs ;
- composer et nommer l'équipe de projet ;
- préparer l'ébauche du Cas d'Affaire ;
- définir l'approche du projet et préparer l'Exposé du Projet ;
- planifier la séquence d'initialisation.

12.4.1 Nommer l'Exécutif et le Chef de Projet

Pour avancer, le projet a besoin d'un décideur disposant de l'autorité appropriée, l'Exécutif, qui représente les intérêts des parties prenantes de l'entreprise. La nomination d'un Exécutif est une condition préalable pour s'assurer que le projet est justifié.

Le Chef de Projet, une fois nommé, doit assurer le management quotidien du projet pour le compte de l'Exécutif. L'Exécutif pourra être amené à consulter et à obtenir l'aval de la Direction de l'Entreprise ou de Programme par rapport à la nomination du Chef de Projet.

La Figure 12.2 décrit les éléments d'entrée et de sortie de cette activité. Pour de plus amples informations sur l'organisation du projet, voir Chapitre 5.

PRINCE2 préconise les actions suivantes :

- Examiner le mandat de projet et vérifier qu'il a bien été compris ;
- Nommer l'Exécutif (la nomination relève de l'organisation commanditaire, généralement la Direction de l'Entreprise ou de Programme), et :
  - établir les responsabilités de l'Exécutif ;
  - préparer la description de rôle de l'Exécutif en s'appuyant sur la description de rôle de l'Annexe C ;

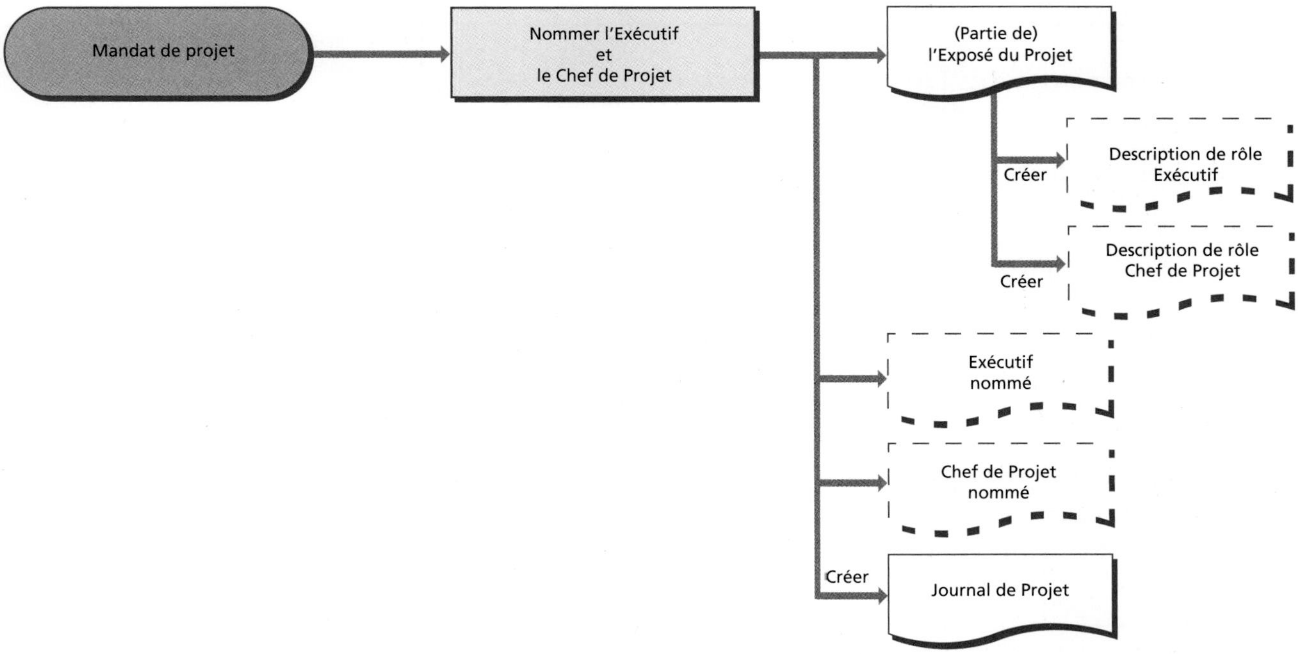

Figure 12.2 Résumé de l'activité nommer l'Exécutif et le Chef de Projet

- estimer le temps et les efforts requis pour le rôle d'Exécutif (ce point sera affiné ultérieurement) ;
- identifier les candidats potentiels au rôle d'Exécutif parmi les parties prenantes du projet et choisir la personne la plus apte à remplir ce rôle ;
- confirmer que le candidat retenu est bien disponible, qu'il accepte d'assumer ce rôle et qu'il s'engage à le mener à bien ;
- confier le rôle d'Exécutif au candidat retenu.

■ L'Exécutif doit nommer le Chef de Projet et :

- établir les responsabilités du Chef de Projet ;
- préparer la description de rôle du Chef de Projet, en s'appuyant sur la description de rôle de l'Annexe C, et obtenir l'aval de la Direction de l'Entreprise ou de Programme ;
- identifier les candidats potentiels pour le rôle de Chef de Projet et choisir la personne la plus apte à remplir ce rôle ;
- estimer le temps et les efforts requis pour le rôle de Chef de Projet (ce point sera affiné ultérieurement) ;
- confirmer que le candidat retenu est bien disponible, qu'il accepte d'assumer ce rôle et qu'il s'engage à le mener à bien ;
- confier le rôle de Chef de Projet au candidat retenu ;
- confirmer la nomination du Chef de Projet auprès de la Direction de l'Entreprise ou de Programme.

■ Créer un Journal de Projet en vue de recueillir les informations qui n'ont pas encore été collectées ailleurs.

Le Tableau 12.1 énumère les responsabilités de cette activité.

Tableau 12.1 Responsabilités de l'activité nommer l'Exécutif et le Chef de Projet

Producteur – responsable de la production du produit
Vérificateur – idéalement indépendant de la production
Approbateur – confirme l'approbation

Produit	Action	Entreprise/Programme	Exécutif	Utilisateur Principal	Fournisseur Principal	Chef de Projet	Chef d'équipe	Assurance Projet	Support Projet	Description de Produit disponible
Mandat de projet	Fournir	P								
Description de rôle de l'Exécutif	Créer	P								
Exécutif nommé	Confirmer	P								
Description de rôle du Chef de Projet	Créer	A	P							
Chef de Projet nommé	Confirmer	A	P							
Journal de Projet	Créer					P				A.7

12.4.2 Recueillir les retours d'expérience antérieurs

Il est possible que d'autres projets menés par la Direction de l'Entreprise ou de Programme et/ou par des organisations externes aient permis de tirer certaines leçons concernant les faiblesses ou les points forts des processus, procédures, techniques et outils utilisés ainsi que les modalités de leur utilisation (quand/comment/par qui ?).

La composition de l'équipe de projet et la préparation de l'ébauche du Cas d'Affaire, du contenu de l'Exposé du Projet et du Plan de Séquence de la séquence d'initialisation peuvent être influencées par ces retours d'expérience de projets antérieurs.

Il est recommandé d'organiser un atelier destiné à recueillir ces leçons et auquel toutes les parties intéressées et les personnes qui ont travaillé sur des projets similaires par le passé pourront participer. Si l'organisation n'a jamais effectué ce type de projet auparavant, on pourra faire appel à des personnes extérieures justifiant d'une expérience pertinente.

Lors de la transition de la vue d'ensemble (Elaborer le Projet) vers une vue plus détaillée (Initialiser le Projet), suivie de sa mise à jour (Gérer une Limite de Séquence), il pourra s'avérer nécessaire de dépasser le cadre du Journal des Retours d'Expérience et de répéter cette activité afin de recueillir les leçons externes pertinentes.

La Figure 12.3 décrit les éléments d'entrée et de sortie de cette activité.

PRINCE2 préconise les actions suivantes :

- Créer le Journal des Retours d'Expérience ;
- Examiner les Rapports des Retours d'Expérience connexes provenant de projets similaires afin d'identifier les leçons susceptibles d'être appliquées au projet. Celles-ci pourront par exemple inclure les résultats d'audit et les revues de projet ;

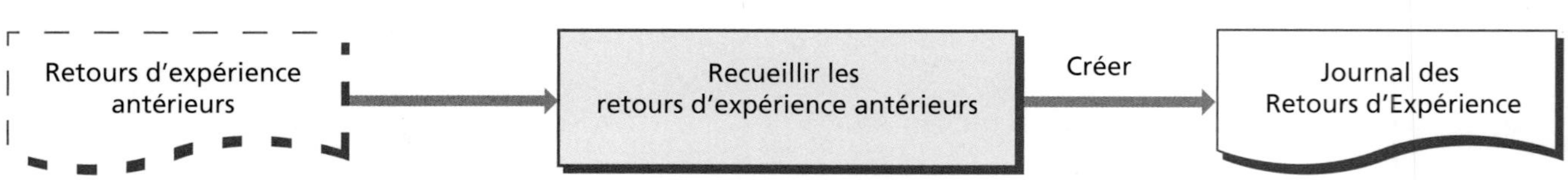

Figure 12.3 Résumé de l'activité recueillir les retours d'expérience antérieurs

Tableau 12.2 Responsabilités de l'activité recueillir les retours d'expérience antérieurs

Producteur – responsable de la production du produit
Vérificateur – idéalement indépendant de la production
Approbateur – confirme l'approbation

Produit	Action	Entreprise/Programme	Exécutif	Utilisateur Principal	Fournisseur Principal	Chef de Projet	Chef d'équipe	Assurance Projet	Support Projet	Description de Produit disponible
Journal des Retours d'Expérience	Créer		V			P				A.14

- Examiner les retours d'expérience de la Direction de l'Entreprise ou de Programme et des organisations externes ;
- Consulter les personnes ou les équipes justifiant d'une expérience préalable de projets similaires ;
- Le cas échéant, consigner les leçons identifiées dans le Journal des Retours d'Expérience.

Le Tableau 12.2 énumère les responsabilités de cette activité.

12.4.3 Composer et nommer l'équipe de projet

La réussite du projet passe par la nomination de personnes compétentes et justifiant de l'autorité, des responsabilités et des connaissances nécessaires pour pouvoir prendre des décisions opportunes. L'équipe de projet doit refléter les intérêts de toutes les parties concernées, y compris les intérêts de l'entreprise, des utilisateurs et des fournisseurs.

Il est essentiel, pour que le projet soit rondement mené, que toute personne impliquée dans son management comprenne et accepte les contraintes de redevabilité, les responsabilités ainsi que les lignes hiérarchiques et de communication.

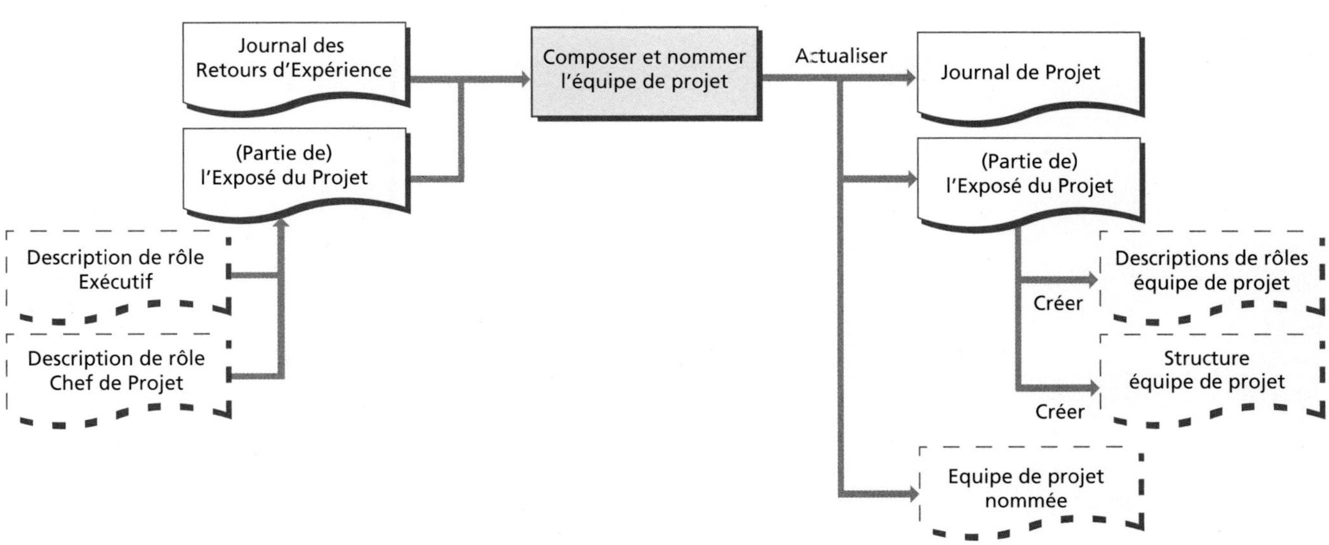

Figure 12.4 Résumé de l'activité composer et nommer l'équipe de projet

La Figure 12.4 décrit les éléments d'entrée et de sortie de cette activité. Pour de plus amples informations sur l'organisation de projet, voir Chapitre 5.

PRINCE2 préconise les actions suivantes :

- Passer en revue le Journal des Retours d'Expérience afin d'identifier les leçons susceptibles de s'appliquer à l'organisation du projet ;
- Composer l'équipe de projet :
  - Préparer la structure de l'équipe de projet ;
  - Etablir les descriptions de rôles pour les rôles du Comité de Pilotage de Projet qui ne sont pas encore pourvus, en s'appuyant sur les descriptions de rôles de l'Annexe C ;
  - Déterminer si certains membres du Comité de Pilotage de Projet envisagent de déléguer certaines de leurs responsabilités d'assurance et créer les descriptions de rôles de l'Assurance Projet (le cas échéant) en s'appuyant sur la description de rôle de l'Annexe C ;
  - Etablir si le Chef de Projet doit assumer le rôle de Chef d'équipe ou si celui-ci sera confié à une ou plusieurs autres personnes. Le cas échéant, créer les descriptions de rôles des Chefs d'équipe en s'appuyant sur la description de rôle de l'Annexe C ;
  - Déterminer si le Chef de Projet doit assumer le rôle de Support Projet ou si celui-ci sera confié à une ou plusieurs autres personnes. Si ce rôle doit être délégué, créer la description du rôle de Support Projet en s'appuyant sur la description de rôle de l'Annexe C ;
  - Confirmer que les lignes hiérarchiques et de communication s'inscrivent dans les descriptions de rôles.
- Nommer l'équipe de projet :
  - Estimer le temps et les efforts requis pour chacun des rôles identifiés (ce point sera affiné ultérieurement) ;
  - Identifier les candidats potentiels pour chacun des rôles et proposer les personnes les plus aptes à les remplir :
    - il pourra être utile de procéder à une analyse des parties prenantes (voir section 5.3.5) afin d'identifier les candidats susceptibles d'assumer ces rôles ;
    - il est possible que les candidats n'aient pas encore été choisis à ce stade, auquel cas ils devront être sélectionnés ultérieurement (voir section 14.4.5). Ce sera notamment le cas si le rôle de Chef d'équipe est confié à des sous-traitants ;

Tableau 12.3 Responsabilités de l'activité composer et nommer l'équipe de projet

Producteur – responsable de la production du produit
Vérificateur – idéalement indépendant de la production
Approbateur – confirme l'approbation

Produit	Action	Entreprise/Programme	Exécutif	Utilisateur Principal	Fournisseur Principal	Chef de Projet	Chef d'équipe	Assurance Projet	Support Projet	Description de Produit disponible
Journal de Projet	Actualiser					P				A.7
Descriptions de rôle équipe projet	Créer		A			P				
Structure équipe projet	Créer		A			P				
Equipe projet nommée	Confirmer	A	P							

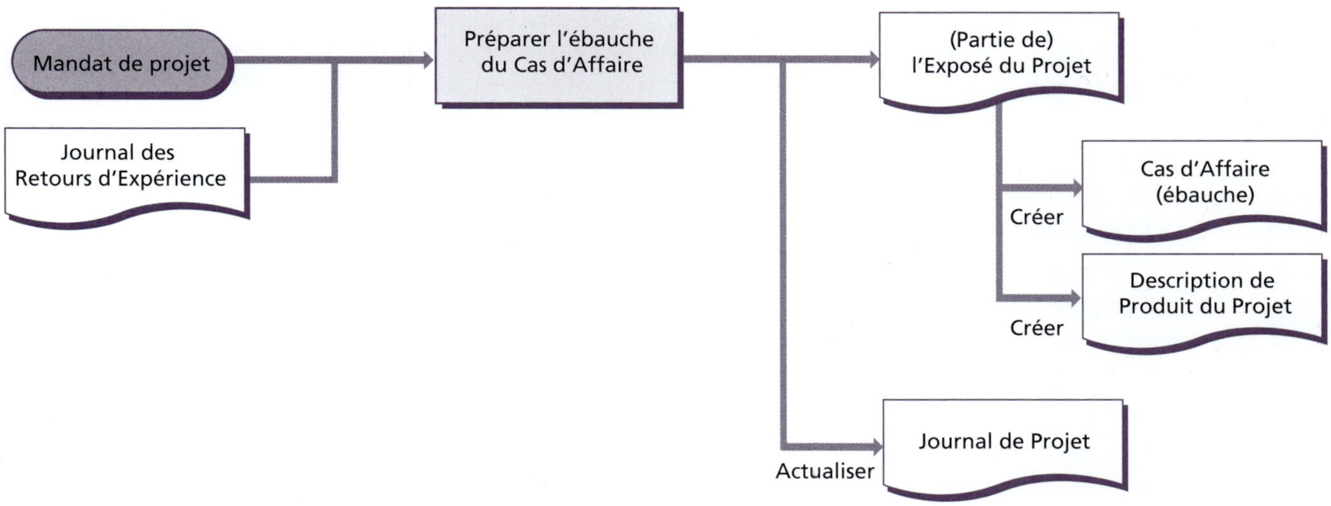

Figure 12.5 Résumé de l'activité préparer l'ébauche du Cas d'Affaire

- déterminer si les candidats identifiés justifient des compétences exigées pour le rôle et, si ce n'est pas le cas, si une formation ou un support supplémentaire (sous forme de coaching par ex.) est nécessaire ;
- Confirmer la disponibilité des personnes retenues (si elles sont identifiées) et vérifier qu'elles ont bien compris et accepté leur rôle et qu'elles s'engagent à le mener à bien ;
- Affecter les personnes retenues aux différents rôles identifiés et confirmer leur nomination auprès de la Direction de l'Entreprise ou de Programme.

- Les risques identifiés devront être ajoutés au Journal de Projet.

Le Tableau 12.3 énumère les responsabilités de cette activité.

12.4.4 Préparer l'ébauche du Cas d'Affaire

Il est facile, pendant l'élaboration et surtout durant l'exécution du projet, de se concentrer sur la **nature** et les **modalités** des actions menées, sans se demander **pourquoi** elles doivent être effectuées. Le Cas d'Affaire examine la raison d'être de ces actions et constitue, à ce titre, un élément crucial du projet.

Si le projet fait partie intégrante d'un programme, il est possible que le Cas d'Affaire ait déjà été défini au niveau de ce dernier.

Compte tenu des informations disponibles, il est fort possible que l'ébauche du Cas d'Affaire constitue la seule vue de haut niveau à ce stade. Elle doit jeter les bases qui permettront de développer le Cas d'Affaire de manière plus approfondie au cours du processus Initialiser le Projet.

La Figure 12.5 décrit les éléments d'entrée et de sortie de cette activité. Pour de plus amples informations sur le Cas d'Affaire, voir Chapitre 4.

PRINCE2 préconise les actions suivantes :

- L'Exécutif doit préparer l'ébauche du Cas d'Affaire en s'appuyant sur les informations dont il dispose à propos du projet et :
  - Comprendre les objectifs et la raison d'être du projet, tels qu'ils sont définis dans le mandat de projet ;
  - Comprendre la manière dont le projet contribuera aux objectifs de l'entreprise et/ou du programme ;
  - Comprendre la manière dont le projet sera financé ;
  - Passer en revue le Journal des Retours d'Expérience et rechercher les leçons susceptibles de s'appliquer à la justification pour l'entreprise ;
  - Vérifier les normes éventuellement exigées en matière de format et de présentation du Cas d'Affaire (modèles, métrique des coûts, etc.) ;
  - Recueillir les informations de base pertinentes, par ex. contrats, rapports de faisabilité, accords de niveau de service, etc. ;

- Le cas échéant, faire approuver l'ébauche du Cas d'Affaire par la Direction de l'Entreprise ou de Programme.

■ Le Chef de Projet doit consulter l'Utilisateur Principal et l'Exécutif afin de définir ce que le projet doit livrer et créer la Description de Produit du Projet (voir Chapitre 6) et :
- Collecter les exigences qualité du client ;
- Collecter et accepter les critères d'acceptation du projet ;
- Vérifier la faisabilité des délais préconisés par le mandat de projet ou l'ébauche du Cas d'Affaire ;
- Déterminer les échéances ;
- Collecter les nouveaux risques dans le Journal de Projet.

■ Examiner les risques collectés dans le Journal de Projet et résumer les principaux risques affectant la viabilité du projet dans l'ébauche du Cas d'Affaire.

Le Tableau 12.4 énumère les responsabilités de cette activité.

12.4.5 Définir l'Approche du Projet et préparer l'Exposé du Projet

Il est impératif de déterminer la manière dont le projet doit être abordé avant que celui-ci ne puisse être planifié. La solution doit-elle être développée en interne ou externalisée ? La solution sera-t-elle une modification d'un produit existant ou sera-t-elle développée à partir de zéro ? La solution sera-t-elle basée sur un produit disponible dans le commerce (souvent désigné par l'acronyme anglais COTS – « Commercial-Off –The-Shelf ») ou conçue sur mesure ?

La manière dont le travail doit être mené dépendra en outre des normes, des pratiques et des directives du client ou du fournisseur, et par exemple des éventuels cycles de développement applicables. Ces éléments doivent être collectés lors de l'Exposé du Projet, dans le cadre de l'approche du projet, car ils influenceront l'élaboration des stratégies de projet au sein du processus Initialiser le Projet. Cette démarche permet également de s'assurer que l'approche du projet est clairement comprise du client et du fournisseur et ne menace en aucune manière le projet.

Un Exposé du Projet arrêté permet de doter le projet d'un point de départ bien défini et compris de tous.

La Figure 12.6 décrit les éléments d'entrée et de sortie de cette activité.

PRINCE2 préconise les actions suivantes :

■ Evaluer les solutions de livraison possibles et déterminer l'approche du projet en fonction de la livraison du produit de projet et de la réalisation de l'ébauche du Cas d'Affaire :
- Passer en revue le Journal des Retours d'Expérience et rechercher les leçons

Tableau 12.4 Responsabilités de l'activité préparer l'ébauche du Cas d'Affaire

Producteur – responsable de la production du produit
Vérificateur – idéalement indépendant de la production
Approbateur – confirme l'approbation

Produit	Action	Entreprise/Programme	Exécutif	Utilisateur Principal	Fournisseur Principal	Chef de Projet	Chef d'équipe	Assurance Projet	Support Projet	Description de Produit disponible
Ebauche du Cas d'Affaire	Créer	A	P	V	V	V		V		A.2
Description de Produit du Projet	Créer		(A)	(A)	(A)	P		V		A.21
Journal de Projet	Actualiser					P				A.7

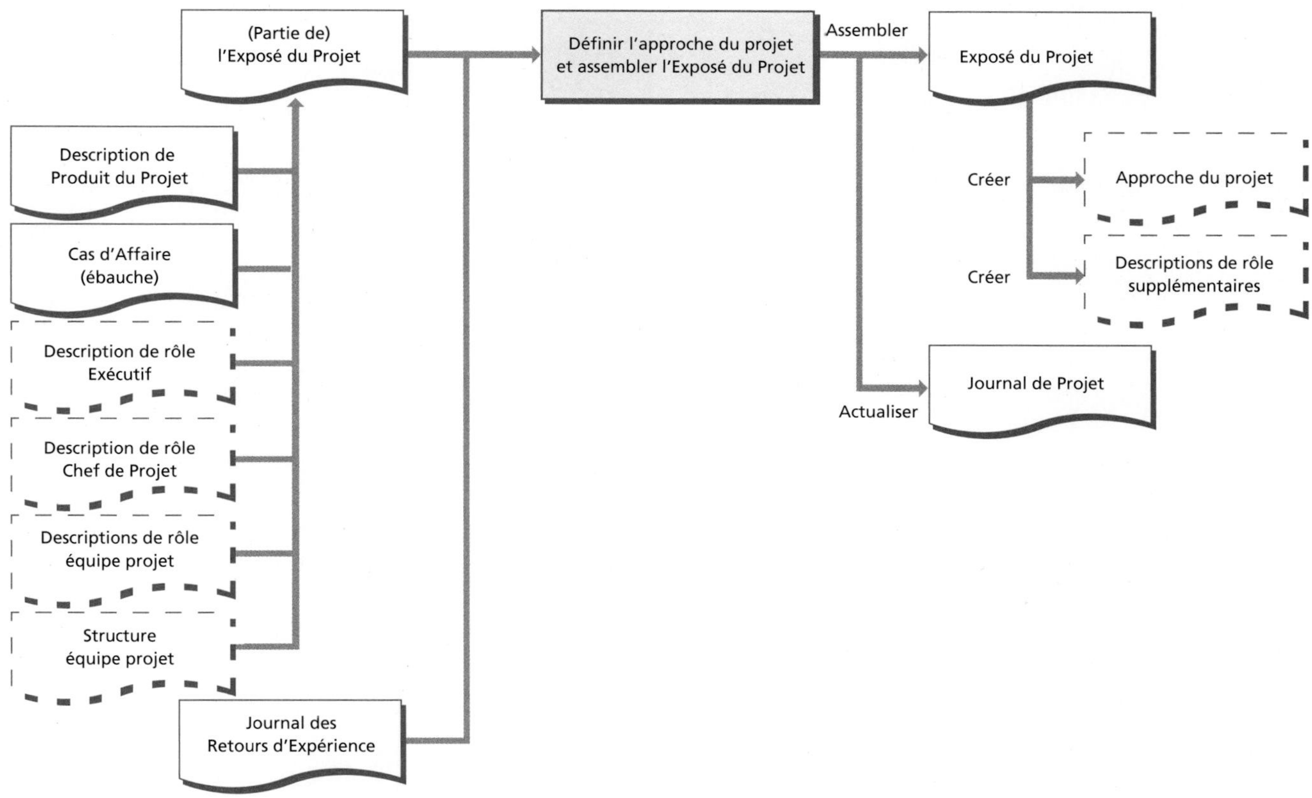

Figure 12.6 Résumé de l'activité définir l'approche du projet et assembler l'Exposé du Projet

susceptibles de s'appliquer à l'approche du projet ;

- Examiner les stratégies d'entreprise ou du programme pertinentes et replacer le projet dans le contexte des autres travaux ou initiatives de l'entreprise en déterminant les dépendances externes et les produits préalables ;
- Examiner les normes ou pratiques de l'entreprise ou du programme qui doivent s'appliquer (dans un contexte client/ fournisseur commercial, il est probable que l'on devra tenir compte des différentes normes et pratiques) ;
- Examiner la philosophie actuelle en matière de prestation de solutions au sein des secteurs de l'industrie et des domaines de compétences spécialisées concernés (y compris les options techniques destinées au cycle de développement du produit de projet) ;
- Définir l'environnement opérationnel dans lequel la solution doit s'inscrire (y compris les implications et contraintes opérationnelles et de maintenance) et la manière dont le produit de projet peut être transféré dans cet environnement ;
- Examiner les contraintes de sécurité qui s'appliquent au projet ou à l'utilisation de ses produits ;
- Examiner les besoins en formation du personnel de l'utilisateur.

- Préparer l'Exposé du Projet :
  - Définir le projet :
    - confirmer l'état actuel du projet (par ex. arrière-plan du projet et travail de préparation effectué à cette date) ;
    - confirmer les objectifs et les résultats désirés ;
    - confirmer le périmètre et les exclusions du projet ;
    - identifier les contraintes et les hypothèses éventuelles ;
    - identifier les tolérances de projet ;
    - identifier le ou les utilisateurs et toutes les autres parties intéressées connues ;
    - identifier les interfaces que le projet doit conserver.
  - Incorporer l'ébauche du Cas d'Affaire ;

Tableau 12.5 Responsabilités de l'activité définir l'approche du projet et préparer l'Exposé du Projet

Producteur – responsable de la production du produit
Vérificateur – idéalement indépendant de la production
Approbateur – confirme l'approbation

Produit	Action	Entreprise/Programme	Exécutif	Utilisateur Principal	Fournisseur Principal	Chef de Projet	Chef d'équipe	Assurance Projet	Support Projet	Description de Produit disponible
Approche du projet	Créer/sélectionner		(A)	(V)	(V)	P		V		
Descriptions de rôle supplémentaires	Créer		(A)	(V)	(V)	P		V		
Exposé du Projet	Assembler		(A)	(V)	(V)	P		V		A.19
Journal de Projet	Actualiser					P				A.7

- Incorporer la Description du Produit du Projet ;
- Incorporer l'approche du projet ;
- Examiner la structure de l'équipe de projet et les descriptions des rôles en vue d'identifier les rôles ou compétences supplémentaires nécessaires pour mener à bien le travail. Préparer des descriptions de rôles supplémentaires selon les besoins ;
- Incorporer la structure de l'équipe de projet et les descriptions de rôles.

■ Utiliser le Journal de Projet pour consigner les nouvelles incidences ou les nouveaux risques.

Le Tableau 12.5 énumère les responsabilités de cette activité.

12.4.6 Planifier la séquence d'initialisation

Le processus d'initialisation du projet nécessite du temps et des ressources. Comme toutes les autres tâches du projet, le travail doit être soigneusement planifié et approuvé. On s'assurera ainsi que l'initialisation est correctement ciblée et structurée.

Si le projet fait partie intégrante d'un programme, vérifier la date d'exécution de la séquence d'initialisation par rapport à la date prévue dans les plans du programme. Le Plan de Séquence de la séquence d'initialisation permet également d'avertir l'équipe de direction du programme des éventuelles exigences identifiées par le programme.

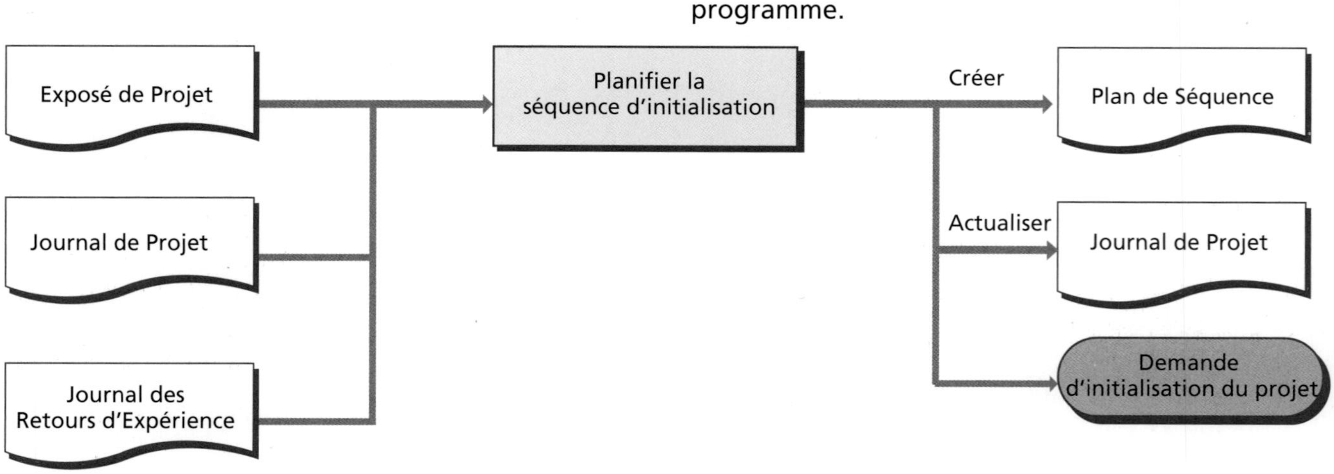

Figure 12.7 Résumé de l'activité planifier la séquence d'initialisation

L'application des processus PRINCE2 durant le processus Initialiser le Projet doit être examinée lors du processus Elaborer le Projet. Le projet pourra par exemple choisir d'appliquer les processus Contrôler une Séquence et Gérer la Livraison des Produits durant le processus Initialiser le Projet.

La Figure 12.7 décrit les éléments d'entrée et de sortie de cette activité. Pour de plus amples informations sur la planification, voir Chapitre 7.

PRINCE2 préconise les actions suivantes :

- En fonction de l'approche du projet, établir des contrôles de management de projet suffisants pour permettre son initialisation :
  - passer en revue le Journal des Retours d'Expérience et rechercher les leçons susceptibles de s'appliquer aux contrôles du projet ;
  - définir les dispositions de communication et de contrôle de la séquence d'initialisation.
- Identifier les contraintes de durée et de coûts de la séquence d'initialisation et produire le Plan de Séquence de cette séquence conformément aux principes et techniques du Chapitre 7 ;
- Examiner les risques éventuels dans le Journal de Projet et évaluer leur impact sur le Plan de Séquence de la séquence d'initialisation ;
- Si de nouveaux risques sont identifiés (ou si les risques existants ont changé), mettre à jour le Journal de Projet ;
- Demander l'autorisation d'initialiser le projet.

Le Tableau 12.6 énumère les responsabilités de cette activité.

Tableau 12.6 Responsabilités de l'activité planifier la séquence d'initialisation

Producteur – responsable de la production du produit
Vérificateur – idéalement indépendant de la production
Approbateur – confirme l'approbation

Produit	Action	Entreprise/Programme	Exécutif	Utilisateur Principal	Fournisseur Principal	Chef de Projet	Chef d'équipe	Assurance Projet	Support Projet	Description de Produit disponible
Plan de Séquence	Créer		(A)	(A)	(A)	P		V		A.16
Journal de Projet	Actualiser					P				A.7

13

Diriger le Projet

COPIL se base sur le PLAN DE PROJET pour exercer son contrôle/suivi.

13 Diriger le Projet

13.1 FINALITÉ

Le processus Diriger le Projet doit permettre au Comité de Pilotage de Projet d'assumer la responsabilité de la réussite du projet en prenant les décisions essentielles et en exerçant un contrôle général, tout en déléguant au Chef de Projet le management du projet au quotidien.

13.2 OBJECTIF

Le processus Diriger le Projet a pour objectif de s'assurer :

- Que l'on dispose de l'autorité nécessaire pour initialiser le projet ;
- Que l'on dispose de l'autorité nécessaire pour livrer les produits du projet ;
- Que la direction et le contrôle du management sont assurés tout au long du cycle de vie du projet et que ce dernier reste viable ;
- Que la Direction de l'Entreprise ou de Programme dispose d'une interface avec le projet ;
- Que l'on dispose de l'autorité nécessaire pour clore le projet ;
- Que les plans de réalisation des bénéfices post-projet sont correctement gérés et examinés.

13.3 CONTEXTE

Le processus Diriger le Projet démarre là où se termine le processus Elaborer le Projet. Il est déclenché par la requête d'initialisation de projet.

Le processus Diriger le Projet ne couvre pas les activités au jour le jour du Chef de Projet, mais celles de l'échelon de management supérieur, c'est-à-dire du Comité de Pilotage de Projet. Le Comité de Pilotage de Projet assure un management par exception. Il surveille par le biais de rapports et de contrôles et à l'aide d'un petit nombre de points de décision. Le Comité de Pilotage de Projet ne nécessite en principe aucune autre « réunion de progression ». Le Chef de Projet informe le comité de toute situation d'exception. Il est également important que les niveaux d'autorité et les processus décisionnels soient clairement identifiés.

Le flux d'information entre le Comité de Pilotage de Projet et la Direction de l'Entreprise ou de Programme doit s'effectuer dans les deux sens tout

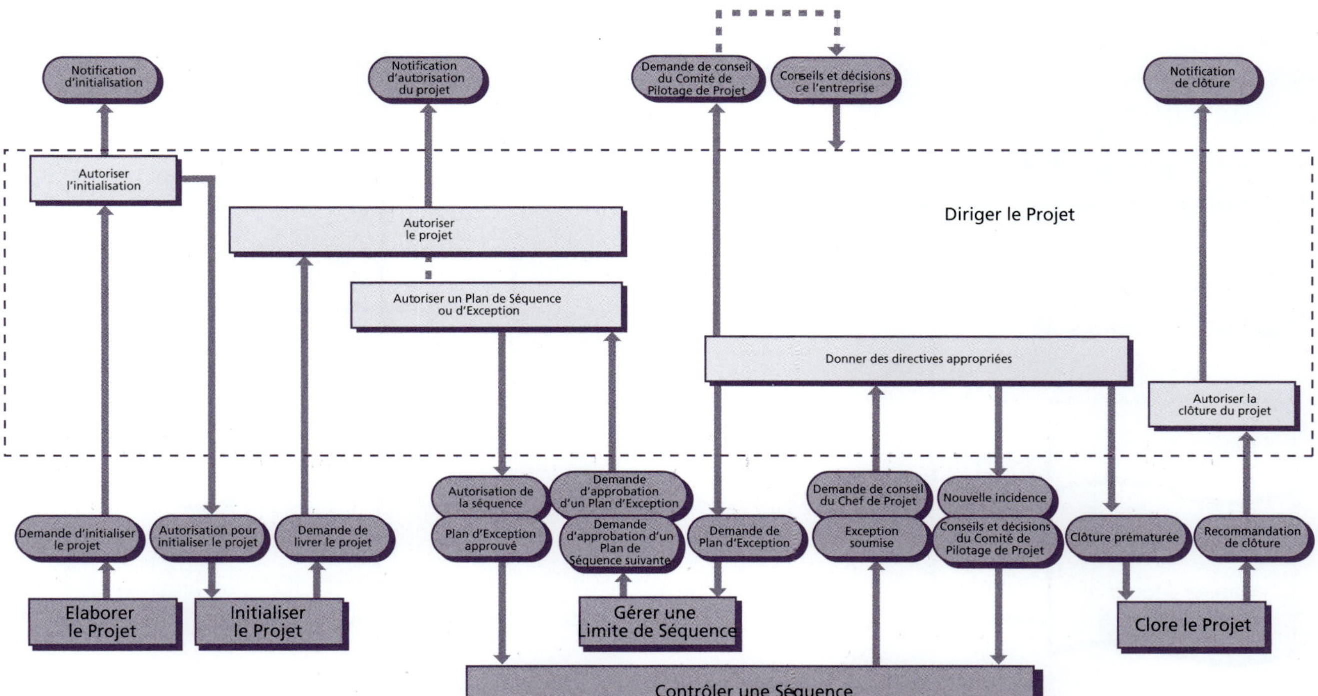

Figure 13.1 Vue d'ensemble du processus Diriger le Projet

au long du projet. Le Comité de Pilotage de Projet doit travailler avec la Direction de l'Entreprise ou de Programme et faire office de canal de communication. La Stratégie de Communication doit documenter ce besoin et la manière dont il y sera répondu.

Le Comité de Pilotage de Projet doit fournir une direction et des conseils unifiés au Chef de Projet. Si le Comité de Pilotage de Projet s'avère incapable de fournir une vue unanime ou donne des conseils indépendants et potentiellement contradictoires, le risque d'échec du projet augmentera sensiblement. Dans un tel cas, le Chef de Projet devra en référer à l'Exécutif.

Le Comité de Pilotage de Projet doit s'assurer de la pérennité de la justification pour l'entreprise. Le processus Diriger le Projet prévoit un mécanisme qui permet au Comité de Pilotage de Projet d'obtenir une telle assurance sans être submergé par les activités du projet.

L'une des fonctions du Comité de Pilotage de Projet consiste à fournir des conseils et recommandations informels au Chef de Projet, aux côtés de directives plus formelles. Le Chef de Projet ne doit pas hésiter à demander conseil, à chaque fois que cela s'avère nécessaire au cours du projet.

13.4 ACTIVITÉS

Les activités du processus Diriger le Projet sont axées autour du Comité de Pilotage de Projet et consistent à :

- Autoriser l'initialisation ;
- Autoriser le projet ;
- Autoriser un Plan de Séquence ou d'Exception ;
- Donner les directives appropriées ;
- Autoriser la clôture du projet.

13.4.1 Autoriser l'initialisation

L'initialisation d'un projet mobilise du temps et de l'argent : les activités d'initialisation doivent donc être soigneusement planifiées, suivies et contrôlées. En autorisant cette initialisation, le Comité de Pilotage de Projet s'assure que l'investissement envisagé est justifié.

Une fois en possession de la requête d'initialisation du projet (formulée dans le cadre du processus Elaborer le Projet), le Comité de Pilotage de Projet doit décider ou non de poursuivre la séquence d'initialisation. Cette décision peut être prise dans le cadre d'une réunion formelle du Comité de Pilotage de Projet. Ce dernier peut cependant également prendre cette décision sans recourir à une réunion formelle, à la condition que tous ses membres soient d'accord : l'Exécutif confie alors au Chef de Projet le soin de poursuivre l'initialisation en lui remettant des instructions documentées.

Le Comité de Pilotage de Projet peut confier à l'Assurance Projet le soin d'effectuer certaines tâches d'analyse et d'évaluation (par ex. inspecter le Plan de Séquence d'initialisation afin de confirmer sa viabilité).

Dans le cas d'une relation commerciale client/fournisseur, il est possible que le Fournisseur Principal n'ait pas encore été nommé à ce stade et/ou que l'approbation par ce dernier de l'Exposé du Projet et de ses composants ne soit pas nécessaire pour autoriser l'initialisation.

La Figure 13.2 décrit les éléments d'entrée et de sortie de cette activité.

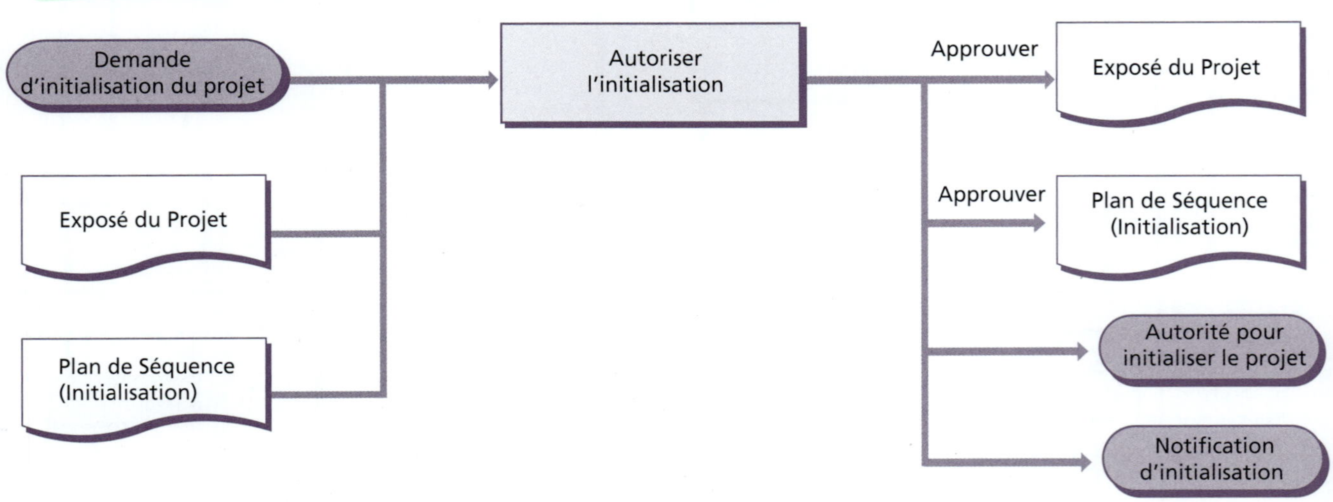

Figure 13.2 Résumé de l'activité autoriser l'initialisation

PRINCE2 préconise les actions suivantes :

- Examiner et approuver l'Exposé du Projet :
  - confirmer la définition du projet (y compris les principales échéances) ;
  - confirmer l'approche du projet ;
  - confirmer de manière formelle les nominations au sein de l'équipe de projet et s'assurer que tous les membres de l'équipe ont accepté leurs rôles ;
- Examiner et approuver la Description de Produit du Projet :
  - confirmer les exigences qualité du client ;
  - confirmer les critères d'acceptation.
- Vérifier que l'ébauche du Cas d'Affaire démontre la viabilité du projet. A ce stade, les informations contenues dans l'ébauche du Cas d'Affaire pourront s'avérer tout juste suffisantes pour justifier raisonnablement le projet. Le Cas d'Affaire détaillé sera développé durant la séquence d'initialisation.
- Examiner et approuver le Plan de Séquence de la séquence d'initialisation :
  - comprendre les risques associés à la décision d'autoriser la séquence d'initialisation ;
  - obtenir ou engager les ressources exigées par le Plan de Séquence de la séquence d'initialisation ;
  - s'assurer que des mécanismes de communication et de contrôle adéquats sont en place pour la séquence d'initialisation, et définir les tolérances.
- Informer toutes les parties prenantes et les sites du projet que le projet est en cours d'initialisation et demander la mise en place d'un soutien logistique suffisant (par ex. moyens de communication, équipement et support projet) pour la séquence d'initialisation ;
- Autoriser le Chef de Projet à poursuivre la séquence d'initialisation.

Le Tableau 13.1 énumère les responsabilités de cette activité.

13.4.2 Autoriser le projet

Cette activité est déclenchée par une requête du Chef de Projet demandant l'autorisation de livrer le projet et doit être exécutée parallèlement au processus Autoriser un Plan de Séquence ou d'Exception (section 13.4.3).

L'objectif de l'activité autoriser le projet est de décider si le projet doit ou non être poursuivi. Le Comité de Pilotage de Projet doit confirmer :

- Qu'il existe un Cas d'Affaire adéquat et adapté, démontrant la viabilité du projet ;
- Que le Plan de Projet est adéquat pour la livraison du Cas d'Affaire ;
- Que les stratégies et les contrôles du projet soutiennent la livraison du Plan de Projet ;
- Que les mécanismes de mesure et d'analyse des bénéfices projetés sont établis et planifiés.

Tableau 13.1 Responsabilités de l'activité autoriser l'initialisation

Producteur – responsable de la production du produit

Vérificateur – idéalement indépendant de la production

Approbateur – confirme l'approbation

Produit	Action	Entreprise/Programme	Exécutif	Utilisateur Principal	Fournisseur Principal	Chef de Projet	Chef d'équipe	Assurance Projet	Support Projet	Description de Produit disponible
Exposé du Projet	Approuver	(V)	A	A	A	(P)		V		A.19
Plan de Séquence d'initialisation	Approuver		A	A	A	(P)		V		A.16

Si le projet n'est pas autorisé par le Comité de Pilotage de Projet, il doit être prématurément clôturé (voir Chapitre 18).

Le Comité de Pilotage de Projet pourra confier à l'Assurance Projet le soin d'effectuer certaines tâches d'analyse et d'évaluation (par ex. inspecter la Stratégie de Communication afin d'assurer que toutes les parties prenantes sont couvertes).

La Figure 13.3 décrit les éléments d'entrée et de sortie de cette activité.

PRINCE2 préconise les actions suivantes :

- Examiner et approuver la Documentation d'Initialisation de Projet :
  - confirmer que la définition du projet est précise et complète et que l'approche du projet est réalisable ;
  - confirmer que les retours d'expérience provenant de projets antérieurs similaires ont été analysés et incorporés ;
  - confirmer que la Stratégie Qualité est suffisante pour assurer que les exigences qualité seront satisfaites, et l'approuver ;
  - confirmer que les procédures définies dans la Stratégie des Risques sont suffisantes pour assurer la maîtrise des risques, et l'approuver. Confirmer que les risques ont été analysés et que les réponses aux risques sont appropriées et planifiées, pour les menaces comme pour les opportunités ;
  - confirmer que la Stratégie de Configuration permettra de contrôler adéquatement l'état (versions et variantes) des produits du projet, et l'approuver ;
  - s'assurer que les besoins en information des parties prenantes et le moment des communications, tels qu'ils sont définis dans la Stratégie de Communication, sont adéquats, et les approuver ;
  - confirmer que tous les membres de l'équipe de projet ont accepté leurs rôles, et convenir des éventuelles délégations et limites de l'autorité du Comité de Pilotage de Projet (au profit par exemple d'une Autorité de Changement) ;
  - s'assurer que les contrôles du projet sont adaptés à la nature du projet ;
  - confirmer la validité et la faisabilité du Plan de Projet (y compris les échéances et la structure de séquence proposée), et l'approuver ;
  - examiner et approuver la ou les Description(s) de Produit(s) ;
  - passer en revue les tolérances du projet fournies par la Direction de l'Entreprise ou de Programme afin de s'assurer qu'elles sont appropriées et réalistes ;
  - obtenir ou mobiliser les ressources requises par le projet (elles seront mises à la disposition du Chef de Projet séquence par séquence) ;
  - confirmer les propositions d'adaptation de la méthode de management des projets de l'entreprise (ou du programme) et

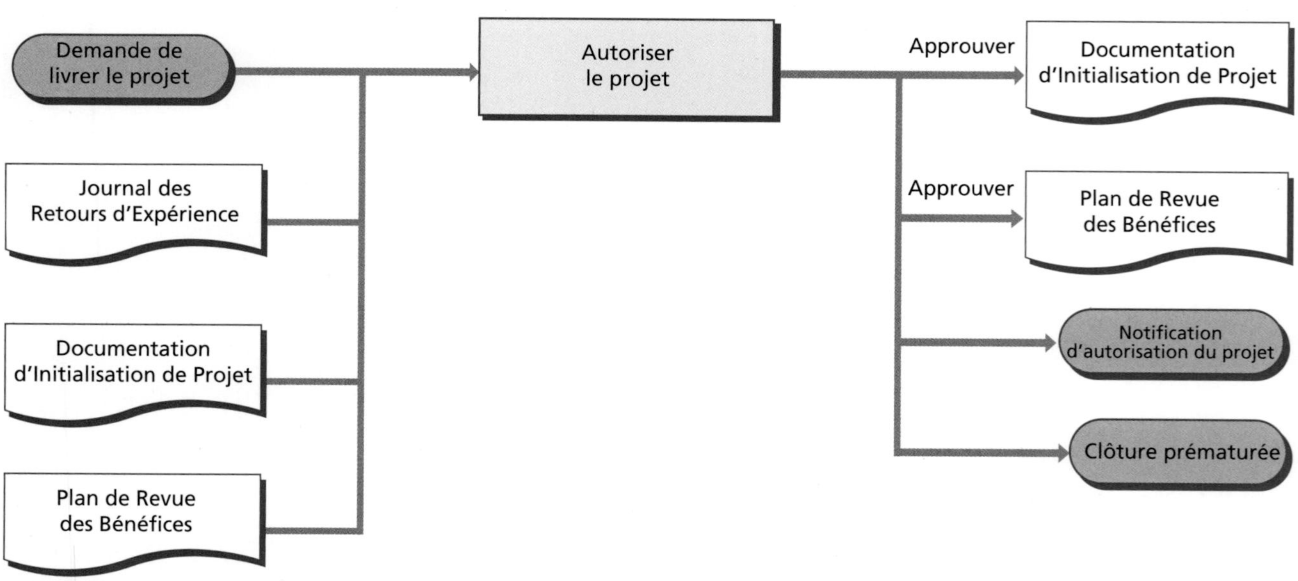

Figure 13.3 Résumé de l'activité autoriser le projet

toute adaptation éventuelle de l'approche PRINCE2 ;
- vérifier que le Cas d'Affaire démontre un projet viable et l'approuver ;

- Examiner et approuver le Plan de Revue des Bénéfices. Confirmer qu'il couvre l'ensemble des bénéfices attendus et qu'il satisfait aux besoins de la Direction de l'Entreprise ou de Programme ;
- Notifier la Direction de l'Entreprise ou de Programme et les autres parties intéressées que le projet a été autorisé ;
- Autoriser le Chef de Projet à réaliser le projet ou lui demander de clôturer prématurément le projet s'il est décidé de ne pas le poursuivre.

Le Tableau 13.2 énumère les responsabilités de cette activité.

13.4.3 Autoriser un Plan de Séquence ou d'Exception

Il est important qu'une séquence ne démarre que lorsque le Comité de Pilotage de Projet l'y autorise. Le Comité de Pilotage de Projet autorise une séquence management en analysant les performances de la séquence actuelle et en approuvant le Plan de Séquence de la séquence suivante. L'approbation des Plans de Séquence intervient à la fin de chaque séquence management, à l'exception de la dernière séquence.

Si une exception s'est produite durant la séquence, le Comité de Pilotage de Projet peut demander au Chef de Projet de produire un Plan d'Exception qui devra être approuvé par le Comité de Pilotage de Projet. Seules les exceptions aux Plans de Séquence ou au Plan de Projet doivent être remontées à des fins d'approbation. Les déviations du Plan de Projet peuvent nécessiter l'approbation de la Direction de l'Entreprise ou de Programme. Les exceptions relatives à un Lot de Travaux sont gérées par le Chef de Projet à l'aide du processus Contrôler une Séquence (voir Chapitre 15). S'il est approuvé, le Plan d'Exception remplacera le plan concerné et sera référencé.

Le Comité de Pilotage de Projet peut confier à l'Assurance Projet le soin d'effectuer certaines tâches d'analyse et d'évaluation (par ex. inspecter le Plan de Séquence pour confirmer qu'il est viable).

Tableau 13.2 Responsabilités de l'activité autoriser le projet

Producteur – responsable de la production du produit
Vérificateur – idéalement indépendant de la production
Approbateur – confirme l'approbation

Produit	Action	Entreprise/Programme	Exécutif	Utilisateur Principal	Fournisseur Principal	Chef de Projet	Chef d'équipe	Assurance Projet	Support Projet	Description de Produit disponible
Journal des Retours d'Expérience	Revoir		V	V	V	(P)		V		A.14
Documentation d'Initialisation de Projet	Approuver	V	A	A	A	(P)		V		A.20
Plan de Revue des Bénéfices	Approuver	A	A	A	A	(P)		V		A.1

La Figure 13.4 décrit les éléments d'entrée et de sortie de cette activité.

PRINCE2 préconise les actions suivantes :

- Examiner et approuver le Rapport de Fin de Séquence :
  - déterminer les performances du projet à ce jour, demander au Chef de Projet d'expliquer les déviations éventuelles par rapport aux plans approuvés et fournir des prévisions quant aux performances du reste du projet ;
  - le cas échéant, examiner le Rapport des Retours d'Expérience et déterminer à qui il doit être remis. Vérifier que les différents groupes (par exemple, la Direction de l'Entreprise ou de Programme ou un centre d'excellence) sont conscients de leurs responsabilités en matière de suivi des recommandations ;
  - vérifier le résumé des risques afin de s'assurer que l'exposition au risque est toujours acceptable et que les réponses aux risques sont appropriées et planifiées, pour les menaces comme pour les opportunités ;
  - si la remise des produits s'est effectuée par phase durant la séquence :
    - vérifier que la remise des produits s'est effectuée conformément à la Stratégie de Configuration et, en particulier, que l'on dispose, pour chaque produit, de l'acceptation utilisateur et de celle de l'organisation opérationnelle et de la maintenance ;
    - s'assurer, s'il y a lieu, que les changements qui en résultent à l'échelle de l'entreprise sont soutenus et durables ;
    - confirmer les responsabilités par rapport aux éventuelles recommandations d'actions de suivi résumées dans le Rapport de Fin de Séquence (il pourra s'avérer nécessaire de revoir les recommandations détaillées pour certaines actions de suivi). S'assurer que les différents groupes (par exemple les fonctions d'exploitations ou de maintenance) sont conscients de leurs responsabilités en matière de suivi des recommandations.

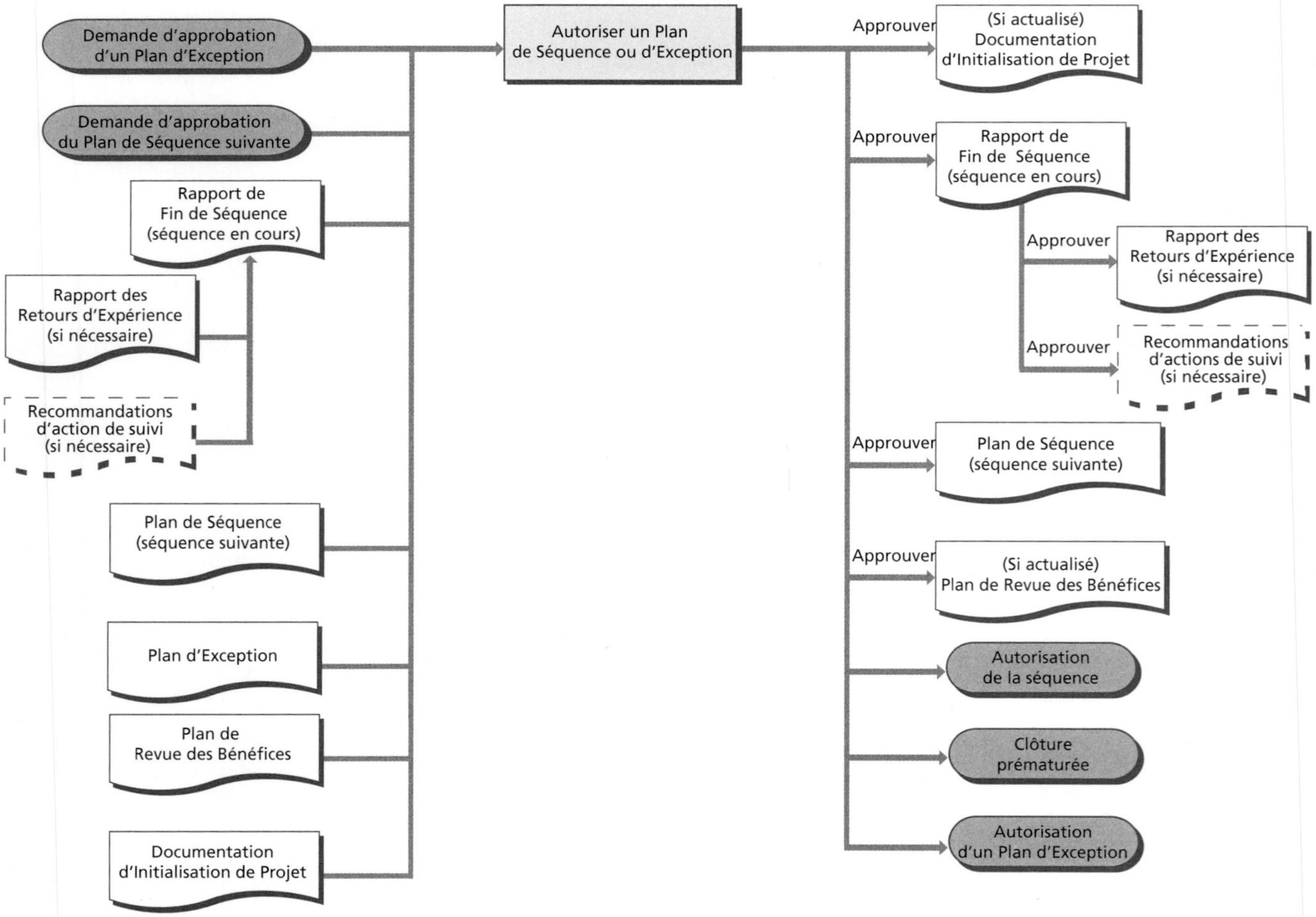

Figure 13.4 Résumé de l'activité autoriser un Plan de Séquence ou d'Exception

- Examiner le Plan de Séquence ou le Plan d'Exception que le Chef de Projet cherche à faire approuver :
  - confirmer la validité et la faisabilité du Plan de Séquence/Plan d'Exception ;
  - examiner et approuver toute nouvelle Description de Produit ;
  - confirmer la validité et la faisabilité du Plan de Projet. S'il y a lieu, obtenir les approbations voulues auprès de la Direction de l'Entreprise ou de Programme ;
  - confirmer que les stratégies et les contrôles du projet de la Documentation d'Initialisation de Projet (mise à jour) sont adéquats pour le reste du projet ;
  - vérifier que le Cas d'Affaire (mis à jour) démontre toujours la viabilité du projet ;
  - examiner et approuver le Plan de Revue des Bénéfices (mis à jour) afin de veiller à ce que les bénéfices prévus pour la séquence suivante soient mesurés et analysés.
- Prendre une décision :
  - approuver le(s) plan(s) et autoriser le Chef de Projet à poursuivre le(s) plan(s) soumis :
    - obtenir ou engager les ressources requises par le(s) plan(s) ;
    - définir des tolérances pour le plan en cours d'approbation (pour la séquence finale, le Comité de Pilotage de Projet doit examiner si les tolérances résiduelles des séquences précédentes peuvent être affectées au plan ou s'il est préférable de les conserver en réserve) ;
  - ou demander au Chef de Projet de réviser le plan refusé et lui indiquer les changements nécessaires pour le rendre acceptable ;
  - ou demander au Chef de Projet d'initialiser la clôture prématurée du projet.
- Communiquer l'état du projet à la Direction de l'Entreprise ou de Programme et informer les autres parties intéressées de l'avancement du projet (conformément à la Stratégie de Communication).

Le Tableau 13.3 énumère les responsabilités de cette activité.

Tableau 13.3 Responsabilités de l'activité autoriser un Plan de Séquence ou d'Exception

Producteur – responsable de la production du produit
Vérificateur – idéalement indépendant de la production
Approbateur – confirme l'approbation

Produit	Action	Entreprise/Programme	Exécutif	Utilisateur Principal	Fournisseur Principal	Chef de Projet	Chef d'équipe	Assurance Projet	Support Projet	Description de Produit disponible
Produits spécialistes	Confirmer approbation		A	A	A	(V)	(P)	(V)		
Rapport de Fin de Séquence	Approuver		A	A	A	(P)		V		A.9
Rapport des Retours d'Expérience	Distribuer		A	V	V	(P)		V		A.15
Recommandations d'action de suivi	Distribuer		A	A	A	(P)		V		
Plan de Séquence de la séquence suivante	Approuver		A	A	A	(P)		V		A.16
Plan d'Exception	Approuver		A	A	A	(P)		V		A.16
Documentation d'Initialisation de Projet (actualisée)	Approuver	(V)	A	A	A	(P)		V		A.20
Plan de Revue des Bénéfices (actualisé)	Approuver	A	A	V	V	(P)		V		A.1

13.4.4 Donner les directives appropriées

Les membres du Comité de Pilotage de Projet peuvent fournir des conseils informels ou répondre à des demandes de conseil à tout moment durant le projet. Le Chef de Projet et le Comité de Pilotage de Projet seront probablement amenés à se consulter fréquemment durant la séquence d'initialisation et à l'approche des limites de séquence.

Les directives appropriées peuvent être données collectivement ou émaner de membres individuels du Comité de Pilotage de Projet. Elles sont généralement liées à des circonstances particulières, notamment :

- En réponse à des requêtes (par ex. lorsqu'il s'avère nécessaire de clarifier certaines options ou de résoudre des points de désaccord) ;
- En réponse à des rapports (par ex. Rapport de Progression, Rapport d'Exception, Rapport d'Incidence) ;
- En réponse à des influences externes (par ex. changement des priorités de l'entreprise) ;
- En réponse à des soucis individuels des membres du Comité de Pilotage de Projet ;
- En réponse à des changements de composition du Comité de Pilotage de Projet (lesquels pourront également nécessiter l'approbation de l'entreprise ou du programme).

Il est également possible que la Direction de l'Entreprise ou de Programme révise le mandat de projet en réponse à des événements extérieurs au projet, ou demande au Comité de Pilotage de Projet de clôturer le projet. Si la Direction de l'Entreprise ou de Programme décide de modifier le mandat de projet, le Comité de Pilotage de Projet a le choix entre deux options :

- Traiter cette modification comme une requête de changement (voir Chapitre 9) et demander au Chef de Projet de planifier à nouveau la séquence et/ou le projet ;
- Arrêter et redémarrer le projet en déclenchant sa clôture prématurée (voir Chapitre 18). Cette option pourra se traduire par des coûts supplémentaires par rapport à l'option de requête de changement.

Le Comité de Pilotage de Projet pourra confier à l'Assurance Projet le soin d'effectuer certaines tâches d'analyse et d'évaluation (par ex. inspecter une requête de changement afin de confirmer qu'une évaluation d'impact adéquate a bien été réalisée). Il est important, quand on prend des décisions, de tenir compte de leur impact sur l'ensemble des parties prenantes (telles qu'elles sont identifiées dans la Stratégie de Communication).

La Figure 13.5 décrit les éléments d'entrée et de sortie de cette activité.

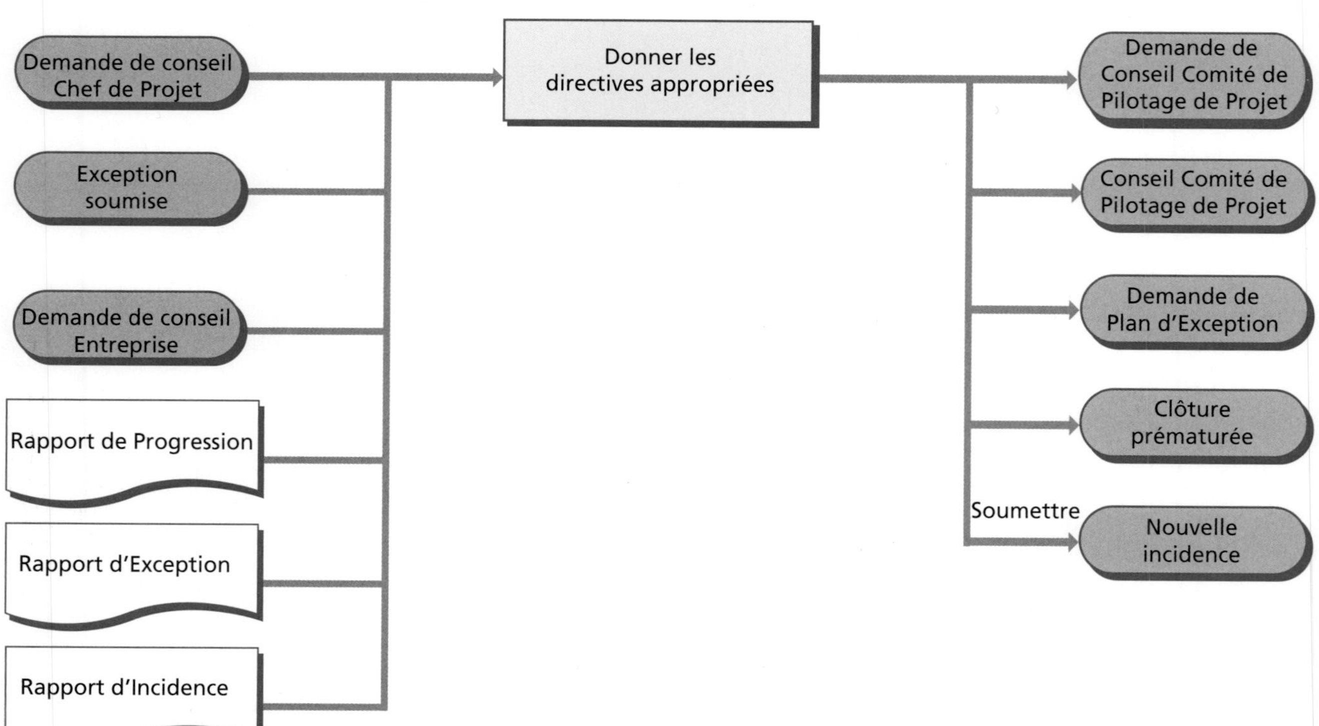

Figure 13.5 Résumé de l'activité donner les directives appropriées

PRINCE2 préconise les actions suivantes :

- En réponse à **des demandes de conseils** informelles :
  - demander conseil auprès de la Direction de l'Entreprise ou de Programme s'il y a lieu ;
  - aider le Chef de Projet le cas échéant (le Chef de Projet pourra notamment être invité à produire un Rapport d'Incidence et/ou un Rapport d'Exception) ;
- En réponse à un Rapport d'Incidence remonté (voir Chapitre 9) :
  - demander conseil auprès de la Direction de l'Entreprise ou de Programme s'il y a lieu ;
  - prendre une décision, dans les limites d'autorité déléguées du Comité de Pilotage de Projet. Cette décision pourra renvoyer à :
    - **un problème/souci** – Demander un Plan d'Exception ou fournir une assistance ;
    - **une requête de changement** – Approuver, reporter, refuser ou demander plus d'informations. Examiner si un Plan d'Exception s'impose ;
    - **une hors-spécification** – Accorder un compromis, reporter, refuser ou demander plus d'informations. Examiner si un Plan d'Exception s'impose ;
- En réponse à un Rapport d'Exception (voir Chapitre 10) :
  - demander conseil auprès de la Direction de l'Entreprise ou de Programme s'il y a lieu ;
  - prendre, dans les limites d'autorité déléguées du Comité de Pilotage de Projet, la décision :
    - d'accroître les tolérances s'il est probable qu'elles seront dépassées ;
    - de demander au Chef de Projet de produire un Plan d'Exception (en indiquant ce qui sera acceptable) ;
    - de demander au Chef de Projet de clore prématurément le projet ;
    - de reporter l'exception pendant une période de temps donnée. Cette réponse peut être utile si les prévisions (de dépassement des tolérances) ne sont que modérément fiables ou si l'exception est conditionnelle à la survenance d'un risque.
- En réponse à la réception d'un Rapport de Progression (voir Chapitre 10) :
  - examiner le Rapport de Progression afin de bien comprendre l'état du projet ;
  - s'assurer que le projet reste centré autour des objectifs de l'entreprise ou du programme fixés et conserve sa justification conformément au Cas d'Affaire ;
  - s'assurer que la séquence se déroule conformément au plan ;
  - informer la Direction de l'Entreprise ou de Programme et les autres parties intéressées de la progression du projet, conformément à la Stratégie de Communication ;
  - prendre les mesures nécessaires. Par exemple, demander au Chef de Projet de produire un Rapport des Incidences et/ou un Rapport d'Exception.
- En réponse à des conseils et des décisions émanant de la Direction de l'Entreprise ou de Programme :
  - s'assurer que l'équipe de projet est informée des événements extérieurs susceptibles de l'affecter (par exemple, signaler au Chef de Projet tout changement de personnel au sein du Comité de Pilotage de Projet) ;
  - notifier au Chef de Projet tout changement au sein de l'environnement de l'entreprise ou du programme susceptible d'avoir un impact sur le projet, et s'assurer que les mesures appropriées sont prises. Il pourra ainsi s'avérer nécessaire de :
    - soumettre une incidence auprès du Chef de Projet ;
    - demander au Chef de Projet de produire un Plan d'Exception ;
    - demander au Chef de Projet de clore prématurément le projet.

Le Tableau 13.4 énumère les responsabilités de cette activité.

Tableau 13.4 Responsabilités de l'activité donner les directives appropriées

Producteur – responsable de la production du produit
Vérificateur – idéalement indépendant de la production
Approbateur – confirme l'approbation

Produit	Action	Entreprise/Programme	Exécutif	Utilisateur Principal	Fournisseur Principal	Chef de Projet	Chef d'équipe	Assurance Projet	Support Projet	Description de Produit disponible
Rapport de Progression	Inspecter		V	V	V	(P)		V		A.11
Rapport d'Exception	Répondre		V	V	V	(P)		V		A.10
Nouvelle incidence	Soumettre	P	P	P	P					

13.4.5 Autoriser la clôture du projet

Il est tout aussi important de contrôler la clôture du projet que son démarrage. Il convient, à un moment donné, d'évaluer les objectifs définis dans la version originale et la version actuelle de la Documentation d'Initialisation de Projet et du Plan de Projet afin de déterminer :

- Si les objectifs ont été atteints ;
- La manière dont le projet a dévié de sa base initiale ;
- Que le projet n'a plus de contribution à apporter.

Sans cette approche, le projet pourra s'éterniser. Il risque alors de sombrer dans la routine et de perdre de vue les bénéfices qu'il s'était fixés à l'origine.

L'activité autoriser la clôture du projet est la dernière activité entreprise par le Comité de Pilotage de Projet avant sa propre dissolution, et peut nécessiter l'aval de la Direction de l'Entreprise ou de Programme.

Le Comité de Pilotage de Projet pourra confier à l'Assurance Projet le soin d'effectuer certaines tâches d'analyse et d'évaluation (par ex. inspecter le Rapport de Fin de Projet afin de confirmer qu'il est correct).

La Figure 13.6 décrit les éléments d'entrée et de sortie de cette activité.

PRINCE2 préconise les actions suivantes :

- Examiner la version originale et la version actuelle de la Documentation d'Initialisation de Projet pour bien comprendre le référentiel initial du projet ainsi que les stratégies et contrôles en cours ;
- Examiner et approuver le Rapport de Fin de Projet pour :
  - comprendre les performances réelles du projet par rapport à sa base initiale, y compris le résumé de toutes déviations par rapport aux plans approuvés ;
  - confirmer les responsabilités par rapport aux éventuelles recommandations d'actions de suivi résumées dans le Rapport de Fin de Projet (il pourra s'avérer nécessaire de revoir les recommandations détaillées pour certaines actions de suivi). S'assurer que les différents groupes (par exemple les fonctions d'opérations ou de maintenance) sont conscients de leurs responsabilités en matière de suivi des recommandations ;
  - examiner le Rapport des Retours d'Expérience et déterminer à qui il doit être remis. Vérifier que les différents groupes (par exemple, la Direction de l'Entreprise ou de Programme ou un centre d'excellence) sont conscients de leurs responsabilités en matière de suivi des recommandations ;

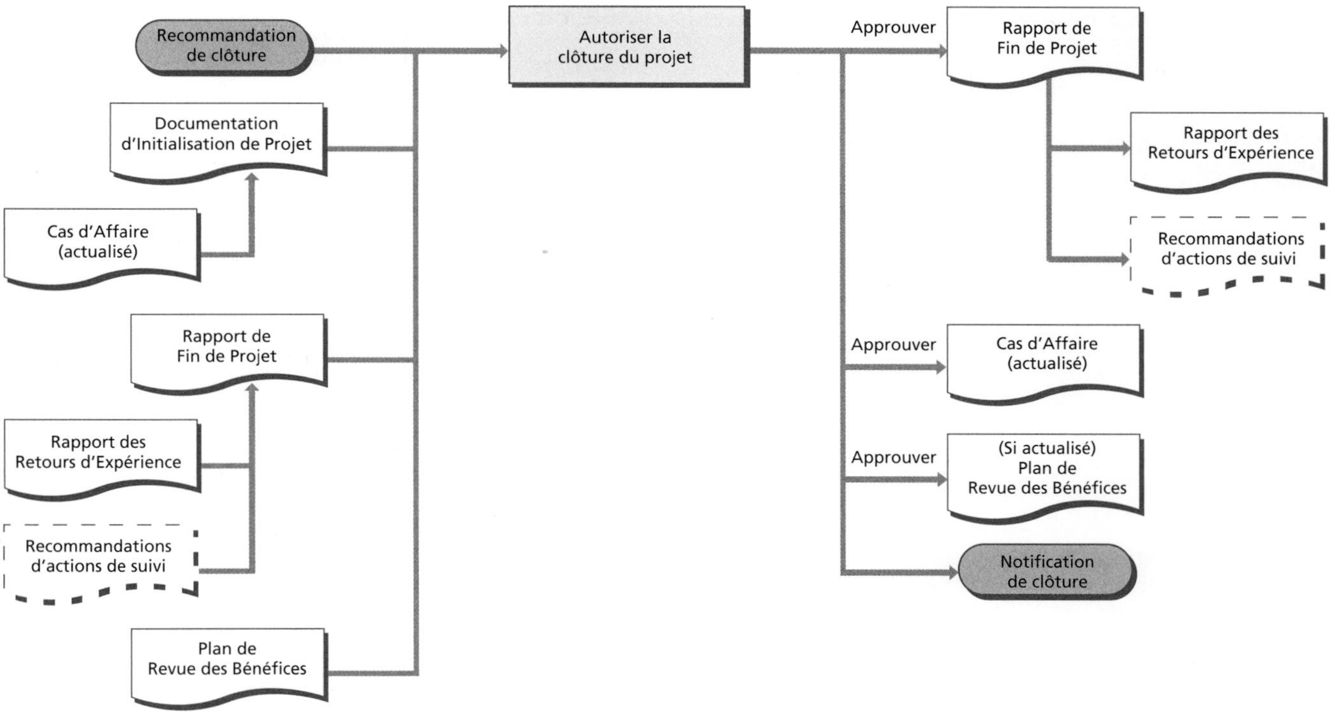

Figure 13.6 Résumé de l'activité autoriser la clôture du projet

- vérifier que la remise des produits du projet est conforme à la Stratégie de Configuration et, en particulier, que l'on dispose de l'acceptation utilisateur, opérationnelle et de maintenance nécessaire pour chaque produit. S'assurer, s'il y a lieu, que les changements qui en résultent à l'échelle de l'entreprise sont soutenus et durables ;

- S'assurer que la ou les revues des bénéfices post-projet couvrent les performances des produits du projet dans un environnement opérationnel, afin d'identifier les éventuels effets secondaires (bénéfiques ou défavorables) ;
- Examiner et obtenir l'approbation pour le Plan de Revue des Bénéfices mis à jour, en s'assurant qu'il couvre les bénéfices attendus qui ne peuvent être encore confirmés à ce stade. Dans la mesure où le Plan de Revue des Bénéfices comprend des ressources qui dépassent le cycle de vie du projet, la responsabilité du plan doit être transférée à la Direction de l'Entreprise ou de Programme ;
- Confirmer le Cas d'Affaire mis à jour en comparant les bénéfices, coûts et risques réels et prévus par rapport au Cas d'Affaire original utilisé pour justifier le projet (il pourra être impossible de confirmer tous les bénéfices puisque certains ne pourront être réalisés qu'après la clôture du projet) ;
- Examiner et adresser une notification de clôture du projet conformément à la Stratégie de Communication. Le Comité de Pilotage de Projet informera les personnes qui ont fourni l'infrastructure et les ressources de support du projet que celles-ci peuvent être retirées. Ce document doit comporter une date de clôture pour les coûts imputés au projet.

Le Tableau 13.5 énumère les responsabilités de cette activité.

Tableau 13.5 Responsabilités de l'activité autoriser la clôture du projet

Producteur – responsable de la production du produit
Vérificateur – idéalement indépendant de la production
Approbateur – confirme l'approbation

Produit	Action	Entreprise/Programme	Exécutif	Utilisateur Principal	Fournisseur Principal	Chef de Projet	Chef d'équipe	Assurance Projet	Support Projet	Description de Produit disponible
Rapport de Fin de Projet	Approuver		A	A	A	(P)		V		A.8
Rapport des Retours d'Expérience	Distribuer		A	A	A	(P)		V		A.15
Recommandations d'action de suivi	Distribuer		A	A	A	(P)		V		
Cas d'Affaire (actualisé)	Confirmer	V	A	V	V	(P)		V		A.2
Plan de Revue des Bénéfices (actualisé)	Approuver	A	A	V	V	(P)		V		A.1

14

Initialiser le Projet

14. Initialiser le Projet

14.1 FINALITÉ

Le processus Initialiser le Projet a pour but de doter le projet de solides fondations et de permettre à l'organisation de mieux comprendre le travail qui doit être effectué pour livrer les produits du projet, avant d'engager des dépenses importantes.

14.2 OBJECTIF

Le processus Initialiser le Projet a pour objectif de s'assurer que toutes les parties intéressées comprennent :

- La raison d'être du projet, les bénéfices attendus et les risques associés ;
- Le périmètre des actions à mener et des produits à livrer ;
- Les modalités, le calendrier et le coût de livraison des produits du projet ;
- Les parties impliquées dans le processus décisionnel du projet ;
- La manière dont les objectifs de qualité doivent être atteints ;
- La manière dont les référentiels seront établis et contrôlés ;

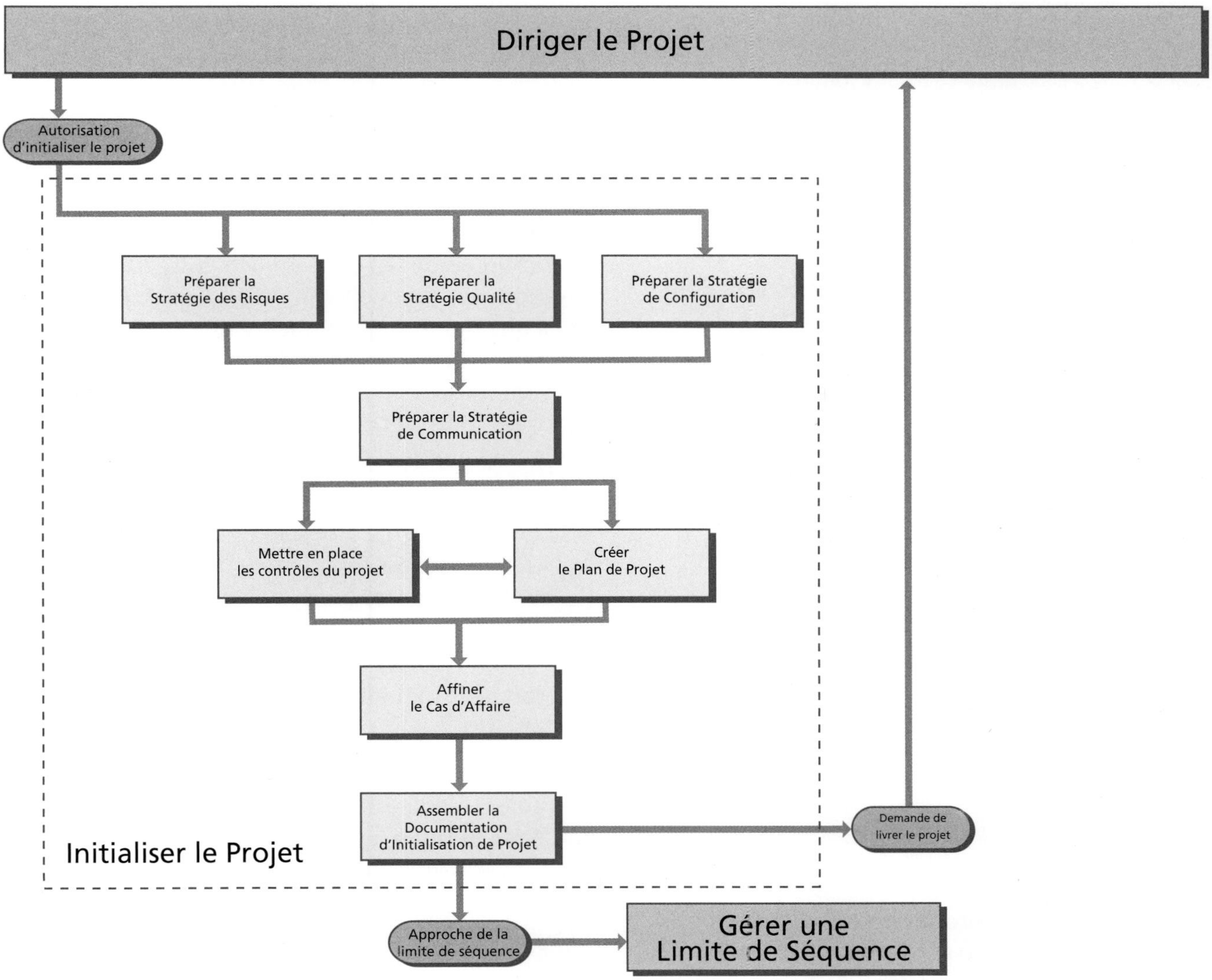

Figure 14.1 Vue d'ensemble d'Initialiser le Projet

- La manière dont les risques, les incidences et les changements seront identifiés, évalués et contrôlés ;
- Les modalités de suivi et de contrôle de la progression ;
- Les parties nécessitant des informations ainsi que le format et la fréquence de ces informations ;
- La manière dont la méthode de management de projet de l'entreprise (ou du programme) sera adaptée aux besoins du projet.

14.3 CONTEXTE

Le processus Initialiser le Projet vise à poser les bases de la réussite du projet. Il convient notamment de s'assurer que toutes les parties concernées comprennent parfaitement les objectifs que le projet s'est fixés ainsi que sa raison d'être, la manière dont on entend atteindre les résultats envisagés et les responsabilités individuelles, afin qu'il puisse y avoir un véritable engagement.

Le processus Initialiser le Projet permet au Comité de Pilotage de Projet, à partir du processus Diriger le Projet (Chapitre 13), de décider si le projet est ou non suffisamment aligné sur les objectifs de l'entreprise ou du programme pour autoriser sa poursuite.

Si, au contraire, l'organisation passe directement du processus Elaborer le Projet (Chapitre 12) au processus Contrôler une Séquence (Chapitre 15), elle pourra se retrouver contrainte d'engager d'importantes ressources financières dans le projet, sans vraiment comprendre la manière dont ses objectifs seront atteints. Sans une solide définition, le Comité de Pilotage de Projet se lancera à l'aveuglette.

Toutes les activités du processus Initialiser le Projet nécessiteront en outre une plus grande attention si la relation entre le client et le fournisseur est de nature commerciale (à titre d'exemple, la raison d'être du projet définie dans le Cas d'Affaire du fournisseur pourra différer de celle du Cas d'Affaire du Client) – voir Chapitre 19 pour de plus amples informations.

Le processus Initialiser le Projet permet également au Chef de Projet de créer l'ensemble des produits management nécessaires pour le niveau de contrôle spécifié par le Comité de Pilotage de Projet. Le Chef de Projet doit avoir convenu (dans le cadre du Plan de Séquence d'initialisation) des moyens dont le Comité de Pilotage de Projet disposera pour examiner et approuver les produits management, que ce soit individuellement ou collectivement.

14.4 ACTIVITÉS

Les activités Initialiser le Projet sont axées sur le Chef de Projet et consistent à :

- Préparer la Stratégie des Risques ;
- Préparer la Stratégie de Configuration ;
- Préparer la Stratégie Qualité ;
- Préparer la Stratégie de Communication ;
- Mettre en place les contrôles du projet ;
- Créer le Plan de Projet ;
- Affiner le Cas d'Affaire ;
- Assembler la Documentation d'Initialisation de Projet.

Les activités visant à établir les stratégies du projet peuvent être exécutées en parallèle. Il est cependant recommandé de définir en dernier lieu la Stratégie de Communication, puisqu'elle doit inclure les exigences de communication des autres stratégies.

Les stratégies sont dérivées des stratégies, normes ou pratiques de la Direction de l'Entreprise ou de Programme, auxquelles le projet doit se conformer, ainsi que des exigences qualité du client collectées dans la Description de Produit du Projet. Une fois les stratégies définies, il est possible de mettre en place les contrôles du projet et de créer le Plan de Projet. Il s'agit là d'activités parallèles et itératives, dans la mesure où :

- Chaque contrôle a besoin de certains délais et ressources pour fonctionner, lesquels devront être documentés dans le Plan de Projet ;
- D'autres contrôles supplémentaires pourront s'avérer nécessaires au fur et à mesure que le Plan de Projet identifie de nouveaux produits et activités.

Une fois les contrôles mis en place et le Plan de Projet créé, il est possible de définir le Cas d'Affaire puisque les estimations de temps et de coûts nécessaires au développement des produits du projet et au management de ce dernier sont désormais clairement établies.

L'activité finale du processus Initialiser le Projet consiste à assembler la Documentation d'Initialisation de Projet, c'est-à-dire à compiler l'ensemble de la documentation développée durant l'initialisation en vue d'obtenir l'approbation du Comité de Pilotage de Projet pour poursuivre le projet.

14.4.1 Préparer la Stratégie des Risques

La Stratégie des Risques décrit les objectifs de la gestion des risques, la procédure qui sera adoptée, les rôles et responsabilités, les tolérances de risque, le calendrier des activités de gestion des risques, les outils et les techniques qui seront utilisés et les besoins de reporting.

Pour de plus amples informations sur la gestion des risques, voir Chapitre 8.

La Figure 14.2 décrit les éléments d'entrée et de sortie de cette activité.

PRINCE2 préconise les actions suivantes :

- Examiner l'Exposé du Projet pour voir si les stratégies, normes ou pratiques de la Direction de l'Entreprise ou de Programme relatives à la gestion des risques doivent être appliquées par le projet ;
- Rechercher les retours d'expérience relatifs à la gestion des risques et émanant de projets antérieurs, de la Direction de l'Entreprise ou de Programme et d'organisations extérieures. Certaines de ces leçons pourront déjà avoir été collectées dans le Journal des Retours d'Expérience ;
- Passer en revue le Journal de Projet et rechercher les incidences et les risques relatifs à la gestion des risques ;
- Définir la Stratégie des Risques, y compris :
  - la procédure de gestion des risques (par ex. identifier, évaluer, planifier, exécuter, communiquer) ;
  - les outils et techniques qui seront utilisés ;
  - les enregistrements qui seront conservés ;
  - la manière dont les performances de la procédure de gestion des risques seront communiquées ;
  - le calendrier des activités de gestion des risques ;
  - les rôles et responsabilités des activités de gestion des risques ;
  - les barèmes utilisés pour estimer la probabilité et l'impact ;
  - les recommandations en matière d'évaluation de la proximité des risques ;
  - la définition des catégories de risques devant être utilisées ;
  - les précurseurs devant être utilisés ;
  - les tolérances de risque ;
  - si l'on envisage d'établir un budget de risque et, dans ce cas, la manière dont il sera contrôlé.
- Vérifier auprès de l'Assurance Projet que la Stratégie des Risques proposée répond aux besoins du Comité de Pilotage de Projet et/ ou de la Direction de l'Entreprise ou de Programme ;
- Créer le Registre des Risques conformément à la Stratégie des Risques, et y consigner les risques du Journal de Projet ;
- Rechercher l'approbation du Comité de Pilotage de Projet par rapport à la Stratégie des Risques

Figure 14.2 Résumé de l'activité préparer la Stratégie des Risques

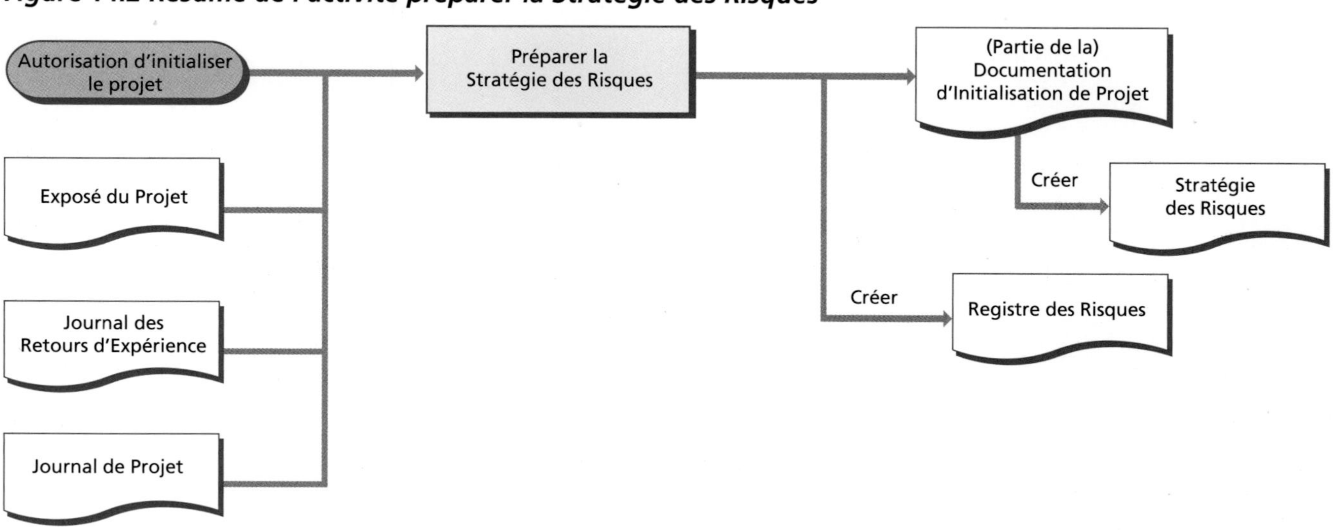

(le Comité de Pilotage de Projet pourra préférer l'examiner ultérieurement, dans le cadre de la Documentation d'Initialisation de Projet).

Le Tableau 14.1 énumère les responsabilités de cette activité.

14.4.2 Préparer la Stratégie de Configuration

La gestion de la configuration est essentielle pour permettre au projet de conserver la maîtrise de ses produits management et spécialistes.

Le niveau de contrôle requis varie d'un projet à l'autre. Il est possible de déterminer le niveau de contrôle maximum en décomposant les produits du projet jusqu'à ce que chaque composant puisse être installé, remplacé ou modifié indépendamment. Le niveau de contrôle exercé sera cependant influencé par l'importance du projet et la complexité de la relation entre ses produits.

Cette activité permet de créer les Enregistrements de Configuration initiaux. La Stratégie de Configuration définit le format et la composition des enregistrements qu'il convient de conserver (voir Annexe A).

Pour de plus amples informations sur la gestion de la configuration, voir Chapitre 9.

La Figure 14.3 décrit les éléments d'entrée et de sortie de cette activité.

PRINCE2 préconise les actions suivantes :

- Examiner l'Exposé du Projet pour voir si les stratégies, normes ou pratiques de la Direction de l'Entreprise ou de Programme relatives à la gestion de la configuration doivent être appliquées par le projet (et en particulier, si le client et/ou le fournisseur possèdent déjà un système de gestion de la configuration qui doit être appliqué) ;
- Rechercher les retours d'expérience relatifs à la gestion de la configuration et émanant de projets antérieurs, de la Direction de l'Entreprise ou de Programme et d'organisations extérieures. Certaines de ces leçons pourront déjà avoir été collectées dans le Journal des Retours d'Expérience ;
- Passer en revue le Registre des Risques et le Journal de Projet et rechercher les incidences et les risques relatifs à la gestion de la configuration ;
- Définir la Stratégie de Configuration, y compris :
  - la procédure de gestion de la configuration (par ex. planification, identification, contrôle, rapport d'état, vérification et audit) ;
  - la procédure de contrôle des incidences et de maîtrise des changements (par ex. collecter, examiner, proposer, décider, exécuter) ;
  - les outils et techniques qui seront utilisés ;
  - les enregistrements qui seront conservés ;

Tableau 14.1 Responsabilités de l'activité préparer la Stratégie des Risques

Producteur – responsable de la production du produit
Vérificateur – idéalement indépendant de la production
Approbateur – confirme l'approbation

Produit	Action	Entreprise/Programme	Exécutif	Utilisateur Principal	Fournisseur Principal	Chef de Projet	Chef d'équipe	Assurance Projet	Support Projet	Description de Produit disponible
Stratégie des Risques	Créer		(A)	(A)	(A)	P		V		A.24
Registre des Risques	Créer et ajouter					A		V	P	A.25

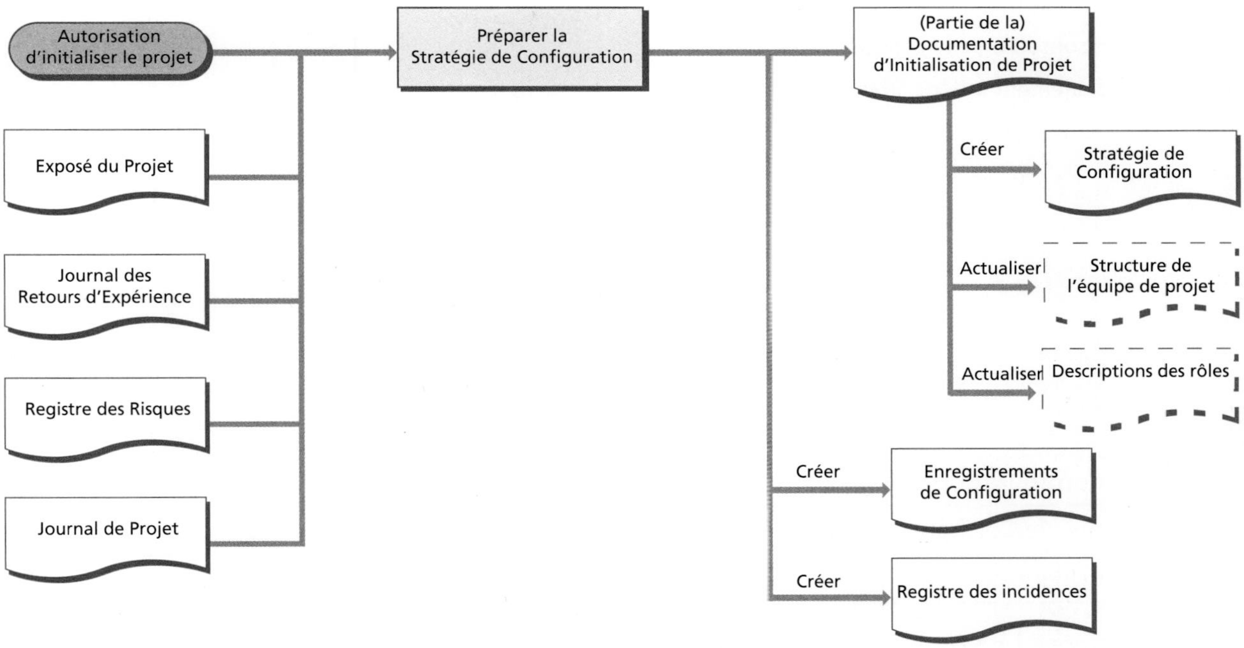

Figure 14.3 Résumé de l'activité préparer la Stratégie de Configuration

- la manière dont les performances des procédures seront communiquées ;
- le calendrier des activités de gestion de la configuration et des activités de contrôle des incidences et de maîtrise des changements ;
- les rôles et responsabilités des procédures. Examiner si une Autorité de Changement et/ou un budget de changement doit être établi ;
- les barèmes de priorité et de gravité des incidences.

- Vérifier auprès de l'Assurance Projet que la Stratégie de Configuration proposée répond aux besoins du Comité de Pilotage de Projet et/ou de la Direction de l'Entreprise ou de Programme ;
- Créer les Enregistrements de Configuration initiaux (à ce stade, cela ne concernera que les Enregistrements de Configuration des produits management qui ont déjà été créés ainsi que toute documentation de projet préexistante qui doit être contrôlée, par ex. étude de faisabilité, demande de proposition, etc.) ;
- Créer le Registre des Incidences et examiner si les incidences déjà collectées dans le Journal de Projet doivent être gérées formellement et donc transférées ;
- Si de nouveaux risques ou incidences sont identifiés (ou si des risques ou incidences existants ont changé), actualiser le Registre des Risques, le Registre des Incidences et/ou le Journal de Projet ;
- Rechercher l'approbation du Comité de Pilotage de Projet par rapport à la Stratégie de Configuration (le Comité de Pilotage de Projet pourra préférer l'examiner ultérieurement, dans le cadre de la Documentation d'Initialisation de Projet).

Le Tableau 14.2 énumère les responsabilités de cette activité.

Tableau 14.2 Responsabilités de l'activité préparer la Stratégie de Configuration

Producteur – responsable de la production du produit
Vérificateur – idéalement indépendant de la production
Approbateur – confirme l'approbation

Produit	Action	Entreprise/Programme	Exécutif	Utilisateur Principal	Fournisseur Principal	Chef de Projet	Chef d'équipe	Assurance Projet	Support Projet	Description de Produit disponible
Stratégie de Configuration	Créer		(A)	(A)	(A)	P		V		A.6
Enregistrements de Configuration (initiaux)	Créer					A		V	P	A.5
Registre des Incidences	Créer et ajouter					A		V	P	A.12

14.4.3 Préparer la Stratégie Qualité

La livraison de produits conformes aux exigences de l'utilisateur et que ce dernier juge acceptables constitue l'un des principaux facteurs de réussite de tout projet. Ce n'est cependant possible que si ces exigences sont clairement formulées et arrêtées en début de projet, aux côtés des normes devant être utilisées et des moyens d'évaluation des résultats. La Stratégie Qualité doit s'assurer que les exigences ainsi convenues sont soigneusement collectées et conservées.

Pour de plus amples informations sur le management de la qualité, voir Chapitre 6.

La Figure 14.4 décrit les éléments d'entrée et de sortie de cette activité.

PRINCE2 préconise les actions suivantes :

- Examiner la Description de Produit du Projet pour bien comprendre les exigences qualité du client et vérifier que les critères d'acceptation du projet sont suffisamment définis ;

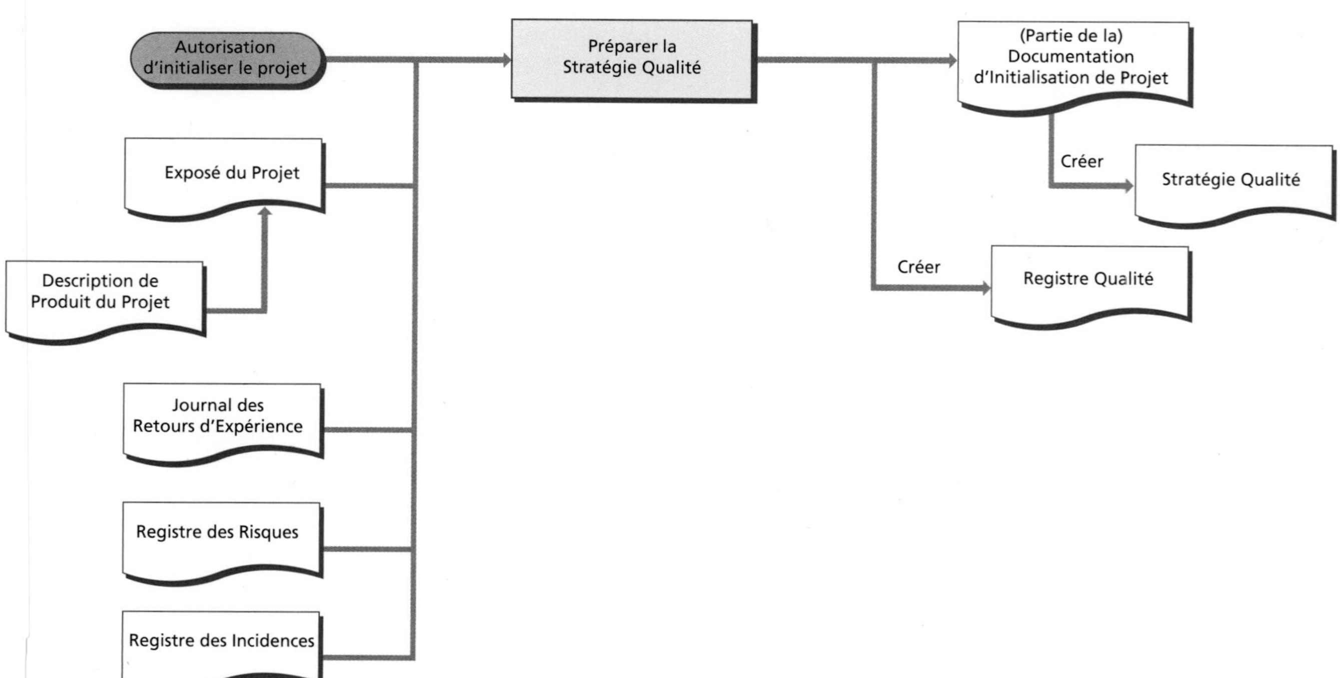

Figure 14.4 Résumé de l'activité préparer la Stratégie Qualité

- Examiner l'Exposé du Projet pour voir si les stratégies, normes ou pratiques de la Direction de l'Entreprise ou de Programme relatives au management de la qualité doivent être appliquées par le projet (et en particulier, si le client et/ou le fournisseur possède déjà un système de management de la qualité qui doit être appliqué à certains aspects du projet) ;
- Rechercher les retours d'expérience relatifs au management de la qualité et émanant de projets antérieurs, de la Direction de l'Entreprise ou de Programme et d'organisations extérieures. Certaines de ces leçons pourront déjà avoir été collectées dans le Journal des Retours d'Expérience ;
- Passer en revue le Registre des Risques et le Registre des Incidences et rechercher les incidences et les risques associés au management de la qualité ;
- Définir la Stratégie Qualité, y compris :
  - la procédure de management de la qualité (par ex. planification de la qualité, contrôle qualité, assurance qualité) ;
  - les outils et techniques qui seront utilisés ;
  - les enregistrements qui seront conservés ;
  - la manière dont les performances de la procédure de management de la qualité seront communiquées ;
  - le calendrier des activités de management de la qualité ;
  - les rôles et responsabilités des activités de management de la qualité (vérifier les liens avec toute fonction d'assurance qualité de l'entreprise et/ou de programme et s'assurer que toutes les activités qualité du projet soutiennent et sont soutenues par cette fonction).
- Vérifier auprès de l'Assurance Projet que la Stratégie Qualité proposée répond aux besoins du Comité de Pilotage de Projet et/ou de la Direction de l'Entreprise ou de Programme ;
- Créer un Registre Qualité en vue d'y consigner les détails de toutes les activités qualité ;
- Si de nouveaux risques ou incidences sont identifiés (ou si des risques ou incidences existants ont changé), actualiser le Registre des Risques, le Registre des Incidences et/ou le Journal de Projet ;
- Rechercher l'approbation du Comité de Pilotage de Projet par rapport à la Stratégie Qualité (le Comité de Pilotage de Projet pourra préférer l'examiner ultérieurement, dans le cadre de la Documentation d'Initialisation de Projet).

Le Tableau 14.3 énumère les responsabilités de cette activité.

Tableau 14.3 Responsabilités de l'activité préparer la Stratégie Qualité

Producteur – responsable de la production du produit

Vérificateur – idéalement indépendant de la production

Approbateur – confirme l'approbation

Produit	Action	Entreprise/Programme	Exécutif	Utilisateur Principal	Fournisseur Principal	Chef de Projet	Chef d'équipe	Assurance Projet	Support Projet	Description de Produit disponible
Stratégie Qualité	Créer		(A)	(A)	(A)	P		V		A.22
Registre Qualité	Créer					A		V	P	A.23

14.4.4 Préparer la Stratégie de Communication

La Stratégie de Communication concerne à la fois les communications internes et externes. Elle doit détailler la manière dont l'équipe de projet entend échanger des informations avec la ou les organisations plus générales qui sont impliquées dans le projet ou qui sont affectées par ce dernier. Si le projet fait partie d'un programme, la Stratégie de Communication stipulera la manière dont l'information sera transmise au programme.

Si une procédure formelle d'engagement des parties prenantes s'avère nécessaire (voir Chapitre 5), celle-ci devra être documentée dans la Stratégie de Communication et préciser la nature des parties prenantes, les relations recherchées, les principaux messages, les stratégies de communication et les méthodes d'évaluation des communications.

La Figure 14.5 décrit les éléments d'entrée et de sortie de cette activité.

PRINCE2 préconise les actions suivantes :

- Examiner l'Exposé du Projet pour voir si les stratégies, normes ou pratiques de la Direction de l'Entreprise ou de Programme relatives à la gestion de la communication doivent être appliquées par le projet ;
- Rechercher les retours d'expérience relatifs à la gestion de la communication et émanant de projets antérieurs, de la Direction de l'Entreprise ou de Programme et d'organisations extérieures. Certaines de ces leçons pourront déjà avoir été collectées dans le Journal des Retours d'Expérience ;
- Passer en revue le Registre des Risques et le Registre des Incidences et rechercher les incidences et les risques associés à la gestion de la communication ;
- Identifier et/ou analyser les parties prenantes et les consulter pour déterminer leurs besoins en information :
  - identifier les relations recherchées ;
  - clarifier les principaux messages de communication ;

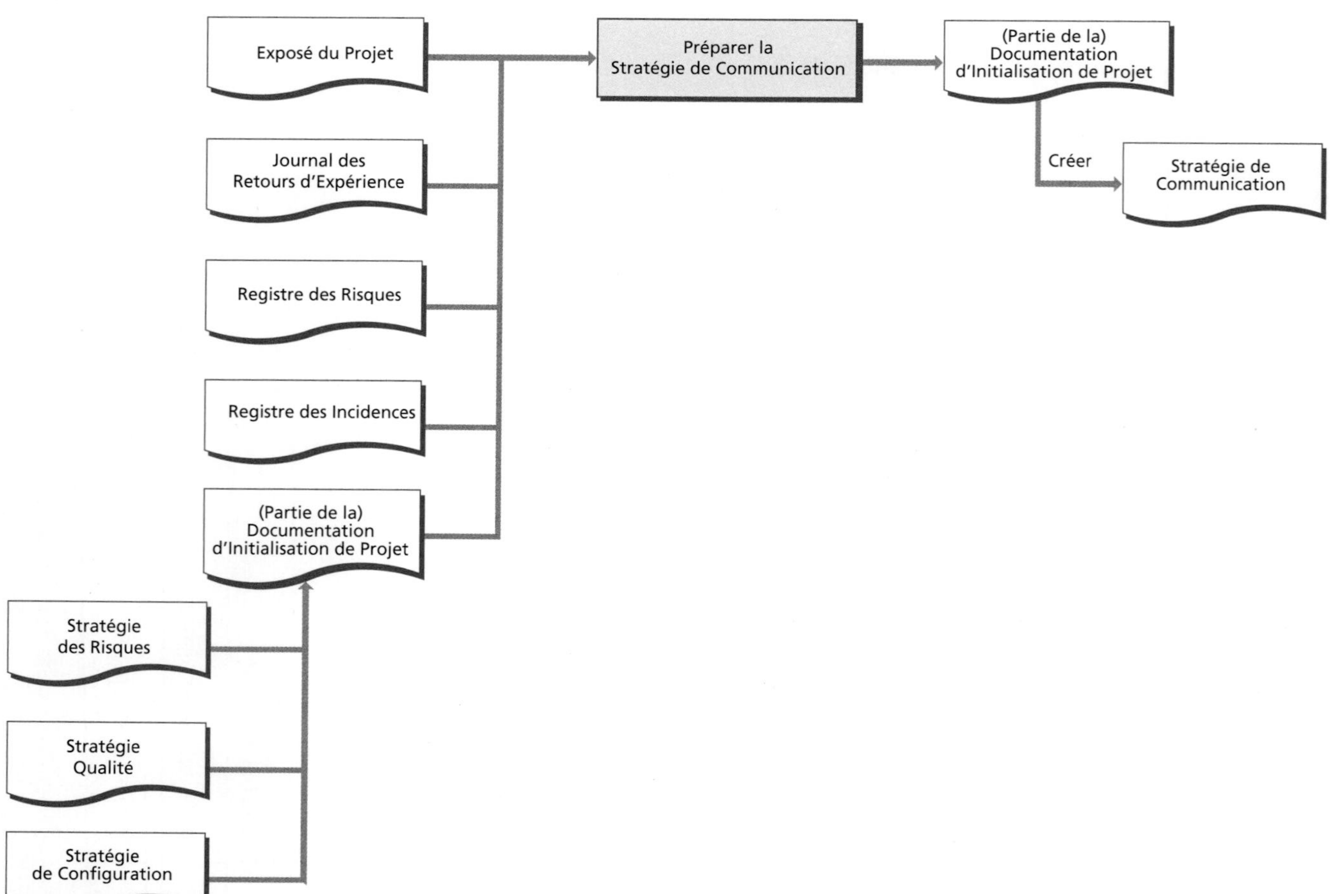

Figure 14.5 Résumé de l'activité préparer la Stratégie de Communication

  - déterminer les résultats de communication recherchés.
- Etablir les besoins en information associés à la Stratégie Qualité, la Stratégie des Risques et la Stratégie de Configuration ;
- Définir la Stratégie de Communication, y compris :
  - la procédure de gestion de la communication ;
  - les outils et techniques qui seront utilisés ;
  - les enregistrements qui seront conservés ;
  - la manière dont les performances de la procédure de gestion de la communication seront communiquées ;
  - le calendrier des activités de communication ;
  - les rôles et responsabilités des activités de communication ;
  - l'analyse des parties prenantes.
- Vérifier auprès de l'Assurance Projet que la Stratégie de Communication proposée répond aux besoins du Comité de Pilotage de Projet et/ou de la Direction de l'Entreprise ou de Programme ;
- Si de nouveaux risques ou incidences sont identifiés (ou si des risques ou incidences existants ont changé), actualiser le Registre des Risques, le Registre des Incidences et/ou le Journal de Projet ;
- Rechercher l'approbation du Comité de Pilotage de Projet par rapport à la Stratégie de Communication (le Comité de Pilotage de Projet pourra préférer l'examiner ultérieurement, dans le cadre de la Documentation d'Initialisation de Projet).

Le Tableau 14.4 énumère les responsabilités de cette activité.

14.4.5 Mettre en place les contrôles du projet

Le niveau de contrôle exigé par le Comité de Pilotage de Projet à la suite de l'initialisation doit être convenu et le mécanisme de contrôle établi. Il en va de même pour le niveau de contrôle requis par le Chef de Projet vis-à-vis du travail des Chefs d'équipe.

Les contrôles du projet permettent de gérer le projet de manière efficace, conformément à sa taille, ses risques, sa complexité et son importance. La mise en place des contrôles de projet efficaces est une condition préalable de tout management par exception.

Les contrôles du projet peuvent inclure :

- La fréquence et le format de communication entre les différents niveaux de management de projet (voir Chapitre 5) ;
- Le nombre de séquences et par-là même d'évaluations de Fin de Séquence (voir Chapitre 7) ;

Tableau 14.4 Responsabilités de l'activité préparer la Stratégie de Communication

Producteur – responsable de la production du produit
Vérificateur – idéalement indépendant de la production
Approbateur – confirme l'approbation

Produit	Action	Entreprise/Programme	Exécutif	Utilisateur Principal	Fournisseur Principal	Chef de Projet	Chef d'équipe	Assurance Projet	Support Projet	Description de Produit disponible
Stratégie de Communication	Créer		(A)	(A)	(A)	P		V		A.4

- Les mécanismes de collecte et d'analyse des incidences et des changements (voir Chapitre 9) ;
- Les mécanismes de remontée des exceptions (voir Chapitre 10) ;
- Les tolérances d'autorité déléguée (voir Chapitre 10) ;
- Les modalités de suivi de toute autorité déléguée d'un niveau de management à un autre (voir Chapitre 10).

La plupart de ces contrôles seront déjà définis dans les stratégies du projet, mais ne seront pas nécessairement mis en place. Cette activité a donc pour but d'établir ces contrôles et de s'assurer qu'ils forment un ensemble cohérent et logique.

La Figure 14.6 décrit les éléments d'entrée et de sortie de cette activité.

PRINCE2 préconise les actions suivantes :

- Examiner l'Exposé du Projet pour voir si les stratégies, normes ou pratiques de la Direction de l'Entreprise ou de Programme relatives aux contrôles doivent être appliquées par le projet. Identifier celles qui nécessitent une adaptation de PRINCE2 ;
- Passer en revue la Stratégie Qualité, la Stratégie de Configuration, la Stratégie des Risques et la Stratégie de Communication afin d'identifier les contrôles qui doivent être établis ;
- Rechercher les retours d'expérience relatifs aux contrôles du projet et émanant de projets antérieurs, de la Direction de l'Entreprise ou de Programme et d'organisations extérieures. Certaines de ces leçons pourront déjà avoir

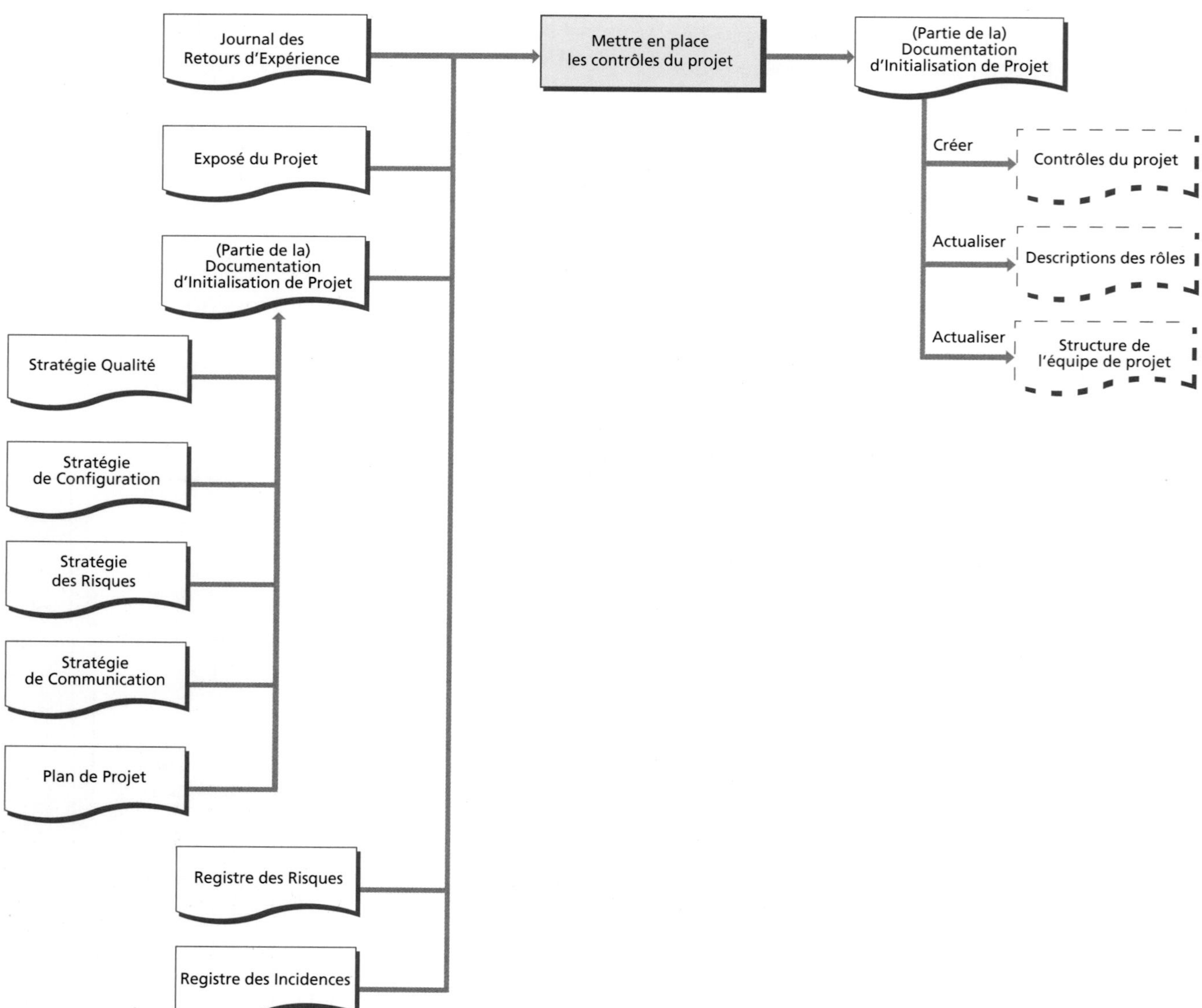

Figure 14.6 Résumé de l'activité mettre en place les contrôles du projet

été collectées dans le Journal des Retours d'Expérience ;

- Passer en revue le Registre des Risques et le Registre des Incidences et rechercher les incidences et les risques associés aux contrôles du projet. L'ensemble des risques cumulé aura un impact sur l'ampleur et la rigueur des activités de contrôle ;
- Confirmer et documenter les limites de séquence management requises pour fournir le niveau de contrôle approprié ;
- Affecter les divers niveaux du processus décisionnel du projet au niveau de management de projet le plus approprié. Etablir des procédures décisionnelles adéquates, le cas échéant en adaptant les procédures d'un système de management de la qualité existant ou d'autres procédures standard ;
- Incorporer l'autorité et la responsabilité décisionnelles convenues dans la structure de l'équipe de projet et les descriptions de rôles s'il y a lieu. Il pourra s'avérer nécessaire de finaliser les rôles qui n'ont pas été affectés préalablement, de réaffecter des rôles préalablement occupés et, le cas échéant, de recomposer l'équipe de projet ;
- Confirmer les tolérances du projet et les procédures de remontée (des Chefs d'équipe au Chef de Projet, du Chef de Projet au Comité de Pilotage de Projet et du Comité de Pilotage de Projet à la Direction de l'Entreprise ou de Programme) ;
- Résumer les contrôles du projet dans la Documentation d'Initialisation de Projet ;
- Vérifier auprès de l'Assurance Projet que les contrôles du projet proposés sont cohérents avec la nature du projet et répondent aux besoins du Comité de Pilotage de Projet et/ou de la Direction de l'Entreprise ou de Programme ;
- Si de nouveaux risques ou incidences sont identifiés (ou si des risques ou incidences existants ont changé), actualiser le Registre des Risques, le Registre des Incidences et/ou le Journal de Projet ;
- Rechercher l'approbation du Comité de Pilotage de Projet par rapport aux contrôles du projet (le Comité de Pilotage de Projet pourra préférer les examiner ultérieurement, dans le cadre de la Documentation d'Initialisation de Projet).

Le Tableau 14.5 énumère les responsabilités de cette activité.

Tableau 14.5 Responsabilités de l'activité mettre en place les contrôles du projet

Producteur – responsable de la production du produit

Vérificateur – idéalement indépendant de la production

Approbateur – confirme l'approbation

Produit	Action	Entreprise/Programme	Exécutif	Utilisateur Principal	Fournisseur Principal	Chef de Projet	Chef d'équipe	Assurance Projet	Support Projet	Description de Produit disponible
Contrôles du projet	Créer		(A)	(A)	(A)	P		V		
Descriptions de rôles	Actualiser		(A)	(A)	(A)	P		V		
Structure de l'équipe de projet	Actualiser		(A)	(A)	(A)	P				

14.4.6 Créer le Plan de Projet

Il convient de définir le calendrier et les besoins en ressources du projet avant d'engager des dépenses significatives. Ces informations, qui figurent dans le Plan de Projet, sont nécessaires pour affiner le Cas d'Affaire et permettre au Comité de Pilotage de Projet de mieux contrôler le projet.

La planification n'est pas une activité isolée du Chef de Projet : elle doit au contraire s'inscrire dans une collaboration étroite avec le ou les utilisateurs et fournisseurs. L'organisation d'ateliers de planification facilite souvent l'identification des produits requis, leurs spécifications et leurs interdépendances.

Pour de plus amples informations sur la planification, voir Chapitre 7.

La Figure 14.7 décrit les éléments d'entrée et de sortie de cette activité.

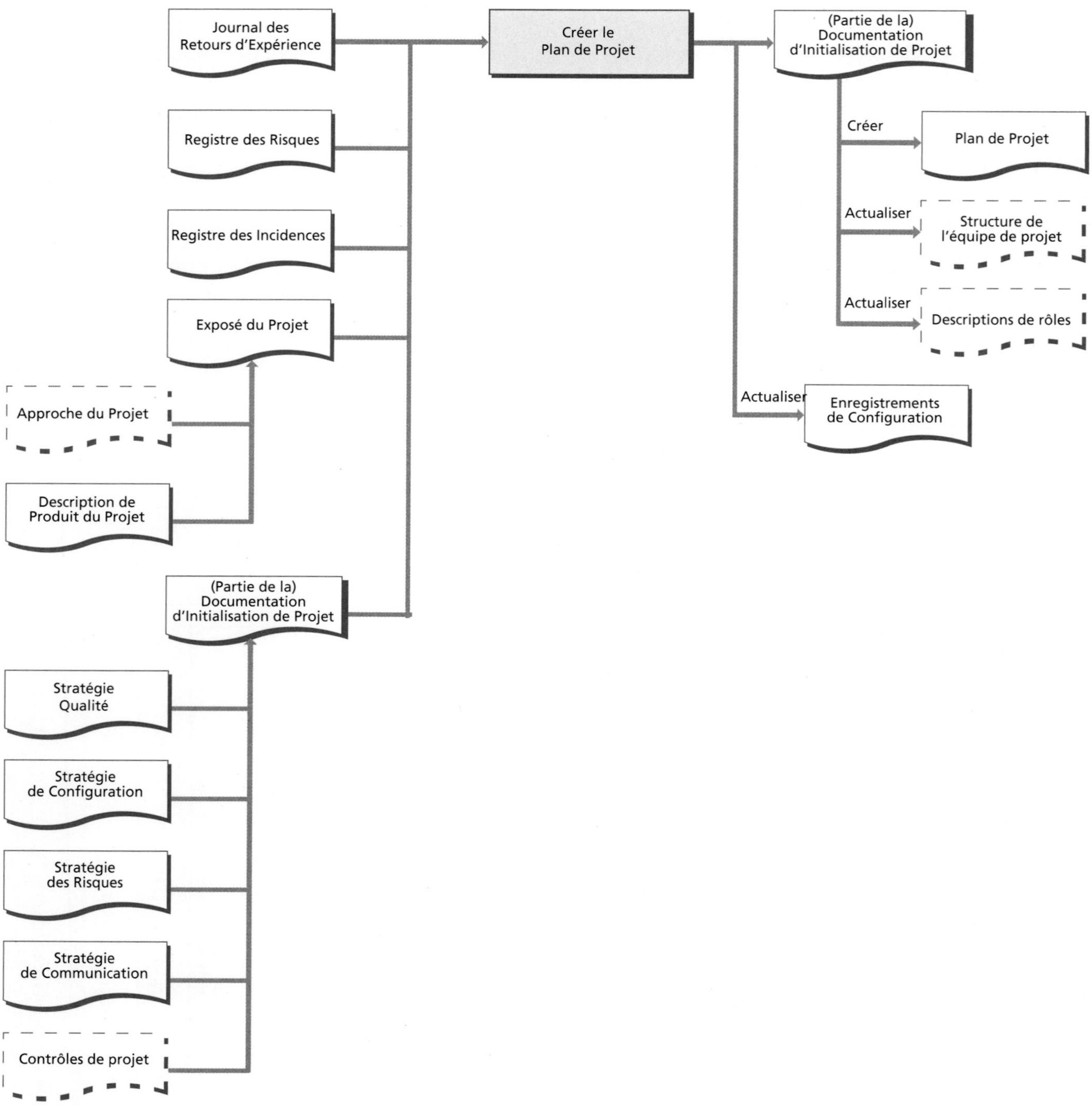

Figure 14.7 Résumé de l'activité créer le Plan de Projet

PRINCE2 préconise les actions suivantes :

- Examiner l'Exposé du Projet pour :
  - Analyser ce que le projet doit livrer et identifier les échéances prédéterminées, telles qu'elles sont définies dans l'Exposé du Projet ;
  - Rechercher les stratégies, normes ou pratiques de la Direction de l'Entreprise ou de Programme relatives à la planification que le projet doit suivre ;
  - Vérifier la bonne compréhension de tous les produits préalables, dépendances externes, contraintes et hypothèses documentés dans l'Exposé du Projet ;
  - Vérifier la bonne compréhension de la solution retenue, telle qu'elle est décrite dans l'approche du projet.
- Rechercher les retours d'expérience relatifs à la planification et émanant de projets antérieurs, de la Direction de l'Entreprise ou de Programme et d'organisations extérieures. Certaines de ces leçons pourront déjà avoir été collectées dans le Journal des Retours d'Expérience ;
- Passer en revue le Registre des Risques et le Registre des Incidences et rechercher les incidences et les risques associés à la planification ;
- Déterminer le format et la présentation du Plan de Projet, compte tenu des destinataires du plan, et la manière dont il sera utilisé (par ex. est-il suffisant d'utiliser une liste de contrôle des produits pour présenter le plan au Comité de Pilotage de Projet ? Voir la description de produit d'un Plan dans l'Annexe A, à titre d'exemple) ;
- Identifier les outils de planification et de contrôle devant être utilisés par le projet ;
- Choisir la ou les méthodes d'estimation des plans du projet ;
- Passer en revue la Stratégie Qualité, la Stratégie des Risques, la Stratégie de Configuration et la Stratégie de Communication afin de bien comprendre les ressources, les normes, les méthodes et les coûts du travail à effectuer ;
- Créer une structure de décomposition du produit, un diagramme de flux des produits et une ou plusieurs Descriptions de Produits pour les principaux produits du Plan de Projet. Identifier les dispositions prises pour assurer la transition des produits du projet dans un environnement opérationnel. S'il est probable que les produits du projet, une fois opérationnels, nécessiteront une maintenance éventuellement onéreuse, il faut prévoir la mise en place d'un accord ou d'un contrat de service adapté entre le groupe de support et l'utilisateur. Dans un tel cas, il sera nécessaire d'inclure cet accord sous forme de produit dans le Plan de Projet ;
- Examiner si la Description de Produit du Projet doit être mise à jour (par exemple si la compréhension des critères d'acceptation a évolué ou a été affinée au cours de l'initialisation du projet) ;
- Créer ou actualiser les Enregistrements de Configuration pour chaque produit devant être livré par le plan ;
- Identifier et confirmer les ressources requises. Confirmer la disponibilité des personnes retenues et vérifier qu'elles ont accepté leurs rôles et s'engagent à les mener à bien. Voir Chapitre 5 pour de plus amples informations ;
- Identifier les activités, ressources et calendriers des contrôles du projet et les inclure dans le plan ;
- Identifier les risques associés au plan ;
- Documenter le Plan de Projet ;
- Vérifier auprès de l'Assurance Projet que le Plan de Projet proposé répond aux besoins du Comité de Pilotage de Projet et/ou de la Direction de l'Entreprise ou de Programme ;
- Si de nouveaux risques ou incidences sont identifiés (ou si des risques ou incidences existants ont changé), actualiser le Registre des Risques, le Registre des Incidences et/ou le Journal de Projet ;
- Rechercher l'approbation du Comité de Pilotage de Projet par rapport au Plan de Projet (le Comité de Pilotage de Projet pourra préférer l'examiner ultérieurement, dans le cadre de la Documentation d'Initialisation de Projet).

Le Tableau 14.6 énumère les responsabilités de cette activité.

Tableau 14.6 Responsabilités de l'activité créer le Plan de Projet

Producteur – responsable de la production du produit
Vérificateur – idéalement indépendant de la production
Approbateur – confirme l'approbation

Produit	Action	Entreprise/Programme	Exécutif	Utilisateur Principal	Fournisseur Principal	Chef de Projet	Chef d'équipe	Assurance Projet	Support Projet	Description de Produit disponible
Plan de Projet	Créer		(A)	(A)	(A)	P		V		A.16
Descriptions de Produit	Créer		(A)	(A)	(A)	P		V		A.17
Enregistrements de Configuration	Créer/Actualiser					A		V	P	A.5
Structure de l'équipe de projet	Actualiser		(A)	(A)	(A)	P		V		
Descriptions de rôles	Actualiser		(A)	(A)	(A)	P		V		

14.4.7 Affiner le Cas d'Affaire

L'ébauche du Cas d'Affaire produite durant le processus Elaborer le Projet doit être mise à jour pour refléter les estimations de temps et de coûts déterminées par le Plan de Projet, ainsi que les risques cumulés du Registre des Risques actualisé.

Le Cas d'Affaire détaillé est utilisé par le Comité de Pilotage de Projet pour autoriser le projet et doit servir de base au contrôle continu de la viabilité du projet.

Pour de plus amples informations sur la justification pour l'entreprise, voir Chapitre 4.

La Figure 14.8 décrit les éléments d'entrée et de sortie de cette activité.

PRINCE2 préconise les actions suivantes :

- Examiner l'Exposé du Projet et identifier les exigences de la Direction de l'Entreprise ou de Programme en matière de format et de contenu du Cas d'Affaire ;

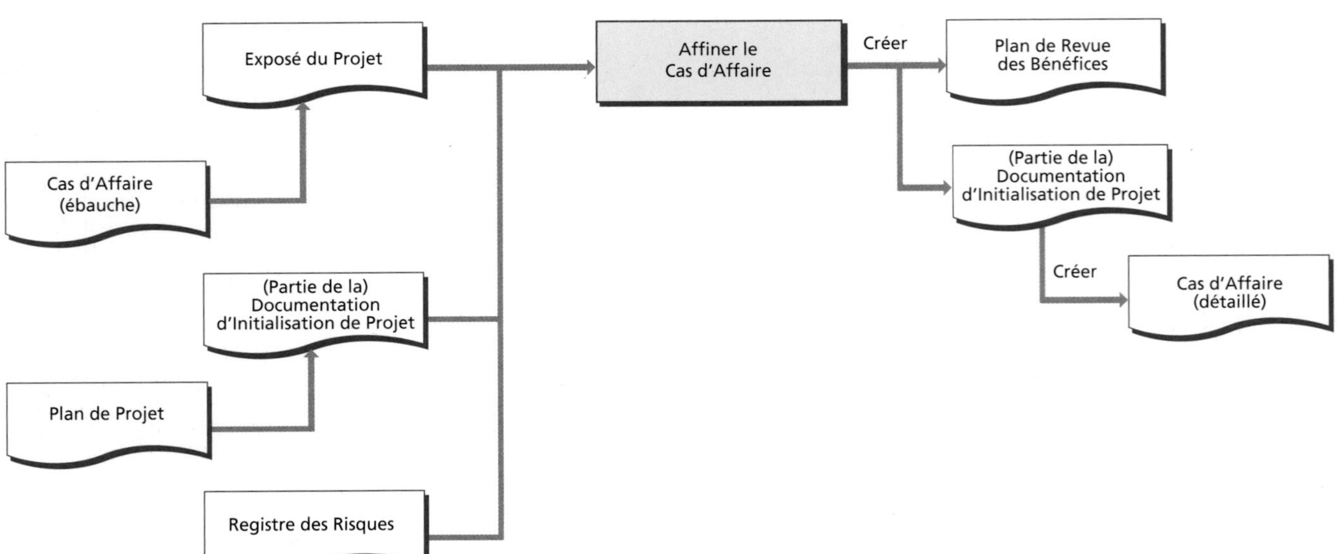

Figure 14.8 Résumé de l'activité affiner le Cas d'Affaire

- Rechercher les retours d'expérience relatifs au développement du Cas d'Affaire et émanant de projets antérieurs, de la Direction de l'Entreprise ou de Programme et d'organisations extérieures. Certaines de ces leçons pourront déjà avoir été collectées dans le Journal des Retours d'Expérience ;
- Créer un Cas d'Affaire détaillé à l'aide des informations supplémentaires recueillies, par ex. :
  - les coûts et les délais calculés dans le Plan de Projet ;
  - les principaux risques susceptibles d'affecter la viabilité et la faisabilité du projet (à partir du Registre des Risques) ;
  - les bénéfices potentiels ;
  - confirmer les tolérances autorisées pour chaque bénéfice.
- Créer le Plan de Revue des Bénéfices :
  - passer en revue le Cas d'Affaire et vérifier la bonne compréhension des bénéfices attendus du projet ;
  - identifier la manière dont la concrétisation de chaque bénéfice doit être mesurée et saisir les mesures de référence actuelles ;
  - identifier le calendrier des revues de bénéfices (elles seront probablement alignées sur les limites de séquence) ;
  - si le projet fait partie d'un programme, le Plan de Revue des Bénéfices pourra être créé, maintenu et exécuté au niveau du programme.
- Si de nouveaux risques ou incidences sont identifiés (ou si des risques ou incidences existants ont changé), actualiser le Registre des Risques, le Registre des Incidences et/ou le Journal de Projet ;
- Vérifier auprès de l'Assurance Projet que le Cas d'Affaire et le Plan de Revue des Bénéfices proposés répondent aux besoins du Comité de Pilotage de Projet et/ou de la Direction de l'Entreprise ou de Programme ;
- Rechercher l'approbation du Comité de Pilotage de Projet par rapport au Cas d'Affaire et au Plan de Revue des Bénéfices (le Comité de Pilotage de Projet pourra préférer les examiner ultérieurement, dans le cadre de la Documentation d'Initialisation de Projet).

Le Tableau 14.7 énumère les responsabilités de cette activité.

Tableau 14.7 Responsabilités de l'activité affiner le Cas d'Affaire

Producteur – responsable de la production du produit
Vérificateur – idéalement indépendant de la production
Approbateur – confirme l'approbation

Produit	Action	Entreprise/Programme	Exécutif	Utilisateur Principal	Fournisseur Principal	Chef de Projet	Chef d'équipe	Assurance Projet	Support Projet	Description de Produit disponible
Plan de Revue des Bénéfices	Créer	(A)	(A)	(A)	(A)	P		V		A.1
Cas d'Affaire Détaillé	Créer	(V)	(A)	(A)	(A)	P		V		A.2

14.4.8 Assembler la Documentation d'Initialisation de Projet

Il doit y avoir un point de convergence où toutes les informations relatives au projet (quoi/pourquoi/qui/comment/où/quand/combien) sont :

- recueillies pour obtenir l'accord des principales parties prenantes ;
- disponibles afin de guider et d'informer les participants au projet.

Ces informations sont recueillies dans la Documentation d'Initialisation de Projet. La Documentation d'Initialisation de Projet regroupe un grand nombre des produits management créés durant l'initialisation et utilisés pour obtenir l'autorisation de poursuivre le projet. Il ne s'agit pas nécessairement d'un document unique (ce sera rarement le cas), mais plutôt d'une collection de documents.

La version de la Documentation d'Initialisation de Projet créée durant le processus Initialiser le Projet et utilisée pour obtenir l'autorisation de poursuivre le projet doit être conservée. Elle permettra plus tard de comparer les performances réelles du projet aux prévisions originales à la base de l'approbation.

La Figure 14.9 décrit les éléments d'entrée et de sortie de cette activité.

PRINCE2 préconise les actions suivantes :

- Extraire et, le cas échéant, réviser les informations de l'Exposé du Projet (définition et approche du projet) ;
- Inclure ou référencer les informations des documents suivants :
  - structure de l'équipe de projet et descriptions des rôles ;
  - Cas d'Affaire ;
  - Stratégie Qualité ;
  - Stratégie de Configuration ;
  - Stratégie des Risques ;
  - Stratégie de Communication ;
  - Plan de Projet.
- Inclure ou référencer les contrôles du projet et résumer la manière dont le projet a adapté PRINCE2 ;
- Assembler la Documentation d'Initialisation de Projet ;
- Comparer les informations des divers éléments afin d'assurer qu'elles sont compatibles ;
- Vérifier auprès de l'Assurance Projet que la Documentation d'Initialisation de Projet assemblée répond aux besoins du Comité de Pilotage de Projet et/ou de la Direction de l'Entreprise ou de Programme ;
- Préparer la séquence suivante (déclenche le processus Gérer une Limite de Séquence) ;
- Demander au Comité de Pilotage de Projet l'autorisation de réaliser le projet.

Le Tableau 14.8 énumère les responsabilités de cette activité.

Tableau 14.8 Responsabilités de l'activité assembler la Documentation d'Initialisation de Projet

Producteur – responsable de la production du produit
Vérificateur – idéalement indépendant de la production
Approbateur – confirme l'approbation

Produit	Action	Entreprise/Programme	Exécutif	Utilisateur Principal	Fournisseur Principal	Chef de Projet	Chef d'équipe	Assurance Projet	Support Projet	Description de Produit disponible
Documentation d'Initialisation de Projet	Assembler		(A)	(A)	(A)	P		V		A.20

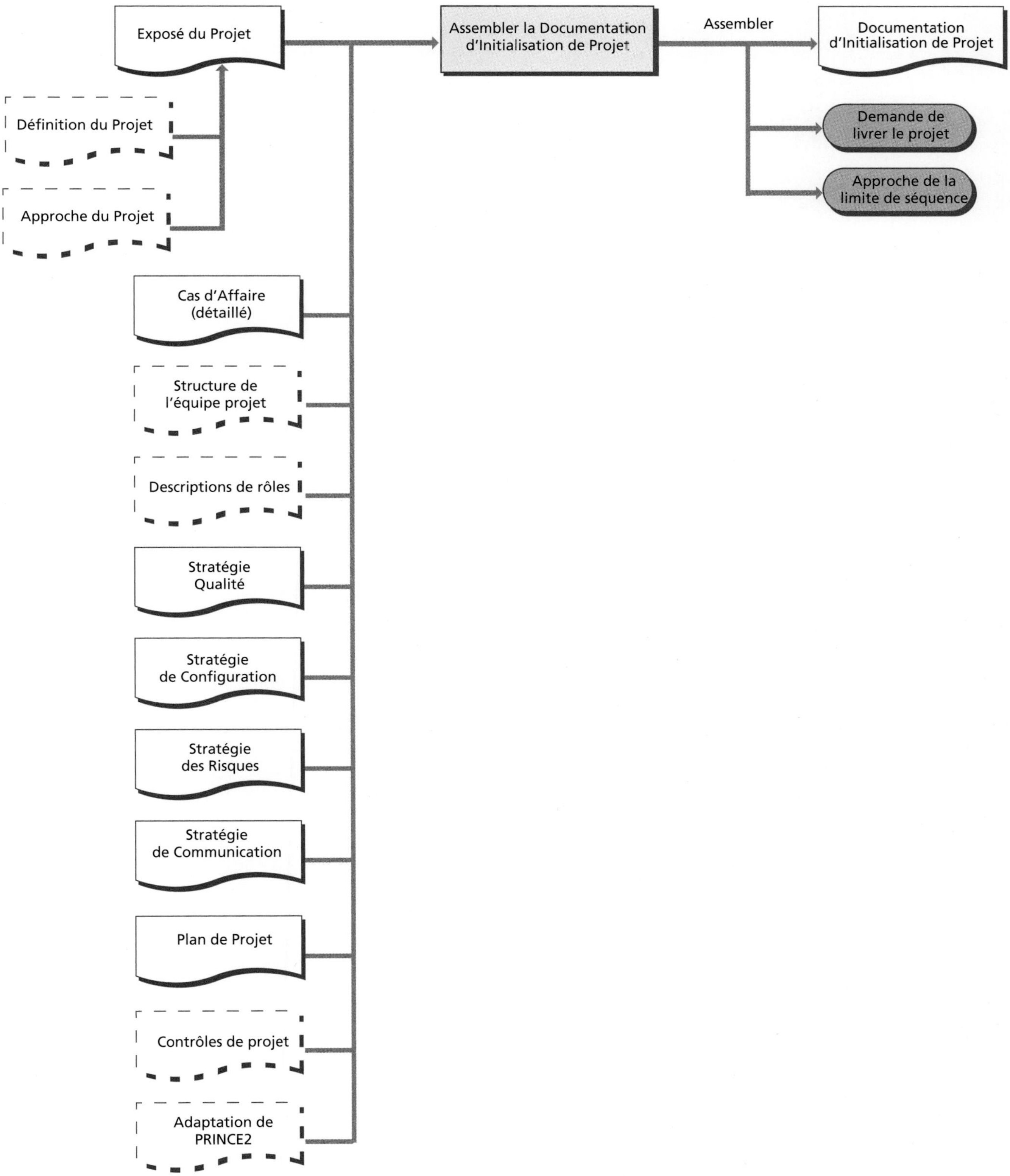

Figure 14.9 Résumé de l'activité assembler la Documentation d'Initialisation de Projet

15

Contrôler une Séquence

15 Contrôler une Séquence

15.1 FINALITÉ

Le processus Contrôler une Séquence a pour but d'affecter les tâches, de surveiller le travail, de régler les incidences, d'informer le Comité de Pilotage de Projet de la progression et de mener les actions correctives nécessaires pour assurer que la séquence demeure dans les limites de tolérance.

15.2 OBJECTIF

Le processus Contrôler une Séquence a pour objectif de s'assurer :

- Que la livraison des produits de la séquence fait l'objet de toute l'attention nécessaire. Tout écart par rapport à la direction et aux produits convenus en début de séquence est étroitement surveillé afin de prévenir tout changement

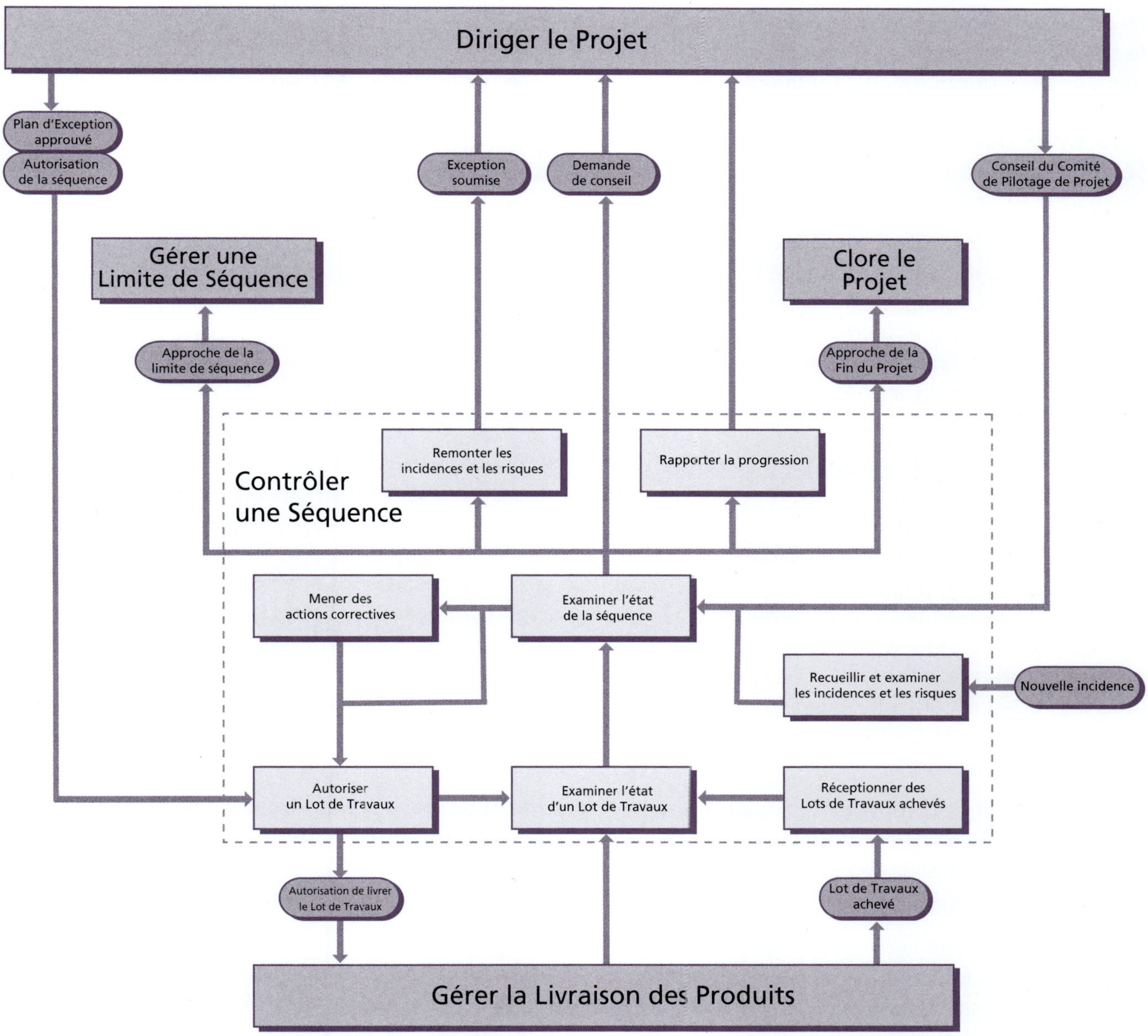

Figure 15.1 Vue d'ensemble de Contrôler une Séquence

incontrôlé (dérive du périmètre) et une perte de l'objectif ;

- Que les risques et les incidences sont maîtrisés ;
- Que le Cas d'Affaire est maintenu sous surveillance ;
- Que les produits de la séquence sont livrés conformément aux normes de qualité déterminées, dans les limites de coûts, d'efforts et de délais convenues, et contribuent en fin de compte à la réalisation des bénéfices définis ;
- Que l'équipe de projet se concentre sur la livraison des produits dans les limites de tolérance fixées.

15.3 CONTEXTE

Le processus Contrôler une Séquence décrit le travail du Chef de Projet dans le cadre du management quotidien de la séquence, et doit être utilisé pour chaque séquence de livraison du projet. Les activités du processus Gérer une Limite de Séquence (voir chapitre 17) interviennent à la fin de chaque séquence, à l'exception de la dernière.

Si le processus Contrôler une Séquence n'est généralement utilisé qu'à l'issue de l'autorisation du projet par le Comité de Pilotage de Projet, il peut être cependant également appliqué durant la séquence d'initialisation dans le cadre de projets importants ou complexes nécessitant une plus longue initialisation.

L'utilisation de Lots de Travaux permet de définir et de contrôler le travail devant être effectué et de définir des tolérances à l'intention du ou des Chefs d'équipe. Si le Chef de Projet assume lui-même le rôle de Chef d'équipe, les Lots de Travaux permettront de définir et de contrôler le travail des membres individuels de l'équipe. Dans un tel cas, les références au Chef d'équipe contenue dans le processus Contrôler une Séquence seront interprétées comme des références au membre individuel de l'équipe à qui l'on confie une tâche.

L'aboutissement et la réussite du projet reposent en grande partie sur le contrôle quotidien du travail effectué. Chaque séquence observe le cycle suivant :

- Autoriser le travail devant être effectué ;
- Surveiller les informations d'avancement des travaux, y compris la signature finale des Lots de travaux achevés ;
- Examiner la situation (y compris la qualité du produit) et déclencher de nouveaux Lots de Travaux ;
- Rendre compte de la progression ;
- Rechercher, évaluer et traiter les incidences et les risques ;
- Mener toute action corrective nécessaire.

Le processus Clore un Projet (voir chapitre 18) intervient à la fin de la dernière séquence.

15.4 ACTIVITÉS

Les activités du processus Contrôler une Séquence relèvent essentiellement du Chef de Projet et couvrent :

- Les Lots de Travaux :
  - autoriser un Lot de Travaux ;
  - examiner l'état d'un Lot de Travaux ;
  - réceptionner des Lots de Travaux achevés.
- Les activités de suivi et de reporting :
  - examiner l'état de la séquence ;
  - rapporter la progression.
- Les incidences :
  - recueillir et analyser les incidences et les risques ;
  - remonter les incidences et les risques ;
  - mener des actions correctives.

15.4.1 Autoriser un Lot de Travaux

Il serait chaotique de laisser les personnes chargées du projet démarrer les activités comme bon leur semble. S'il doit y avoir un degré d'autonomie au sein de l'équipe de projet, il existe des problèmes plus importants dont elle ne peut pas toujours avoir connaissance. Il est par conséquent primordial que le travail ne démarre et ne se poursuive qu'avec le consentement du Chef de Projet. La production, l'exécution et la livraison d'un Lot de Travaux constituent alors l'instrument clé de cette démarche.

Un Lot de Travaux peut inclure des extraits ou simplement faire référence à des éléments du Plan de Projet, du Plan de Séquence ou de la Documentation d'Initialisation de Projet.

Le Lot de Travaux doit couvrir les travaux nécessaires à la réalisation d'un ou de plusieurs produits. Si la réalisation d'un produit exige plus d'un Lot de Travaux, celui-ci doit être décomposé en sous-produits, accompagnés des Descriptions de Produit correspondantes.

Plusieurs déclencheurs peuvent amener le Chef de Projet à autoriser un Lot de Travaux :

- Autorisation de séquence : le Comité de Pilotage de Projet autorise l'exécution d'un Plan de Séquence ;
- Approbation d'un Plan d'Exception : le Comité de Pilotage de Projet autorise l'exécution d'un Plan d'Exception ;
- Un nouveau Lot de Travaux s'avère nécessaire : un résultat de l'activité examiner l'état de la séquence (section 15.4.4) ;
- Action corrective : en réponse à une incidence ou à un risque.

Cette activité permet d'autoriser de nouveaux Lots de Travaux ou la modification de Lots de Travaux existants.

La Figure 15.2 décrit les éléments d'entrée et de sortie de cette activité.

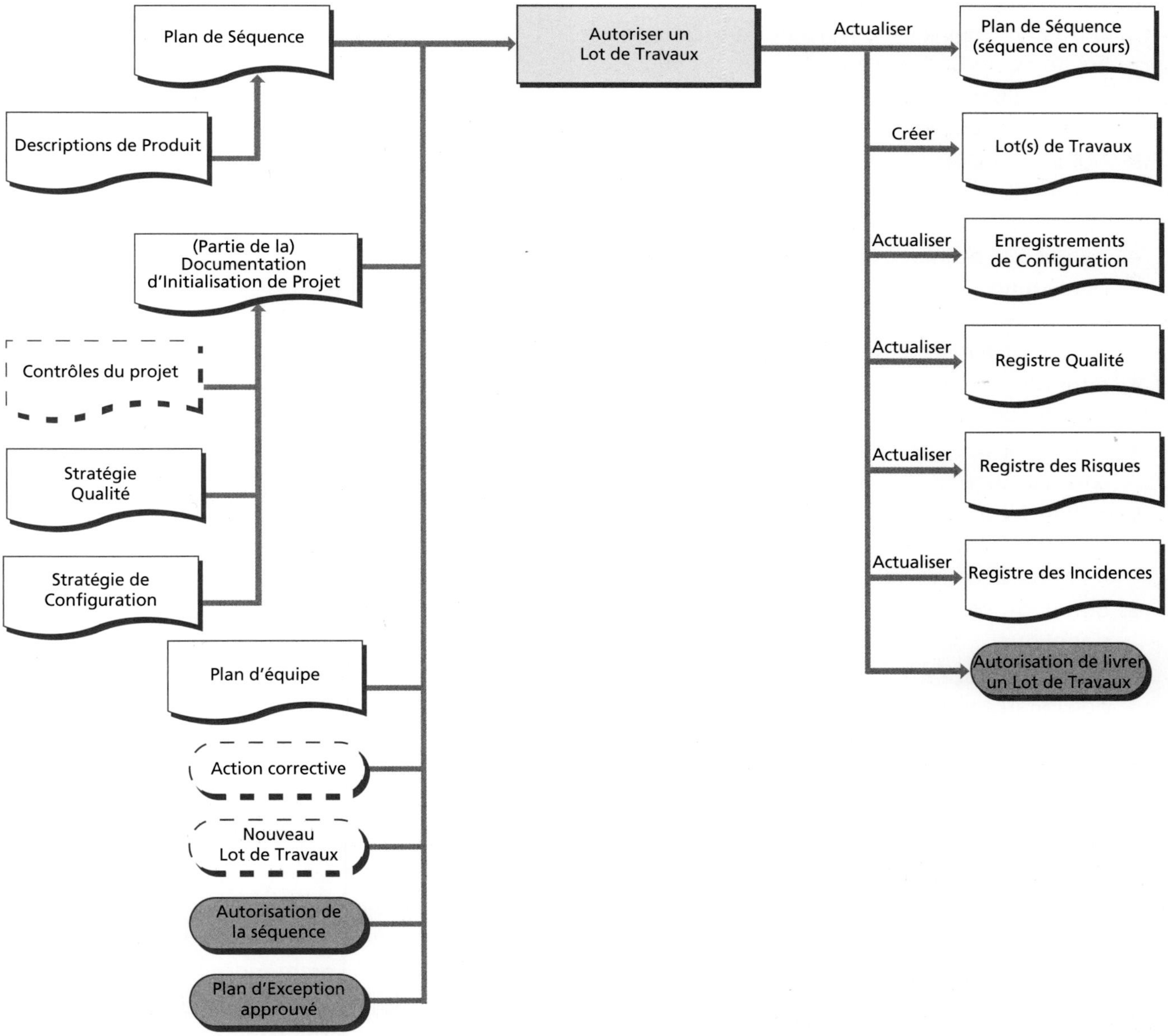

Figure 15.2 Résumé de l'activité autoriser un Lot de Travaux

PRINCE2 préconise les actions suivantes :

- Examiner le Plan de Séquence de la séquence management en cours afin de mieux comprendre :
  - les produits devant être réalisés ;
  - les estimations de coûts et d'efforts des travaux ;
  - les tolérances disponibles.
- Examiner la Documentation d'Initialisation de Projet afin de mieux comprendre :
  - les contrôles de projet nécessaires (par exemple les dispositions de compte-rendu de progression) ;
  - les normes qualité requises, telles qu'elles sont définies dans la Stratégie Qualité ;
  - les modalités de remise éventuelle des produits, telles qu'elles sont définies dans la Stratégie de Configuration.
- Définir chaque Lot de Travaux devant être autorisé (ou modifié) :
  - obtenir les Descriptions de Produit pertinentes afin de les inclure dans le Lot de Travaux ;
  - définir les techniques, processus et procédures devant être utilisés ;
  - définir les interfaces de développement devant être maintenues ;
  - définir les interfaces opérationnelles et de maintenance devant être maintenues ;
  - définir les besoins de gestion de la configuration ;
  - définir les accords communs en matière d'efforts, de coûts, de dates de début/fin, d'échéances et de tolérances ;
  - définir les contraintes susceptibles de s'appliquer ;
  - définir les dispositions de reporting, de gestion des problèmes et de remontée ;
  - définir la méthode d'approbation ;
  - fournir les références pertinentes (par ex. Plan de Séquence, Descriptions de Produit).
- Passer en revue le Lot de Travaux avec le Chef d'équipe, s'assurer que ce dernier l'a accepté et l'autoriser à démarrer les travaux (voir Chapitre 16) ;
- Revoir le Plan d'équipe du Chef d'équipe (ou l'extrait concerné si l'environnement commercial ne permet pas au Chef de Projet de prendre connaissance de son contenu), et actualiser le Plan de Séquence pour tenir compte du calendrier du ou des Lots de Travaux autorisés ;
- Actualiser les Enregistrements de Configuration pour tenir compte du contenu du ou des Lots de Travaux autorisés ;
- Actualiser le Registre Qualité par rapport aux activités de management de la qualité planifiées. Vérifier auprès de l'Assurance Projet que les vérificateurs qualité identifiés et retenus sont acceptables ;
- Le cas échéant, actualiser le Registre des Risques conformément à la Stratégie des Risques ;
- S'il y a lieu, actualiser le Registre des Incidences.

Le Tableau 15.1 énumère les responsabilités de cette activité.

15.4.2 Examiner l'état d'un Lot de Travaux

Cette activité permet d'effectuer une évaluation régulière de l'état du ou des Lots de Travaux. La fréquence et le caractère formel de cette activité correspondent généralement à la fréquence des rapports définie dans le ou les Lots de Travaux et soutenue par le Plan de Séquence de la séquence en cours.

La Figure 15.3 décrit les éléments d'entrée et de sortie de cette activité.

PRINCE2 préconise les actions suivantes pour chaque Lot de Travaux en cours :

- Recueillir et analyser les informations d'avancement contenues dans le Rapport d'Avancement du Lot de Travaux en cours d'exécution :
  - évaluer le temps et les efforts nécessaires pour terminer les travaux non achevés (y compris les travaux qui n'ont pas encore démarré) ;
  - analyser le Plan d'équipe avec le Chef d'équipe (ou l'extrait concerné si l'environnement commercial ne permet pas au Chef de Projet de prendre connaissance de son contenu) afin de déterminer si les travaux seront achevés dans les délais et le budget impartis ;
  - analyser les entrées du Registre Qualité afin de mieux comprendre l'état actuel des activités de management de la qualité ;
  - vérifier que l'Enregistrement de Configuration de chaque produit du Lot de Travaux correspond à son état.

Tableau 15.1 Responsabilités de l'activité autoriser un Lot de Travaux

Producteur – responsable de la production du produit
Vérificateur – idéalement indépendant de la production
Approbateur – confirme l'approbation

Produit	Action	Entreprise/Programme	Exécutif	Utilisateur Principal	Fournisseur Principal	Chef de Projet	Chef d'équipe	Assurance Projet	Support Projet	Description de Produit disponible
Lots de Travaux	Créer					P	(A)	V		A.26
Enregistrement(s) de Configuration	Créer/actualiser					A	(V)	V	P	A.5
Registre Qualité	Actualiser					V	(V)	V	P	A.23
Registre des Risques	Actualiser					P				A.25
Registre des Incidences	Actualiser					P				A.12
Plan d'équipe	Revoir					V	(P)			
Plan de Séquence	Actualiser					P	(V)	V		A.16

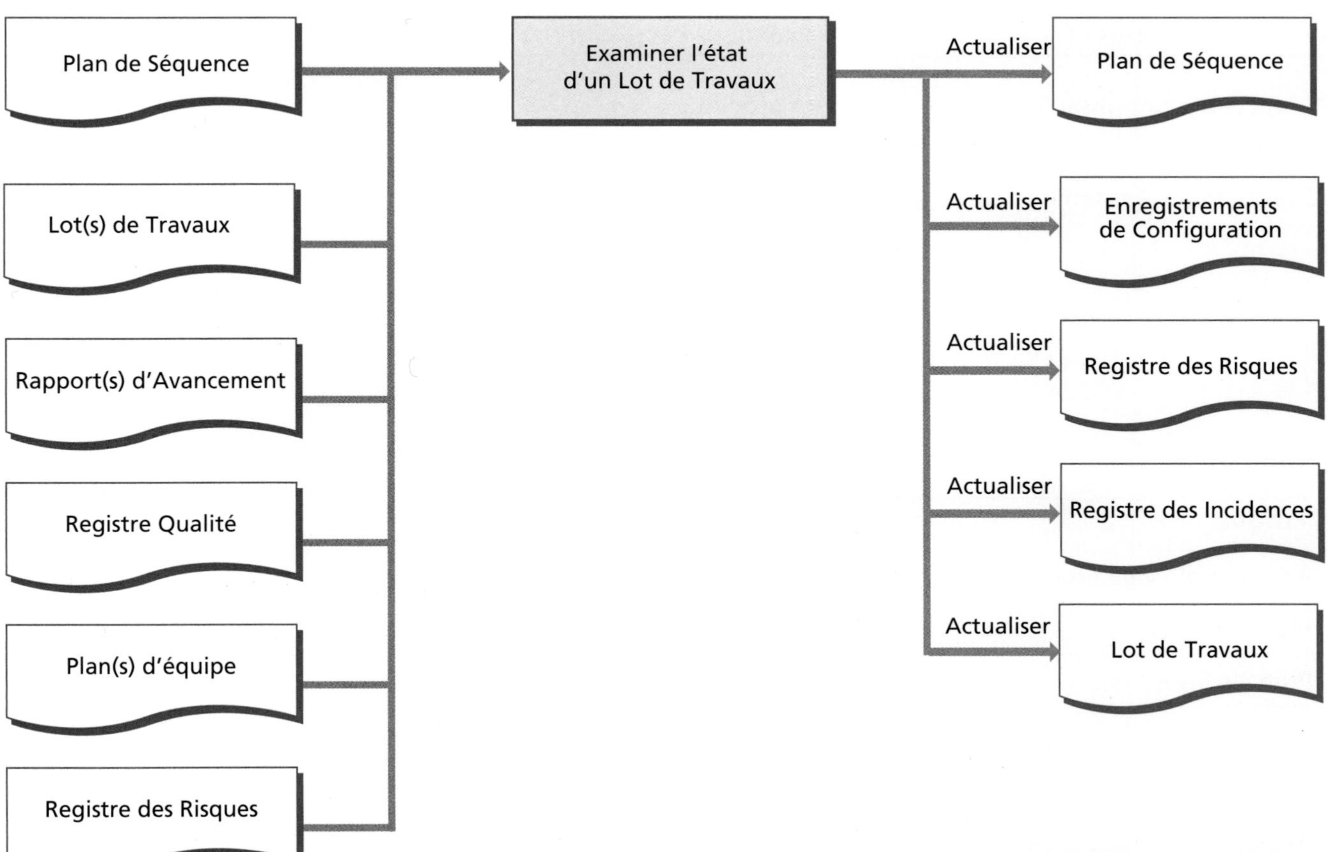

Figure 15.3 Résumé de l'activité examiner l'état d'un Lot de Travaux

- S'il y a lieu, actualiser le Registre des Risques et le Registre des Incidences ;
- Actualiser le Plan de Séquence de la séquence en cours à partir des données réelles actuelles, des prévisions et des ajustements.

Le Tableau 15.2 énumère les responsabilités de cette activité.

15.4.3 Réceptionner les Lots de Travaux achevés

L'affectation de travaux à des personnes ou des équipes doit donner lieu à la confirmation que ceux-ci ont bien été achevés et approuvés.

Une fois approuvé, toute modification subséquente d'un ou de plusieurs produits est soumise à une procédure de maîtrise des changements (voir chapitre 9). Il s'agit là d'une étape automatique de l'utilisation de toute méthode de gestion de la configuration.

La Figure 15.4 décrit les éléments d'entrée et de sortie de cette activité.

PRINCE2 préconise les actions suivantes :

- S'assurer que le Chef d'équipe a achevé les travaux définis dans le ou les Lots de Travaux ;
- Vérifier que les entrées du Registre Qualité relatives au(x) produit(s) sont complètes ;
- S'assurer que chaque produit du Lot de Travaux a obtenu l'approbation nécessaire (telle qu'elle est définie dans les responsabilités qualité de la Description de Produit) ;

Tableau 15.2 Responsabilités de l'activité examiner l'état d'un Lot de Travaux

Producteur – responsable de la production du produit
Vérificateur – idéalement indépendant de la production
Approbateur – confirme l'approbation

Produit	Action	Entreprise/Programme	Exécutif	Utilisateur Principal	Fournisseur Principal	Chef de Projet	Chef d'équipe	Assurance Projet	Support Projet	Description de Produit disponible
Rapport d'Avancement	Revoir					V	(P)			A.3
Plan d'équipe	Revoir					V	(P)			
Plan de Séquence	Actualiser					P		V		A.16
Enregistrement(s) de Configuration	Actualiser					A	(V)	V	P	A.5
Registre des Risques	Actualiser					P				A.25
Registre des Incidences	Actualiser					P				A.12

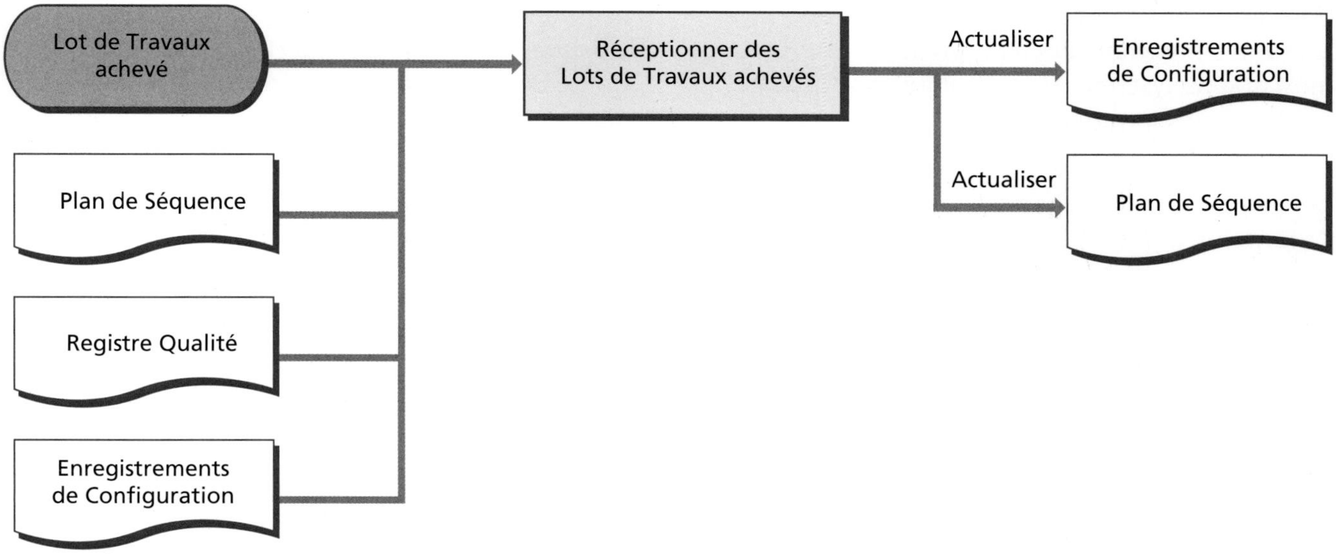

Figure 15.4 Résumé de l'activité réceptionner les Lots de Travaux achevés

- Vérifier que l'Enregistrement de Configuration de chaque produit approuvé a été actualisé ;
- Actualiser le Plan de Séquence pour indiquer que le Lot de Travaux est achevé.

Le Tableau 15.3 énumère les responsabilités de cette activité.

15.4.4 Examiner l'état de la séquence

Tout projet qui n'est pas vérifié de façon régulière risque de devenir incontrôlable. Il est donc impératif de trouver le juste équilibre entre la planification en amont et la réaction aux événements.

Pour prendre des décisions éclairées et exercer un contrôle rationnel, il est nécessaire de comparer ce qui s'est effectivement passé à ce qui aurait dû se passer et à ce qui pourrait arriver ensuite (y compris en matière d'incidences et de risques). Il est par conséquent essentiel de disposer d'un flux

Tableau 15.3 Responsabilités de l'activité réceptionner les Lots de Travaux achevés

Producteur – responsable de la production du produit
Vérificateur – idéalement indépendant de la production
Approbateur – confirme l'approbation

Produit	Action	Entreprise/Programme	Exécutif	Utilisateur Principal	Fournisseur Principal	Chef de Projet	Chef d'équipe	Assurance Projet	Support Projet	Description de Produit disponible
Enregistrement(s) de Configuration	Confirmer					A	(V)	V	P	A.5
Plan de Séquence	Actualiser					P		V		A.16

d'informations constant qui permette d'obtenir une vue d'ensemble de la progression du projet, ainsi que de systèmes de suivi simples et robustes, capables de fournir ces informations.

L'objectif de cette activité est, par conséquent, de maintenir une image précise et actualisée de l'avancement des travaux en cours et de l'état des ressources.

Elle intervient à la fréquence définie dans le Plan de Séquence ou peut être déclenchée sur avis du Comité de Pilotage de Projet ou dans le cadre de l'analyse de nouvelles incidences ou de nouveaux risques.

La Figure 15.5 décrit les éléments d'entrée et de sortie de cette activité.

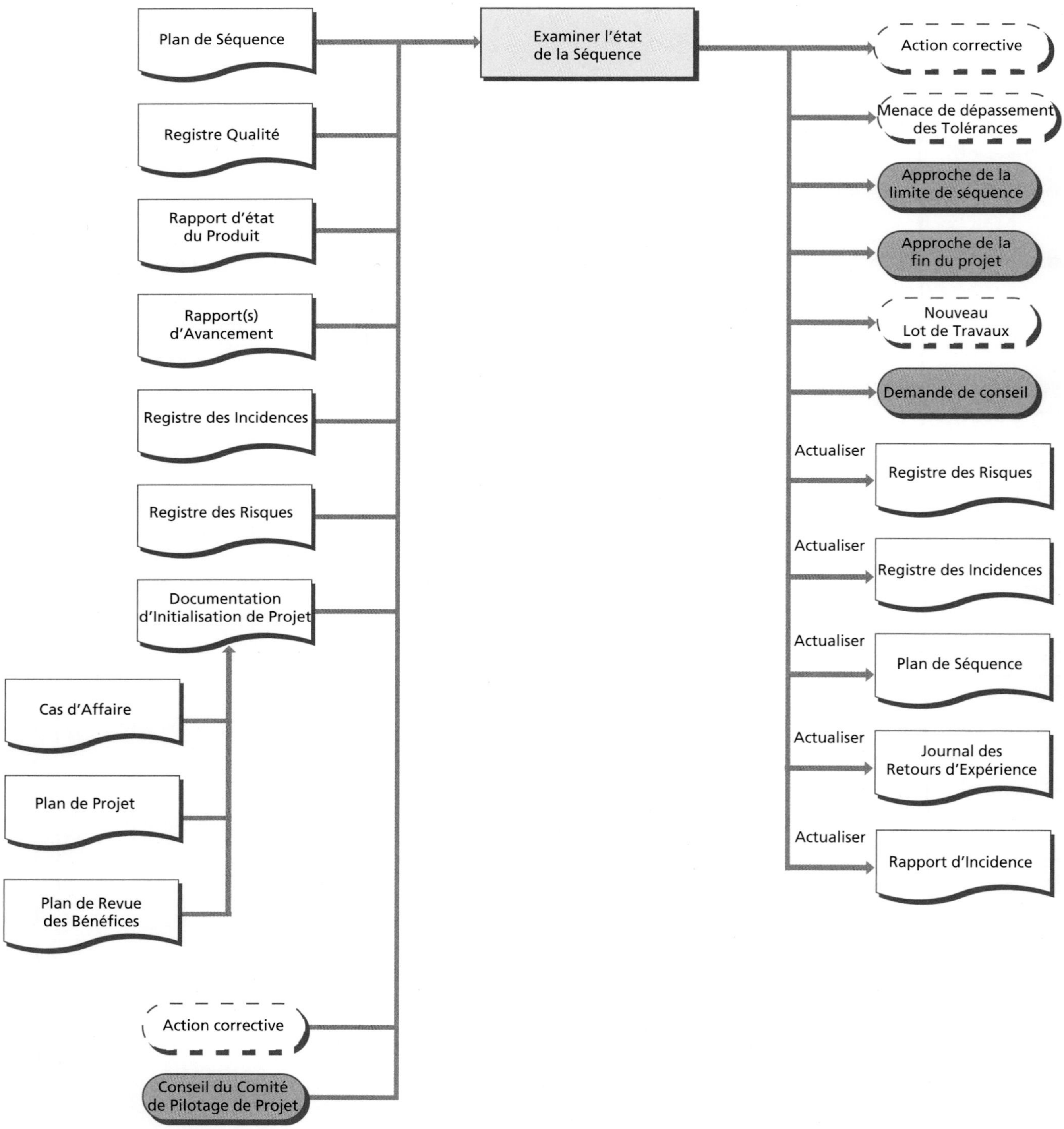

Figure 15.5 Résumé de l'activité examiner l'état de la séquence

PRINCE2 préconise les actions suivantes :

- Evaluer la progression de la séquence :
  - examiner les Rapports d'Avancement de la période concernée ;
  - examiner les prévisions et les données réelles du Plan de Séquence en cours ;
  - demander un Rapport d'état du Produit auprès du Support Projet afin d'identifier les variations éventuelles entre les prévisions de progression, la progression déclarée et la progression réelle ;
  - vérifier les incidences de qualité signalées dans le Registre Qualité ;
  - vérifier si le Registre des Risques contient des risques nouveaux ou révisés et évaluer leur impact sur le Cas d'Affaire, le Plan de Séquence ou le Plan de Projet ;
  - consulter le Registre des Incidences et vérifier si des événements internes ou externes au projet, susceptibles d'avoir un impact sur le Cas d'Affaire, le Plan de Séquence ou le Plan de Projet, se sont produits ;
  - vérifier l'état des actions correctives ;
  - évaluer l'utilisation des ressources pendant la période analysée ainsi que leur disponibilité pour le reste de la séquence (ou du projet). Identifier les variations potentielles en matière de future disponibilité des ressources ;
  - vérifier si le Plan de Revue des Bénéfices prévoit une revue des bénéfices et la réaliser s'il y a lieu.
- En fonction de l'analyse ci-dessus, décider s'il faut :
  - autoriser un Lot de Travaux (section 15.4.1) ;
  - rapporter la progression (section 15.4.5) si cela est demandé dans la Stratégie de Communication ;
  - recueillir et analyser les incidences et les risques (section 15.4.6) ;
  - remonter les incidences et les risques (section 15.4.7) si les tolérances sont menacées ;
  - mener des actions correctives (section 15.4.8) ;
  - demander conseil au Comité de Pilotage de Projet (et s'il y a lieu, lui fournir le Rapport d'Incidence) ;
  - consigner les retours d'expérience éventuellement identifiés ;
  - poursuivre conformément au plan.
- Réviser le Registre des Risques et le Registre des Incidences le cas échéant ;
- Actualiser le Plan de Séquence si l'évaluation globale modifie les prévisions ;
- Si la prise en charge de l'un des produits doit être transférée au client dans le cadre d'une remise progressive :
  - demander un Rapport d'état du Produit pour la version livrée ;
  - s'assurer :
    - que les produits ont été approuvés par les personnes spécifiées dans la Description de Produit ;
    - que les produits répondent à tous les critères qualité ou sont couverts par des compromis approuvés ;
    - que les organisations opérationnelles et de maintenance sont prêtes à assumer la responsabilité des produits.
  - remettre les produits (voir Chapitre 18).
- Examiner s'il est opportun de passer en revue les retours d'expérience à ce stade ou s'il est préférable d'attendre un examen ultérieur de l'état de la séquence ou la fin de la séquence ;
- Si la fin de la séquence en cours est proche (indiquée par exemple par le Plan de Séquence, le contenu du Registre Qualité, une échéance, etc.), préparer la séquence suivante (voir Chapitre 17) ;
- Si la fin de la séquence finale est proche, préparer la clôture du projet (voir Chapitre 18).

Le Tableau 15.4 énumère les responsabilités de cette activité.

Tableau 15.4 Responsabilités de l'activité examiner l'état de la séquence

Producteur – responsable de la production du produit
Vérificateur – idéalement indépendant de la production
Approbateur – confirme l'approbation

Produit	Action	Entreprise/Programme	Exécutif	Utilisateur Principal	Fournisseur Principal	Chef de Projet	Chef d'équipe	Assurance Projet	Support Projet	Description de Produit disponible
Registre des Risques	Actualiser					P				A.25
Registre des Incidences	Actualiser					P				A.12
Plan de Séquence	Actualiser					P		V		A.16
Journal des Retours d'Expérience	Actualiser					P				A.14
Rapport d'Incidence	Actualiser					P				A.13

15.4.5 Rapporter la progression

Le Chef de Projet doit fournir au Comité de Pilotage de Projet des informations récapitulatives sur l'état de la séquence et du projet et distribuer d'autres informations aux parties prenantes conformément à la fréquence documentée dans la Stratégie de Communication et définie par le Comité de Pilotage de Projet.

Pour de plus amples informations sur les contrôles de la progression, voir Chapitre 10.

La Figure 15.6 décrit les éléments d'entrée et de sortie de cette activité.

PRINCE2 préconise les actions suivantes :

- Rassembler les informations provenant des Rapports d'Avancement, du Registre des Risques, du Registre des Incidences, du Registre Qualité, du Journal des Retours d'Expérience, du Rapport d'état du Produit et de toute révision significative du Plan de Séquence pour la période de reporting en cours (ces informations proviennent de l'activité examiner l'état de la séquence, voir section 15.4.4) ;
- Etablir une liste des actions correctives (telles qu'elles sont notées dans le Journal de Projet et/ou consignées dans le Registre des Incidences) menées pendant la période de reporting. Le Comité de Pilotage de Projet pourra ainsi s'assurer par exemple que le Chef de Projet agit dans les limites de tolérance convenues (ces informations proviennent de l'activité mener des actions correctives, voir section 15.4.8) ;
- Examiner le Rapport de Progression de la période de reporting précédente ;
- Produire le Rapport de Progression pour la période de reporting en cours ;
- Distribuer le Rapport de Progression au Comité de Pilotage de Projet et aux autres destinataires identifiés dans la Stratégie de Communication.

Le Tableau 15.5 énumère les responsabilités de cette activité.

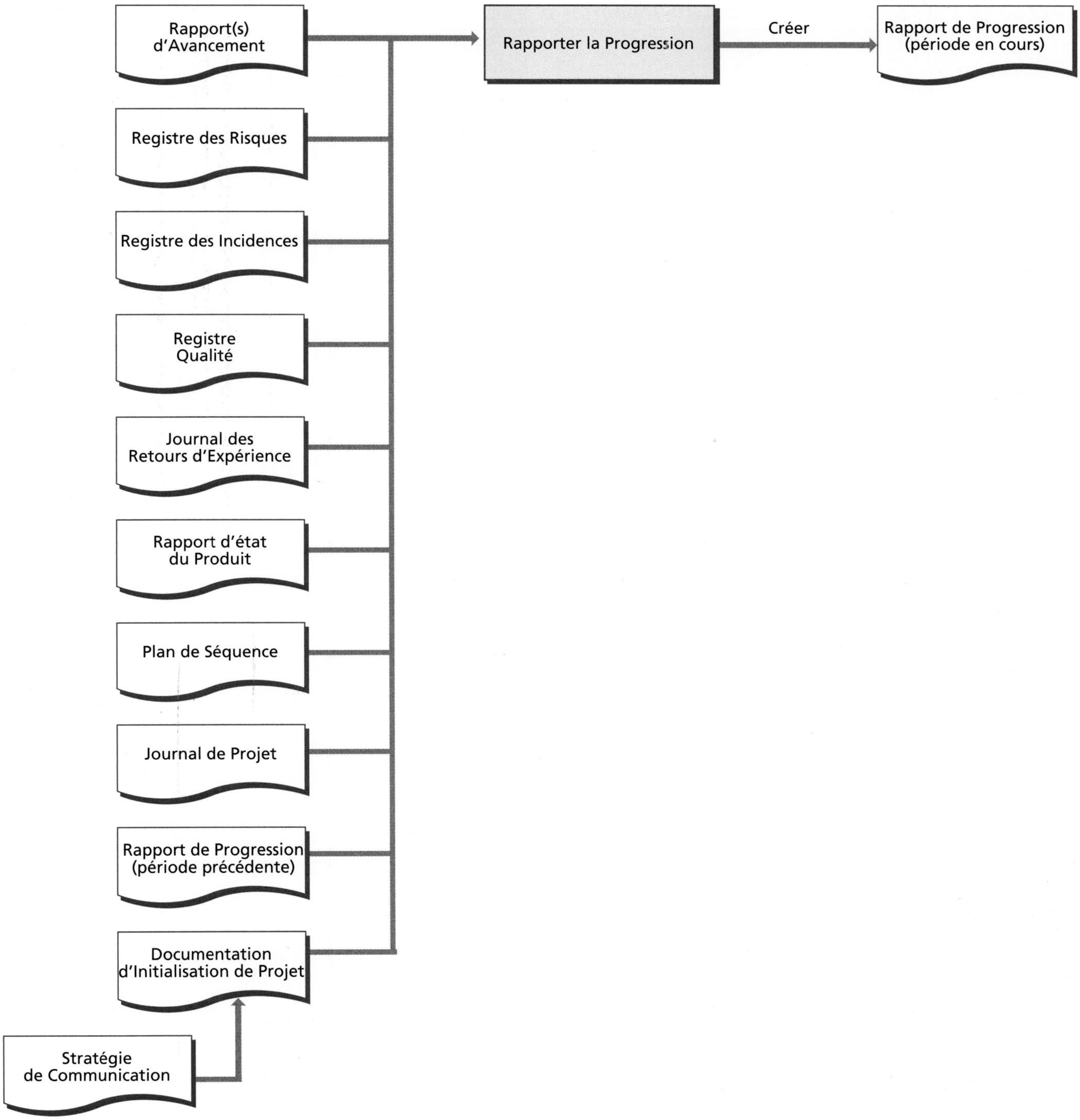

Figure 15.6 Résumé de l'activité rapporter la progression

Tableau 15.5 Responsabilités de l'activité rapporter la progression

Producteur – responsable de la production du produit
Vérificateur – idéalement indépendant de la production
Approbateur – confirme l'approbation

Produit	Action	Entreprise/Programme	Exécutif	Utilisateur Principal	Fournisseur Principal	Chef de Projet	Chef d'équipe	Assurance Projet	Support Projet	Description de Produit disponible
Rapport de Progression	Créer					P		V		A.11

15.4.6 Recueillir et analyser les incidences et les risques

Le management du projet sera invariablement ponctué d'incidences et de risques. Ceux-ci se produiront de façon aléatoire et devront être recueillis de manière fiable et systématique. Tout membre de l'équipe de projet, de la Direction de l'Entreprise ou de Programme ou de toute autre partie prenante peut signaler une incidence ou un risque.

Avant de prendre une décision sur la marche à suivre, chaque incidence ou risque doit être enregistré et évalué par rapport à son impact.

Pour de plus amples informations sur le management des risques, voir Chapitre 8.

Pour de plus amples informations sur les procédures de contrôle des incidences et de maîtrise des changements, voir Chapitre 9.

La Figure 15.7 décrit les éléments d'entrée et de sortie de cette activité.

PRINCE2 préconise les actions suivantes :

- Le Chef de Projet s'efforcera, dans la mesure du possible, de traiter l'incidence de façon informelle. Il consignera son action sous forme de note dans le Journal de Projet (voir Chapitre 9 pour plus d'informations) ;
- Si l'incidence nécessite une approche plus formelle (voir Chapitre 9 pour plus d'informations) :
  - vérifier les exigences de la procédure de contrôle des incidences et de maîtrise des changements dans la Stratégie de Configuration ;
  - saisir immédiatement l'incidence dans le Registre des Incidences ;
  - catégoriser l'incidence (s'agit-il d'une requête de changement, d'une hors-spécification ou d'un problème/souci ?) ;
  - évaluer la gravité de l'incidence ;
  - évaluer la priorité de l'incidence (pour les requêtes de changement et les hors-spécifications) ;
  - évaluer l'impact de l'incidence sur le Plan de Séquence, le Plan de Projet et le Cas d'Affaire ;
  - documenter l'incidence en créant un Rapport d'Incidence ;
  - communiquer l'état de l'incidence conformément à la Stratégie de Configuration et vérifier, dans la Stratégie de Communication, s'il convient d'informer d'autres parties externes de l'incidence.
- Pour les risques (voir Chapitre 8 pour plus d'informations) :
  - vérifier les exigences de la procédure de management des risques dans la Stratégie des Risques ;
  - saisir immédiatement le risque dans le Registre des Risques ;
  - identifier l'événement de risque et décrire sa cause et son effet ;

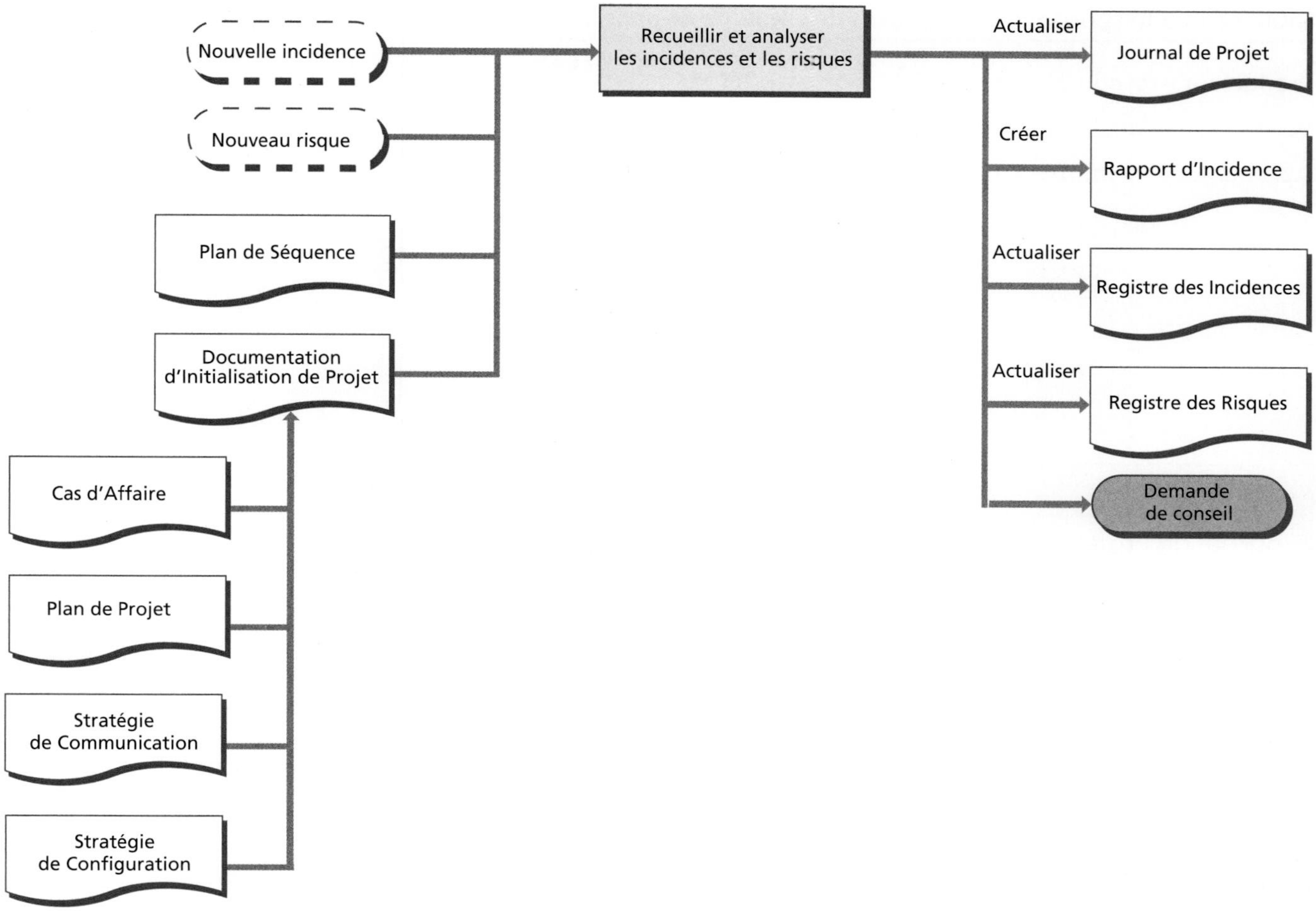

Figure 15.7 Résumé de l'activité recueillir et analyser les incidences et les risques

- évaluer le risque par rapport au Plan de Séquence, au Plan de Projet et au Cas d'Affaire et planifier la réponse au risque retenue ;
- communiquer l'état du risque conformément à la Stratégie des Risques et vérifier, dans la Stratégie de Communication, s'il convient d'informer du risque d'autres parties externes.

- S'il s'avère nécessaire de mener des actions correctives, demander conseil au Comité de Pilotage de Projet. Pour remonter une incidence ou un risque, examiner tout d'abord l'état de la séquence afin de présenter un tableau complet de la situation (voir section 15.4.4).

Le Tableau 15.6 énumère les responsabilités de cette activité.

Tableau 15.6 Responsabilités de l'activité recueillir et analyser les incidences et les risques

Producteur – responsable de la production du produit
Vérificateur – idéalement indépendant de la production
Approbateur – confirme l'approbation

Produit	Action	Entreprise/Programme	Exécutif	Utilisateur Principal	Fournisseur Principal	Chef de Projet	Chef d'équipe	Assurance Projet	Support Projet	Description de Produit disponible
Journal de Projet	Actualiser					P				A.7
Rapport d'Incidence	Créer					P				A.13
Registre des Incidences	Actualiser					P				A.12
Registre des Risques	Actualiser					P				A.25

15.4.7 Remonter les incidences et les risques

Une séquence ne doit jamais sortir des tolérances convenues avec le Comité de Pilotage de Projet. Le Chef de Projet ne peut mener des actions correctives ou maintenir le statu quo tant que la séquence (ou le projet) reste dans les tolérances établies par le Comité de Pilotage de Projet. La remontée des incidences et des risques n'intervient que lorsque les actions correctives menées par le Chef de Projet ne suffisent pas à empêcher la séquence (ou le projet) de dépasser les tolérances convenues. Elle couvre tous les types d'incidences et de risques (ou cumul d'incidences et de risques) qui ne peuvent être résolus dans les limites de tolérance fixées par le Comité de Pilotage de Projet.

Etant donné que la collecte des informations nécessaires à la création d'un Rapport d'Exception peut prendre un certain temps, il est recommandé d'avertir le Comité de Pilotage de Projet aussi rapidement que possible. Le Chef de Projet pourra par conséquent choisir d'exécuter cette activité en deux étapes : en notifiant à l'avance le Comité de Pilotage de Projet de la situation d'exception prévue et en lui fournissant par la suite des informations justificatives sous forme de Rapport d'Exception.

Le Chef de projet doit exécuter toute décision prise par le Comité de Pilotage de Projet en réponse à la remontée.

La remontée des incidences et des risques constitue une bonne pratique et ne doit pas être considérée comme un échec. Une remontée précoce des incidences permettra de consacrer plus de temps à la mise en œuvre des actions correctives.

Pour de plus amples informations sur le management des risques, voir Chapitre 8.

Pour de plus amples informations sur le contrôle des incidences et la maîtrise des changements, voir Chapitre 9.

Pour de plus amples informations sur le management par exception, voir Chapitre 10.

La Figure 15.8 décrit les éléments d'entrée et de sortie de cette activité.

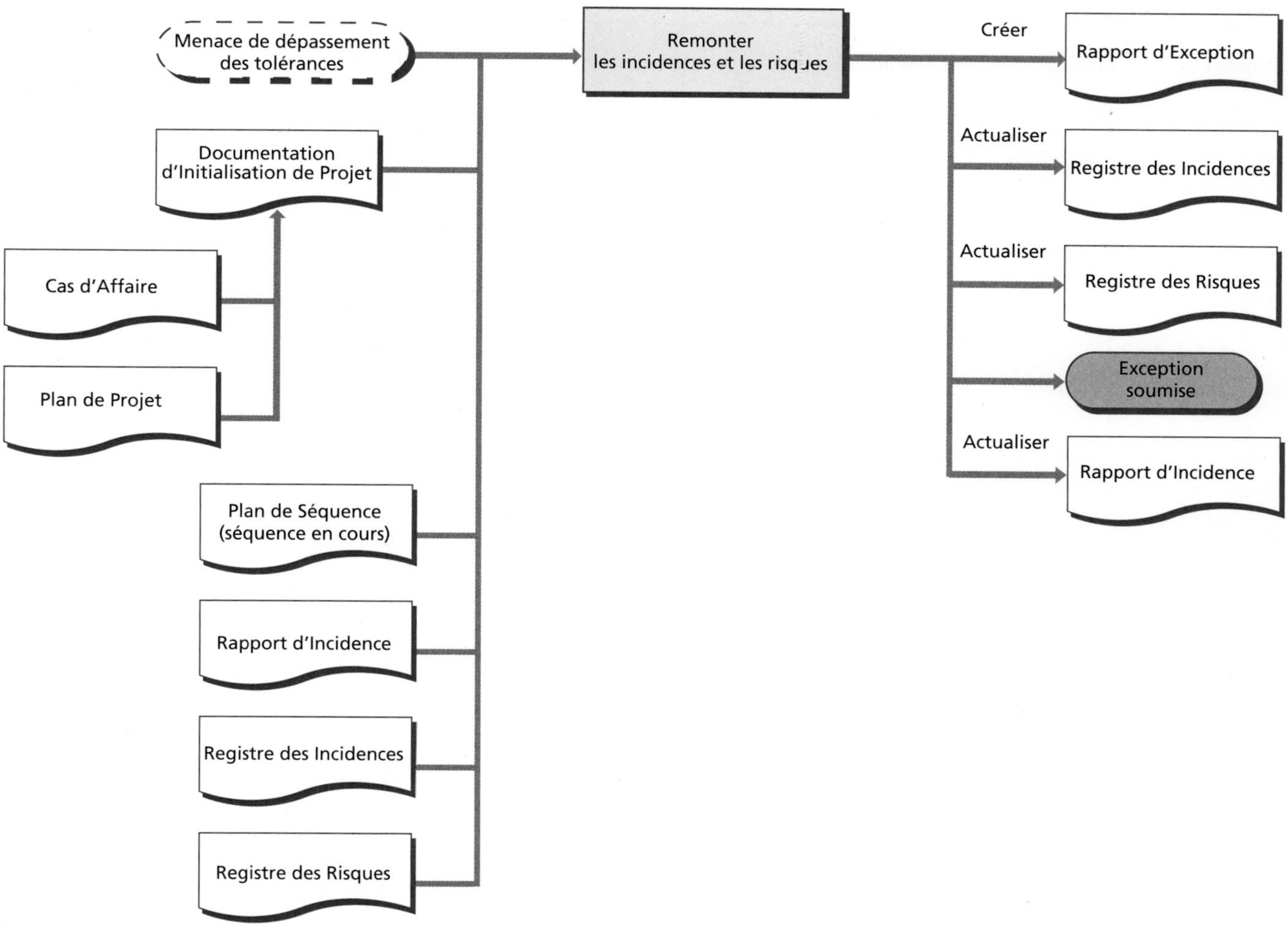

Figure 15.8 Résumé de l'activité remonter les incidences et les risques

PRINCE2 préconise les actions suivantes :

- Examiner le Plan de séquence afin de définir l'étendue de la déviation et les produits non achevés et d'extrapoler les conséquences potentielles de cette déviation si elle était autorisée à se poursuivre ;
- Examiner le Plan de Projet et vérifier l'état du projet ainsi que l'effet général de toute déviation (en utilisant le référentiel actuel de la Documentation d'Initialisation de Projet) ;
- Déterminer les différentes options permettant de rétablir la situation et les évaluer par rapport au Cas d'Affaire ;
- Evaluer l'impact de ces options par rapport au Plan de Séquence de la séquence en cours. Vérifier la disponibilité des personnes ou des groupes justifiant des compétences ou de l'expérience nécessaires pour évaluer l'impact ;
- Présenter la situation, les options et les recommandations de plan d'action au Comité de Pilotage de Projet sous forme de Rapport d'Exception. Le Comité de Pilotage de Projet décidera ensuite d'un plan d'action approprié (qui pourra cautionner ou non la recommandation du Chef de projet). Ce plan d'action pourra consister à :
  - demander plus d'informations ou plus de temps pour formuler une réponse ;
  - approuver, repousser ou refuser une requête de changement ;
  - accorder un compromis pour une hors-spécification, la repousser ou la refuser ;
  - augmenter les tolérances qui menacent d'être dépassées ;
  - demander au Chef de Projet de produire un Plan d'Exception, en précisant ce qui sera acceptable (voir Chapitre 17) ;
  - demander au Chef de Projet de clore prématurément le projet (voir Chapitre 18).

Le Tableau 15.7 énumère les responsabilités de cette activité.

Tableau 15.7 Responsabilités de l'activité remonter les incidences et les risques

Producteur – responsable de la production du produit
Vérificateur – idéalement indépendant de la production
Approbateur – confirme l'approbation

Produit	Action	Entreprise/Programme	Exécutif	Utilisateur Principal	Fournisseur Principal	Chef de Projet	Chef d'équipe	Assurance Projet	Support Projet	Description de Produit disponible
Rapport d'Exception	Créer		(A)	(V)	(V)	P		V		A.10
Registre des Incidences	Actualiser					P				A.12
Registre des Risques	Actualiser					P				A.25
Rapport d'Incidence	Actualiser					P				A.13

15.4.8 Mener des actions correctives

Les changements et ajustements apportés au projet doivent être effectués de manière réfléchie et rationnelle, même s'ils semblent facilement gérables et se trouvent dans les limites de tolérance.

L'action corrective a pour but de sélectionner, et, dans les limites de tolérance de la séquence et du projet, de mettre en œuvre des actions destinées à redresser les déviations par rapport au plan. Toute action corrective est déclenchée lors de l'activité examiner l'état de la séquence (section 15.4.4) et consiste généralement à prendre en compte les conseils et les directives émanant du Comité de Pilotage de Projet et à traiter les incidences générées par les Chefs d'équipe.

Pour de plus amples informations sur la planification, voir Chapitre 7. Pour de plus amples informations sur le contrôle des incidences et la maîtrise des changements, voir Chapitre 9.

La Figure 15.9 décrit les éléments d'entrée et de sortie de cette activité.

PRINCE2 préconise les actions suivantes :

- Recueillir toutes les informations pertinentes sur la déviation (à partir des Enregistrements de Configuration, du Registre des Incidences, du Registre des Risques, du Rapport d'Incidence, du Rapport d'Exception, de l'avis du Comité de Pilotage de Projet et du Journal de Projet) ;
- Identifier les différentes manières d'aborder la déviation et sélectionner l'option la plus appropriée ;
- Déclencher une action corrective par le biais de l'activité autoriser un Lot de Travaux (voir section 15.4.1) ;
- Actualiser les Enregistrements de Configuration des produits concernés ;
- Actualiser le Rapport d'Incidence (s'il y a lieu) pour indiquer l'état de l'action corrective ;
- Actualiser le Registre des Incidences à partir de tous changements résultant de l'action corrective (ou si l'incidence est traitée de façon informelle, actualiser le Journal de Projet à l'aide des détails et de l'état de l'action corrective) ;
- Actualiser le Registre des Risques à partir de tous changements résultant de l'action corrective ;
- Actualiser le Plan de Séquence de la séquence en cours.

Le Tableau 15.8 énumère les responsabilités de cette activité.

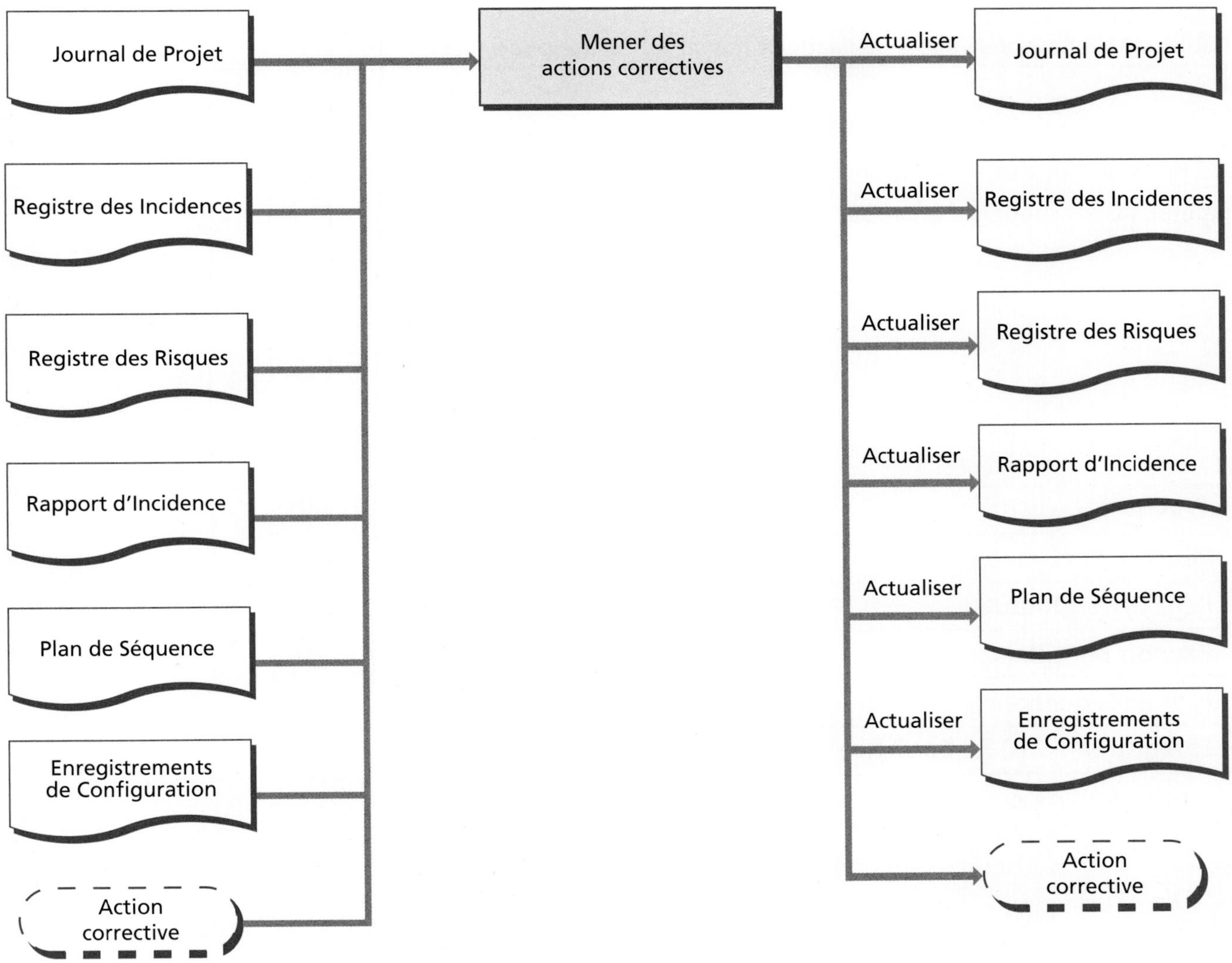

Figure 15.9 Résumé de l'activité mener des actions correctives

Tableau 15.8 Responsabilités de l'activité mener des actions correctives

Producteur – responsable de la production du produit
Vérificateur – idéalement indépendant de la production
Approbateur – confirme l'approbation

Produit	Action	Entreprise/Programme	Exécutif	Utilisateur Principal	Fournisseur Principal	Chef de Projet	Chef d'équipe	Assurance Projet	Support Projet	Description de Produit disponible
Registre des Incidences	Actualiser					P				A.12
Registre des Risques	Actualiser					P				A.25
Rapport d'Incidence	Actualiser					P		V		A.13
Plan de Séquence	Actualiser					P		V		A.16
Enregistrement(s) de Configuration	Actualiser					P	(V)		V	A.5
Journal de Projet	Actualiser					P				A.7

16

Gérer la Livraison des Produits

16 Gérer la Livraison des Produits

16.1 FINALITÉ

Le processus Gérer la Livraison des Produits a pour objectif de contrôler le lien entre le Chef de Projet et le ou les Chefs d'équipe, en établissant des exigences formelles pour l'acceptation, l'exécution et la livraison des travaux du projet.

Le rôle du ou des Chefs d'équipe consiste à coordonner une zone de travail pour livrer un ou plusieurs produits du projet. Ils peuvent être internes ou externes à l'organisation du client.

16.2 OBJECTIF

Le processus Gérer la Livraison des Produits a pour objectif de s'assurer que :

- Le travail attribué à l'équipe pour la réalisation des produits est effectivement convenu et autorisé ;
- Les Chefs d'équipe, les membres des équipes et les fournisseurs comprennent parfaitement ce qui doit être produit, les efforts, les coûts et délais anticipés ;
- Les produits prévus sont livrés conformément aux attentes et dans les limites de tolérance ;
- Des informations précises sur l'avancement sont fournies au Chef de Projet à une périodicité convenue de façon à répondre aux attentes.

16.3 CONTEXTE

Le processus Gérer la Livraison des Produits considère le projet du point de vue du Chef d'équipe, alors que le processus Contrôler une Séquence adopte la perspective du Chef de Projet.

Le Chef d'équipe s'assure que les produits sont créés et livrés au projet par l'équipe en :

- Acceptant et en contrôlant les Lots de Travaux autorisés par le Chef de Projet ;
- S'assurant que les interfaces identifiées dans le Lot de Travaux sont maintenues ;
- Créant un Plan d'équipe pour les Lots de Travaux attribués (ceci peut être fait en parallèle avec la création par le Chef de Projet du Plan de Séquence pour la séquence management) ;
- S'assurant que les produits sont développés conformément à toutes les méthodes de développement spécifiées dans le Lot de Travaux ;
- Démontrant que chaque produit répond à ses critères de qualité par l'intermédiaire de la ou des méthodes qualité spécifiées dans la Description de Produit – la technique de revue qualité PRINCE2 peut éventuellement être utilisée (voir chapitre 6) ;
- Obtenant l'approbation des produits achevés auprès des autorités identifiées dans la Description de Produit ;

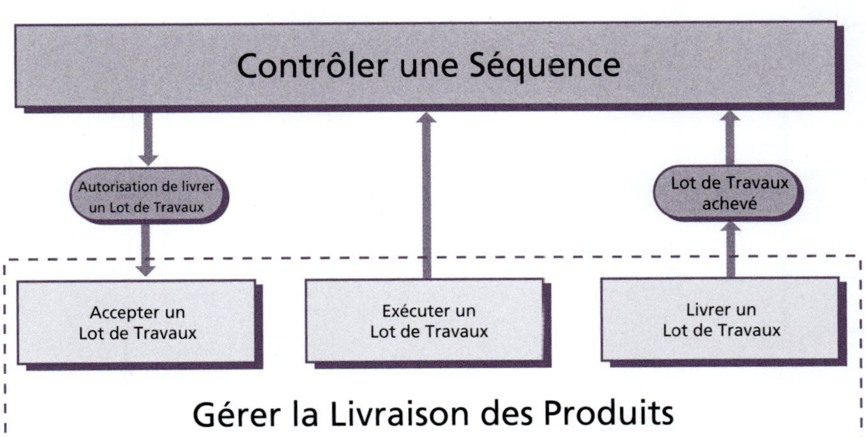

Figure 16.1 Vue d'ensemble de Gérer la Livraison des Produits

- Livrant les produits au Chef de Projet en suivant toutes les procédures spécifiées dans le Lot de Travaux.

Si le projet fait appel à des fournisseurs extérieurs qui n'utilisent pas PRINCE2, Gérer la Livraison des Produits fournit les termes de l'interface requise entre le Chef d'équipe et la méthode PRINCE2 utilisée par le Chef de Projet pour le projet. Le Lot de Travaux peut faire l'objet d'un accord contractuel. Par conséquent, la formalité d'un Plan d'équipe peut varier du simple ajout d'un calendrier au Lot de Travaux à un plan complet présenté dans un style similaire à celui d'un Plan de Séquence.

16.4 ACTIVITÉS

Les activités du processus Gérer la Livraison des Produits relèvent essentiellement du Chef d'équipe et consistent à :

- Accepter un Lot de Travaux ;
- Exécuter un Lot de Travaux ;
- Livrer un Lot de Travaux.

16.4.1 Accepter un Lot de Travaux

Le principe fondamental se résume ainsi : avant l'attribution d'un Lot de Travaux à l'équipe, un accord doit exister entre le Chef de Projet et le Chef d'équipe sur ce qui doit être livré, les besoins de communication, les contraintes qui s'appliquent et toutes les procédures à suivre, ainsi que sur le caractère raisonnable des exigences du Lot de Travaux et s'il est possible de les respecter.

La Figure 16.2 décrit les éléments d'entrée et de sortie de cette activité.

PRINCE2 préconise les actions suivantes :

- Examiner le Lot de Travaux :
  - obtenir toute la documentation référencée ;
  - établir clairement ce qui doit être livré avec le Chef de Projet ;
  - au nom de l'équipe, négocier avec le Chef de Projet les contraintes sous lesquelles le travail doit être effectué ;
  - convenir des marges de tolérance pour le Lot de Travaux ;
  - comprendre les besoins de communication ;
  - comprendre comment et auprès de qui il faut obtenir l'approbation du ou des produits ;
  - comprendre comment le ou les produits approuvés doivent être officiellement remis ;
  - confirmer la manière dont le Chef de Projet devra être informé de l'achèvement du Lot de Travaux.
- Produire le Plan d'équipe pour montrer que le ou les produits peuvent être achevés dans le respect des contraintes données. Vérifier auprès de l'Assurance Projet (fournisseur) que le Plan d'équipe est viable et conforme aux normes en vigueur du fournisseur ;
- Obtenir l'approbation nécessaire pour le Plan d'équipe (il est possible qu'une relation client/ fournisseur commerciale ne permette pas au Chef de Projet de vérifier et d'approuver le Plan d'équipe. Dans ce cas, les échéances clés

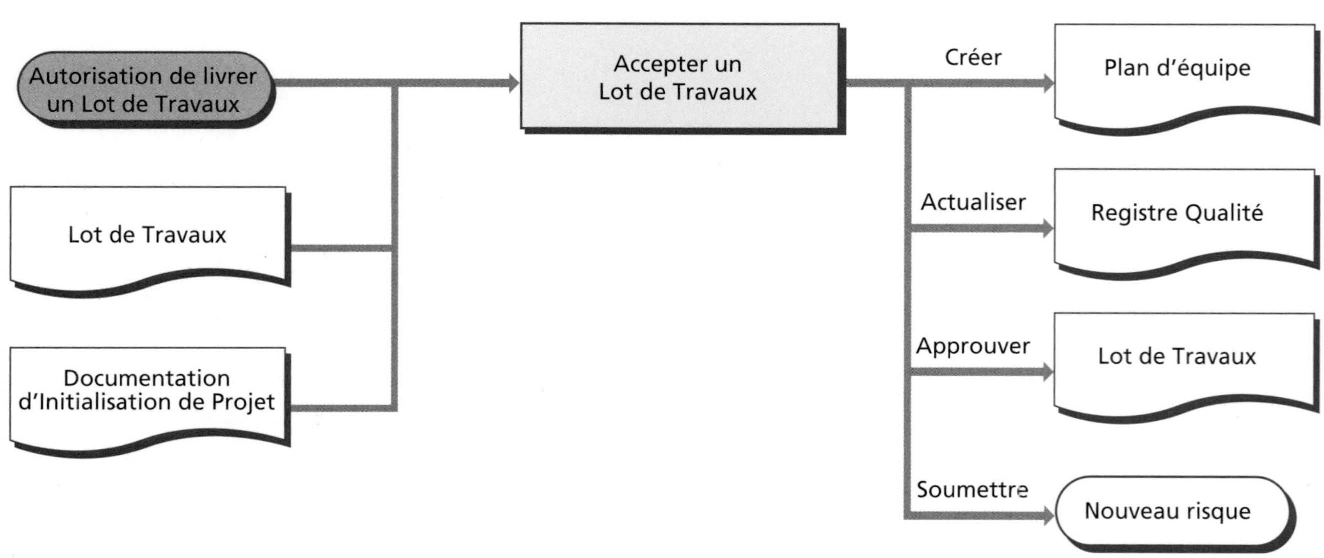

Figure 16.2 Résumé de l'activité accepter un Lot de Travaux

seront résumées dans le Lot de Travaux. Dans un contexte commercial, le Fournisseur Principal peut vérifier et approuver les Plans d'équipe) ;

- Passer les risques en revue par rapport au Plan d'équipe et informer le Chef de Projet de tous les risques supplémentaires ou modifiés (si le Lot de Travaux permet au Chef d'équipe d'enregistrer directement les risques, le Chef d'équipe doit mettre le Registre des Risques à jour) ;
- Vérifier auprès de l'Assurance Projet si des vérificateurs supplémentaires sont nécessaires et s'assurer que le Registre Qualité est mis à jour en conséquence (le Lot de Travaux indique la procédure à suivre pour mettre à jour le Registre Qualité) ;
- Convenir de réaliser le Lot de Travaux.

Le Tableau 16.1 énumère les responsabilités de cette activité.

16.4.2 Exécuter un Lot de Travaux

Le travail doit être exécuté et surveillé selon les exigences définies dans le Lot de Travaux autorisé.

Durant le développement des produits, le Lot de Travaux ne doit jamais sortir des tolérances convenues avec le Chef de Projet. Le Chef d'équipe peut seulement poursuivre le Lot de Travaux, ou prendre des actions correctives, s'il est prévu que le Lot de Travaux restera dans les tolérances établies par le Chef de Projet. Dès qu'un dépassement des tolérances du Lot de Travaux est anticipé, le Chef d'équipe doit signaler une incidence au Chef de Projet qui décidera ensuite de la marche à suivre.

La Figure 16.3 décrit les éléments d'entrée et de sortie de cette activité.

Tableau 16.1 Responsabilités de l'activité accepter un Lot de Travaux

Producteur – responsable de la production du produit

Vérificateur – idéalement indépendant de la production

Approbateur – confirme l'approbation

Produit	Action	Entreprise/Programme	Exécutif	Utilisateur Principal	Fournisseur Principal	Chef de Projet	Chef d'équipe	Assurance Projet	Support Projet	Description de Produit disponible
Plan d'équipe	Créer				(A)	(A)	P	V		
Risque	Soumettre					(V)	P			
Registre Qualité	Actualiser					(V)	V		(P)	A.23
Lot de Travaux	Approuver					(P)	A	V		A.26

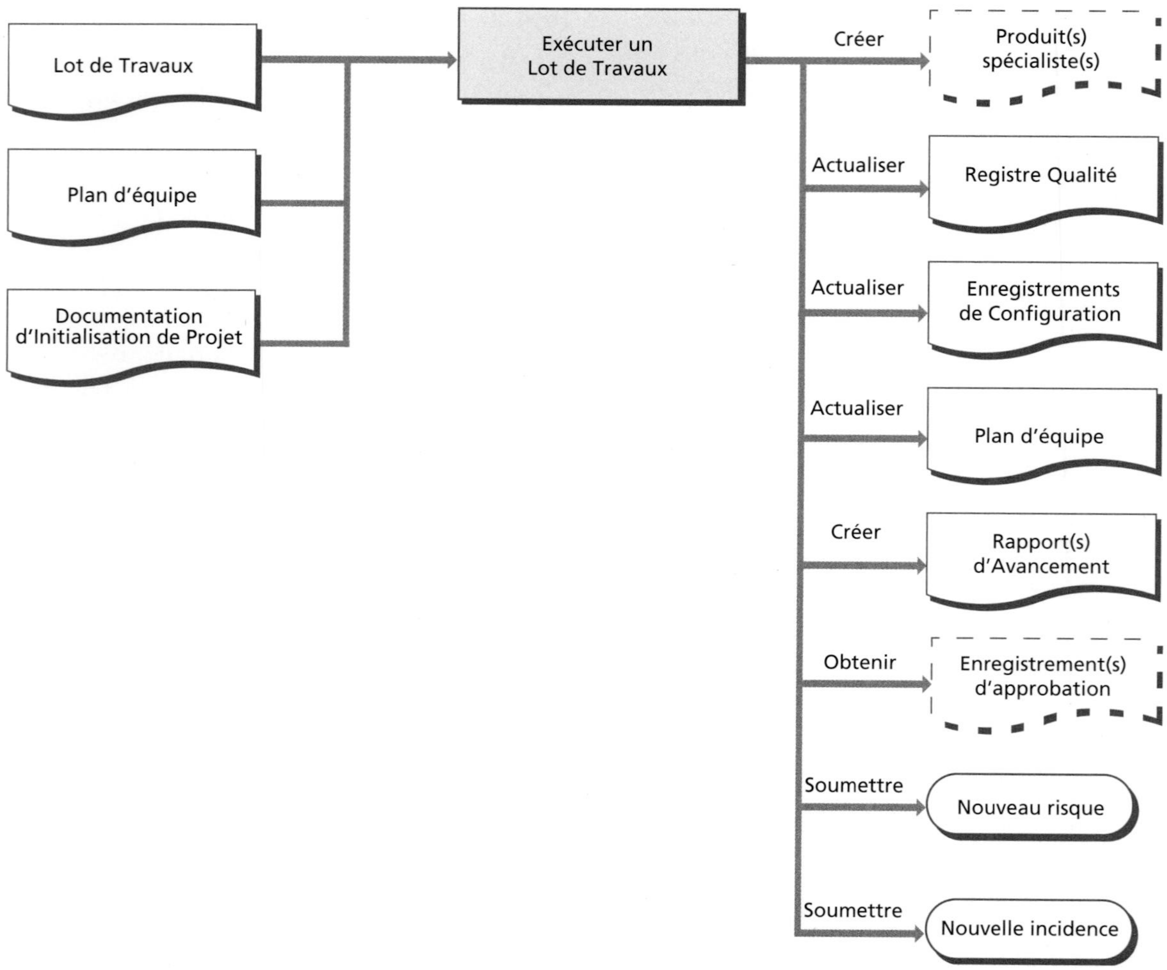

Figure 16.3 Résumé de l'activité exécuter un Lot de Travaux

PRINCE2 préconise les actions suivantes :

- Gérer le développement des produits requis :
  - développer le ou les produits requis par le Lot de Travaux en respectant les critères qualité définis dans la ou les Descriptions de Produit ;
  - s'assurer que le travail est réalisé conformément aux techniques, processus et procédures requis et spécifiés dans le Lot de Travaux ;
  - maintenir les interfaces du développement et des aspects opérationnels et de support tels qu'elles sont détaillées dans le Lot de Travaux ;
  - consulter le Lot de Travaux pour vérifier la procédure à utiliser pour mettre à jour le Registre Qualité (par exemple, pour enregistrer des activités de management de la qualité) ;
  - collecter et enregistrer les efforts fournis ;
  - surveiller et contrôler toutes les incidences et tous les risques associés au Lot de Travaux et signaler leur état au Chef de Projet.
- Informer le Chef de Projet de tous les nouveaux risques, incidences ou retours d'expérience. Le Chef de Projet décidera ensuite de la marche à suivre appropriée. Exécuter l'action demandée par le Chef de Projet ;
- Obtenir les approbations pour les produits achevés :
  - consulter le Lot de Travaux pour vérifier et suivre la méthode d'obtention et d'émission des enregistrements des approbations ;
  - consulter le Lot de Travaux pour vérifier et suivre la procédure à utiliser pour mettre à jour les Enregistrements de Configuration (pour changer l'état des produits achevés).
- Vérifier et rendre compte de l'état du Lot de Travaux au Chef de Projet :
  - déterminer l'état de chaque produit dans le Lot de Travaux ;

Tableau 16.2 Responsabilités de l'activité exécuter un Lot de Travaux

Producteur – responsable de la production du produit
Vérificateur – idéalement indépendant de la production
Approbateur – confirme l'approbation

Produit	Action	Entreprise/Programme	Exécutif	Utilisateur Principal	Fournisseur Principal	Chef de Projet	Chef d'équipe	Assurance Projet	Support Projet	Description de Produit disponible
Produits spécialistes	Créer		(A)	(A)	(A)	(V)	P	V		
Registre Qualité	Actualiser					(V)	V		(P)	A.23
Enregistrements de Configuration	Actualiser						P		P	A.5
Plan d'équipe	Actualiser						P	V		
Rapport d'Avancement	Créer					(V)	P			A.3
Incidence	Soumettre					(V)	P			
Risque	Soumettre					(V)	P			
Enregistrements d'approbation	Obtenir					(V)	P	V	V	

- mettre à jour le Plan d'équipe et, au besoin, vérifier sa viabilité auprès de l'Assurance Projet (fournisseur) ;
- fournir les informations d'avancement au Chef de Projet dans les Rapports d'Avancement, selon la méthode et la fréquence définies dans le Lot de Travaux ;
- si un dépassement des tolérances convenues pour le Lot de Travaux est prévu, prévenir le Chef de Projet en générant une incidence.

Le Tableau 16.2 énumère les responsabilités de cette activité.

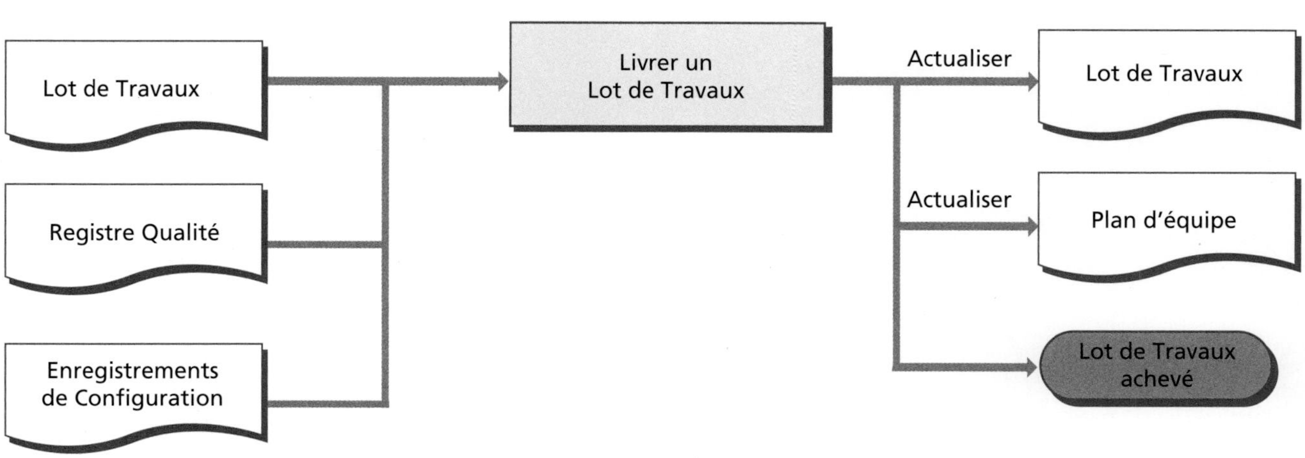

Figure 16.4 Résumé de l'activité livrer un Lot de Travaux

16.4.3 Livrer un Lot de Travaux

Tout comme le Chef de Projet accepte le Lot de Travaux, la notification de son achèvement doit lui être communiquée.

La Figure 16.4 décrit les éléments d'entrée et de sortie de cette activité.

PRINCE2 préconise les actions suivantes :

- Consulter le Registre Qualité pour vérifier que toutes les activités qualité associées au Lot de Travaux sont achevées ;
- Consulter les Enregistrements de Configuration pour vérifier que tous les produits à livrer par le Lot de Travaux sont approuvés ;
- Mettre à jour le Plan d'équipe pour montrer que le Lot de Travaux est achevé ;
- Vérifier le Lot de Travaux pour consulter et suivre la procédure à utiliser pour livrer des produits achevés et informer le Chef de Projet de l'achèvement du Lot de Travaux.

Le Tableau 16.3 énumère les responsabilités de cette activité.

Tableau 16.3 Responsabilités de l'activité livrer un Lot de Travaux

Producteur – responsable de la production du produit

Vérificateur – idéalement indépendant de la production

Approbateur – confirme l'approbation

Produit	Action	Entreprise/Programme	Exécutif	Utilisateur Principal	Fournisseur Principal	Chef de Projet	Chef d'équipe	Assurance Projet	Support Projet	Description de Produit disponible
Lot de Travaux	Actualiser					(A)	P	V		A.26
Plan d'équipe	Actualiser					(V)	P	V		

17

Gérer une Limite de Séquence

17 Gérer une Limite de Séquence

17.1 FINALITÉ

Le processus Gérer une Limite de Séquence a pour but de permettre au Comité de Pilotage de Projet d'être suffisamment informé par le Chef de Projet de manière à ce que le Comité de Pilotage de Projet soit en mesure d'évaluer la réussite de la séquence en cours, d'approuver le Plan de Séquence suivante, de vérifier le Plan de Projet mis à jour et de confirmer la justification continue pour l'entreprise et l'acceptabilité des risques. Le processus doit donc être exécuté à la fin ou à l'approche de la fin de chaque séquence management.

Les projets ne se déroulent pas toujours comme prévu et, en réponse à un Rapport d'Exception (s'il est prévu que la séquence ou le projet dépasse ses tolérances), le Comité de Pilotage de Projet peut demander à ce que la séquence en cours

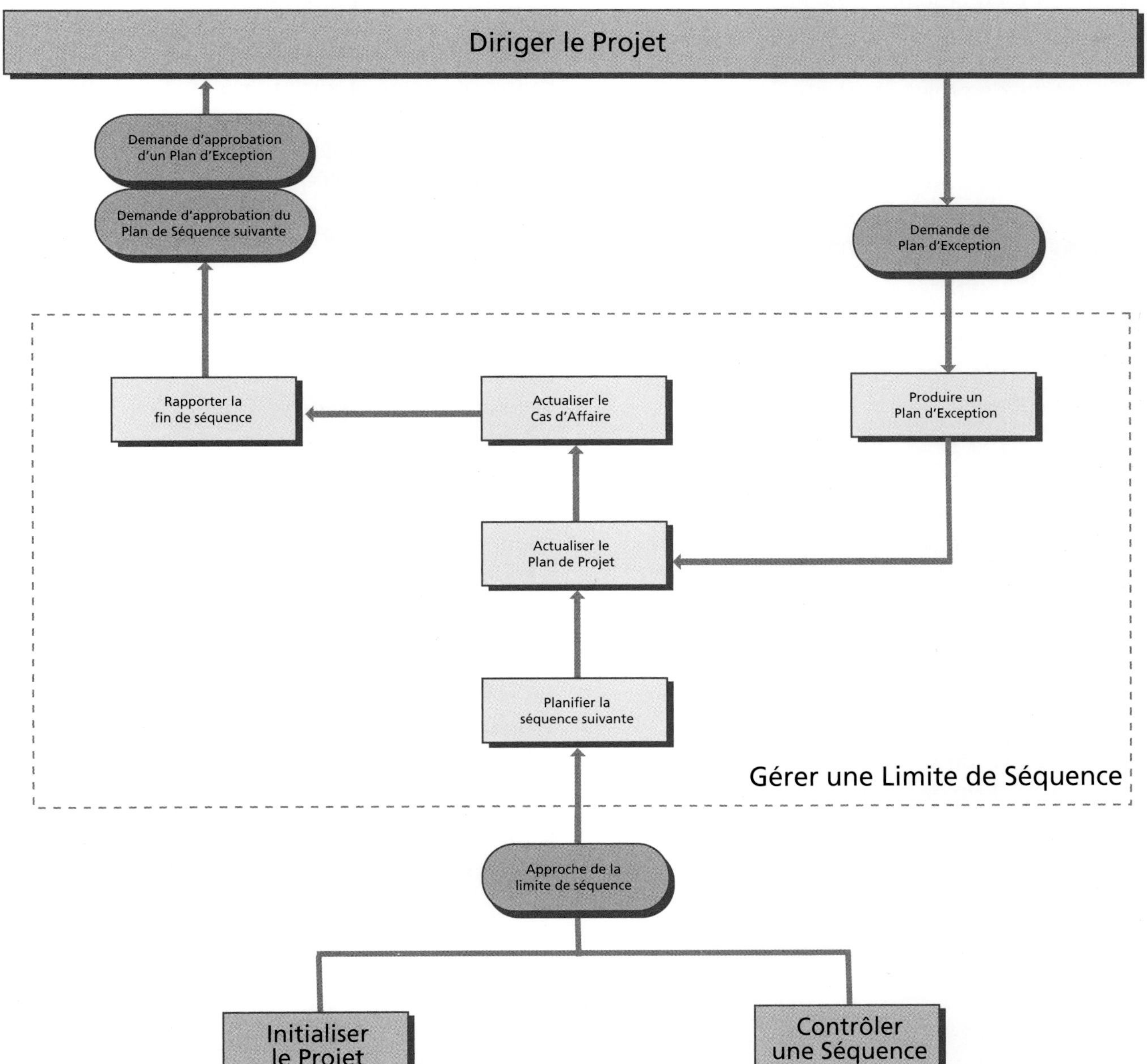

Figure 17.1 Vue d'ensemble de Gérer une Limite de Séquence

(et éventuellement le projet) soit replanifiée. Le résultat de la replanification est un Plan d'Exception qui est soumis à l'approbation du Comité de Pilotage de Projet de la même manière qu'un Plan de Séquence doit être approuvé.

17.2 OBJECTIF

Le processus Gérer une Limite de Séquence a pour objectif de :

- Confirmer au Comité de Pilotage de Projet que tous les produits du Plan de Séquence pour la séquence en cours sont achevés et approuvés ;
- Préparer le Plan de Séquence pour la séquence suivante ;
- Vérifier et, au besoin, actualiser la Documentation d'Initialisation de Projet (en particulier le Cas d'Affaire, le Plan de Projet, l'approche de projet, les stratégies, la structure de l'équipe de projet et les descriptions de rôle) ;
- Fournir les informations nécessaires au Comité de Pilotage de Projet pour évaluer la viabilité continue du projet – y compris l'exposition globale aux risques ;
- Enregistrer toutes les informations ou tous les retours d'expérience susceptibles d'être utiles pour d'autres séquences du projet et/ou d'autres projets ;
- Obtenir l'autorisation de commencer la séquence suivante.

En ce qui concerne les exceptions, le processus Gérer une Limite de Séquence a pour objectif de :

- Préparer un Plan d'Exception selon les instructions du Comité de Pilotage de Projet ;
- Obtenir l'approbation pour remplacer le Plan de Projet ou le Plan de Séquence pour la séquence en cours par le Plan d'Exception.

Gérer une Limite de Séquence n'est pas utilisé à l'approche de la fin de la séquence finale (sauf s'il est nécessaire de créer un Plan d'Exception) car les activités de revue des performances pour la séquence finale sont comprises dans les activités de revue des performances pour l'ensemble du projet, dans le cadre du processus Clore le Projet.

17.3 CONTEXTE

Le processus Gérer une Limite de Séquence repose sur la division du projet en séquences management (voir chapitre 10).

Quelle que soit leur taille, les projets doivent s'assurer que les produits qu'ils créent vont réaliser les bénéfices recherchés, soit pour leur propre compte soit dans le cadre d'un programme plus vaste. Le maintien continu de l'orientation souhaitée pour le projet doit être vérifié à la fin de chaque séquence. Si nécessaire, le projet peut être réorienté ou arrêté pour éviter de perdre du temps et de l'argent.

Il est également important de reconnaître que les projets ne se déroulent pas toujours comme prévu ou qu'ils peuvent être affectés par des facteurs extérieurs invalidant la justification pour l'entreprise. Une prédiction par le Chef de Projet du dépassement probable d'un ou plusieurs seuils de tolérance du projet ou de la séquence constitue un indicateur précoce d'échec possible. Dans de tels cas, il est important d'avoir un mécanisme en place pour les actions correctives de façon à réorienter le projet dans la bonne direction.

Une décision catégorique de ne pas poursuivre le projet ne constitue pas un échec. Cependant, un manque d'informations empêchant le Comité de Pilotage de Projet de prendre des décisions informées est en soi un échec car il peut mener à une mauvaise décision.

Le processus Gérer une Limite de Séquence fournit un moyen de mettre en œuvre un dispositif d'exception.

17.4 ACTIVITÉS

Les activités du processus Gérer une Limite de Séquence relèvent essentiellement du Chef de projet et consistent à :

- Planifier la séquence suivante ;
- Actualiser le Plan de Projet ;
- Actualiser le Cas d'Affaire ;
- Rapporter la fin de séquence ;
- Produire un Plan d'Exception.

17.4.1 Planifier la séquence suivante

Le Plan de Séquence de la séquence management suivante est produit à l'approche de la fin de la séquence en cours. Les activités de clôture doivent être planifiées dans le cadre du Plan de Séquence pour la séquence finale.

La planification n'est pas une activité réalisée séparément. Le Chef de Projet doit consulter le Comité de Pilotage de Projet, l'Assurance Projet, les Chefs d'équipe et éventuellement d'autres parties prenantes en vue de créer un plan viable. Plus il y a de personnes impliquées dans la planification, plus le plan sera robuste (sous réserve que les personnes appropriées participent). Le chapitre 7 contient de plus amples informations sur la planification.

La Figure 17.2 décrit les éléments d'entrée et de sortie de cette activité.

PRINCE2 préconise les actions suivantes :

- Vérifier les composants de la Documentation d'Initialisation de Projet. Il peut être nécessaire de consulter le Comité de Pilotage de Projet à propos des éventuels changements requis. Les aspects suivants doivent être vérifiés et au besoin mis à jour :
  - tous les changements aux exigences qualité du client, aux critères d'acceptation ou à l'approche du projet ;
  - la pertinence et l'adéquation des stratégies et des contrôles ;
  - tout changement à l'équipe de projet ou à la description de leurs rôles (en particulier la situation afférent aux ressources extérieures ou aux fournisseurs car ils peuvent affecter le Plan de Séquence).
- Produire le Plan de Séquence pour la séquence suivante :
  - décider de la meilleure façon de présenter le plan en tenant compte de son audience et de son utilisation prévue ;
  - vérifier le Plan de Projet pour comprendre les produits requis pour la séquence suivante ;
  - examiner la Stratégie Qualité vis à vis des normes et des procédures qualité requises ;
  - créer (ou mettre à jour) la structure de décomposition du produit, les Descriptions de Produit et le diagramme de flux des produits pour les produits à livrer avant la séquence suivante ;

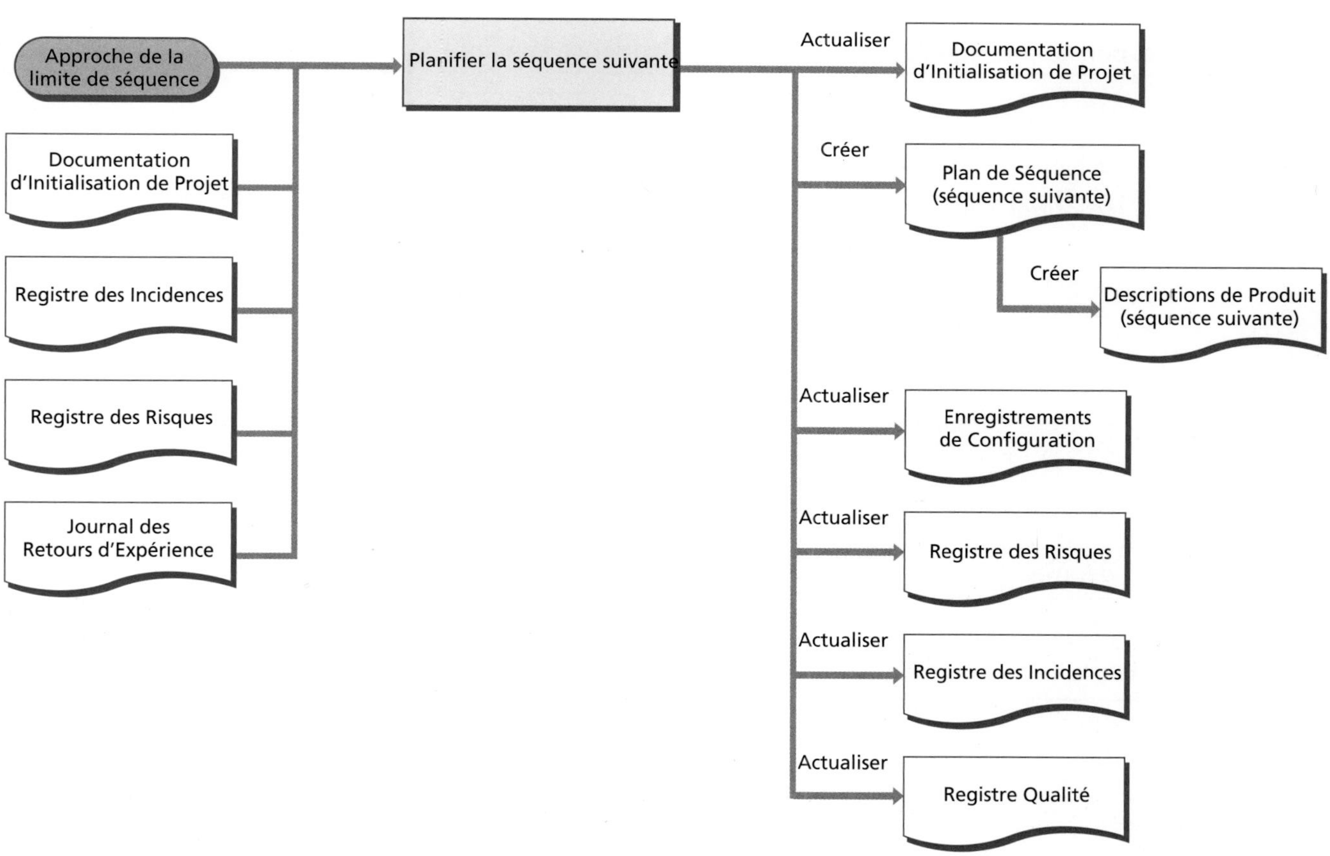

Figure 17.2 Résumé de l'activité planifier la séquence suivante

- vérifier le Registre des Incidences car il pourrait contenir des incidences identifiées comme nécessitant une évaluation à la fin de la séquence ou des informations affectant la séquence suivante ;
- vérifier si le Registre des Risques contient des risques susceptibles d'affecter le Plan de Séquence pour la séquence suivante et pour contrôler l'état des réponses aux risques en consultant les surveillants des risques.

- Créer (ou mettre à jour) des Enregistrements de Configuration pour les produits à produire lors de la séquence suivante ;
- Mettre à jour le Registre des Incidences et le Registre des Risques si de nouvelles incidences ou de nouveaux risques ont été identifiés (ou s'il est nécessaire de modifier des incidences ou risques existants) ;
- Mettre à jour le Registre Qualité par rapport aux activités de management de la qualité planifiées. Ceci doit également couvrir les dates de revue et d'approbation cibles pour les produits.

Le Tableau 17.1 énumère les responsabilités de cette activité.

17.4.2 Actualiser le Plan de Projet

Le Comité de Pilotage de Projet utilise le Plan de Projet tout au long du projet pour mesurer la progression.

Quand une séquence se termine, le Plan de Projet est actualisé afin de refléter la progression réelle et d'inclure la durée et les coûts estimés tirés du Plan d'Exception ou du Plan de Séquence pour la séquence sur le point de commencer.

Les détails des coûts ou dates de fin révisés sont utilisés lors de l'actualisation du Cas d'Affaire.

Le chapitre 7 contient de plus amples informations sur la planification.

La Figure 17.3 décrit les éléments d'entrée et de sortie de cette activité.

PRINCE2 préconise les actions suivantes :

- Vérifier que le Plan de Séquence en cours correspond à la progression réelle et le mettre à jour si nécessaire ;
- Réviser le Plan de Projet pour refléter :
  - les données réelles issues du Plan de Séquence en cours ;

Tableau 17.1 Responsabilités de l'activité planifier la séquence suivante

Producteur – responsable de la production du produit
Vérificateur – idéalement indépendant de la production
Approbateur – confirme l'approbation

Produit	Action	Entreprise/Programme	Exécutif	Utilisateur Principal	Fournisseur Principal	Chef de Projet	Chef d'équipe	Assurance Projet	Support Projet	Description de Produit disponible
Documentation d'Initialisation de Projet	Actualiser	(V)	(A)	(A)	(A)	P		V		A.20
Plan de Séquence	Créer		(A)	(A)	(A)	P		V		A.16
Enregistrements de Configuration	Créer/actualiser					P		V	V	A.5
Registre des Risques	Actualiser					P		V		A.25
Registre des Incidences	Actualiser					P		V		A.12
Registre Qualité	Actualiser					V		V	P	A.23

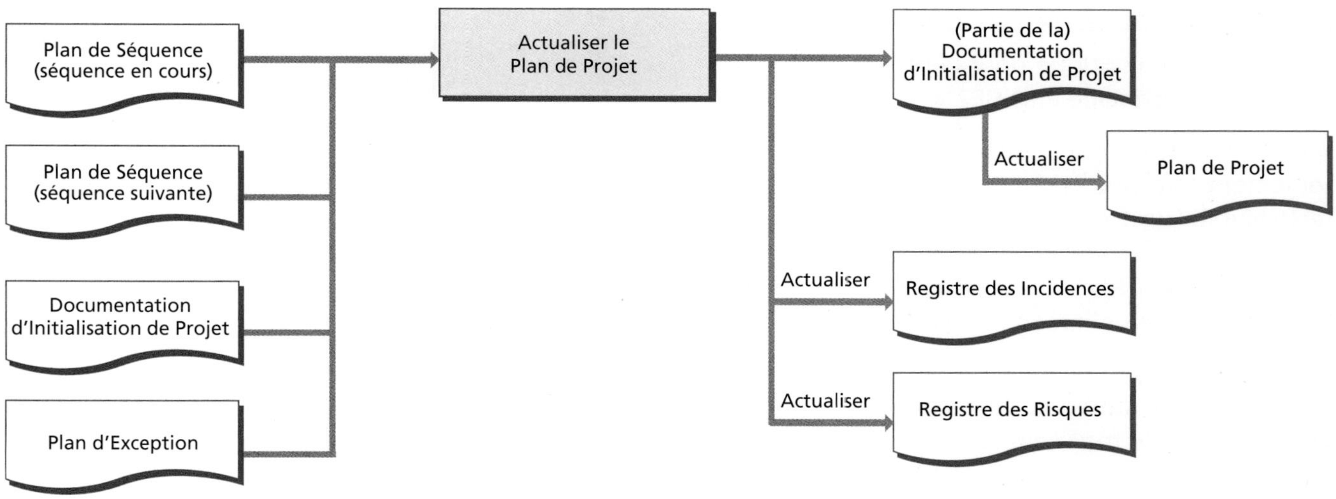

Figure 17.3 Résumé de l'activité actualiser le Plan de Projet

- les prévisions tirées du Plan de Séquence suivante, ou l'impact du Plan d'Exception ;
- tous les changements apportés à la Description de Produit du Projet ;
- les implications de toutes les incidences ou risques ;
- tout nouveau besoin d'adaptation des processus PRINCE2 ou toute modification de ce qui était prévu pour le projet ;
- tous les produits changés ou supplémentaires autorisés par le Comité de Pilotage de Projet ;
- tout changement à la Documentation d'Initialisation de Projet (par ex. révision de l'approche de projet, des stratégies, des contrôles du projet, de la structure de l'équipe de projet ou des descriptions de rôle).

■ Mettre à jour le Registre des Incidences et le Registre des Risques si de nouvelles incidences ou de nouveaux risques ont été identifiés (ou s'il est nécessaire de modifier des incidences ou risques existants).

Le Tableau 17.2 énumère les responsabilités de cette activité.

Tableau 17.2 Responsabilités de l'activité actualiser le Plan de Projet

Producteur – responsable de la production du produit

Vérificateur – idéalement indépendant de la production

Approbateur – confirme l'approbation

Produit	Action	Entreprise/Programme	Exécutif	Utilisateur Principal	Fournisseur Principal	Chef de Projet	Chef d'équipe	Assurance Projet	Support Projet	Description de Produit disponible
Plan de Projet	Actualiser		(A)	(A)	(A)	P		V		A.16
Registre des Incidences	Actualiser					P		V		A.12
Registre des Risques	Actualiser					P		V		A.25

17.4.3 Actualiser le Cas d'Affaire

La justification continue pour l'entreprise d'un projet est un principe PRINCE2.

D'ordinaire, le Comité de Pilotage de Projet est seulement autorisé à continuer tant que le projet reste viable (c'est à dire que les bénéfices seront réalisés en respectant les paramètres de budget, durée, qualité, périmètre et risques définis dans le Cas d'Affaire actuellement convenu).

Cependant, les projets ne se déroulent pas dans un environnement statique. L'environnement externe au projet évolue tout comme la nature et la durée de vie de ses produits. Le Cas d'Affaire doit refléter ces changements et doit être révisé et modifié pour rester applicable au projet.

Comme l'Exécutif est responsable du Cas d'Affaire, le Chef de Projet doit consulter l'Exécutif quand il vérifie et met à jour le Cas d'Affaire en préparation d'une approbation par le Comité de Pilotage de Projet.

Le chapitre 4 contient de plus amples informations sur la justification pour l'entreprise.

La Figure 17.4 décrit les éléments d'entrée et de sortie de cette activité.

PRINCE2 préconise les actions suivantes :

- Vérifier si l'appétit du risque et la capacité de risque des organisations impliquées ont changé et si les tolérances de risque doivent être redéfinies. Evaluer les risques du projet en utilisant le Registre des Risques pour déterminer l'exposition globale aux risques pour le projet et identifier les risques clés actuels qui affectent le Cas d'Affaire. Ceci doit comprendre une évaluation pour vérifier que l'exposition globale aux risques reste comprise dans les tolérances du projet ;
- Mettre à jour le Plan de Revue des Bénéfices avec les résultats de toutes les revues de bénéfices réalisées pendant la séquence ;
- Examiner et passer en revue :
  - le Plan de Revue des Bénéfices pour comparer les résultats de toutes les revues de bénéfices réalisées pendant la séquence aux résultats attendus ;
  - l'impact des changements approuvés car ceux-ci pourraient affecter les bénéfices projetés ;
  - le profil de risque global et les risques clés ;
  - le Registre des Incidences pour toutes les incidences susceptibles d'affecter le Cas d'Affaire ;
  - le Plan de Projet pour voir si la date finale de mise en service du projet a changé (avancée ou retardée) ce qui pourrait affecter certains ou tous les bénéfices projetés ;
  - le Plan de Projet pour voir si le coût de la livraison des produits du projet a changé, ce qui pourrait affecter l'analyse des coûts/bénéfices ;
  - l'environnement de l'entreprise ou de programme dans lequel les produits du projet seront livrés, car il est possible qu'il ait changé ;

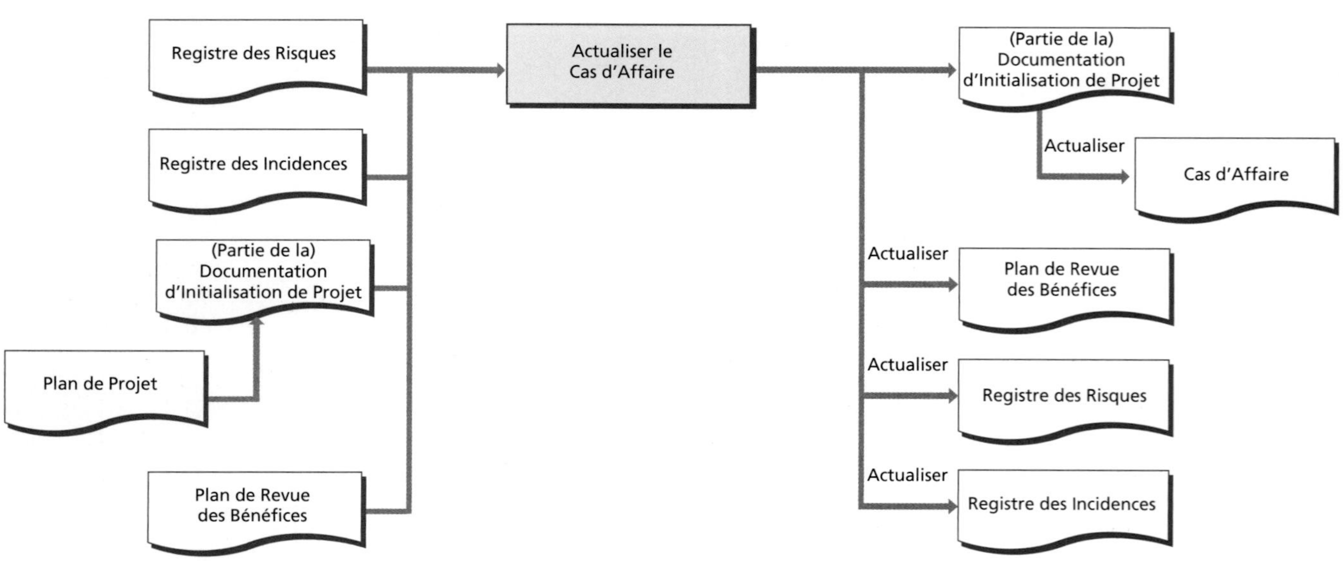

Figure 17.4 Résumé de l'activité actualiser le Cas d'Affaire

- si des revues de bénéfices sont requises dans la séquence management suivante.
- Réviser le Cas d'Affaire et (si nécessaire) le Plan de Revue des Bénéfices pour qu'ils soient prêts à être approuvés par le Comité de Pilotage de Projet ;
- Mettre à jour le Registre des Risques et le Registre des Incidences en fonction des besoins.

Le Tableau 17.3 énumère les responsabilités de cette activité.

17.4.4 Rapporter la fin de séquence

Les résultats d'une séquence doivent être communiqués au Comité de Pilotage de Projet de manière à ce que la progression soit claire pour l'équipe de projet.

Le Chef de Projet donne une vue de la capacité continue du projet à respecter le Plan de Projet et le Cas d'Affaire, et évalue la situation générale vis à vis des risques encourus.

Cette activité doit se dérouler aussi près que possible de la fin réelle d'une séquence.

La Figure 17.5 décrit les éléments d'entrée et de sortie de cette activité.

Tableau 17.3 Responsabilités de l'activité actualiser le Cas d'Affaire

Producteur – responsable de la production du produit
Vérificateur – idéalement indépendant de la production
Approbateur – confirme l'approbation

Produit	Action	Entreprise/Programme	Exécutif	Utilisateur Principal	Fournisseur Principal	Chef de Projet	Chef d'équipe	Assurance Projet	Support Projet	Description de Produit disponible
Cas d'Affaire	Actualiser	(V)	(A)	(A)	(A)	P		V		A.2
Plan de Revue des Bénéfices	Actualiser	(V)	(A)	(A)	(A)	P		V		A.1
Registre des Risques	Actualiser					P		V		A.25
Registre des Incidences	Actualiser					P		V		A.12

Figure 17.5 Résumé de l'activité rapporter la fin de séquence

PRINCE2 préconise les actions suivantes :

- Pour un Plan d'Exception :
  - en fonction du point où l'exception s'est produite pendant la séquence, il peut être approprié de produire un Rapport de Fin de Séquence pour les activités réalisées jusque là. Le Comité de Pilotage de Projet indiquera s'il faut le produire en réponse au Rapport d'Exception. Si un Rapport de Fin de Séquence est requis, suivre les directives concernant le Plan de Séquence ci-dessous.
- Pour un Plan de Séquence :
  - vérifier l'état du Cas d'Affaire mis à jour et en particulier la réalisation de tous les bénéfices anticipés pour cette séquence. Confirmer que toutes les activités dans le Plan de Revue des Bénéfices pour la séquence en cours ont été réalisées ;
  - vérifier le Plan de Séquence pour s'assurer que les objectifs de la séquence ont été atteints et vérifier le Plan de Projet pour s'assurer que les objectifs du projet sont encore réalisables ;
  - évaluer les performances de l'équipe pour la séquence ;
  - évaluer les performances du produit pour la séquence en se référant au Rapport d'état du Produit (fourni par le Support Projet) :
    - Vérifier les activités de management de la qualité pour la séquence et leurs résultats ;
    - s'assurer que tous les produits identifiés dans le Plan de Séquence en cours sont achevés et approuvés, ou ont été reportés à la séquence suivante ;

    - si une remise de produits par phase a eu lieu pendant la séquence, confirmer l'acceptation utilisateur et l'acceptation opérationnelle et de maintenance des produits pris en charge par le client ; identifier toutes les recommandations d'actions de suivi pour les produits remis ;
  - vérifier les incidences et les risques signalés pendant la séquence et toutes les actions prises en réponse aux risques. Inclure un résumé de l'exposition actuelle globale aux risques ;
  - préparer un Rapport de Fin de Séquence pour la séquence en cours.
- A ce stade, il peut être opportun de créer un Rapport des Retours d'Expérience, en particulier pour les projets plus longs où des revues intermédiaires des retours d'expérience ou du projet lui-même peuvent s'avérer utiles pour la Direction de l'Entreprise ou de Programme. Vérifier si le Journal des Retours d'Expérience contient des leçons appropriées à communiquer ;
- Obtenir l'approbation du Comité de Pilotage de Projet pour le Plan d'Exception ou le Plan de Séquence (et, le cas échéant, pour le Plan de Projet révisé, le Plan de Revue des Bénéfices révisé et le Cas d'Affaire révisé (voir chapitre 13) ;
- Consulter la Stratégie de Communication pour vérifier si à ce stade il faut envoyer des copies du Rapport de Fin de Séquence (et le cas échéant du Rapport des Retours d'Expérience) aux parties intéressées extérieures.

Le Tableau 17.4 énumère les responsabilités de cette activité.

17.4.5 Produire un Plan d'Exception

S'il est prévu qu'une séquence ou que le projet dévie des limites de tolérance convenues, il n'a plus l'accord du Comité de Pilotage de Projet.

Des Plans d'Exception sont requis par le Comité de Pilotage de Projet en réponse à un Rapport d'Exception. Bien qu'un Plan d'Exception soit produit avant la limite de séquence planifiée, son approbation par le Comité de Pilotage de Projet marque une limite de séquence pour la séquence révisée.

La planification n'est pas une activité réalisée séparément. Le Chef de Projet doit consulter les membres du Comité de Pilotage de Projet, l'Assurance Projet, les Chefs d'équipe et éventuellement d'autres parties prenantes en vue de créer un plan viable. Plus il y a de personnes impliquées dans la planification, plus le plan sera robuste. Le chapitre 7 contient de plus amples informations sur la planification.

La Figure 17.6 décrit les éléments d'entrée et de sortie de cette activité.

Tableau 17.4 Responsabilités de l'activité rapporter la fin de séquence

Producteur – responsable de la production du produit

Vérificateur – idéalement indépendant de la production

Approbateur – confirme l'approbation

Produit	Action	Entreprise/Programme	Exécutif	Utilisateur Principal	Fournisseur Principal	Chef de Projet	Chef d'équipe	Assurance Projet	Support Projet	Description de Produit disponible
Rapport de Fin de Séquence	Créer		(A)	(A)	(A)	P		V		A.9
Rapport des Retours d'Expérience	Créer		(A)	(A)	(A)	P		V		A.15
Recommandations d'actions de suivi	Créer		(A)	(A)	(A)	P		V		

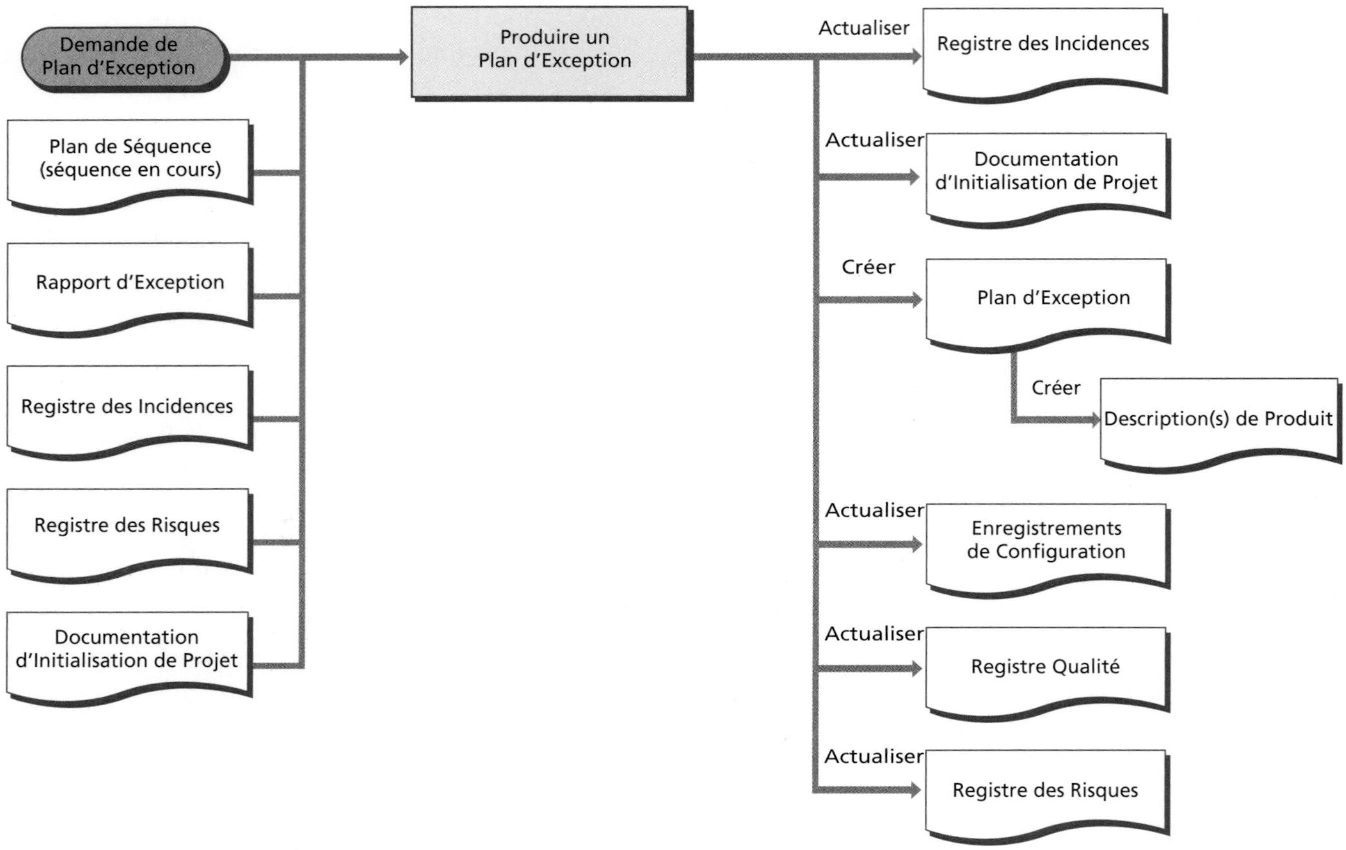

Figure 17.6 Résumé de l'activité produire un plan d'exception

PRINCE2 préconise les actions suivantes :

- Mettre à jour le Registre des Incidences (et au besoin le Rapport d'Incidence) pour enregistrer la demande du Comité de Pilotage de Projet pour un Plan d'Exception ;
- Vérifier et au besoin mettre à jour la Documentation d'Initialisation de Projet. Il peut être nécessaire de consulter le Comité de Pilotage de Projet à propos des éventuels changements requis. Il convient de vérifier les points suivants :
  - les exigences qualité du client restent inchangées ;
  - l'approche, les stratégies et les contrôles du projet sont encore pertinents et adéquats ;
  - tout changement à l'équipe de projet ou à la description de leurs rôles (en particulier la situation afférent aux ressources extérieures ou aux fournisseurs car ils peuvent affecter le Plan d'Exception).
- Produire le Plan d'Exception :
  - examiner le Plan de Séquence pour définir les produits requis pour la séquence ;
  - consulter le Rapport d'Exception pour vérifier s'il contient des détails tels que les actions recommandées qui contribueront au Plan d'Exception ;
  - si le Plan d'Exception demande la création de nouveaux produits, examiner la Stratégie Qualité vis à vis des normes et des procédures qualité requises ;
  - mettre à jour la structure de décomposition du produit, les Descriptions de Produit et le diagramme de flux des produits pour les produits à livrer par le Plan d'Exception ;
  - mettre à jour le Registre Qualité par rapport aux activités de management de la qualité planifiées.
- Créer (ou mettre à jour) des Enregistrements de Configuration pour les produits à produire par le Plan d'Exception ;
- Mettre à jour le Registre des Incidences et le Registre des Risques si de nouvelles incidences ou de nouveaux risques ont été identifiés (ou s'il est nécessaire de modifier des incidences ou risques existants) ;

- Mettre à jour le Registre Qualité par rapport aux activités de management de la qualité planifiées. Ceci doit également couvrir les dates cibles de revue et d'approbation pour les produits.

Le Tableau 17.5 énumère les responsabilités de cette activité.

Tableau 17.5 Responsabilités de l'activité produire un Plan d'Exception

Producteur – responsable de la production du produit

Vérificateur – idéalement indépendant de la production

Approbateur – confirme l'approbation

Produit	Action	Entreprise/Programme	Exécutif	Utilisateur Principal	Fournisseur Principal	Chef de Projet	Chef d'équipe	Assurance Projet	Support Projet	Description de Produit disponible
Documentation d'Initialisation de Projet	Actualiser	(V)	(A)	(A)	(A)	P		V		A.20
Plan d'Exception	Créer		(A)	(A)	(A)	P		V		A.16
Enregistrements de Configuration	Créer/Actualiser					V		V	P	A.5
Registre des Risques	Actualiser					P		V		A.25
Registre des Incidences	Actualiser					P		V		A.12
Registre Qualité	Actualiser					V	(V)	V	P	A.23

18

Clore le Projet

18 Clore le Projet

18.1 FINALITÉ

Le processus Clore le Projet a pour objectif de fournir un point fixe correspondant à la confirmation que le produit du projet est accepté, et de reconnaître que les objectifs spécifiés dans la Documentation d'Initialisation de Projet d'origine ont été atteints (ou que les changements aux objectifs approuvés ont été réalisés), ou encore que le projet n'a plus rien à apporter.

18.2 OBJECTIF

Le processus Clore le Projet a pour objectif de :

- Vérifier l'acceptation utilisateur des produits du projet ;
- S'assurer que le ou les sites du projet pourront supporter les produits quand le projet sera démantelé ;
- Comparer les performances du projet à ses référentiels ;
- Evaluer tous les bénéfices qui ont déjà été réalisés, mettre à jour les prévisions des bénéfices restants et planifier une revue des bénéfices non réalisés ;
- S'assurer que des dispositions ont été prises pour traiter toutes les incidences et risques en suspens avec des recommandations d'actions de suivi.

18.3 CONTEXTE

L'une des caractéristiques définissant un projet PRINCE2 est qu'il est temporaire : il a un début et une fin. Si le projet perd cette distinction, il perd certains de ses avantages par rapport à une approche de management purement opérationnelle.

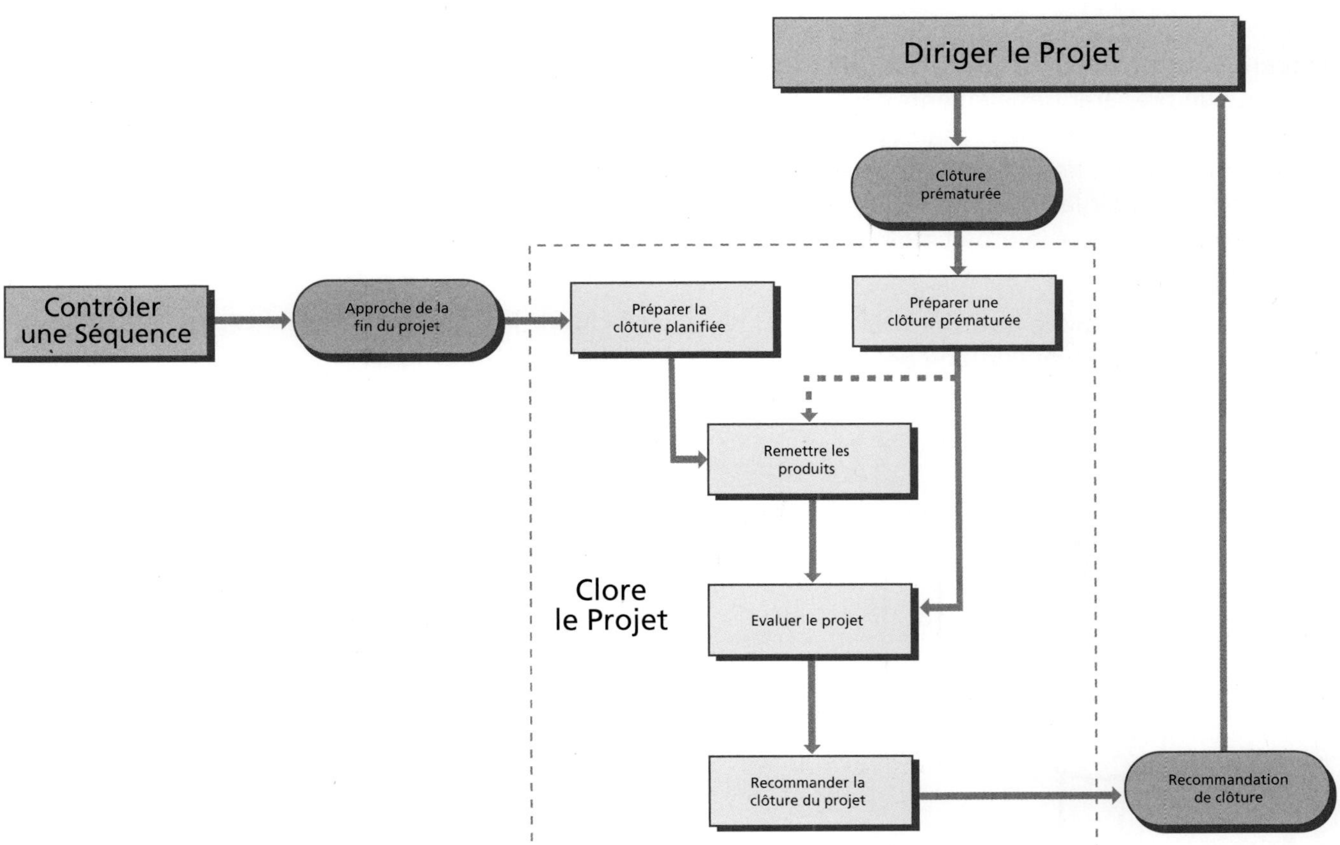

Figure 18.1 Vue d'ensemble de Clore le Projet

Une fin de projet claire :

- Donne toujours de meilleurs résultats par rapport à la tendance naturelle à dériver vers la période d'utilisation. C'est en effet la reconnaissance par chaque personne concernée que :
  - les objectifs d'origine ont été atteints (en tenant compte de tous les changements approuvés) ;
  - le projet actuel a suivi son cours ;
  - soit l'exploitation doit dorénavant prendre le relais pour les produits de ce projet, soit les produits deviennent des éléments d'entrée d'un autre projet ou d'un programme plus important ;
  - l'équipe de projet peut être démantelée ;
  - aucun autre coût ne doit être imputé au projet.
- Fournit l'occasion de s'assurer que tous les buts et objectifs sont identifiés de sorte qu'ils puissent être traités ultérieurement ;
- Transfère la prise en charge des produits au client et met fin à la responsabilité de l'organisation du projet.

Les activités de clôture doivent être planifiées dans le cadre du Plan de Séquence de la dernière séquence management. La clôture d'un projet nécessite de préparer des éléments destinés au Comité de Pilotage de Projet pour qu'il puisse autoriser la clôture. Ensuite, l'Exécutif doit également prévenir la Direction de l'Entreprise ou de Programme que le projet a été clôturé (voir chapitre 13).

Il est également possible que, dans certaines conditions, le Comité de Pilotage de Projet souhaite déclencher une clôture prématurée du projet (par ex., si le Cas d'Affaire n'est plus valide). Si le projet est clôturé prématurément, ce processus devra quand même être exécuté mais devra éventuellement être adapté à la situation réelle du projet.

Un certain nombre d'actions spécifiques aux produits du projet peuvent être requises après le projet. Elles doivent être documentées et planifiées sous forme de recommandations d'actions de suivi. Comme elles peuvent s'adresser à des audiences différentes, il peut être nécessaire de les diffuser individuellement. Les besoins du destinataire détermineront le format et le contenu – certains destinataires souhaiteront un rapport formel, d'autres une entrée d'enregistrement dans un système et d'autres une réunion.

18.4 ACTIVITÉS

Les activités du processus Clore le Projet relèvent essentiellement du Chef de Projet et consistent à :

- Préparer la clôture planifiée ;
- Préparer une clôture prématurée ;
- Remettre les produits ;
- Evaluer le projet ;
- Recommander la clôture du projet.

18.4.1 Préparer la clôture planifiée

Pour que la clôture du projet puisse être recommandée, le Chef de Projet doit d'abord s'assurer que les résultats attendus ont tous été obtenus et livrés.

La Figure 18.2 décrit les éléments d'entrée et de sortie de cette activité.

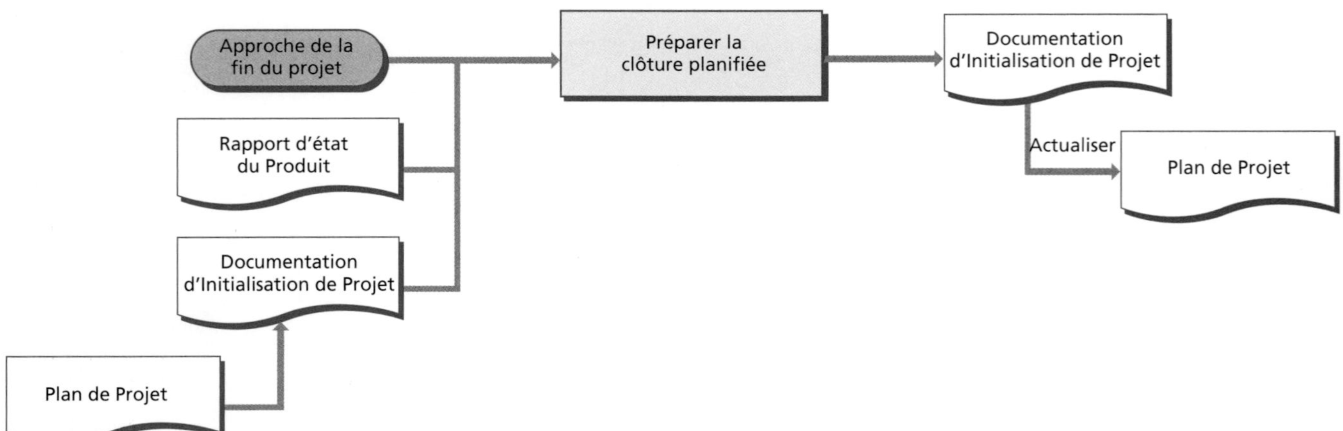

Figure 18.2 Résumé de l'activité préparer la clôture planifiée

Tableau 18.1 Responsabilités de l'activité préparer la clôture planifiée

Producteur – responsable de la production du produit
Vérificateur – idéalement indépendant de la production
Approbateur – confirme l'approbation

Produit	Action	Entreprise/Programme	Exécutif	Utilisateur Principal	Fournisseur Principal	Chef de Projet	Chef d'équipe	Assurance Projet	Support Projet	Description de Produit disponible
Plan de Projet	Actualiser					P		V		A.16
Rapport d'état du Produit	Créer					V		V	P	A.18

PRINCE2 préconise les actions suivantes :

- Actualiser le Plan de Projet avec les données réelles tirées de la dernière séquence ;
- Demander un Rapport d'état du Produit au Support Projet. En utilisant le Rapport d'état du Produit, s'assurer que les produits du projet :
  - ont été approuvés par les autorités identifiées dans leur Description de Produit ;
  - répondent aux critères qualité ou sont couverts par des compromis approuvés.
- Confirmer que le projet a livré ce qui est défini dans la Description de Produit du Projet et que les critères d'acceptation ont été respectés ;
- Obtenir l'approbation pour informer la Direction de l'Entreprise ou de Programme que les ressources peuvent être (ou sont sur le point d'être) libérées.

Le Tableau 18.1 énumère les responsabilités de cette activité.

18.4.2 Préparer une clôture prématurée

Dans certains cas, le Comité de Pilotage de Projet peut demander au Chef de Projet de clore le projet prématurément. Dans de telles circonstances, le Chef de Projet doit s'assurer que le travail en cours n'est pas simplement abandonné mais que le projet récupère toute la valeur créée jusque là. Il doit également vérifier que toutes les lacunes résultant de l'annulation du projet sont communiquées à la Direction de l'Entreprise ou de Programme.

La Figure 18.3 décrit les éléments d'entrée et de sortie de cette activité.

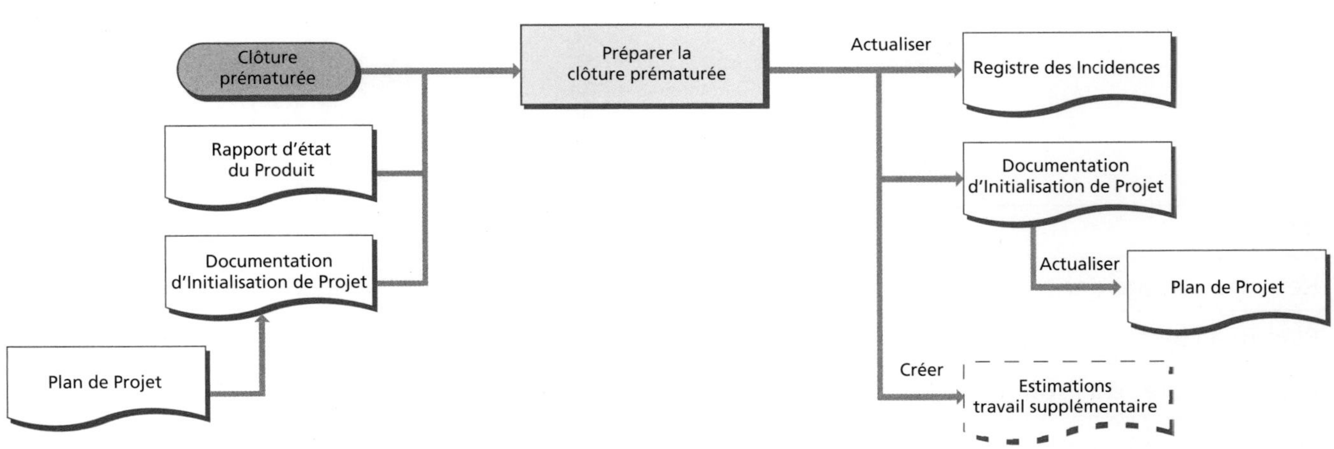

Figure 18.3 Résumé de l'activité préparer une clôture prématurée

PRINCE2 préconise les actions suivantes :

- Mettre à jour le Registre des Incidences (et au besoin le Rapport d'Incidence) pour enregistrer la demande de clôture prématurée ;
- Mettre à jour le Plan de Projet avec les données réelles tirées de la dernière séquence ;
- Demander un Rapport d'état du Produit au Support Projet. En utilisant ce rapport, déterminer les produits du projet qui :
  - ont été approuvés par les autorités identifiées dans leur Description de Produit ;
  - sont en cours de développement (et ceux qui doivent être achevés) ;
  - sont couverts par des compromis approuvés ;
  - n'ont pas encore été commencés ;
  - doivent être sécurisés ;
  - pourraient être utiles à d'autres projets.
- Convenir des moyens pour récupérer les produits qui ont été achevés ou qui sont en cours (le cas échéant). Ceci nécessitera la consultation du Comité de Pilotage de Projet et peut donner lieu à du travail supplémentaire pour créer, sécuriser ou achever des produits qui pourraient être utiles à d'autres projets (par exemple, s'assurer qu'un bâtiment partiellement construit est sûr et étanche). Dans certains cas, le travail supplémentaire peut nécessiter un Plan d'Exception ;
- Obtenir l'approbation pour avertir la Direction de l'Entreprise ou de Programme que les ressources peuvent être (ou sont sur le point d'être) libérées plus tôt.

Le Tableau 18.2 énumère les responsabilités de cette activité.

18.4.3 Remettre les produits

Avant de clore le projet, ses produits doivent être transférés à l'organisation opérationnelle et de la maintenance. Ceci peut se produire sous la forme d'une seule version livrée à la fin du projet, ou l'approche du projet peut permettre une livraison progressive où les produits sont remis par l'intermédiaire de plusieurs versions livrées.

Dans le cas d'une clôture prématurée, certains produits peuvent avoir été approuvés mais pas encore remis et, en fonction des directives du Comité de Pilotage de Projet, il peut être nécessaire de transférer la prise en charge de certains ou de tous ces produits au client.

La remise de produits peut nécessiter la mise à jour du Plan de Revue des Bénéfices afin d'inclure la ou les revues de bénéfices post projet permettant d'évaluer les performances des produits du projet en exploitation. De telles revues de bénéfices peuvent identifier les éventuels effets secondaires

Tableau 18.2 Responsabilités de l'activité préparer une clôture prématurée

Producteur – responsable de la production du produit
Vérificateur – idéalement indépendant de la production
Approbateur – confirme l'approbation

Produit	Action	Entreprise/Programme	Exécutif	Utilisateur Principal	Fournisseur Principal	Chef de Projet	Chef d'équipe	Assurance Projet	Support Projet	Description de Produit disponible
Registre des Incidences	Actualiser					P				A.12
Plan de Projet	Actualiser					P		V		A.16
Rapport d'état du Produit	Créer					V		V	P	A.18
Estimations travail supplémentaire	Créer		(A)	(A)	(A)	P		V		

(bénéfiques ou indésirables) susceptibles d'apporter des enseignements utiles pour d'autres projets.

Seule la planification des revues de bénéfices post projet constitue une activité du projet. Ceci n'inclut pas le déroulement effectif de ces revues. Si le projet fait partie d'un programme, les revues de bénéfices post projet doivent être couvertes par les activités de management des bénéfices du programme.

La Figure 18.4 décrit les éléments d'entrée et de sortie de cette activité.

PRINCE2 préconise les actions suivantes :

- En consultation avec l'équipe de projet, préparer les recommandations d'actions de suivi pour les produits du projet afin d'inclure tout le travail inachevé et les incidences et risques non résolus. Il peut y avoir des recommandations d'actions de suivi séparées pour chaque produit ou groupe d'utilisateurs distinct (par ex., les ressources humaines, le service financier, l'exploitation) ;
- Vérifier que le Plan de Revue des Bénéfices comprend des activités post projet pour confirmer les bénéfices qui ne peuvent pas être mesurés avant une certaine période d'utilisation opérationnelle des produits du projet (pour les exigences de fiabilité par exemple) ;
- La Stratégie de Configuration doit être examinée en vue de confirmer comment les produits doivent être remis à ceux qui les maintiendront pendant leur durée de vie opérationnelle :
  - confirmer que l'environnement d'exploitation et de maintenance adéquat est en place ;
  - tenir compte des exigences de support pour le début de la durée de vie de chaque produit remis car cette période correspond souvent à la demande maximale sur l'organisation de support ;
  - quand un produit risque de nécessiter de lourds efforts de maintenance et de support éventuellement onéreux, le Chef de Projet doit s'assurer qu'un accord ou un contrat de service adapté a été convenu entre les organisations opérationnelles et de maintenance et les utilisateurs. Dans un tel cas, il sera nécessaire d'inclure cet accord sous forme de produit dans le cadre du plan ;
  - confirmer l'acceptation de la part des organisations opérationnelles et de la maintenance ;
  - transférer la responsabilité des produits du projet aux organisations opérationnelles et de la maintenance et mettre à jour les Enregistrements de Configuration des produits.

Le Tableau 18.3 énumère les responsabilités de cette activité.

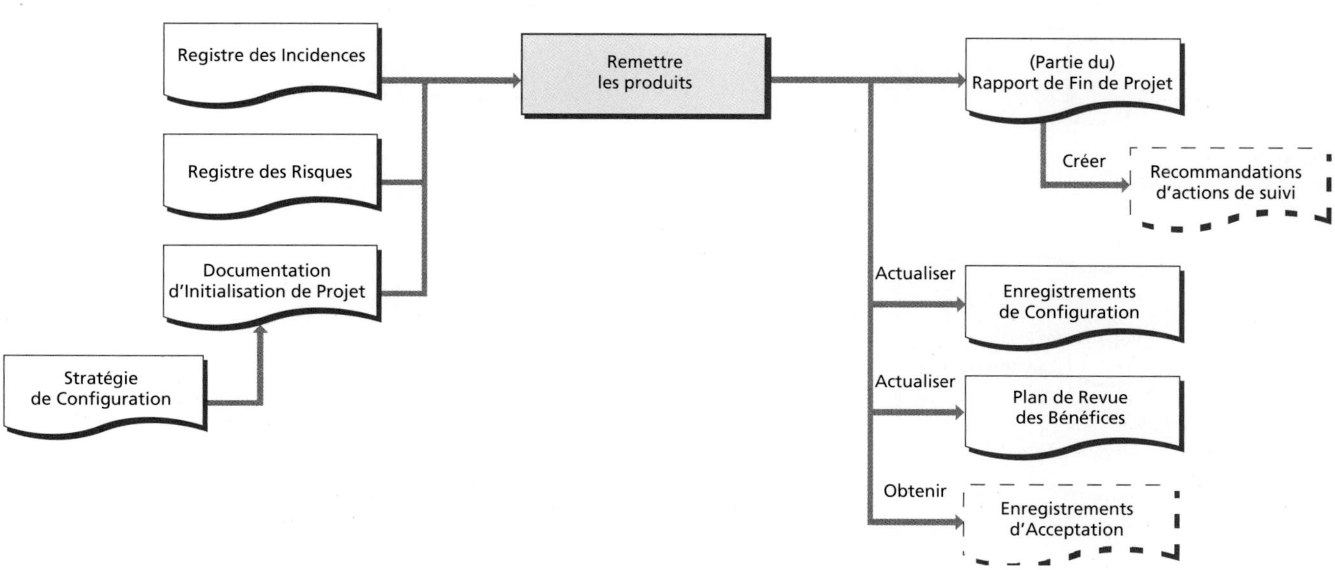

Figure 18.4 Résumé de l'activité remettre les produits

Tableau 18.3 Responsabilités de l'activité remettre les produits

Producteur – responsable de la production du produit
Vérificateur – idéalement indépendant de la production
Approbateur – confirme l'approbation

Produit	Action	Entreprise/Programme	Exécutif	Utilisateur Principal	Fournisseur Principal	Chef de Projet	Chef d'équipe	Assurance Projet	Support Projet	Description de Produit disponible
Recommandations d'actions de suivi	Créer/actualiser		(A)	(A)	(A)	P		V		
Enregistrements de Configuration	Actualiser					A		V	P	A.5
Plan de Revue des Bénéfices	Actualiser	(A)	(V)	(V)	(V)	P		V		A.1
Enregistrements d'acceptation	Obtenir		(A)	(A)	(A)	P		V		

18.4.4 Evaluer le projet

Les organisations qui réussissent sont celles qui tirent profit de leurs expériences passées sur les projets. L'objectif de l'évaluation du projet consiste à déterminer dans quelle mesure le projet a été une réussite ou non. Il peut également être possible d'améliorer l'estimation pour les projets futurs en analysant les estimations et les mesures de progression réelles pour ce projet.

La Figure 18.5 décrit les éléments d'entrée et de sortie de cette activité.

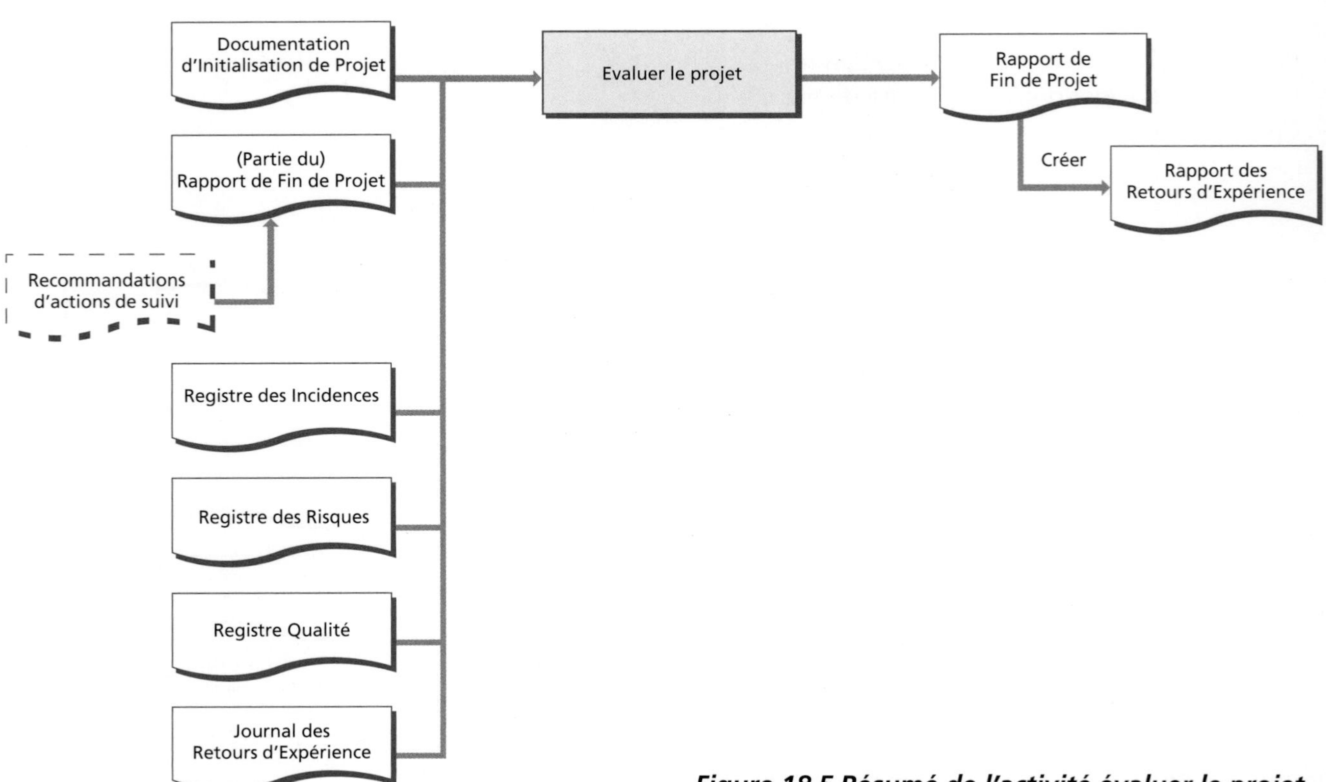

Figure 18.5 Résumé de l'activité évaluer le projet

PRINCE2 préconise les actions suivantes :

- Examiner l'intention originelle du projet telle qu'elle a été convenue dans la séquence d'initialisation et définie dans la Documentation d'Initialisation de Projet référencée à l'époque ;
- Vérifier les changements approuvés tels qu'ils sont définis par la version actuelle des composants de la Documentation d'Initialisation de Projet ;
- En consultation avec l'équipe de projet, préparer un Rapport de Fin de Projet qui devra inclure :
  - le résumé du Chef de Projet sur la performance du projet ;
  - une évaluation des résultats du projet par rapport aux bénéfices attendus stipulés dans le Cas d'Affaire ;
  - une revue de la façon dont le projet s'est déroulé par rapport à ses objectifs et tolérances planifiés ;
  - une revue de la performance de l'équipe ;
  - une revue des produits du projet (qui doit comprendre un résumé des recommandations d'actions de suivi) ;
  - le cas échéant, les raisons documentées expliquant la clôture prématurée du projet.
- En consultation avec l'équipe de projet, préparer un Rapport des Retours d'Expérience pour les enseignements qui pourraient être utilisés sur d'autres projets et demander l'approbation du Comité de Pilotage de Projet pour l'envoyer à la Direction de l'Entreprise ou de Programme. Le rapport doit contenir :
  - une revue de ce qui s'est bien passé, ce qui s'est mal passé et toutes les recommandations à examiner par la Direction de l'Entreprise ou de Programme. En particulier, la méthode de management du projet, toutes les méthodes spécialisées utilisées, les stratégies et contrôles du projet et les événements anormaux entraînant des déviations ;
  - une revue des mesures utiles telles que : l'effort qui a été nécessaire pour créer les produits, l'efficacité de la Stratégie Qualité pour concevoir, développer et livrer des produits adaptés aux besoins (par ex., combien d'erreurs ont été trouvées après des inspections qualité réussies sur les produits) et des statistiques sur les incidences et les risques ;
  - toutes les informations utiles concernant l'adaptation de PRINCE2 à l'environnement particulier du projet.

Le Tableau 18.4 énumère les responsabilités de cette activité.

Tableau 18.4 Responsabilités de l'activité évaluer le projet

Producteur – responsable de la production du produit

Vérificateur – idéalement indépendant de la production

Approbateur – confirme l'approbation

Produit	Action	Entreprise/Programme	Exécutif	Utilisateur Principal	Fournisseur Principal	Chef de Projet	Chef d'équipe	Assurance Projet	Support Projet	Description de Produit disponible
Rapport de Fin de Projet	Créer		(A)	(A)	(A)	P		V		A.8
Rapport des Retours d'Expérience	Créer	(A)	(V)	(V)	(V)	P		V		A.15

18.4.5 Recommander la clôture du projet

Quand le Chef de Projet a confirmé que le projet pouvait être clôturé, une recommandation de clôture doit être communiquée au Comité de Pilotage de Projet.

La Figure 18.6 décrit les éléments d'entrée et de sortie de cette activité.

PRINCE2 préconise les actions suivantes :

- Utiliser la Stratégie de Communication pour identifier toutes les organisations ou parties intéressées qui ont besoin de savoir que le projet est en train d'être clôturé. Examiner également à ce stade toutes les activités de communication pour les relations publiques et les opportunités de marketing ;
- Fermer le Registre des Incidences, le Registre des Risques, le Registre Qualité, le Journal de Projet et le Journal des Retours d'Expérience du projet ;
- Toutes les informations du projet doivent être protégées et archivées conformément à la Stratégie de Configuration afin de permettre les futurs audits sur les décisions, les actions et la performance de l'équipe de projet ;
- Préparer et envoyer l'ébauche de notification de clôture du projet à l'intention du Comité de Pilotage de Projet, indiquant que le projet a été clôturé.

Le Tableau 18.5 énumère les responsabilités de cette activité.

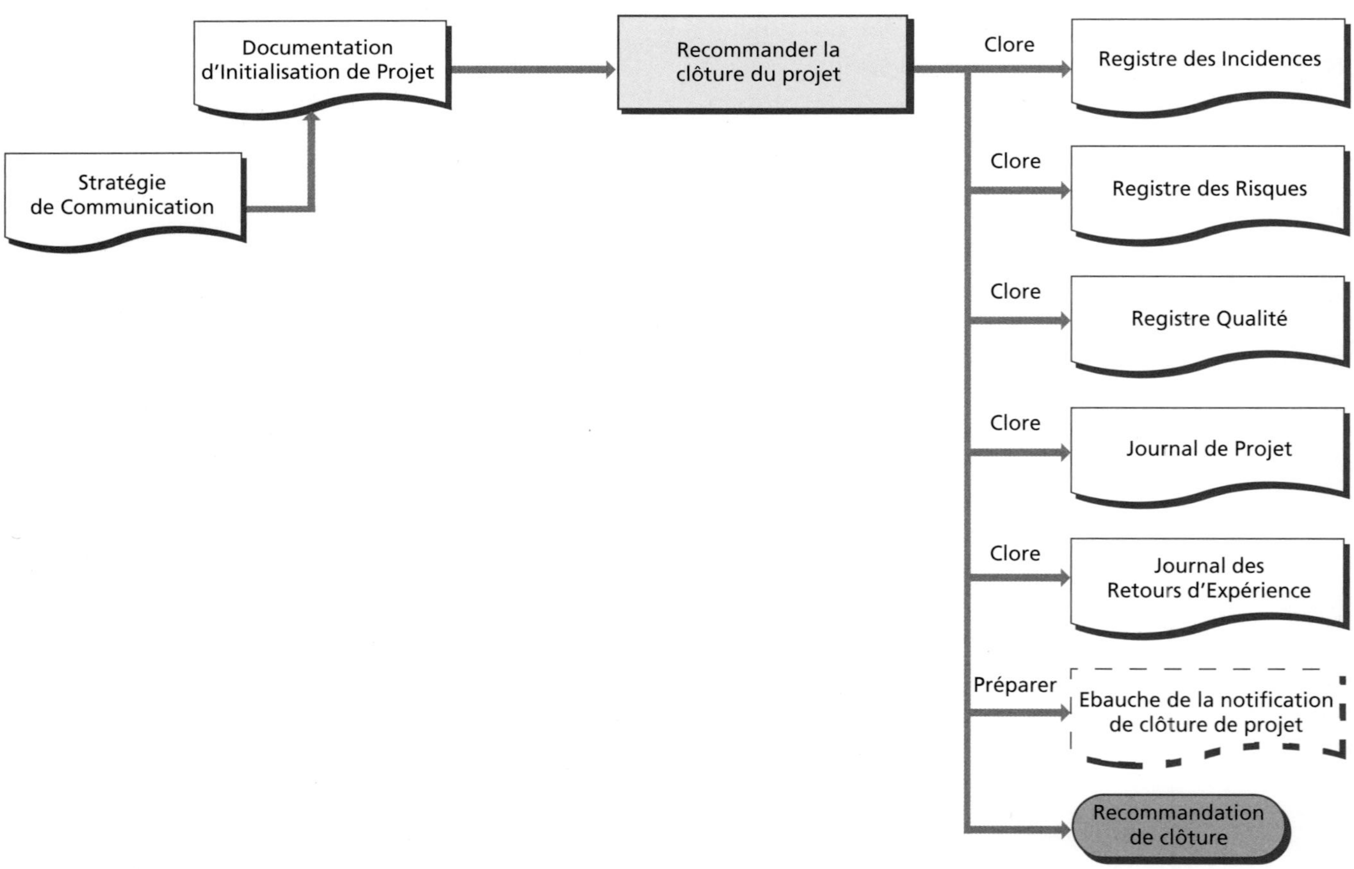

Figure 18.6 Résumé de l'activité recommander la clôture du projet

Tableau 18.5 Responsabilités de l'activité recommander la clôture du projet

Producteur – responsable de la production du produit
Vérificateur – idéalement indépendant de la production
Approbateur – confirme l'approbation

Produit	Action	Entreprise/Programme	Exécutif	Utilisateur Principal	Fournisseur Principal	Chef de Projet	Chef d'équipe	Assurance Projet	Support Projet	Description de Produit disponible
Registre des Incidences	Clore					P				A.12
Registre des Risques	Clore					P				A.25
Registre Qualité	Clore					P				A.23
Journal de Projet	Clore					P				A.7
Journal des Retours d'Expérience	Clore					P				A.14
Ebauche de notification de clôture du projet	Préparer		(A)	(A)	(A)	P		V		

19 Adaptation de PRINCE2 à l'environnement du projet

19 Adaptation de PRINCE2 à l'environnement du projet

19.1 QU'EST-CE QUE L'ADAPTATION ?

PRINCE2 peut être utilisé quelles que soient l'ampleur, la complexité, la situation géographique ou la culture du projet, qu'il fasse partie d'un programme ou qu'il soit géré en tant que projet indépendant. En fait, par principe, un projet PRINCE2 adapte la méthode pour qu'elle convienne à de tels contextes.

L'**adaptation** correspond à l'utilisation appropriée de PRINCE2 dans le cadre d'un projet donné, tout en s'assurant que les activités de planification, de contrôle et de gouvernance sont suffisantes et que les processus et les thèmes sont correctement utilisés. L'adoption de PRINCE2 à l'échelle d'une organisation est désignée par le terme **incorporation**. Le Tableau 19.1 liste les différences entre l'incorporation et l'adaptation.

19.2 APPROCHE GÉNÉRALE À L'ADAPTATION

Certains projets peuvent juger qu'ils n'ont pas besoin d'appliquer l'intégralité de la méthode PRINCE2 et décident donc de se limiter à certaines parties de la méthode. Ceci peut être révélateur d'une mauvaise compréhension de PRINCE2 car la méthode est conçue pour être adaptée. En réalité adapter PRINCE2 revient donc en fait à appliquer l'intégralité de la méthode mais de façon adéquate.

L'adaptation ne consiste pas à omettre certains éléments de PRINCE2. La méthode n'est pas une série de compartiments isolés où tout élément peut être écarté sans effet sur les autres. PRINCE2 est une toile d'éléments interconnectés : les thèmes sont utilisés dans les processus ; les techniques sont appliquées pour donner vie aux thèmes ; les personnes remplissant les rôles du projet créent des produits management. Si le praticien omet un élément, le management du projet en sera affaibli.

L'adaptation consiste donc à personnaliser la méthode en fonction des facteurs extérieurs (tels que des normes de l'entreprise qui doivent être appliquées) et des facteurs du projet à prendre en compte (comme l'ampleur du projet). L'objectif est d'appliquer un niveau de management de projet qui ne surcharge pas excessivement le projet tout en apportant un niveau de contrôle approprié étant donnés les facteurs extérieurs et les facteurs du projet.

Ne pas adapter PRINCE2 risque d'encourager un management de projet « robotique » si chaque

Tableau 19.1 Incorporation et adaptation

Incorporation	Adaptation
Effectuée par l'organisation pour adopter PRINCE2.	Effectuée par l'équipe de projet pour adapter la méthode au contexte d'un projet donné.
Porte essentiellement sur : ■ Les responsabilités des processus ; ■ L'ajustement des règles/directives (par ex. tableaux de bord de type « scorecard ») ; ■ Les normes (modèles, définitions) ; ■ La formation et le perfectionnement ; ■ L'intégration aux processus de l'entreprise ; ■ Les outils ; ■ L'Assurance Projet.	Porte essentiellement sur : ■ L'adaptation des thèmes (via les stratégies et les contrôles) ; ■ L'incorporation de termes/langages spécifiques ; ■ La révision des Descriptions de Produit pour les produits management ; ■ La révision des descriptions des rôles du projet PRINCE2 ; ■ L'ajustement des processus en fonction des points ci-dessus.
Directives dans le Modèle de Maturité PRINCE2.	Directives dans le présent manuel.

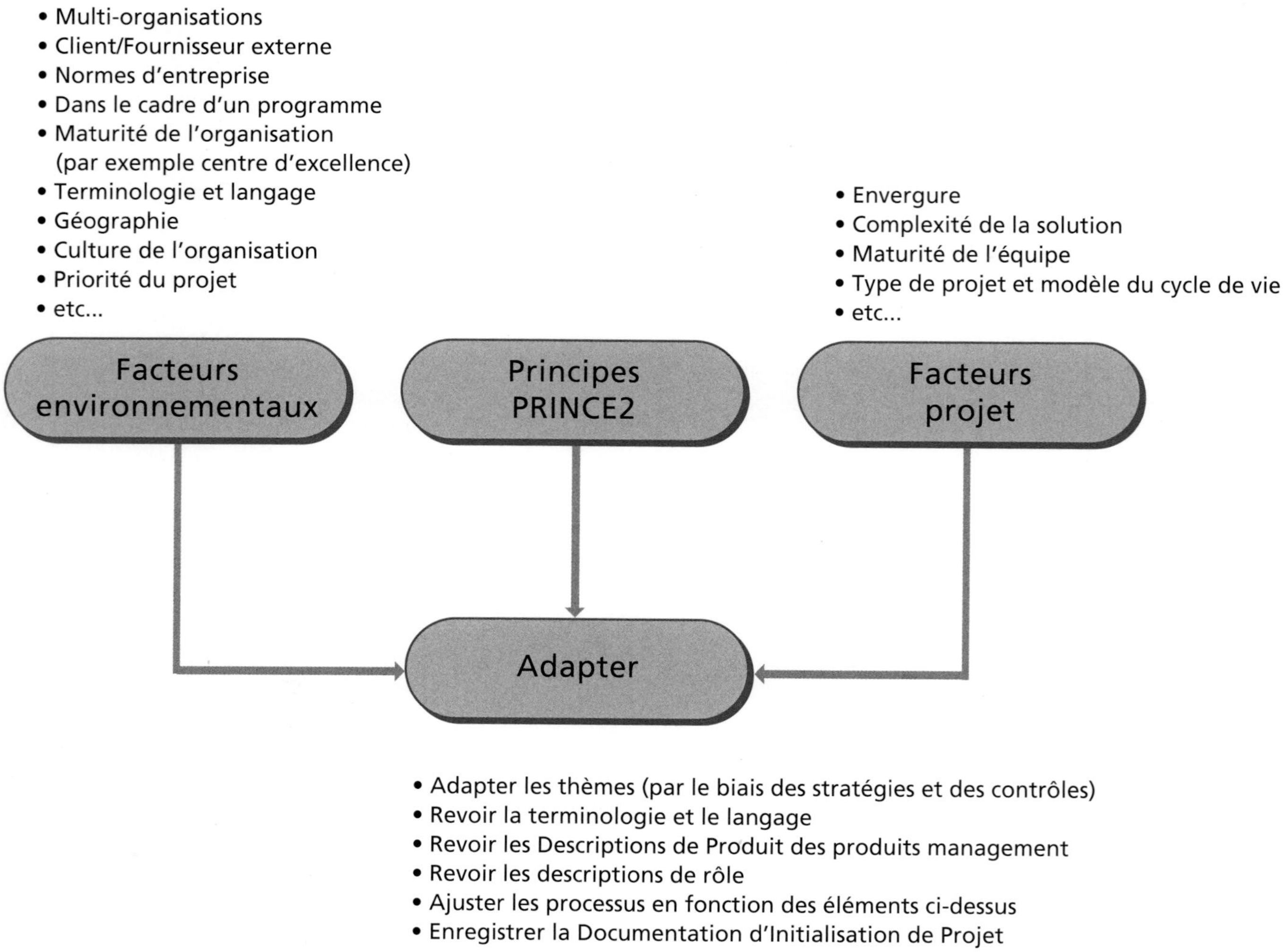

Figure 19.1 Influences sur le besoin d'adaptation

activité de processus est suivie à la lettre et si chaque produit management est produit sans se poser de question. C'est un piège courant des méthodes de management de projet reposant sur des modèles.

L'adaptation consiste donc à réfléchir sur la façon d'appliquer la méthode et à l'utiliser avec discernement. La Figure 19.1 décrit comment les facteurs de l'environnement et du projet sont évalués pour adapter la méthode.

19.2.1 Application des principes

Les principes PRINCE2 étant universels, ils s'appliquent toujours et n'ont pas besoin d'être adaptés. En examinant les principes, le praticien peut comprendre comment adapter le thème aux facteurs de l'environnement et du projet sans perdre sa valeur.

19.2.2 Adaptation des thèmes

Adapter un thème ne signifie pas forcément modifier la méthode. Dans la plupart des cas, les facteurs de l'environnement et du projet sont incorporés dans les stratégies et les contrôles du projet. Les politiques et les normes pertinentes de l'entreprise ou du programme sont rassemblées et documentées dans la Stratégie des Risques, la Stratégie Qualité, la Stratégie de Configuration et la Stratégie de Communication. Ces produits management décrivent les procédures à utiliser sur le projet pour satisfaire aux besoins de l'organisation de l'entreprise ou du programme. Le niveau de contrôle requis influencera le niveau de formalité et la fréquence de la surveillance, des revues et des rapports à produire.

19.2.3 Application de la terminologie et du langage de l'organisation

Il sera peut-être nécessaire d'adapter la méthode pour incorporer la terminologie et le langage de l'organisation de l'entreprise ou du programme. Par exemple, si l'organisation de l'entreprise ou du programme utilise le terme « cas d'investissement » au lieu de « Cas d'Affaire », il sera peut être préférable de remplacer le terme dans toute la documentation du projet pour en faciliter la compréhension.

19.2.4 Adaptation des produits management

PRINCE2 fournit des grandes lignes de Description de Produit pour les produits management qui ont besoin d'une finalité ou d'une composition particulière pour être utilisés par les thèmes et les processus. L'adaptation de PRINCE2 peut donner lieu à l'adaptation des produits management, auquel cas il peut s'avérer nécessaire de modifier leur Description de Produit ou de fournir un modèle correspondant. La finalité des produits management, ce qu'ils doivent comprendre et les critères qualité associés doivent rester clairs pour toutes les personnes participant au projet. Par exemple, dans un environnement commercial, le Lot de Travaux pourra comprendre les détails de bon de commande et les termes et conditions associés.

19.2.5 Adaptation des rôles

La structure de l'organisation de PRINCE2 doit être soigneusement examinée pour tous les projets. Les grandes lignes des descriptions des rôles standards sont fournies dans l'Annexe C, mais il est normal que celles-ci aient besoin d'être adaptées pour correspondre aux compétences et à l'autorité réelles des individus dans le contexte du rôle qu'ils devront remplir sur le projet. Par exemple, pour un projet dans un environnement de programme, la responsabilité du Plan de Revue des Bénéfices peut incomber au programme. Cette responsabilité doit donc être supprimée de la description de rôle de l'Exécutif.

19.2.6 Adaptation des processus

Toutes les activités des processus PRINCE2 doivent être exécutées, mais les responsabilités vis-à-vis des activités sont susceptibles de changer (si des rôles ont été adaptés) et les références aux produits management devront éventuellement être modifiées (si des produits management ont été adaptés).

19.3 EXEMPLES D'ADAPTATION DE PRINCE2

Les sections 19.4–19.10 fournissent des exemples de la façon dont PRINCE2 peut être adapté.

Les exemples couvrent des facteurs d'environnement et de projet qui se retrouvent dans de nombreux projets :

- Projets dans un environnement de programme ;
- Ampleur du projet ;
- Environnement commercial client/fournisseur ;
- Projets multi-organisations ;
- Type de projet ;
- Différences de secteur ;
- Blocs de connaissance en management de projet.

Les facteurs d'environnement et de projet indiqués ne sont pas exhaustifs car l'application de PRINCE2 est sans limite. Seules des lignes directrices sont fournies pour illustrer les points à prendre en compte et les tactiques qui peuvent être appliquées. Les conseils ne doivent pas être interprétés comme une approche définitive pour l'adaptation car ils ne sont pas spécifiques à un projet particulier. Le praticien doit examiner le pour et le contre des choix d'adaptation en fonction du contexte spécifique au projet.

Pour les organisations ayant incorporé PRINCE2, la version incorporée de la méthode nécessitera quand même une adaptation.

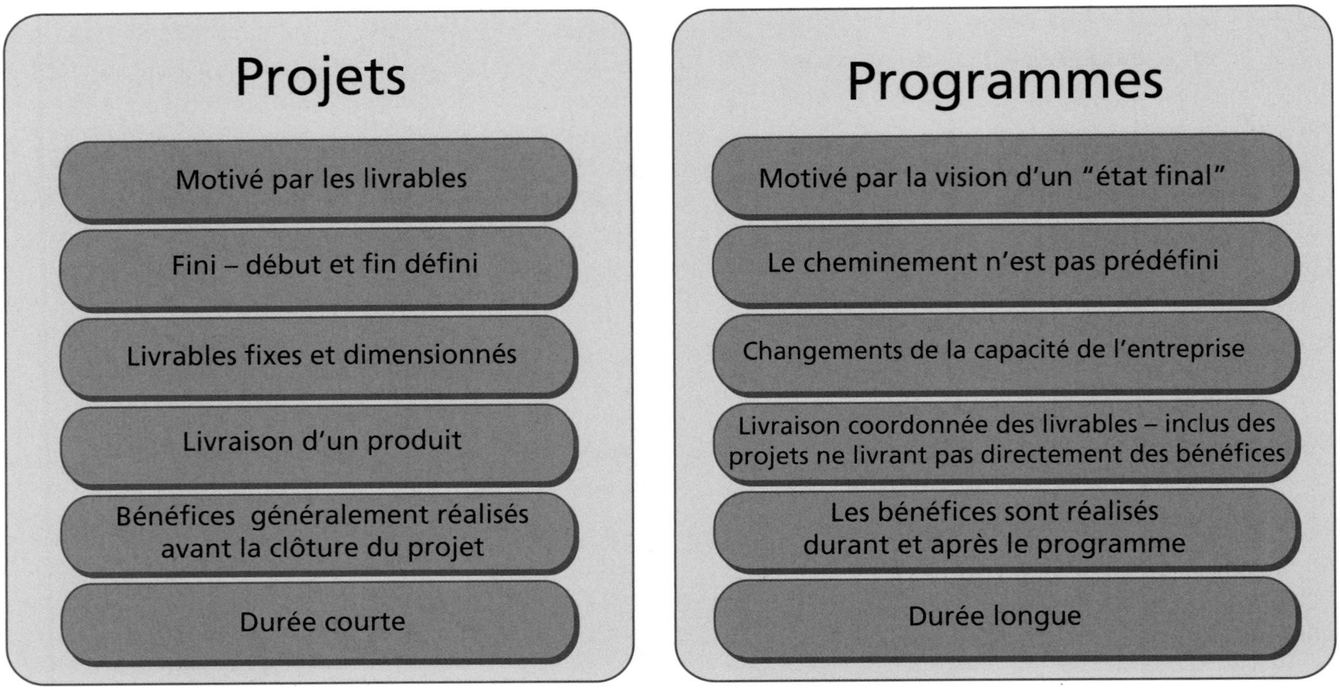

Figure 19.2 Comparaison entre les projets et les programmes

19.4 PROJETS DANS UN ENVIRONNEMENT DE PROGRAMME

Un **programme** est une structure **organisationnelle temporaire souple,** créée pour coordonner, diriger et superviser la mise en œuvre d'un **ensemble de projets et d'activités connexes** en vue de délivrer les **résultats et bénéfices** liés aux objectifs stratégiques d'une organisation. La durée de vie d'un programme peut s'étendre sur plusieurs années.

Les projets se distinguent des programmes en ce qu'en général les projets produisent ou changent quelque chose et sont ensuite démantelés. Les bénéfices de cette démarche sont susceptibles de s'accumuler une fois le projet achevé. Les programmes sont typiquement utilisés pour transformer des organisations. Par conséquent, la durée de vie de l'organisation temporaire du programme a tendance à couvrir la réalisation des bénéfices – ce qui peut prendre plusieurs années. Ceci est illustré dans la Figure 19.2.

Les projets qui se déroulent dans un environnement de programme bénéficient de nombreux avantages et PRINCE2 peut être adapté de plusieurs façons pour être utilisé dans un programme.

Les sections suivantes expliquent comment PRINCE2 peut être personnalisé pour être utilisé dans un environnement de programme (utilisant l'infrastructure *Réussir le Management de Programmes* (MSP) de l'OGC) en examinant comment adapter les thèmes, les processus et les produits management.

19.4.1 Thèmes

19.4.1.1 Cas d'Affaire

Le programme définira les normes que le projet devra utiliser pour développer le Cas d'Affaire.

Le Cas d'Affaire du projet sera agrégé au Cas d'Affaire global du programme et son contenu en sera donc probablement allégé. Le Cas d'Affaire peut se limiter aux détails du budget, à une liste des bénéfices (et aux tolérances des bénéfices) et à une explication sur la façon dont le projet contribue au schéma directeur du programme, avec les aspects de justification du Cas d'Affaire du projet dans le cadre du Cas d'Affaire du programme.

Dans certains cas, le Cas d'Affaire peut être produit et maintenu par le programme et même exister dans le détail avant même que le projet ne soit initialisé.

Les bénéfices seront définis, suivis et gérés par l'équipe de management du programme et le Plan de Revue des Bénéfices du projet fera partie du plan de réalisation des bénéfices du programme.

19.4.1.2 Organisation

L'infrastructure *Réussir le Management de Programmes* (MSP) de l'OGC définit un comité de pilotage au programme qui comprend un Directeur Exécutif de Programme pour le programme, un Responsable de Programme, un ou plusieurs Responsables de la Conduite du Changement de l'entreprise, des représentants de fonctions de niveau entreprise si nécessaire (par ex. ressources humaines, finance), le fournisseur principal et les Exécutifs de projet pour les projets du programme.

Le Directeur Exécutif de Programme du programme est un individu assumant la responsabilité globale de s'assurer que le programme tiendra ses objectifs et produira les bénéfices attendus. Il est probable que le Directeur Exécutif de Programme du programme confirmera la nomination de l'Exécutif du projet.

Le Responsable de Programme est responsable de la mise en place, du management quotidien et de la livraison du programme pour le compte du Directeur Exécutif de Programme du programme.

Le Responsable de la Conduite du Changement de l'entreprise est responsable de la définition et du management des bénéfices tout au long du programme. Il assure le lien entre le programme et les opérations de l'entreprise pour s'assurer que les capacités livrées par les projets sont adoptées par l'organisation en vue d'obtenir le résultat souhaité et les bénéfices subséquents.

Les structures d'organisation du programme et des projets doivent être intégrées de sorte que :

- Les lignes de responsabilité soient claires de haut en bas (c.-à-d. tout le monde doit rendre compte à quelqu'un) ;
- Les duplications soient évitées ;
- Les rapports et les revues soient efficaces (par ex. si quatre projets d'un même programme ont des membres de Comité de Pilotage de Projet en commun, en synchronisant les limites des séquences ils peuvent assister aux mêmes réunions pour mener les Evaluations de Fin de Séquence correspondant aux quatre projets dans le cadre d'une revue de programme).

L'intégration des rôles peut donner lieu aux dispositions suivantes :

- Le Responsable de Programme est l'Exécutif pour un ou plusieurs projets ;
- Un Responsable de la Conduite du Changement de l'entreprise pour le programme assure le rôle d'Utilisateur Principal (ou a une influence sur la nomination de l'Utilisateur Principal) pour un ou plusieurs projets, ou remplit le rôle d'Exécutif pour un ou plusieurs projets ;
- Le Support Projet est assuré par le programme ;
- L'autorité de la conception du programme (le cas échéant) assure le rôle d'Autorité de Changement ou Assurance Projet pour un ou plusieurs projets car l'objectif d'une autorité de la conception à un niveau programme est d'assurer l'adéquation de l'alignement et du contrôle quand des changements sont planifiés et exécutés.

Le choix de la structure et des nominations dépendra de l'ampleur et de la complexité du programme. Le pour et le contre de la structure d'organisation et des nominations à choisir doivent être évalués ainsi que leurs conséquences. Par exemple, dans la Figure 19.4, où le Responsable de Programme est également l'Exécutif de l'un des projets du programme, il faudra examiner la façon dont les exceptions seront remontées entre le projet et le programme et la nécessité de mettre en place des mécanismes d'assurance supplémentaires.

Les Figures 19.3 et 19.4 décrivent deux exemples.

La Stratégie de Communication du projet sera dérivée de la stratégie d'implication des parties prenantes, avec des communications contrôlées et programmées dans le cadre du plan de communication du programme. L'analyse des parties prenantes pour le projet peut être réalisée par le programme, ou le programme peut exiger que le projet prenne l'initiative avec certains groupes de parties prenantes suffisamment impliqués.

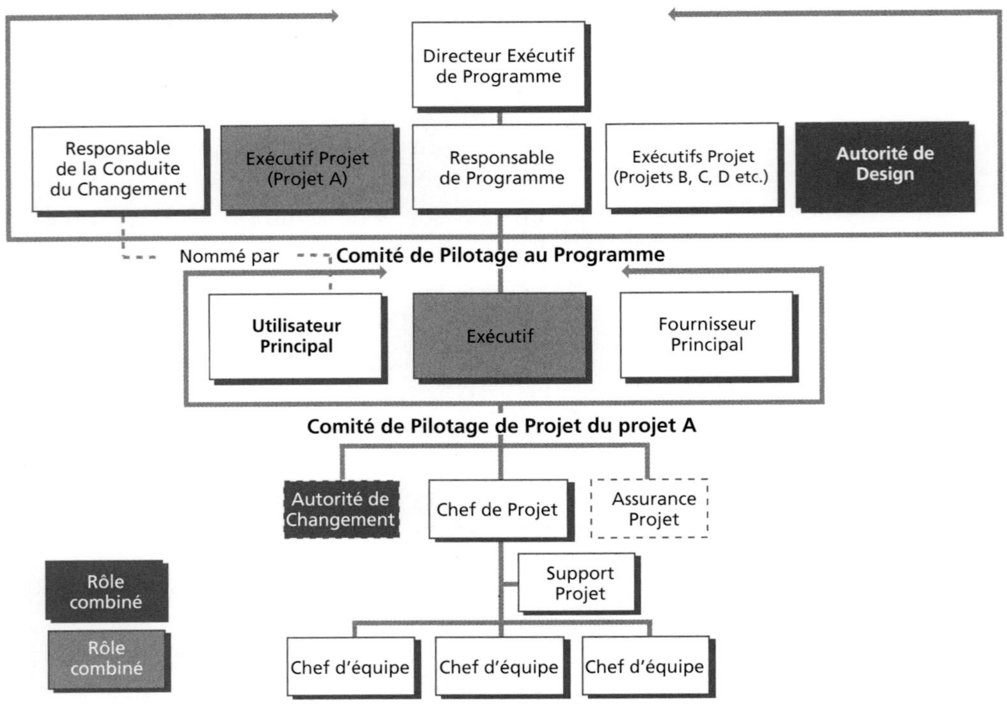

Figure 19.3 Structure d'une organisation où l'Exécutif est un membre du comité de pilotage au programme et l'Utilisateur Principal est nommé par le Responsable de la Conduite du Changement approprié

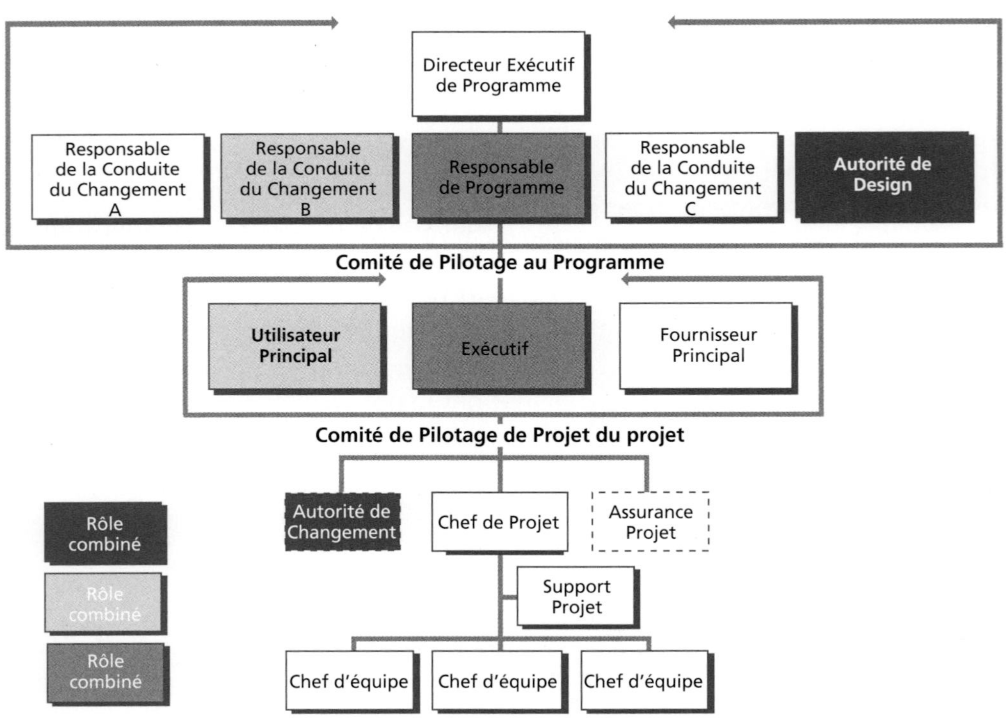

Figure 19.4 Structure d'une organisation où le Responsable de Programme est l'Exécutif du projet et le rôle d'Utilisateur Principal sur le projet est assuré par le Responsable de la Conduite du Changement approprié

19.4.1.3 Qualité

La Stratégie Qualité du projet est dérivée de la Stratégie Qualité du programme.

Les activités d'assurance et de contrôle qualité peuvent être réalisées par des membres de l'équipe de management du programme.

L'autorité de la conception du programme peut donner des conseils et des directives au Chef de Projet sur les méthodes qualité à utiliser.

19.4.1.4 Plans

Toutes les normes spécifiques à respecter par les planificateurs du projet seront décrites dans la stratégie de surveillance et de contrôle du programme. L'activité de planification du projet pour concevoir le plan s'assurera que ces normes et outils seront adoptés par le projet.

Le programme peut avoir des planificateurs dédiés qui peuvent aider le Chef de Projet à préparer et à maintenir le Plan de Projet et les Plans de Séquence.

Le réseau de dépendance du programme détaillera comment chaque produit livrable du projet sera utilisé par les autres projets du programme. Toutes les dépendances vers ou vis-à-vis du projet doivent être incorporées dans les plans du projet.

19.4.1.5 Risque

La Stratégie des Risques du projet sera dérivée de la Stratégie des Risques du programme. Elle comprendra la définition d'un ensemble commun de catégories de risque, de barèmes de risque (pour la probabilité, l'impact et la proximité), toutes les techniques d'évaluation des risques (comme la valeur monétaire attendue), les tolérances des risques de niveau projet et les mécanismes pour remonter les risques au niveau programme.

19.4.1.6 Changements

La Stratégie de Configuration du projet sera dérivée de la stratégie de management des informations du programme. La stratégie de management des informations spécifie comment maintenir les interfaces entre les projets (par ex. pour que tout changement dans ce projet susceptible d'affecter un ou plusieurs autres projets soit consigné et remonté).

La procédure de maîtrise des changements du projet sera dérivée de la stratégie de résolution des incidences du programme. Elle stipulera comment les changements apportés au périmètre ou à la livraison, qui amènent le projet hors de ses limites de tolérance ou qui affectent les bénéfices ou le plan du programme, seront remontés au niveau programme.

L'Autorité de Changement du projet peut couvrir l'autorité de conception du programme.

19.4.1.7 Progression

La stratégie de surveillance et de contrôle du programme peut influencer la formalité, la fréquence et le contenu des revues et des rapports du projet, ainsi que toutes les normes de management de projet à respecter.

Les tolérances de durée et de coûts au niveau projet seront définies par le programme.

Le nombre et la durée des séquences management seront influencés par le plan de programme. Il peut être souhaitable ou nécessaire de synchroniser les évaluations de Fin de Séquence avec les échéances du programme (par ex., avec la fin d'une tranche). Le programme peut même définir un ensemble de séquences management standard à respecter par tous les projets du programme.

19.4.2 Processus

Dans l'infrastructure MSP d'OGC, le processus Livrer la Capacité dans Gérer les tranches porte exclusivement sur le démarrage, la surveillance et la clôture des projets dans le programme. Il n'est pas nécessaire d'adapter ce processus pour travailler avec PRINCE2.

Le processus PRINCE2 le plus affecté par le contexte de déroulement dans un programme est Elaborer un Projet.

Ce processus peut être presque entièrement exécuté par le programme. Le programme nomme l'Exécutif et le Chef de Projet, passe en revue les retours d'expérience antérieurs, planifie et nomme l'équipe de projet et prépare probablement l'Exposé du Projet. Le Chef de Projet est cependant responsable de la préparation du Plan de Séquence de l'initialisation. Dans ce contexte, il ne s'agit pas d'omettre le processus Elaborer le Projet mais simplement de l'exécuter essentiellement dans le cadre du programme.

19.4.3 Produits management

De nombreux produits management (par exemple une Stratégie Qualité) sont utilisés à la fois pour le projet et pour le programme, ce qui peut prêter à confusion. Dans un environnement de programme, il peut être souhaitable de préfixer le produit management par « projet » ou « programme » pour faire la distinction. Une autre possibilité consiste à créer des modèles de document aux styles très différents pour les projets et le programme de façon à ce que leur domaine d'application soit immédiatement évident.

Il faut également déterminer si les journaux et les registres du projet seront maintenus de façon locale au projet ou de façon centrale par le programme. Par exemple, s'il y a un Registre des Risques unique administré par le programme pour les risques de niveau programme et pour tous les risques de chaque projet du programme, ou si chaque projet doit maintenir son propre Registre des Risques. Si la dernière approche est choisie, la Stratégie des Risques du projet doit définir comment les risques de niveau programme qui sont identifiés et consignés par le projet seront promus au Registre des Risques du programme. De même, la Stratégie des Risques du programme doit établir des mécanismes pour que les risques de projet qui sont identifiés et consignés par le programme puissent être rétrogradés au Registre des Risques du projet.

19.5 AMPLEUR DU PROJET

PRINCE2 peut être utilisé quelle que soit l'ampleur du projet. L'ampleur d'un projet dépend de la taille et de l'expérience de l'organisation correspondant au projet – par ex. un projet de 10 millions d'euros peut être un simple projet pour une organisation donnée mais un projet d'envergure pour une autre. L'ampleur est non seulement liée à la taille du projet (souvent mesurée en termes de durée, de budget et d'effectifs) mais aussi au contexte de la complexité, du risque et de l'importance du projet.

Les organisations doivent envisager de calibrer l'ampleur de leurs projets. Le Tableau 19.2 illustre une simple approche à la catégorisation des projets et donne des suggestions sur la façon dont PRINCE2 peut être adapté.

La section 19.5.1 donne des lignes directrices pour adapter PRINCE2 à un projet simple.

19.5.1 Projet simple

Comme expliqué ci-dessus, l'ampleur d'un projet dépend de l'organisation et du contexte. Néanmoins, pour les projets considérés comme simples par l'organisation, il est utile de tenir compte des indications suivantes.

Une question souvent posée est : quels éléments PRINCE2 peuvent être allégés sur les projets simples ? Il n'y a pas de réponse évidente. Même les projets simples varient énormément en termes de type et de style.

Pour commencer, il est important de se rappeler que, pour gérer les projets avec PRINCE2, même les projets simples doivent respecter les sept principes PRINCE2. C'est dans la façon dont les thèmes, les processus et les produits management sont utilisés que PRINCE2 est « adapté ».

Globalement, on peut considérer que la raison d'être de PRINCE2 est de réduire le risque d'échec du projet. Par conséquent, à chaque fois qu'un élément PRINCE2 est allégé, ceci doit être considéré comme une prise de risque.

19.5.1.1 Thèmes

Le thème le plus affecté par les projets simples est le thème Organisation :

- Redimensionner l'équipe de projet concerne essentiellement la consolidation des rôles et des fonctions. Les rôles peuvent être combinés mais ne doivent pas être éliminés ;
- Comme les rôles d'Exécutif et d'Utilisateur Principal proviennent tous deux de l'environnement du client, ils peuvent souvent être combinés ;
- Etant donné que le Chef de Projet est probablement bien plus proche du Comité de Pilotage de Projet que sur les projets plus importants et plus complexes, les membres du Comité de Pilotage de Projet sont souvent mieux placés pour exécuter leur propre Assurance Projet au lieu de nommer quelqu'un d'autre ;
- Pour les petites équipes, il n'est pas forcément nécessaire de nommer des Chefs d'équipe. Le Chef de Projet d'un petit projet peut assumer ces responsabilités ;
- Le Chef de Projet peut assurer le rôle de Support Projet et faire partie de l'équipe. Dans ce cas, le Chef de Projet doit équilibrer l'effort qu'il consacre au management du projet et sa participation au travail de projet proprement dit.

Tableau 19.2 Exemples de projets d'ampleurs diverses

Ampleur du projet		Caractéristique	Application de PRINCE2
Elevé ↑	Programme	Transformation de l'entreprise	Un cadre de gestion de Programme tel que "OGC's *Managing Successful Programmes" doit être utilisé.* PRINCE2 peut être utilisé pour gérer les projets dans le programme
	Projet d'envergure	Facteurs élevés en termes de risque, coût, importance, visibilité Organisations multiples Multidisciplinaire (par exemple construction, informatique, changement dans les affaires) International	Plusieurs séquences de livraison Comité de Pilotage de Projet étendu (par exemple avec des groupes Utilisateurs/Fournisseurs) Chef d'équipe probablement comme rôle séparé Support Projet probablement comme rôle séparé Produits management individuels
	Projet normal	Facteurs moyennement élevés en termes de risque, coût, importance, visibilité Relation commerciale Client/Fournisseur Sites multiples	Une ou plusieurs séquences de livraison Comité de Pilotage de Projet standard Chef d'équipe optionnel comme rôle séparé Support Projet optionnel comme rôle séparé Quelques produits management combinés
	Projet simple	Facteurs faibles en termes de risque, coût, importance, visibilité Organisation unique Site unique	Une seule séquence de livraison Comité de Pilotage de Projet simple Le Chef de Projet joue le rôle de Chef d'équipe Le Chef de Projet remplit la fonction de Support Projet Les produits management sont combinés
↓ Faible	Tâche	S'il y a un Comité de Pilotage de Projet composé d'une personne unique (typiquement l'exécutif est le manager hiérarchique du Chef de Projet) alors ceci peut être normalement traité comme une tâche. Le Chef de Projet peut aussi être la personne réalisant le travail. Les coûts peuvent faire partie des budgets du "cours normal des affaires". Justification pour l'entreprise claire et simple - exemple : réponse à une instruction.	A traiter comme un Lot de Travaux qui livre un ou plusieurs produits. Utilisation des Lots de Travaux, Description de Produits, Journaux / Registres et Rapport d'Avancement.

Parmi les autres thèmes, les exigences minimales sont :

- **Cas d'Affaire** Une certaine forme de justification pour l'entreprise, documentée d'une manière ou d'une autre ;
- **Plans** Des Descriptions de Produit pour les livrables clés et un plan simple, sous la forme d'un calendrier de travail spécifiant qui participe à la production, à la révision et à l'approbation des produits, avec les échéances clés. Ceci est souvent appelé une liste de contrôle des produits (l'Annexe A contient un exemple avec les grandes lignes des Description de Produit pour un Plan) ;
- **Qualité** Une explication des niveaux de qualité requis dans le projet et pour les produits du projet ;
- **Risque** Une analyse des risques auquel le projet doit faire face, les actions qui seront prises pour mettre en œuvre des réponses aux risques et une communication de l'état des risques via des Rapports d'Avancement et des Rapports de Progression ;
- **Changement** Une simple méthode pour contrôler les changements apportés au projet et gérer la configuration des produits livrés – par exemple, l'identification des produits simples et les normes de contrôle de version avec des dispositions de sécurité pour le stockage des produits de travail ;
- **Progression** Contrôles et exigences de reporting convenus (qu'ils soient écrits ou oraux) sous une forme quelconque.

19.5.1.2 Processus

Tous les processus restent pertinents, même dans les projets simples. Cependant, le processus Elaborer le Projet peut généralement être géré de façon moins formelle. L'Exécutif et le Chef de Projet doivent toutefois résister à la tentation de l'écarter complètement. Dans certains cas, il peut être préférable de combiner les processus Elaborer le Projet et Initialiser le Projet (c.-à-d. créer la Documentation d'Initialisation de Projet directement à partir du mandat et sauter la production d'un Exposé du Projet).

19.5.1.3 Produits management

Le choix du format des produits management peut aider à diminuer l'effort de management du projet pour les projets simples. Par exemple :

- Le Comité de Pilotage de Projet peut décider de recevoir certains, voire tous les rapports de façon verbale ou d'avoir une communication orale des informations et des décisions à la place de réunions formelles. Dans de tels cas, le Chef de Projet doit au minimum documenter la conversation dans le Journal de Projet car au bout de quelques semaines, voire même quelques jours, les gens ne se souviennent pas nécessairement de la même manière des accords verbaux ;
- Les rapports peuvent être produits sous forme de courriel ;
- La Documentation d'Initialisation de Projet peut être un ensemble de diapositives de présentation.

Il peut être intéressant de créer des documents qui comprennent physiquement plusieurs produits management. Il est ainsi possible de gérer un petit projet PRINCE2 avec seulement quatre documents :

- La Documentation d'Initialisation de Projet, qui comprend :
  - l'Exposé du Projet ;
  - le Cas d'Affaire ;
  - la Stratégie des Risques ;
  - la Stratégie Qualité ;
  - la Stratégie de Configuration ;
  - la Stratégie de Communication ;
  - le Plan de Projet, qui comprend :
    - la Description de Produit du Projet ;
    - les Descriptions de Produit.
  - le Plan de Revue des Bénéfices.
- Les Rapports de Progression, qui comprennent :
  - le Rapport d'état du Produit.
- Le Journal de Projet, qui comprend :
  - les incidences ;
  - les risques ;
  - les retours d'expérience ;
  - les activités de management de la qualité planifiées et réelles ;
  - les Enregistrements de Configuration.
- Le Rapport de Fin de Projet, qui comprend :
  - le Rapport des Retours d'Expérience.

Les produits management suivants ne sont pas forcément nécessaires :

- **Plan de Séquence** S'il n'y a qu'une séquence de livraison, les détails du Plan de Séquence peuvent être inclus dans le Plan de Projet ;
- **Rapports d'Avancement** S'il n'y a pas de Chefs d'équipe, il n'est pas forcément nécessaire de produire des Rapports d'Avancement (bien que le Chef de Projet puisse demander à des membres individuels de l'équipe de les fournir) ;
- **Lots de Travaux** Peuvent n'être appropriés que quand le projet a des Chefs d'équipe. Quand il n'y a qu'un Chef de Projet, le Plan de Séquence peut suffire. Cependant, même dans de tels cas, le Chef de Projet peut choisir d'utiliser des Lots de Travaux comme moyen de contrôle pour les membres individuels de l'équipe ;
- **Rapport de Fin de Séquence** S'il n'y a qu'une séquence de livraison, la fin de cette séquence est également la fin du projet et seul un Rapport de Fin de Projet est requis ;
- **Rapport d'Incidence** Si les détails de l'incidence sont correctement recueillis dans le Registre des Incidences (ou le Journal de Projet).

Exemple de produits management

Ayant décidé de combiner les processus Elaborer le Projet et Initialiser le Projet pour un petit projet, aucun Exposé du Projet n'a été produit. A la place, l'équipe de projet a utilisé le mandat du projet pour produire une **Documentation d'Initialisation de Projet** simple. La Documentation d'Initialisation de Projet comprenait un Plan de Projet de base, avec plusieurs Descriptions de Produit et les détails de toutes les stratégies et contrôles à appliquer. Le Chef de Projet a choisi d'utiliser le **Journal de Projet** pour enregistrer les risques, les incidences, les retours d'expérience et les résultats qualité.

La séquence d'initialisation fut suivie d'une seule autre séquence, pendant laquelle un petit nombre de **Lots de Travaux** ont été autorisés. Pendant qu'ils étaient gérés, le Chef de Projet a tenu des **points d'avancement** périodiques, qui ont permis de produire des **Rapport de Progression** réguliers pour le Comité de Pilotage de Projet.

A la fin de cette séquence (et donc du projet) un Rapport de Fin de Projet a été produit. Celui-ci contenait également les informations pour le Rapport des Retours d'Expérience, les recommandations d'actions de suivi et le Plan de Revue des Bénéfices.

19.6 ENVIRONNEMENT COMMERCIAL CLIENT/FOURNISSEUR

PRINCE2 repose sur un environnement client/fournisseur. Cette structure suppose qu'il y a un client qui spécifie le résultat désiré et qui probablement paye pour le projet, et un fournisseur qui apporte les ressources et les compétences nécessaires pour produire ce résultat. Si la relation entre le client et le ou les fournisseurs est une relation commerciale, il y a d'autres facteurs à prendre en compte. Le point principal est de reconnaître qu'il y a au moins deux ensembles de :

- Raisons justifiant la réalisation du projet ;
- Systèmes de management (y compris les méthodes de management de projet) ;
- Structures de gouvernance (exigeant éventuellement la divulgation de différents types de données de projet à des moments variés de la durée de vie du projet) ;
- Cultures d'entreprise (par ex. formalité, prise de risque etc.).

19.6.1 Thèmes

19.6.1.1 Cas d'Affaire

Dans un contexte commercial, il y a au moins deux Cas d'Affaire – le Cas d'Affaire du client et le Cas d'Affaire du fournisseur. Pour un projet réussi, tous deux doivent démontrer une justification continue pour l'entreprise. Si le projet n'est plus viable, souhaitable ou réalisable pour une des parties, son déroulement s'en ressentira et il se soldera très probablement par un échec, quel que soit l'attrait du Cas d'Affaire pour l'autre partie.

Le Cas d'Affaire du client couvre les bénéfices pour le client comparés aux coûts et aux risques durant toute la durée de vie. Les coûts doivent inclure les coûts internes (des ressources projet du client et des ressources d'exploitation et de maintenance continues) et les coûts externes (des biens et services des fournisseurs). Les risques doivent inclure les risques du projet et les risques opérationnels continus.

Le Cas d'Affaire du fournisseur couvre la partie fournisseur du projet du client. Il ne doit pas se limiter à une marge cible. Il est nécessaire d'examiner comment le projet contribuera aux aspects suivants d'un point de vue fournisseur :

- Objectifs de vente ;
- Objectifs de plan de compte ;
- Objectifs de territoire de vente ;
- Principaux objectifs de secteur de marché.

Exemple d'autres points à prendre en compte dans un Cas d'Affaire de fournisseur

Une équipe de ventes demande à la direction du fournisseur d'accorder des niveaux de remise dépassant ce qui a été convenu. La raison de la demande de remise supplémentaire est de remporter le pilote (ce projet) en vue d'augmenter la probabilité de poursuivre avec un déploiement plus vaste. Dans ce cas, le Cas d'Affaire du fournisseur ne doit pas se limiter au respect des exigences contractuelles mais doit couvrir les coûts pour les activités permettant de s'assurer que le fournisseur tirera pleinement parti de son opportunité de vente pour le déploiement.

Le Cas d'Affaire de chaque partie peut être confidentiel ou partiellement confidentiel vis-à-vis de l'autre partie. Souvent, la visibilité du Cas d'Affaire du client pour le fournisseur se limitera à une liste de « raisons » dans une requête de changement. Cependant, en fonction de la compatibilité culturelle des organisations du client et du fournisseur, il sera généralement avantageux pour les deux parties de divulguer les raisons clés à l'origine du projet (c.-à-d. les bénéfices).

19.6.1.2 Organisation

L'une des principales décisions à prendre dans une relation commerciale client/fournisseur est qui doit assurer le rôle de Fournisseur Principal. Il faut prendre en compte les points suivants :

- Est-il acceptable qu'un Fournisseur Principal représente une organisation externe quand le Comité de Pilotage de Projet a besoin de discuter du financement des changements ou du travail ultérieur ? Et que se passe-t-il si le débat porte sur la terminaison du contrat avec le fournisseur ? Une option pourrait être de simplement exclure le Fournisseur Principal de la partie des revues donnant lieu aux discussions sensibles. Une autre option serait de nommer la personne responsable de la performance du contrat avec le fournisseur (par ex. un gestionnaire de contrats) ;
- Que se passe-t-il dans le cas de fournisseurs multiples ? S'ils ne sont pas nombreux (disons trois ou quatre), il est recommandé que tous fassent partie du Comité de Pilotage de Projet car celui-ci représente une opportunité de discussions auxquelles ils peuvent se joindre. S'il y a plus de trois ou quatre fournisseurs, le gestionnaire de contrats responsable de la performance de tous les contrats avec les fournisseurs peut assister aux réunions du Comité de Pilotage de Projet en leur nom, ou il peut être approprié de nommer un prestataire principal ;
- Si le projet comprend une séquence d'approvisionnement, qui doit remplir le rôle de Fournisseur Principal si le fournisseur n'a pas été choisi ? Il peut être nécessaire de nommer un Fournisseur Principal temporaire – venant éventuellement de la direction des achats du client.

D'où viendra le Chef de Projet représente une autre décision clé. Dans PRINCE2, le Chef de Projet vient généralement de l'organisation cliente et le ou les Chefs de Projet des fournisseurs remplissent le rôle de Chefs d'équipe pour le projet. Même si les Chefs d'équipe peuvent être appelés Chefs de Projet dans l'organisation du fournisseur, il faut faire la distinction entre les désignations de rôle et les désignations de fonction. Rappelons qu'il ne peut y avoir qu'un seul Chef de Projet.

Pour certains projets, le Chef de Projet peut venir de l'organisation du fournisseur. Les clients peuvent choisir de garder leurs distances par rapport aux travaux et compter sur le fournisseur pour assurer le management du projet. Le client renforcera probablement la rigueur de l'Assurance Projet (et peut en fait choisir de nommer l'un de ses Chefs de Projet pour assurer le rôle d'Assurance Projet. Dans ce cas, il faut bien comprendre que, bien que la personne chargée de l'Assurance Projet ait un poste de Chef de Projet dans l'organisation cliente, elle n'est pas pour autant le Chef de Projet pour ce projet – il ne peut y avoir qu'un seul Chef de Projet). Il faut réfléchir à la dynamique du Comité de Pilotage de Projet si le Chef de Projet doit rendre compte à l'Exécutif dans le cadre du projet, et rendre compte au Fournisseur Principal d'un point de vue hiérarchique (ou commercial).

Les règles de gouvernance du fournisseur peuvent signifier qu'il doit traiter son ou ses Lots de Travaux dans le projet du client comme un projet dans l'organisation du fournisseur. Ceci peut se traduire par la mise en place d'un Comité de Pilotage de Projet séparé pour le côté fournisseur. Il faut examiner les points suivants :

- Qui remplit le rôle d'Utilisateur Principal si ce n'est pas quelqu'un qui vient de l'organisation cliente (le chargé de compte peut être un substitut utile comme porte-parole du client) ;
- Comment s'interfacent les rôles des Comités de Pilotage de Projet client et fournisseur, c.-à-d. quel membre du Comité de Pilotage de Projet fournisseur prend le rôle de Fournisseur Principal dans le Comité de Pilotage de Projet client. Dans tous les cas, cette personne doit détenir l'autorité nécessaire pour prendre des décisions au nom du fournisseur quand il assure le rôle de Fournisseur Principal dans le Comité de Pilotage de Projet client.

Il y a de multiples façons de structurer les rôles de l'équipe de projet dans un contexte commercial client/fournisseur. L'important est de s'assurer que les deux organisations établissent et maintiennent une solide justification pour l'entreprise et que leurs règles de gouvernance respectives soient respectées.

19.6.1.3 Qualité

La Stratégie Qualité définira si le projet se conformera aux systèmes de management de la qualité du client ou du fournisseur, ou à une combinaison des deux.

19.6.1.4 Plans

Le contrat peut-il être accordé pour la totalité du projet si le Comité de Pilotage de Projet approuve seulement le financement séquence par séquence ? Le contrat peut par exemple couvrir la totalité du projet, avec des bons de commande et des règlements jalonnés correspondant à chaque séquence management. Une telle approche encourage les organisations à réfléchir à ce qui se passerait si le projet n'était plus viable pour l'une des parties et s'il était clos prématurément. Pour la gestion des ventes et de l'approvisionnement, il est prudent de s'assurer qu'il y a des clauses d'arrêt dans les contrats pour les deux parties.

Le client peut choisir la façon de gérer les activités d'approvisionnement. Il peut soit les gérer dans le cadre de la séquence d'initialisation (et envisager d'utiliser les processus Contrôler une Séquence et Gérer la Livraison des Produits pour les gérer), soit ajouter une séquence d'approvisionnement après l'initialisation. Gérer l'approvisionnement pendant la séquence d'initialisation présente l'avantage de limiter l'incertitude dans les plans. Cependant, les contrôles en place risquent d'être insuffisants si les activités d'approvisionnement sont onéreuses et laborieuses.

PRINCE2 part de l'hypothèse que les Lots de Travaux sont convenus entre le Chef de Projet et le Chef d'équipe et que les Plans d'équipe sont optionnels. Le Plan d'équipe peut être confidentiel pour le fournisseur car il peut contenir d'autres informations telles que les dépendances vis-à-vis de projets d'autres clients, les coûts des sous-traitants etc. Le Rapport d'Avancement du Chef d'équipe, qui décrit l'avancement par rapport aux échéances convenues dans le Lot de Travaux, doit suffire pour permettre au Chef de Projet de maintenir le Plan de Séquence.

19.6.1.5 Risque

Dans un contexte commercial il peut être nécessaire d'avoir plusieurs Registres des Risques car certains risques du projet peuvent être spécifiques à l'une des parties avec de bonnes raisons de ne pas les divulguer à l'autre partie. Quand un Registre des Risques commun est utilisé, il est important de savoir à qui s'applique vraiment le risque et de nommer le surveillant du risque en conséquence. Par exemple, dans un contrat au forfait, tous les dépassements de coûts affecteront le Cas d'Affaire du fournisseur alors qu'en général, les dépassements de délais auront essentiellement des répercussions sur le Cas d'Affaire du client.

19.6.1.6 Changements

La procédure de maîtrise des changements dans la Stratégie de Configuration et toutes les éventuelles dispositions pour tenir compte des changements dans le contrat doivent être harmonisées. Si un budget de changement est utilisé, il devra s'aligner sur les procédures d'achat du client et sur les procédures d'approbation commerciale du fournisseur. (Par exemple, le client autorisera-t-il le changement en émettant de nouveaux bons de commande, ou des ordres de modification par rapport au bon de commande d'origine, ou le bon de commande d'origine couvrira-t-il le budget du projet et le budget de changement ? La procédure d'approbation commerciale du fournisseur nécessite-t-elle une approbation par la direction séparée pour chaque requête de changement ou est-elle couverte par l'approbation de la direction pour le projet ?)

19.6.1.7 Progression

La fréquence, le format et la formalité de la vérification et des rapports produits doivent répondre aux besoins de gouvernance des deux organisations. Ainsi, il est possible que les Chefs d'équipe doivent produire deux Rapports d'Avancement, l'un pour le Chef de Projet du client et l'autre pour la direction du fournisseur. Le contenu de ces rapports peut varier (par exemple, le Rapport d'Avancement destiné à la direction du fournisseur peut contenir les détails de nouvelles opportunités commerciales).

19.6.2 Processus

Etant donné que PRINCE2 repose sur un contexte client/fournisseur du point de vue client, il est peu probable que les processus aient besoin d'être adaptés du côté client.

Du point de vue fournisseur, le principal changement aux processus concernera les processus Elaborer le Projet et Initialiser le Projet. Le processus Elaborer le Projet se déroulera avant l'attribution du contrat et sera généralement une réponse à un appel d'offres du client. Une partie du processus Initialiser le Projet se déroulera avant l'attribution du contrat car le fournisseur aura besoin de formuler les stratégies, les plans et les contrôles en vue d'évaluer la viabilité et l'intérêt de l'opération ainsi que les coûts et les prix associés à la solution proposée. Cependant, le processus Initialiser le Projet ne sera pas achevé tant que les négociations contractuelles ne seront pas conclues et que le Comité de Pilotage de Projet du client n'aura pas autorisé le projet. La négociation du contrat doit être gérée selon les modalités de la maîtrise des changements.

Il faut également harmoniser les processus d'approbation commerciale du fournisseur avec le processus Elaborer le Projet (qualifier l'opportunité) et le processus Initialiser le Projet (approuver la proposition). Une approche tactique consiste à préparer toute la documentation de projet jusqu'à l'état de « dernière version préliminaire » pendant les activités pré-contrat pour qu'elle soit approuvée dans le cadre de l'attribution du contrat.

19.6.3 Produits management

Comment la Documentation d'Initialisation de Projet et les Lots de Travaux s'interfacent-ils avec le contrat ? L'un des aspects d'un contrat est de décrire qui est responsable si une partie ne remplit pas ses obligations contractuelles. Le contenu de la Documentation d'Initialisation de Projet doit se focaliser sur le moyen de s'assurer que chaque partie respecte ses engagements. Ils remplissent donc des objectifs différents. La Documentation d'Initialisation de Projet peut faire partie de la documentation contractuelle, mais il faut faire attention à ne pas étouffer la capacité du projet à s'adapter si la Documentation d'Initialisation de Projet doit passer par une revue légale pour chaque changement.

Pour un fournisseur externe, le Lot de Travaux peut prendre la forme d'un contrat exécutoire et peut être modifié pour inclure les éventuels termes et conditions à appliquer.

19.7 PROJETS MULTI-ORGANISATIONS

Le contexte organisationnel des projets devient de plus en plus complexe. Au lieu d'une simple relation client/fournisseur impliquant deux organisations, certains projets peuvent faire appel à de multiples organisations.

Exemples :

- Co-entreprises ;
- Recherche collaborative ;
- Projets inter-services ;
- Projets intergouvernementaux (par ex. Union Européenne) ;
- Projets inter-agences (par ex. Programme des Nations Unies pour le développement) ;
- Contrats d'alliance ;
- Consortium de soumissionnaires ;
- Partenariats.

Il peut y avoir une autorité commanditaire principale (ou un client principal), mais il peut y avoir plusieurs clients. De même, il peut y avoir plusieurs organisations fournisseurs. Ceci peut se traduire par une situation où le projet a plusieurs « propriétaires », dans le sens que plusieurs organisations partagent le contrôle ultime sur le processus de prise de décision. L'incapacité d'accepter le principe de cette

« propriété multiple » mettra le projet en danger et augmentera son risque d'échec.

Les lignes directrices pour utiliser PRINCE2 dans un projet en multipropriété sont similaires à celles du contexte commercial client/fournisseur vis-à-vis de l'adaptation des thèmes, toute référence à un « contrat » étant remplacée par « accord ». Cependant, les accords couvrant des projets multi-organisations peuvent devenir extrêmement complexes. Par exemple, des Comités de Pilotage de Projet trop importants peuvent paralyser le processus de prise de décision. Si aucune partie ne domine les autres, il faut parvenir à un consensus pour chaque décision. Les grands Comités de Pilotage de Projet consensuels travaillent très lentement et le rythme de leurs projets risque d'en pâtir. Autrement, les Chefs de Projet peuvent commencer à prendre des décisions qui dépassent leurs attributions. Il faut alors envisager d'adopter les structures organisationnelles de management de programme pour faciliter le management des bénéfices et l'implication des parties prenantes.

19.8 TYPE DE PROJET

19.8.1 Modèles de cycle de vie

De nombreuses industries ou professions ont développé des modèles de cycle de vie pour des types de projet particuliers, comme les méthodes en cascade ou agiles. PRINCE2 fonctionne bien avec de tels modèles car ils mettent l'accent sur les activités pour créer et vérifier les produits spécialistes du projet – l'aspect des projets délibérément non traité par PRINCE2.

L'adaptation de PRINCE2 pour être utilisé avec des modèles de cycles de vie spécialistes nécessite principalement :

- D'aligner les séquences management avec le cycle de vie de développement – par ex. conception, réalisation, test, transition ;
- D'utiliser les tolérances pour correspondre à la focalisation du développement – par ex. les projets agiles qui utilisent une approche itérative et incrémentale ont tendance à fixer les délais et la qualité (tolérance étroite) et à varier le périmètre (tolérance large) ;
- D'intégrer tout rôle spécialiste dans la structure de l'équipe de projet. Par exemple, si le modèle de cycle de vie comprend une autorité de conception technique, ce rôle doit-il être un pair du Chef de Projet, un Chef d'équipe qui rend compte au Chef de Projet ou une certaine forme d'Assurance Projet ? Comme les rôles sont juste un ensemble de responsabilités, le nom du rôle n'est pas essentiel mais il est important que les responsabilités définies par les rôles soient affectées à une personne appartenant à l'organisation – et que cette affectation soit clairement comprise par les personnes impliquées ;
- D'utiliser PRINCE2 pour les produits management **projet** (par ex. Exposé du Projet) et d'utiliser la méthode spécialiste pour définir l'objectif, le format, la composition et les critères qualité pour les produits management **spécialistes** (par ex. la définition de l'architecture de la solution dans DSDM Atern). Les méthodes spécialistes peuvent également fournir des produits management projet. Il est donc important d'identifier les produits management qui doivent aider la création des produits spécialistes (par ex. un document de conception technique), et ceux qui aident à manager le projet. Pour chaque produit management projet, il faut décider d'utiliser l'équivalent PRINCE2 ou pas. L'objectif est d'éviter les duplications ou les lacunes ;
- De fournir des passerelles à partir du processus Gérer la Livraison des Produits vers les processus de développement de produits spécialistes.

19.8.2 Le projet en évolution

Des recherches financées par l'EPSRC (Engineering and Physical Sciences Research Council) sous l'intitulé *Rethinking Project Management* (Un nouveau regard sur le management de projet) ont déterminé que les projets d'aujourd'hui ont tendance à ne pas démarrer avec une spécification prédéfinie mais que leurs spécifications évoluent au fur et à mesure que le projet progresse. De plus, les spécifications sont souvent contestables et ouvertes à négociation pendant toute la durée de vie du projet. Ainsi, comme la spécification repose sur le Cas d'Affaire, un projet ne peut pas démarrer avec un Cas d'Affaire prédéfini.

PRINCE2 supporte le paradigme d'évolution car le Cas d'Affaire représente la « meilleure prévision convenue » à un moment donné du cycle de vie d'un projet, et il évoluera au fur et à mesure de la progression du projet, de la découverte jusqu'à la mise en service.

L'ébauche du Cas d'Affaire développé en phase de pré-projet (pendant le processus Elaborer le Projet) spécifiera probablement une plage étendue de prévision pour les résultats souhaités (par ex. une réduction des coûts de 30 % à 50 %), alors que la prévision du Cas d'Affaire détaillé actualisé mi-projet sera probablement bien plus ciblée (par ex. une réduction des coûts de 35 % à 40 %). De plus, au fur et à mesure que le projet progresse, l'ensemble des produits requis pour fournir les résultats souhaités est également susceptible d'évoluer.

L'intérêt du Cas d'Affaire évolutif est qu'il permet à l'organisation de faire un engagement d'investissement tenant compte des bénéfices attendus et des risques prévus à ce stade de l'évolution du projet. Le Cas d'Affaire fournit aussi la base pour le contrôle et l'évaluation d'impact des changements requis suite aux aspects « contestables et ouverts à négociation pendant toute la durée de vie du projet » des projets modernes.

Les projets donnant lieu à des activités de recherche et de développement, au développement d'une nouvelle politique ou à la réalisation d'une étude de faisabilité sont typiques du paradigme des projets évolutifs. Ils demandent une attention particulière car ils n'apporteront peut-être pas de bénéfices directs (seulement des options) et sont susceptibles de générer un retour sur investissement négatif. Il est possible d'évaluer la valeur des options, ce qui signifie qu'il est possible de comparer la valeur d'un projet de recherche et de développement à un autre pour des besoins de gestion des priorités.

19.8.3 Le projet d'étude de faisabilité

Dans certaines situations, une étude de faisabilité peut être nécessaire afin d'étudier la situation et de déterminer les options pour la voie à prendre. Avec PRINCE2, une approche serait de mener l'étude comme un projet séparé et distinct.

La Figure 19.5 montre le cycle de vie (relativement) simple d'un projet d'étude de faisabilité. Il contient un Plan de Projet, un Cas d'Affaire, un ensemble de risques et un produit de projet – la recommandation. Les options possibles peuvent varier énormément en termes de coûts et de délais. Chaque option aura un Plan de Projet, un Cas d'Affaire et des ensembles de risques différents, mais à la fin du projet d'étude de faisabilité il n'y aura qu'une seule recommandation.

Si la faisabilité est traitée comme un projet à part entière, il est important de reconnaître que le livrable de ce projet est seulement une option, c.-à-d. l'option de poursuivre ou pas. La réussite ne doit pas être jugée sur le fait que l'idée soit faisable ou pas mais sur la capacité à prendre une décision fiable reposant sur l'analyse réalisée.

Les projets de politique sont similaires aux projets de faisabilité en ce que le résultat n'a aucune valeur directe. C'est la mise en œuvre subséquente de la politique qui génère une valeur. Comme les projets de politique créent des produits, PRINCE2 est une méthode optimale à appliquer. Cependant, la nature du Cas d'Affaire est un aspect clé à prendre en compte. La justification d'un projet de politique peut être valide, mais il reste important de s'assurer que le projet est un investissement de valeur.

19.9 DIFFÉRENCES DE SECTEUR

Les caractéristiques d'un projet s'appliquent toujours, que l'organisation appartienne au secteur public ou au secteur privé. La principale différence sera le contenu et la nature du Cas d'affaire. Cependant, aucune adaptation n'est nécessaire car PRINCE2 ne stipule pas ce qui rend un Cas d'Affaire viable, souhaitable ou réalisable. Ces considérations varient entre les secteurs public et privé mais le besoin d'un Cas d'Affaire et la façon dont il est utilisé par le projet ne changent pas.

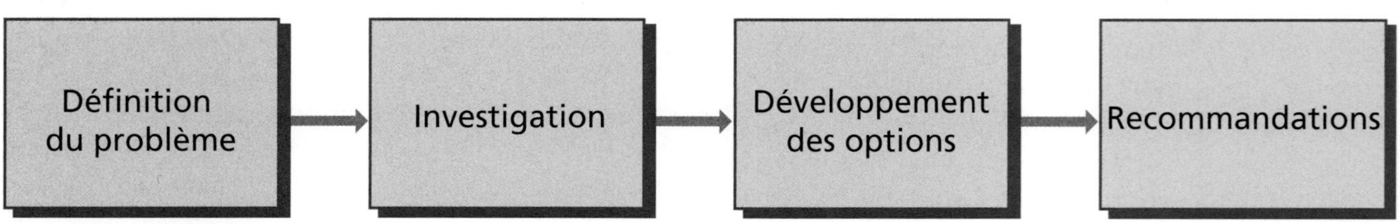

Figure 19.5 Exemple de cycle de vie d'une étude de faisabilité

Cependant, dans le secteur public du Royaume-Uni, deux questions peuvent déterminer la nécessité d'adapter PRINCE2 :

- Si le projet a besoin d'un Directeur Exécutif de Programme (voir 19.9.1) ;
- Si le projet est soumis à une revue OGC Gateway (voir 19.9.2).

19.9.1 Directeur Exécutif de Programme

Le Directeur Exécutif de Programme est un individu assumant la responsabilité globale de s'assurer que le projet ou le programme tiendra ses objectifs et produira les bénéfices attendus.

Le rôle du Directeur Exécutif de Programme a été largement introduit dans le secteur public du Royaume-Uni pour les projets et les programmes de grande envergure et il est maintenant de plus en plus utilisé dans d'autres secteurs et pays. La définition standard du rôle est :

Il faut bien préciser que le Directeur Exécutif de Programme n'est pas un rôle PRINCE2. Cependant :

- Dans le contexte du programme, l'Exécutif rendrait compte au Directeur Exécutif de Programme nommé pour le programme. Il peut également être approprié pour le Directeur Exécutif de Programme de faire office d'Exécutif pour des projets majeurs du programme ;
- Quand un Directeur Exécutif de Programme est nommé dans le contexte d'un seul grand projet, la personne prenant le rôle de Directeur Exécutif de Programme prendrait aussi le rôle d'Exécutif ou nommerait la personne qui assumerait le rôle d'Exécutif.

19.9.2 Revue OGC Gateway

La revue OGC Gateway examine les projets à des points de décision clé dans leur cycle de vie. Elle anticipe le futur pour donner l'assurance que les projets peuvent progresser de façon satisfaisante jusqu'à l'étape suivante ; le processus représente une meilleure pratique dans le gouvernement civil central, le secteur de la santé, les collectivités locales et le secteur de la défense du Royaume-Uni, et a été adopté dans de nombreux autres pays pour les projets reposant sur des achats et utilisant des fonds publics.

La revue OGC Gateway donne lieu à une évaluation par les pairs, dans laquelle des praticiens indépendants extérieurs au projet s'appuient sur leur expérience et leur expertise pour examiner la progression et évaluer la probabilité d'une livraison réussie du projet. Cette revue offre une perspective différente et précieuse sur les enjeux de l'équipe interne, et une remise en question extérieure de la robustesse des plans et des processus.

La revue Gateway a lieu à différents moments du cycle de vie du projet et l'équipe de revue devra tenir compte de l'importance relative des différents aspects de confiance dans la livraison, étant donné le stade atteint par le projet. Quand un projet est mis en place et qu'il n'a pas encore terminé son Cas d'Affaire, la clarté de tout le périmètre, la viabilité de la structure de gouvernance et l'appui de la direction peuvent dominer l'évaluation. Alors que ces facteurs seront probablement des aspects déterminants de la réussite de tout projet, dans la suite du cycle de vie l'adéquation des processus utilisés, des compétences et des ressources disponibles pour le projet prendront plus d'importance.

La revue Gateway peut s'intégrer avec PRINCE2 de cette façon :

- **Revue 1 : Justification pour l'entreprise** Cette revue porte sur la justification du projet pour l'entreprise avant la décision clé d'approuver l'initialisation du projet. Elle est en phase avec l'activité autoriser l'initialisation du processus Diriger le Projet ;
- **Revues 2 et 3 : Stratégie de livraison et décision d'investissement** Ces revues sont en phase avec l'activité autoriser l'initialisation du processus Diriger le Projet ou avec le Plan d'Exception. Elles se focalisent sur l'assurance que le projet est encore requis, qu'il représente un investissement de valeur et qu'il suit une stratégie de livraison clairement définie ;
- **Revue 4 : Aptitude au service** Cette revue porte sur l'aptitude de l'organisation à mettre le projet en service. Elle est en phase avec l'activité autoriser un Plan de Séquence ou d'Exception du processus Diriger le Projet.

Une autre façon d'envisager la correspondance serait d'organiser les séquences du projet pour qu'elles soient en phase avec les revues : initialisation (Revue 1), séquence d'approvisionnement (Revue 2), séquence de conception préliminaire (Revue 3), séquence de conception détaillée (Revue 4), séquence de mise en service et séquence de remise.

Une revue Gateway n'est pas équivalente à une « porte » ou un point de prise de décision (comme l'Evaluation de Fin de Séquence), mais c'est un moyen de fournir une assurance supplémentaire sous forme d'élément d'entrée à l'évaluation de Fin de Séquence que le projet pourra répondre à ses objectifs. Le coût et le temps passé pour mener les revues Gateway doivent être pris en compte dans le Plan de Projet et les Plans de Séquence.

19.10 BLOCS DE CONNAISSANCES EN MANAGEMENT DE PROJET

PRINCE2 ne doit pas être confondu avec un Bloc de connaissances (BoK) :

- PRINCE2 est une méthode de management de projet intégrée fournissant un ensemble de processus et de thèmes qui peuvent être appliqués pour manager un projet du début à la fin ;
- Un Bloc de connaissances couvre l'éventail global des compétences et des techniques en management de projet que les Chefs de Projet auront éventuellement besoin d'appliquer, comme la direction et la négociation.

La comparaison entre PRINCE2 et un Bloc de connaissances (BoK), tel que le BoK de l'Association for Project Management, le PMBoK du Project Management Institute ou les référentiels de compétence de l'International Project Management Association, est résumée dans le Tableau 19.3.

Du fait de leurs différences, la méthode PRINCE2 et les BoK sont éminemment complémentaires.

PRINCE2 fournit une infrastructure de ce qui doit être fait, par **qui** et **quand**. Le BoK fournit un ensemble de techniques suggérant **comment** faire les choses. Par exemple, dans PRINCE2, une étape critique pour créer un plan est l'estimation. PRINCE2 ne dit pas comment réaliser l'estimation car il existe de nombreuses techniques qui peuvent être appliquées en fonction du contexte du projet, alors qu'un BoK donne une explication et une analyse sur un ensemble de techniques d'estimation disponibles pour permettre au planificateur de juger celle qui convient le mieux.

Si l'organisation utilise un BoK particulier, l'adaptation de PRINCE2 doit donner lieu aux étapes suivantes :

- Convenir d'un lexique unique à utiliser. Par exemple, dans le BoK de l'Association for Project Management, le groupe directeur est équivalent au Comité de Pilotage de Projet de PRINCE2 ;
- Mettre en correspondance les produits management PRINCE2 et tous les produits management recommandés par le BoK. Par exemple, la charte du projet de PMBoK est équivalente à l'Exposé du Projet dans PRINCE2.

Tableau 19.3 Comparaison entre PRINCE2 et un Bloc de connaissances

PRINCE2	Bloc de connaissances
Méthode de management de projet.	Vaste ensemble de « bonnes pratiques » pour la gestion de projet.
Prescriptif.	Non prescriptif.
Ensemble intégré de processus et de thèmes (il ne s'agit pas de domaines cloisonnés qui peuvent être appliqués sélectivement).	Chaque sujet peut être abordé séparément des autres.
Couvre tous les rôles de management de projet.	Destiné aux Chefs de Projet.
Ne couvre pas les compétences interpersonnelles.	Couvre les compétences interpersonnelles.
Références techniques.	Décrit les techniques.

Annexe A : Modèles de Descriptions de Produit

A

Annexe A : Modèles de Descriptions de Produit

Cette annexe contient les grandes lignes des Descriptions de Produit pour les produits management PRINCE2. Ces descriptions ne sont pas complètes aux termes de la définition d'une Description de Produit (voir A.17) car certaines rubriques, comme la méthode qualité, varient en fonction des besoins du projet. Des exemples de format sont fournis mais ils ne sont pas exhaustifs. Le contenu d'une Description de Produit pour un produit management particulier doit être adapté aux besoins et aux circonstances de chaque Projet. Il y a trois types de produit management : les référentiels, les enregistrements et les rapports.

Les produits management de type **référentiel** sont ceux qui définissent des aspects du projet et qui, une fois approuvés, deviennent référencés et sont alors sujets à la maîtrise des changements. Ces produits sont listés ci-dessous :

- Cas d'Affaire (A.2) ;
- Description de Produit (A.17) ;
- Description de Produit du Projet (A.21) ;
- Documentation d'Initialisation de Projet (A.20) ;
- Exposé du Projet (A.19) ;
- Lot de Travaux (A.26) ;
- Plan (couvre les Plans au niveau Projet, Séquence et équipe) (A.16) ;
- Plan de Revue des Bénéfices (A.1) ;
- Stratégie de Communication (A.4) ;
- Stratégie de Configuration (A.6) ;
- Stratégie des Risques (A.24) ;
- Stratégie Qualité (A.22).

Les **enregistrements** sont des produits management dynamiques destinés à consigner les informations relatives à la progression du Projet. Ces produits sont listés ci-dessous :

- Enregistrement de Configuration (A.5);
- Journal de Projet (A.7) ;
- Journal des Retours d'Expérience (A.14) ;
- Registre Qualité (A.23) ;
- Registre des Incidences (A.12) ;
- Registre des Risques (A.25).

Les **rapports** sont des produits management conçus pour fournir un instantané de l'état de certains aspects du Projet. Ces produits sont listés ci-dessous :

- Rapport d'Avancement (A.3) ;
- Rapport d'état du Produit (A.18) ;
- Rapport d'Exception (A.10) ;
- Rapport d'Incidence (A.13) ;
- Rapport de Progression (A.11) ;
- Rapport de Fin de Projet (A.8) ;
- Rapport de Fin de Séquence (A.9) ;
- Rapport des Retours d'Expérience (A.15).

Bien que les enregistrements et les rapports ne soient pas soumis à la maîtrise des changements, ils doivent néanmoins respecter d'autres aspects de la gestion de configuration, comme le contrôle des versions, le stockage sécurisé, les droits d'accès etc.

Les produits management ne sont pas nécessairement des documents. Ce sont des ensembles d'informations utilisés par les processus PRINCE2 pour permettre à certains rôles de prendre des actions et/ou des décisions.

Les produits référentiels évoluent pendant la phase pré projet et durant les activités de la séquence d'initialisation, comme indiqué dans la Figure A.1. Les produits référentiels sont ensuite passés en revue et (éventuellement) mis à jour à la fin de chaque séquence. Les produits management inclus dans des produits de management de niveau supérieur sont illustrés dans la composition de chaque produit management par référence à leur numérotation de l'annexe A (par ex. si un Rapport des Retours d'Expérience est niché dans un autre rapport,il y aura une référence croisée à la section A.15).

A.1 PLAN DE REVUE DES BÉNÉFICES

A.1.1 Finalité

Un Plan de Revue des Bénéfices permet de définir comment et quand une mesure de la réalisation des bénéfices du projet attendus par l'Utilisateur Principal peut être réalisée. Le plan est présenté à l'Exécutif pendant le processus Initialiser le Projet, mis à jour à chaque limite de séquence et utilisé pendant le processus Clore le Projet pour définir toutes les revues des bénéfices post projet nécessaires.

Le plan doit couvrir les activités qui permettront de déterminer si les bénéfices attendus des produits

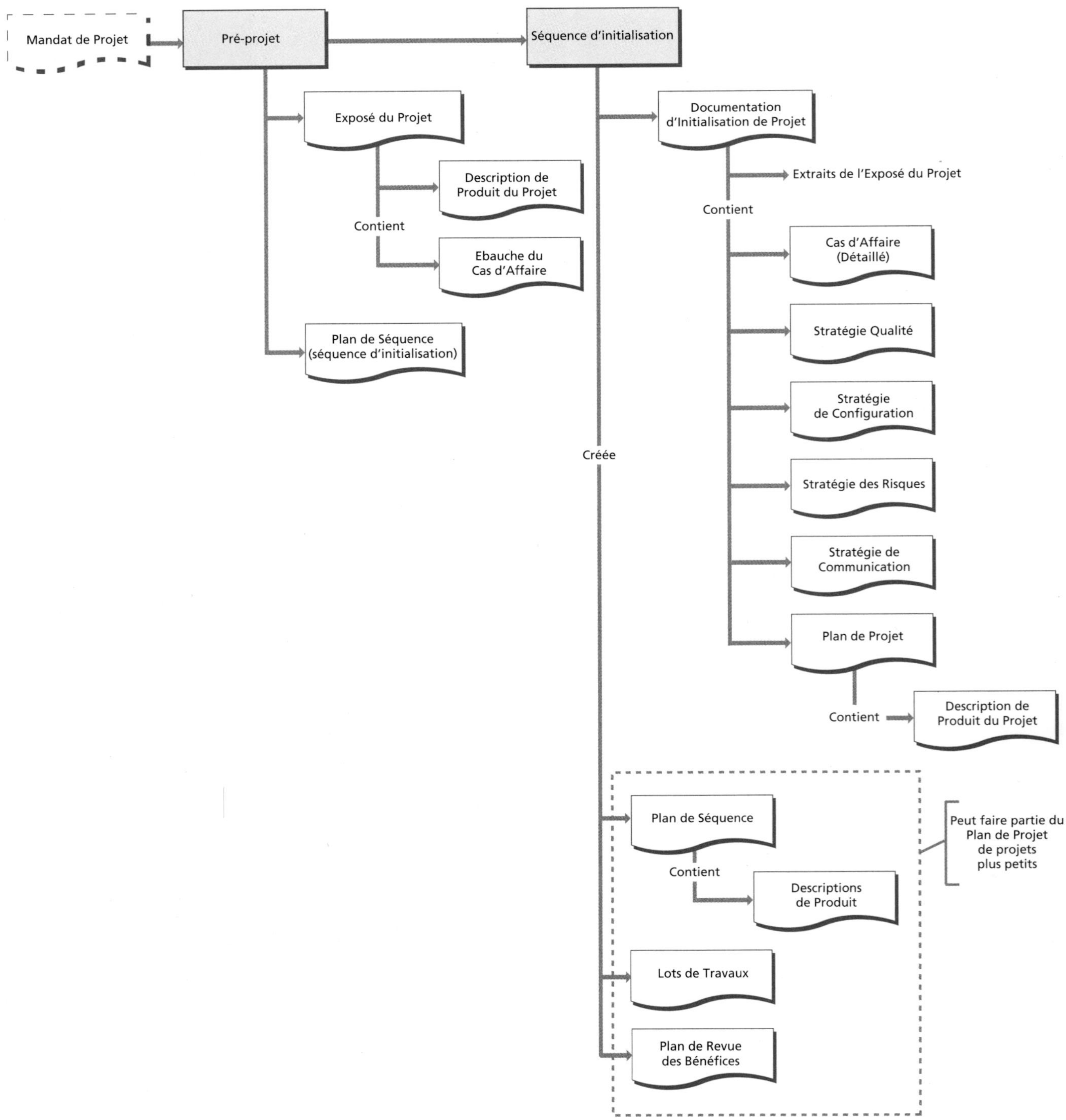

Figure A.1 Evolution des Produits Management de type référentiel

ont été réalisés et d'évaluer la performance des produits. Pour chaque bénéfice attendu, il faut évaluer son niveau de réalisation et établir si du temps supplémentaire est nécessaire pour évaluer les bénéfices résiduels. L'utilisation des produits du projet peut entraîner des effets secondaires imprévus, qu'ils soient bénéfiques ou indésirables. Il faut prévoir du temps et des ressources pour identifier et analyser pourquoi ces effets secondaires n'ont pas été anticipés.

Si le projet est géré dans le cadre d'un programme, ce Plan de Revue des Bénéfices peut faire partie du plan de réalisation des bénéfices du programme et pris en charge au niveau programme. Après la fin du projet, le Plan de Revue des Bénéfices est être pris en charge par la Direction de l'Entreprise ou de Programme.

A.1.2 Composition

- Périmètre du Plan de Revue des Bénéfices couvrant les bénéfices à mesurer ;
- Qui est redevable des bénéfices attendus ?
- Comment mesurer la réalisation des bénéfices attendus et quand peuvent-ils être mesurés ?
- Quelles sont les ressources nécessaires pour effectuer le travail de revue ?
- Mesures de référence par rapport auxquelles les améliorations seront calculées.
- Comment la performance du projet sera-t-elle examinée ?

A.1.3 Origine

- Cas d'Affaire ;
- Description de Produit du Projet (et les critères d'acceptation en particulier) ;
- Plan de Réalisation des Bénéfices du Programme (si le projet fait partie d'un programme) ;
- Fonction de suivi des performances de l'entreprise (tel qu'un centre d'excellence), le cas échéant.

A.1.4 Format et présentation

Un Plan de Revue des Bénéfices peut se présenter sous plusieurs formes, y compris :

- Un document, une feuille de calcul ou des diapositives de présentation ;
- Une entrée dans un outil de management de projet.

A.1.5 Critères qualité

- Couvre tous les bénéfices documentés dans le Cas d'Affaire ;
- Les bénéfices sont mesurables et les mesures de référence ont été enregistrées ;
- Décrit un calendrier approprié pour la mesure des bénéfices et en donne les raisons ;
- Identifie les compétences ou les personnes qui seront nécessaires pour effectuer les mesures ;
- L'effort et le coût requis pour mener à bien les revues de bénéfices sont réalistes en regard des bénéfices anticipés ;
- La nécessité de mesurer et d'analyser les contre-bénéfices est examinée.

A.2 CAS D'AFFAIRE

A.2.1 Finalité

Le but d'un Cas d'Affaire est de documenter la justification de mise en œuvre d'un projet, en s'appuyant sur une estimation des coûts (de développement, de mise en service, des opérations incrémentales courantes et de la maintenance) par rapport aux bénéfices prévus et en tenant compte des éventuels risques associés.

L'ébauche du Cas d'Affaire est établie pendant le processus *Elaborer le Projet* et détaillées pendant le processus *Initialiser le Projet.* Le processus *Diriger le Projet* couvre l'approbation et la confirmation du Cas d'Affaire.

Le Cas d'Affaire est utilisé par le processus *Contrôler une Séquence* lors de l'évaluation des impacts des incidences et des risques. Il est revu et mis à jour à la fin de chaque séquence de management par le processus *Gérer une Limite de Séquence* et à la fin du projet par le processus *Clore le Projet.*

A.2.2 Composition

- **Sommaire :** souligne les points clés du Cas d'Affaire, avec notamment les bénéfices importants et le retour sur investissement ;
- **Raisons :** spécifie les raisons justifiant la réalisation du projet et explique comment le projet permettra la réalisation de la stratégie et des objectifs de l'entreprise ;
- **Options pour l'entreprise :** une analyse et une recommandation raisonnée pour choisir entre les différentes options basiques pour l'entreprise : ne rien faire, faire le minimum ou faire quelque chose ;
- **Bénéfices attendus :** les bénéfices qu'apportera le projet exprimés en termes mesurables par rapport à la situation telle qu'elle existe avant le projet. Les bénéfices doivent être à la fois qualitatifs et quantitatifs. Ils doivent correspondre aux bénéfices de l'entreprise ou du programme. Des tolérances doivent être définies pour chaque bénéfice et pour les bénéfices globaux. Toutes les exigences en matière de réalisation des bénéfices doivent être indiquées ;

- **Contre-bénéfices attendus :** les résultats perçus comme négatifs par une ou plusieurs parties prenantes. Les contre-bénéfices sont les conséquences réelles d'une activité alors que, par définition, un risque présente un certain degré d'incertitude quant à sa matérialisation. Par exemple, une décision de fusionner deux éléments d'une organisation dans un nouveau site peut entraîner des bénéfices (par ex. meilleure collaboration), des coûts (par ex. agrandir l'un des deux sites) et des contre-bénéfices (par ex. baisse du moral chez certains employés). Les contre-bénéfices doivent être estimés et intégrés dans l'évaluation de l'investissement ;
- **Période d'exécution :** correspond à la durée de déroulement du projet (résumé du Plan de Projet) et à la période de réalisation des bénéfices. Ces informations sont utilisées par la suite pour aider à choisir le moment des décisions lors de la planification (Plan de Projet, Plan de Séquence et Plan de Revue des Bénéfices) ;
- **Coûts :** donne un résumé des coûts du projet (extrait du Plan de Projet), des coûts des opérations courantes/maintenance et de leurs dispositions de financement ;
- **Evaluation de l'Investissement :** compare les bénéfices et les contre-bénéfices globaux aux coûts du projet (extrait du Plan de Projet) et aux coûts des opérations incrémentales courantes et de la maintenance. L'analyse peut utiliser des techniques telles que l'état des flux de trésorerie, le retour sur investissement, la valeur actualisée nette, le taux de rentabilité interne et le délai de récupération. L'objectif est d'être capable de définir la valeur d'un projet en tant qu'investissement. L'évaluation de l'investissement doit présenter la façon dont le projet sera financé ;
- **Risques principaux :** donne un résumé des risques clés liés au projet avec l'impact probable et les plans si les risques se matérialisent.

A.2.3 Origine

- Mandat de Projet et Exposé du Projet - raisons ;
- Plan de Projet – coûts et durées ;
- Utilisateurs Principaux – Bénéfices attendus ;
- Exécutif – optimisation de l'investissement ;
- Registre des Risques ;
- Registre des Incidences.

A.2.4 Format et présentation

Un Cas d'Affaire peut se présenter sous plusieurs formes, y compris :

- Un document, une feuille de calcul ou des diapositives de présentation ;
- Une entrée dans un outil de management de projet.

A.2.5 Critères qualité

- Les raisons du projet doivent être compatibles avec la stratégie de l'entreprise ou de programme ;
- Le Plan de Projet et le Cas d'Affaire doivent être alignés ;
- Les bénéfices doivent être clairement identifiés et justifiés ;
- La façon dont les bénéfices vont être réalisés doit être clairement indiquée ;
- Ce qui constituera un résultat réussi doit être clairement indiqué ;
- L'option privilégiée par l'entreprise doit être clairement indiquée, avec sa justification ;
- Quand un approvisionnement extérieur est requis, l'option de source d'approvisionnement privilégiée doit être clairement indiquée, avec sa justification ;
- La façon dont les fonds nécessaires seront rassemblés doit être clairement indiquée ;
- Le Cas d'Affaire comprend les critères non financiers et financiers ;
- Le Cas d'Affaire comprend les coûts/risques associés aux opérations et à la maintenance ainsi que les coûts/risques associés au projet ;
- Le Cas d'Affaire respecte les normes de comptabilité de l'entreprise (par ex. analyse de rentabilité et conventions des mouvements de trésorerie) ;
- Les principaux risques auxquels le projet devra faire face sont explicités, avec toutes les réponses proposées.

A.3 RAPPORT D'AVANCEMENT

A.3.1 Finalité

Le but d'un Rapport d'Avancement est de rendre compte, à une fréquence définie dans le Lot de Travaux, de l'état du Lot de Travaux.

A.3.2 Composition

- **Date :** la date du Point d'Avancement ;
- **Période couverte :** la période de rapport couverte par le Rapport d'Avancement ;
- **Suivis :** pour donner suite aux rapports précédents, par exemple mesures prises, incidences non résolues ;
- **La période de rapport actuelle :**
  - Les produits développés par l'équipe pendant la période de rapport ;
  - Les produits achevés par l'équipe pendant la période de rapport ;
  - Les activités de management de la qualité réalisées pendant la période ;
  - Les retours d'expérience identifiés.
- **La période de rapport suivante :**
  - Les produits développés par l'équipe pendant la période de rapport suivante ;
  - Les produits qui devraient être achevés par l'équipe pendant la période de rapport suivante ;
  - Les activités de management de la qualité planifiées pour la période de rapport suivante.
- **Etat de Tolérance du Lot de Travaux :** la façon dont l'exécution du Lot de Travaux se déroule par rapport à ses tolérances (par ex. données réelles et prévues en matière de coûts/durée/périmètre) ;
- **Incidences et Risques :** une mise à jour sur les incidences et les risques associés au Lot de Travaux.

A.3.3 Origine

- Lot de Travaux ;
- Plan d'équipe et données réelles ;
- Point d'Avancement précédent.

A.3.4 Format et présentation

Un Rapport d'Avancement peut se présenter sous plusieurs formes, y compris :

- Un rapport verbal au Chef de Projet (en personne ou au téléphone) ;
- Une présentation lors d'une revue d'avancement (réunion en personne ou conférence téléphonique) ;
- Un document ou un courriel envoyé au Chef de Projet ;
- Une entrée dans un outil de management de projet.

A.3.5 Critères qualité

- Préparé selon la fréquence demandée par le Chef de Projet ;
- Le niveau et la fréquence de l'évaluation de l'avancement sont appropriés pour la séquence et/ou le Lot de Travaux ;
- Les informations sont opportunes, utiles, objectives et précises ;
- Chaque produit dans le Lot de Travaux correspondant à cette période est couvert par le rapport ;
- Comprend une mise à jour de toutes les incidences non résolues issues du rapport précédent.

A.4 STRATÉGIE DE COMMUNICATION

A.4.1 Finalité

Une Stratégie de Communication contient une description des moyens et de la fréquence des communications entre l'équipe de projet, les parties prenantes du projet et les autres parties intéressées. Cette stratégie permet l'engagement des parties prenantes par la mise en place d'un flux bidirectionnel et contrôlé d'information.

A.4.2 Composition

- **Introduction :** spécifie la finalité, les objectifs, le périmètre et identifie le responsable de la stratégie ;
- **Procédure de communication :** une description de (ou une référence à) toutes les méthodes de communication à utiliser. Tout écart par rapport aux normes de management de l'entreprise ou de programme doit être signalé, avec la justification correspondante ;
- **Outils et techniques :** correspond à tous les outils de communication à utiliser et toutes les techniques à privilégier lors de chaque étape du processus de communication ;
- **Enregistrements :** définit les enregistrements de communication qui seront requis ainsi que l'endroit où ils seront stockés (par exemple l'enregistrement de la correspondance extérieure) ;
- **Rapports :** décrit tous les rapports à produire sur le processus de communication, leur finalité, leur échéance et les destinataires (par ex. indicateurs de performance) ;

- **Calendrier des activités de communication :** indique quand les activités de communication formelles doivent être réalisées (par exemple, à la fin d'une séquence), et couvre notamment les audits de performance des méthodes de communication ;
- **Rôles et responsabilités :** décrit qui sera responsable des différents aspects du processus de communication, y compris tous les rôles de niveau Direction de l'Entreprise ou de Programme devant effectuer des communications ;
- **Analyse des Parties Prenantes :**
  - identification des parties intéressées (ceci peut inclure des parties prenantes, le personnel du service comptabilité, un forum utilisateur, des auditeurs internes, des responsables d'assurance qualité, des concurrents etc.) ;
  - relation actuelle ;
  - relation souhaitée ;
  - interfaces ;
  - messages clés.
- **Besoins en information pour chaque partie intéressée :**
  - informations à fournir par le projet ;
  - informations à fournir au projet ;
  - fournisseur et destinataire des informations ;
  - fréquence des communications ;
  - moyens de communication ;
  - format des communications.

A.4.3 Origine

- Politiques de communication de l'entreprise (par ex. règles de divulgation pour les sociétés cotées en bourse) ;
- Stratégie de gestion des informations du programme ;
- Autres composants de la Documentation d'Initialisation de Projet (en particulier la structure de l'équipe de projet, la Stratégie des Risques, la Stratégie Qualité et la Stratégie de Configuration) ;
- Ateliers/discussions informelles avec les parties prenantes ;
- Analyse des Parties Prenantes.

A.4.4 Format et présentation

Une Stratégie de Communication peut se présenter sous plusieurs formes, y compris :

- Un produit indépendant ou une section de la Documentation d'Initialisation de Projet ;
- Un document, une feuille de calcul ou un mindmap ;
- Une entrée dans un outil de management de projet.

A.4.5 Critères qualité

- Toutes les parties prenantes ont été identifiées et consultées à l'égard de leurs besoins en communication ;
- Toutes les parties prenantes et parties intéressées sont d'accord sur le contenu, la fréquence et la méthode ;
- Une norme commune de communication a été envisagée ;
- Le temps, l'effort et les ressources nécessaires pour effectuer les communications identifiées ont été prévus dans les Plans de Séquence ;
- La formalité et la fréquence des communications est raisonnable compte-tenu de l'importance et de la complexité du projet ;
- Pour les projets faisant partie d'un programme, les voies de communication et la structure des comptes-rendus entre le projet et le programme ont été explicitées dans la Stratégie de Communication ;
- La Stratégie de Communication comprend des moyens de communication au niveau entreprise, lorsqu'il y a lieu (par ex. utiliser le service des communications marketing pour distribuer des bulletins d'information sur le projet).

A.5 ENREGISTREMENT DE CONFIGURATION

A.5.1 Finalité

Fournir un ensemble d'enregistrements indiquant l'état, la version et la variante de chaque Elément de Configuration et décrire en détail les relations importantes entre les Eléments de Configuration.

L'ensemble des Enregistrements de Configuration est souvent nommé la bibliothèque de configuration.

A.5.2 Composition

La composition de l'Enregistrement de Configuration est définie dans la Stratégie de Configuration.

Voici une liste de suggestions des composants pour chaque élément de configuration (notez que les trois premiers composants identifient un élément de configuration de façon unique) :

- **Identifiant du projet :** une référence unique, généralement une valeur numérique ou alphanumérique ;
- **Identifiant de l'élément :** une référence unique, généralement une valeur numérique ou alphanumérique ;
- **Version actuelle :** généralement une valeur alphanumérique ;
- **Titre :** la description de l'élément (pour un produit ce serait l'intitulé qui apparaît dans la Structure de Décomposition du Produit) ;
- **Date du dernier changement d'état ;**
- **Propriétaire :** la personne ou le groupe actuellement responsable de l'élément ;
- **Emplacement :** là où l'élément est stocké ;
- **Détenteur de copie :** (le cas échéant) qui a le produit pour l'instant ;
- **Type d'élément :** Composant, produit, version livrée (voir section 9.2.2) ;
- **Attributs du produit :** tels qu'ils sont définis dans la Stratégie de Configuration. Ils sont utilisés pour spécifier un sous-ensemble de produits lors de la production du Rapport d'état du Produit, comme la séquence de management pendant laquelle le produit est créé, le type de produit (par ex. matériel/logiciel), la destination du produit, etc. ;
- **Séquence :** quand le produit sera développé ;
- **Utilisateurs :** la personne ou le groupe qui utilisera le produit ;
- **Statut :** tel qu'il est défini dans la Stratégie de Configuration, par ex. en attente de développement, en cours de développement, en cours de revue, approuvé, remis ;
- **Etat du produit** (le cas échéant) : tel qu'il est défini dans la Description de Produit, par ex. machine démontée, machine déplacée et machine remontée ;
- **Variante** (le cas échéant) par exemple variante de langues ;
- **Producteur :** la personne ou l'équipe responsable de la création ou de l'obtention du produit ;
- **Date d'attribution :** au producteur ;
- **Source :** par ex. en interne ou acheté à une entreprise tierce.
- **Relations avec les autres éléments :** liste les produits qui
  - seraient affectés si l'élément changeait ;
  - s'ils changeaient, affecteraient l'élément.
- **Références croisées :**
  - incidences et risques du projet ;
  - documentation définissant les exigences, la conception, la réalisation, la production et la vérification pour l'élément (comprend en particulier la Description de Produit).

A.5.3 Origine

- Stratégie de Configuration ;
- Structure de Décomposition du Produit ;
- Plan de Séquence et Lot de Travaux ;
- Registre Qualité, Registre des Incidences, Registre des Risques.

A.5.4 Format et présentation

Les Enregistrements de Configuration peuvent se présenter sous plusieurs formes, y compris :

- Un document, une feuille de calcul ou une base de données ;
- Une entrée dans un outil de management de projet ;

Les Enregistrements de Configuration peuvent faire partie d'une Base de Données de Gestion des Configurations (BDGC) pour les organisations qui possèdent un Système de gestion de la configuration pour l'entreprise ou le programme.

A.5.5 Critères qualité

- Les enregistrements reflètent correctement l'état du produit ;
- Les enregistrements sont conservés ensemble et en lieu sûr ;
- Le numéro de version correspond au produit réel ;
- Les Enregistrements de Configuration montrent l'historique des versions du produit ;
- Il existe un processus pour définir et mettre à jour les Enregistrements de Configuration.

A.6 STRATÉGIE DE CONFIGURATION

A.6.1 Finalité

La Stratégie de Configuration a pour but d'identifier comment et par qui les produits du projet seront contrôlés et protégés.
Elle répond aux questions suivantes :

- Comment et où les produits du projet seront-ils stockés ?
- Quels types de sécurité de stockage et de récupération seront mis en place ?
- Comment les produits et leurs différentes versions et variantes seront identifiés ?
- Comment les changements apportés aux produits seront-ils contrôlés ?
- A qui incombera la gestion de la configuration ?

A.6.2 Composition

- **Introduction :** spécifie la finalité, les objectifs, le périmètre et le responsable de la stratégie ;
- **Procédure de gestion de la configuration :** une description de (ou une référence à) la méthode de gestion de la configuration à utiliser. Tout écart par rapport aux normes de management de l'entreprise ou du programme doit être signalé, avec la justification correspondante. La procédure doit couvrir la planification, l'identification, le contrôle (y compris les dispositions de stockage/récupération, sécurisation du produit, procédures de passage en mode opérationnel), le suivi d'état, les vérifications et audits.
- **Procédure de contrôle des incidences et de maîtrise des changements :** une description des (ou une référence aux) procédures de contrôle des incidences et de maîtrise des changements à utiliser. Tout écart par rapport aux normes de management de l'entreprise ou du programme doit être signalé, avec la justification correspondante. La procédure doit couvrir la collecte, l'examen, les propositions, la décision et l'exécution.
- **Outils et techniques :** correspond à tous les systèmes ou outils de gestion de la configuration à utiliser et à toutes les techniques à privilégier lors de chaque étape de la procédure de gestion de la configuration ;
- **Enregistrements :** définit les enregistrements de configuration qui seront requis et l'endroit où ils seront stockés ;
- **Rapports :** décrit tous les rapports de gestion de configuration qui doivent être produits, leur finalité, leurs échéances et leurs destinataires. Cette rubrique doit également couvrir la revue des performances de la procédure de gestion de la configuration ;
- **Calendrier des activités (de gestion de la configuration et de contrôle des incidences et de maîtrise des changements) :** indique quand les activités formelles de gestion de la configuration doivent être réalisées, par exemple les audits de configuration ;
- **Rôles et responsabilités :** décrit qui sera responsable des différents aspects de la procédure de gestion de la configuration, y compris tous les rôles de niveau direction ou programme impliqués dans la gestion de la configuration des produits du projet. Décrit si une Autorité de Changement et/ou un budget de changement seront mis en place.
- **Barèmes de priorité et de gravité :** afin de fixer la priorité les requêtes de changements et hors spécifications et afin de déterminer quel niveau de management peut décider de la gravité d'une incidence.

A.6.3 Origine

- Exigences qualité du client ;
- Système de gestion de la configuration de l'entreprise (par ex. tout logiciel de gestion de configuration utilisé ou préconisé par l'utilisateur) ;
- (s'il y a lieu) Stratégie Qualité du programme et stratégie des informations ;
- Système de management de la qualité de l'utilisateur ;
- Système de management de la qualité du fournisseur ;
- Besoins spécifiques relatifs aux produits et à l'environnement du projet ;
- Structure de l'équipe de projet (pour identifier le gestionnaire de configuration) ;
- Ateliers et discussions informelles.

A.6.4 Format et présentation

Une Stratégie de Configuration peut se présenter sous plusieurs formes, y compris :

- Un document indépendant ou une section de la Documentation d'Initialisation de Projet ;
- Une entrée dans un outil de management de projet.

A.6.5 Critères qualité

- Les responsabilités sont claires et bien comprises par l'utilisateur et le fournisseur ;
- L'identifiant clé pour le(s) produit(s) du projet est défini ;
- La méthode et les circonstances du contrôle des versions sont claires ;
- La stratégie fournit au Chef de Projet toutes les informations requises sur les produits ;
- La stratégie de l'entreprise ou de programme à l'égard de la gestion de la configuration a été prise en compte ;
- Le système de récupération produira toutes les informations requises de manière précise, opportune et utilisable ;
- Les fichiers du projet fournissent les informations nécessaires pour répondre aux besoins des audits ;
- Les fichiers du projet fournissent les enregistrements historiques nécessaires pour tirer parti des retours d'expérience ;
- La Stratégie de Configuration choisie est appropriée compte tenu de la taille et de la nature du projet ;
- Des ressources sont en place pour appliquer la méthode choisie pour la gestion de la configuration ;
- Les besoins du groupe opérationnel (ou d'un groupe similaire auquel le produit du projet sera transféré) doivent être pris en compte.

A.7 JOURNAL DE PROJET

A.7.1 Finalité

Le but du Journal de Projet est d'enregistrer les problèmes, les actions nécessaires ou les événements importants qui ne sont pas signalés dans d'autres registres PRINCE2. Il fait office de carnet de bord pour le Chef de Projet.

Le Journal de Projet peut également être utilisé comme un recueil des incidences et des risques pendant le processus *Elaborer le Projet* si les autres registres n'ont pas encore été mis en place.

Il peut y avoir plusieurs Journaux de Projet car les Chefs d'équipe peuvent choisir d'avoir leur propre Journal de Projet pour leurs Lots de Travaux, distinct du Journal de Projet du Chef de Projet.

A.7.2 Composition

Un Journal de Projet n'a pas de format spécifique mais contiendra probablement les informations suivantes :

- Date de saisie (identifiant) ;
- Problème, action, événement ou commentaire ;
- Personne responsable ;
- Date cible ;
- Résultats.

A.7.3 Origine

Des entrées sont saisies quand le Chef de Projet ou le Chef d'équipe estime qu'il est approprié d'enregistrer certains événements. Les entrées reposent souvent sur des réflexions, des conversations ou des observations.

A.7.4 Format et présentation

Un Journal de Projet peut se présenter sous plusieurs formes, y compris :

- Un document ou une feuille de calcul ;
- Un agenda de bureau ou un carnet de bord ;
- Un agenda, des calendriers ou des listes de tâches électroniques ;
- Une entrée dans un outil de management de projet.

A.7.5 Critères qualité

- Les entrées sont suffisamment documentées pour être compréhensibles ultérieurement (une note brève peut être claire sur le moment mais le sera-t-elle dans plusieurs mois ?) ;
- La date, la personne responsable et la date cible sont toujours renseignées ;
- Les droits d'accès au Journal de Projet ont été examinés (par ex. le Journal de Projet doit-il être consultable par toutes les personnes travaillant sur le projet ?).

A.8 RAPPORT DE FIN DE PROJET

A.8.1 Finalité

Un Rapport de Fin de Projet est utilisé pendant la clôture du projet pour analyser la façon dont le projet s'est déroulé par rapport à la version de la Documentation d'Initialisation du Projet utilisée pour autoriser le projet. Il permet également de :

- Transmettre toutes les leçons qui peuvent être avantageusement appliquées à d'autres Projets ;
- Communiquer les détails des tâches non achevées, les risques courants ou les modifications potentielles de produit au groupe chargé du futur soutien des produits du projet pendant leur durée de vie opérationnelle.

A.8.2 Composition

- **Rapport du Chef de Projet :** résume la performance du projet ;
- **Revue du Cas d'Affaire :** résume la validité du Cas d'Affaire du projet :
  - bénéfices réalisés jusqu'ici ;
  - bénéfices résiduels attendus (post projet) ;
  - bénéfices nets attendus ;
  - écarts par rapport au Cas d'Affaire approuvé.
- **Revue des objectifs du projet :** une revue de la façon dont le projet s'est déroulé par rapport à ses objectifs et tolérances planifiés en matière de durée, coûts, qualité, périmètre, bénéfices et risques. Examen de l'efficacité des contrôles et des stratégies du projet ;
- **Revue de la performance de l'équipe :** reconnaît en particulier les bonnes performances ;
- **Revue des produits :**
  - **Enregistrements qualité :** liste les activités qualité prévues et leur achèvement ;
  - **Enregistrements d'approbation :** liste les produits et leurs approbations nécessaires ;
  - **Hors-spécifications :** liste tous les produits manquants ou les produits qui ne satisfont pas aux exigences initiales et les confirmations de tous les compromis accordés ;
  - **Remise du produit du projet :** une confirmation (sous forme de certificats d'acceptance) par le client du fait que les fonctions opérations et maintenance sont prêtes à réceptionner le Produit du Projet ;
  - **Résumé des recommandations d'actions de suivi :** une requête auprès du Comité de Pilotage de Projet pour conseiller sur la personne qui devrait recevoir chaque action recommandée ; Les actions recommandées sont liées à un travail non achevé, des incidences et des risques en suspens ou toute autre activité nécessaire pour faire progresser un produit dans la prochaine phase de sa durée de vie.
- **Rapport des Retours d'Expérience :** (voir section A.15) une revue de ce qui s'est bien passé, ce qui s'est mal passé et toutes les recommandations à examiner par la Direction de l'Entreprise ou de Programme (si le projet était clôturé prématurément, les raisons devraient être expliquées).

A.8.3 Origine

- Documentation d'Initialisation de Projet ;
- Cas d'Affaire ;
- Plan de Projet ;
- Plan de Revue des Bénéfices ;
- Registre des Incidences, Registre Qualité et Registre des Risques ;
- Rapport des Retours d'Expérience ;
- Rapports de Fin de Séquence (et Rapports d'Exception s'il y a lieu).

A.8.4 Format et présentation

Un Rapport de Fin de Projet peut se présenter sous plusieurs formes, y compris :

- Une présentation au Comité de Pilotage de Projet (réunion en personne ou conférence téléphonique) ;
- Un document ou un courriel envoyé au Comité de Pilotage de Projet ;
- Une entrée dans un outil de management de projet.

A.8.5 Critères qualité

- Toutes les situations anormales sont décrites, avec leur impact ;
- A la fin du projet, toutes les incidences du projet doivent soit être closes soit faire l'objet d'une Recommandation d'Action de Suivi ;
- Toute documentation ou évidence utile disponible doit accompagner les Recommandations d'Action de Suivi ;
- Tous les responsables chargés de l'Assurance Projet sont d'accord avec le rapport.

A.9 RAPPORT DE FIN DE SÉQUENCE

A.9.1 Finalité

Le but du Rapport de Fin de Séquence est de fournir un résumé de la progression jusque là, de la situation générale du projet et suffisamment d'informations pour permettre au Comité de Pilotage de Projet de décider de la façon de poursuivre le projet.

Le Comité de Pilotage de Projet utilise les informations du Rapport de Fin de Séquence pour décider de la marche à suivre pour le projet : autoriser la séquence suivante, demander un Plan de Séquence pour la séquence de management suivante, modifier le périmètre du projet ou arrêter le projet.

A.9.2 Composition

- **Rapport du Chef de Projet :** résume le déroulement de la séquence ;
- **Examen du Cas d'Affaire :** résume la validité du Cas d'Affaire du projet :
  - bénéfices obtenus jusqu'ici ;
  - bénéfices résiduels attendus (séquences restantes et post projet) ;
  - bénéfices nets attendus ;
  - écarts par rapport au Cas d'Affaire approuvé ;
  - exposition globale aux risques.
- **Revue des objectifs du projet :** une revue de la façon dont le projet s'est déroulé jusqu'ici par rapport à ses objectifs et tolérances planifiés en matière de durée, coûts, qualité, périmètre, bénéfices et risques ;
- **Revue des objectifs de la séquence :** une revue de la façon dont la séquence en question s'est déroulée par rapport à ses objectifs et tolérances planifiés en matière de durée, coûts, qualité, périmètre, bénéfices et risques ;
- **Revue de la performance de l'équipe :** reconnaît en particulier les bonnes performances ;
- **Revue des produits :**
  - **Enregistrements Qualité :** liste les activités qualité prévues et achevées durant la séquence ;
  - **Enregistrements des approbations :** liste les produits dont l'achèvement est prévu pendant la séquence et leurs approbations nécessaires ;
  - **Hors-spécifications :** liste tous les produits manquants ou les produits qui ne satisfont pas aux exigences initiales et les confirmations de tous les compromis accordés ;
  - **(s'il y a lieu) Remise progressive :** une confirmation par le client du fait que les fonctions opérations et maintenance sont prêtes à réceptionner la version livrée ;
  - **(s'il y a lieu) Résumé des Recommandations d'Actions de Suivi :** une requête auprès du Comité de Pilotage de Projet pour recommander à qui assigner chaque action recommandée. Les actions recommandées sont liées à un travail non achevé, des incidences et des risques en suspens ou toute autre activité nécessaire pour faire progresser les produits remis dans la prochaine phase de leur durée de vie.
- **(s'il y a lieu) Rapport des Retours d'Expérience :** une revue de ce qui s'est bien passé, ce qui s'est mal passé et toutes les recommandations à examiner par la Direction de l'Entreprise ou de Programme ;
- **Incidences et risques :** un résumé de l'ensemble des incidences et des risques courants affectant le projet ;

- **Prévision :** la prévision du Chef de Projet pour le projet et la séquence suivante par rapport aux objectifs et tolérances planifiés en matière de durée, coûts, qualité, périmètre, bénéfices et risques.

Si le Rapport de Fin de Séquence est produit à la fin de la séquence d'initialisation, il est possible que certains composants ci-dessus ne soient pas appropriés ou nécessaires.

A.9.3 Origine

- Plan de Séquence et données réelles ;
- Plan de Projet ;
- Plan de Revue des Bénéfices ;
- Registre des Risques, Registre Qualité et Registre des Incidences ;
- Rapport d'Exception (le cas échéant) ;
- Rapport des Retours d'Expérience ;
- Lots de Travaux achevés/retardés ;
- Cas d'Affaire actualisé.

A.9.4 Format et présentation

Un Rapport de Fin de Séquence peut se présenter sous plusieurs formes, y compris :

- Une présentation au Comité de Pilotage de Projet (réunion en personne ou conférence téléphonique) ;
- Un document ou un courriel envoyé au Comité de Pilotage de Projet ;
- Une entrée dans un outil de management de projet.

A.9.5 Critères qualité

- Le rapport montre clairement la performance de la séquence par rapport au plan ;
- Toutes les situations anormales sont décrites, avec leur impact ;
- Tous les responsables chargés d'Assurance Projet sont d'accord avec le rapport.

A.10 RAPPORT D'EXCEPTION

A.10.1 Finalité

Un Rapport d'Exception est produit quand on prévoit qu'un Plan de Séquence ou un Plan de Projet va dépasser les seuils de tolérance définis. Il est préparé par le Chef de Projet afin d'informer le Comité de Pilotage de Projet de la situation et de proposer des options et des recommandations sur la façon de procéder.

A.10.2 Composition

- **Description de l'exception :** un récapitulatif de l'exception signalée ;
- **Cause de l'exception :** une description de la cause de la déviation par rapport au plan actuel ;
- **Conséquences de la déviation :** ce qui se passera si la déviation n'est pas traitée
  - Au niveau du projet,
  - Au niveau de l'entreprise ou du programme.
- **Options :** les différentes options disponibles pour traiter la déviation et les effets possibles de chaque option sur le Cas d'Affaire, les risques et les tolérances ;
- **Recommandation :** parmi les options disponibles, quelle est l'option recommandée et pourquoi ?
- **Retours d'expérience :** quelles leçons peut-on tirer de cette exception pour ce projet ou des projets futurs ?

A.10.3 Origine

- Plan actuel et données réelles ;
- Registre des Incidences, Registre des Risques et Registre Qualité ;
- Rapports de Progression (pour les déviations au niveau séquence/projet) ou Rapports d'Avancement (pour les déviations au niveau équipe) ;
- Avis du Comité de Pilotage de Projet à propos d'un événement extérieur affectant le projet.

A.10.4 Format et présentation

Un Rapport d'Exception peut se présenter sous plusieurs formes, y compris :

- Une exception signalée et consignée lors d'une réunion de progression (réunion en personne ou conférence téléphonique) ;

- Un document ou un courriel envoyé au niveau de management supérieur ;
- Une entrée dans un outil de management de projet.

Pour les exceptions urgentes, il est recommandé de produire d'abord un Rapport d'Exception verbal suivi du format convenu par la suite.

A.10.5 Critères qualité

- Le plan actuel indique de façon précise l'état du budget et du calendrier ;
- La ou les raisons de la déviation sont établies, l'exception est clairement analysée et tout impact est évalué et décrit en détail ;
- Les implications pour le Cas d'Affaire ont été étudiées et l'impact sur le Plan de Projet global a été calculé ;
- Les options sont analysées (y compris tous les risques associés) et des recommandations sont faites pour la meilleure façon de procéder ;
- Le Rapport d'Exception est remis de façon opportune et appropriée.

A.11 RAPPORT DE PROGRESSION

A.11.1 Finalité

Le but d'un Rapport de Progression est de fournir au Comité de Pilotage de Projet (et éventuellement à d'autres parties prenantes), à des intervalles prédéfinis par ces derniers, un résumé de l'état de la séquence. Le Comité de Pilotage de Projet utilise ce rapport pour surveiller la progression de la séquence et du projet. Le Chef de Projet l'utilise également pour informer le Comité de Pilotage de Projet des problèmes potentiels ou des points sur lesquels le Comité de Pilotage de Projet pourrait apporter son aide.

A.11.2 Composition

- **Date :** la date du rapport ;
- **Période couverte :** la période de rapport couverte par le Rapport de Progression ;
- **Résumé de l'état :** un récapitulatif de l'état de la séquence à cet instant ;
- **Période de rapport actuelle :**
  - Lots de Travaux – autorisés, en cours d'exécution, achevés pendant la période ;
  - Les produits achevés pendant la période.
  - Les produits prévus mais non commencés ni achevés pendant la période (donne un premier avertissement ou indique un risque de dépassement d'une tolérance de durée) ;
  - Actions correctives prises pendant la période.
- **Période de rapport suivante :**
  - Lots de Travaux – à autoriser, en cours d'exécution, à achever pendant la période suivante (si les Lots de Travaux sont réalisés par des fournisseurs extérieurs, cette information peut s'accompagner d'un bon de commande et d'informations de facturation) ;
  - Produits à achever pendant la période suivante ;
  - Actions correctives à terminer pendant la période suivante.
- **Etat de tolérance du projet et de la séquence :** comment se déroule l'exécution du projet et de la séquence par rapport à leurs tolérances (par ex. données réelles et prévues en matière de coûts et de durée) ;
- **Requêtes de changement** – générées, approuvées, en attente ;
- **Incidences et risques clés du projet :** un résumé des problèmes et des risques réels et potentiels ;
- **(s'il y a lieu) Rapport des Retours d'Expérience :** une revue de ce qui s'est bien passé, ce qui s'est mal passé et toutes les recommandations à examiner par la Direction de l'Entreprise ou de Programme ;

A.11.3 Origine

- Documentation d'Initialisation de Projet ;
- Rapports d'Avancement ;
- Registre des Incidences, Registre Qualité et Registre des Risques ;
- Plan de Séquence et données réelles ;
- Stratégie de Communication.

A.11.4 Format et présentation

Un Rapport de Progression peut se présenter sous plusieurs formes, y compris :

- Une présentation au Comité de Pilotage de Projet (réunion en personne ou conférence téléphonique) ;
- Un document ou un courriel envoyé au Comité de Pilotage de Projet ;
- Une entrée dans un outil de management de projet.

A.11.5 Critères qualité

- Le niveau et la fréquence des comptes-rendus des progrès requis par le Comité de Pilotage de Projet sont appropriés pour la Séquence et/ou le Projet ;
- Le Chef de Projet fournit le Rapport de Progression selon la fréquence et avec le contenu requis par le Comité de Pilotage de Projet ;
- Les informations sont opportunes, utiles, précises et objectives ;
- Les points susceptibles de poser des problèmes sont mis en évidence.

A.12 REGISTRE DES INCIDENCES

A.12.1 Finalité

Le but du Registre est de collecter et de tenir à jour toutes les incidences qui doivent être gérées de façon formelle. Le Registre des Incidences doit être surveillé régulièrement par le Chef de Projet.

A.12.2 Composition

Les informations suivantes doivent être enregistrées pour chaque entrée dans le Registre des Incidences :

- **Identifiant de l'Incidence :** fournit une référence unique pour chaque incidence saisie dans le Registre des Incidences. Il s'agit généralement d'une valeur numérique ou alphanumérique ;
- **Type d'Incidence :** définit le type d'incidence enregistrée, à savoir :
  - Requête de changement ;
  - Hors-spécification ;
  - Problème/souci.
- **Date de génération :** la date à laquelle l'incidence a été générée ;
- **Emetteur :** le nom de la personne ou de l'équipe qui a généré l'incidence ;
- **Auteur du Rapport d'Incidence :** le nom de la personne ou de l'équipe qui a rédigé le Rapport d'Incidence ;
- **Description de l'Incidence :** un énoncé décrivant l'incidence, sa cause et son impact ;
- **Priorité :** en termes des catégories choisies pour le projet. La priorité doit toujours être réévaluée après l'analyse d'impact ;
- **Gravité :** exprimé en fonction des barèmes. La gravité indique le niveau de management nécessaire pour prendre les décisions par rapport à l'incidence ;
- **Etat :** l'état actuel de l'incidence et la date de la dernière mise à jour ;
- **Date de Clôture :** date à laquelle l'incidence est clôturée.

A.12.3 Origine

- Le format et la composition du Registre des Incidences seront définis dans la Stratégie de Configuration ;
- Les enregistrements sont initialement fait dans le Registre des Incidences dès qu'une nouvelle incidence est soumise ;
- Le Registre des Incidences est mis à jour au fur et à mesure de l'évolution de l'Incidence de Projet. Une fois l'Incidence de Projet résolue, l'entrée du Registre des Incidences est close.

A.12.4 Format et présentation

Un Registre des Incidences peut se présenter sous plusieurs formes, y compris :

- Un document, une feuille de calcul ou une base de données ;
- Un registre indépendant ou un report dans le compte-rendu d'une revue d'avancement ;
- Une entrée dans un outil de management de projet ;
- Le Registre des Incidences peut faire partie d'un Registre de Projet intégré rassemblant tous les risques, actions, décisions, hypothèses, Incidences de Projet, Retours d'expérience etc.

A.12.5 Critères qualité

- L'état indique si une action a été prise ;
- Les Incidences de Projet sont identifiées de façon unique, avec notamment les produits auxquels elles se réfèrent ;
- Un processus est défini pour la mise à jour du Registre des Incidences ;
- Les entrées dans le Registre des Incidences qui se révèlent, après analyse, être des risques doivent être transférées dans le Registre des Risques et l'entrée doit être annotée en conséquence ;
- L'accès au Registre des Incidences est contrôlé et ce dernier est conservé en lieu sûr.

A.13 RAPPORT D'INCIDENCE

A.13.1 Finalité

Un rapport contenant la description, l'évaluation de l'impact et les recommandations pour une requête de changement, une hors-spécification ou un problème/souci. Il est créé pour toute incidence qui doit être traitée de manière formelle.

Le Rapport d'Incidence est d'abord créé lorsque l'incidence est collectée et actualisée après examen et identification des propositions pour résoudre l'incidence. Le Rapport d'Incidence est actualisé afin d'enregistrer la décision sur l'option choisie. Finalement, le Rapport d'Incidence est actualisé après vérification que l'incidence est résolue afin de la clôturer.

A.13.2 Composition

- **Identifiant de l'Incidence :** identique à celui utilisé dans le Registre des Incidences (fourni une référence unique pour chaque Rapport d'Incidence) ;
- **Type d'Incidence :** définit le type de l'incidence enregistrée, à savoir :
  - Requête de changement ;
  - Hors-spécification ;
  - Problème/souci.
- **Date de génération :** la date à laquelle l'incidence a été générée ;
- **Emetteur :** le nom de la personne ou de l'équipe qui a généré l'incidence ;
- **Auteur du Rapport d'Incidence :** le nom de la personne ou de l'équipe qui a rédigé le Rapport d'Incidence ;
- **Description de l'Incidence :** un énoncé décrivant l'incidence, sa cause et son impact ;
- **Analyse d'impact :** analyse détaillée de l'impact possible de l'incidence. Ceci peut inclure, par exemple, une liste des produits impactés ;
- **Recommandation :** ce que le Chef de Projet pense être nécessaire pour résoudre l'incidence (avec justification) ;
- **Priorité :** en termes des catégories choisies pour le projet. La priorité doit toujours être réévaluée après l'analyse d'impact ;
- **Gravité :** exprimé en fonction des barèmes. La gravité indique le niveau de management nécessaire pour prendre les décisions par rapport à l'incidence ;
- **Décision :** la décision qui a été prise (accepter, rejeter, remettre, accorder un compromis) ;
- **Approuvé par :** qui a pris la décision ;
- **Date de décision :** date de la décision ;
- **Date de Clôture :** date à laquelle l'incidence est clôturée.

A.13.3 Origine

- Le format et la présentation du Rapport d'Incidence seront définis dans la Stratégie de Configuration ;
- Rapport de Progression, Rapports d'Avancement et Rapport de Fin de Séquence ;
- Plan de Séquence avec données réelles ;
- Equipes utilisateurs et fournisseurs travaillant sur le projet ;
- L'application des contrôles qualité ;
- Observation et expérience des processus ;
- Registre Qualité, Registre des Risques et Journal des Retours d'Expérience ;
- Lots de Travaux achevés.

A.13.4 Format et présentation

Un Rapport d'Incidence peut se présenter sous plusieurs formes, y compris :

- Un document, une feuille de calcul ou une base de données ;
- Une entrée dans un outil de management de projet ;

Il se peut que certaines entrées du Registre des Incidences n'aient pas un Rapport d'Incidence séparé.

A.13.5 Critères qualité

- L'incidence est claire et sans ambiguïté ;
- Il y a eu une analyse d'impact détaillée ;
- Toutes les conséquences ont été considérées ;
- Les effets de l'incidence sur les tolérances ont été examinés ;
- L'incidence a été correctement consignée dans le Registre des Incidences ;
- Les décisions sont décrites avec clarté et sans ambiguïté.

A.14 JOURNAL DES RETOURS D'EXPÉRIENCE

A.14.1 Finalité

Il s'agit d'un recueil de projet pour les leçons tirées et susceptibles de s'appliquer à ce projet ou à des projets futurs. Certaines leçons peuvent provenir d'autres projets et doivent être consignées dans le Journal des Retours d'Expérience pour être utilisées dans la mise au point des stratégies et des plans du projet. D'autres leçons peuvent être tirées du projet lui-même, quand une nouvelle expérience (qu'elle soit bonne ou mauvaise) peut être communiquée à d'autres.

A.14.2 Composition

Les informations suivantes doivent être enregistrées pour chaque entrée dans le Journal des Retours d'Expérience :

- **Type de retour d'expérience :** définit le type de retour d'expérience enregistré :
  - projet – à appliquer à ce projet ;
  - entreprise ou programme – à transmettre au niveau de la Direction de l'Entreprise ou de Programme ;
  - s'applique à la fois au projet et à la Direction de l'Entreprise ou de Programme.
- **Détail du retour d'expérience :** les détails peuvent préciser les informations suivantes :
  - événement ;
  - effet (par ex. impact financier positif/négatif) ;
  - causes/déclencheur ;
  - s'il y a eu des signes avant-coureurs ;
  - recommandations ;
  - s'il a précédemment été identifié comme un risque (menace ou opportunité).
- **Date de génération :** la date à laquelle le retour d'expérience a été généré ;
- **Enregistré par :** le nom de la personne ou de l'équipe qui a signalé le retour d'expérience ;
- **Priorité :** en termes des catégories choisies pour le projet ;

A.14.3 Origine

- Rapports des Retours d'Expérience provenant d'autres projets ;
- Mandat de Projet et Exposé du Projet ;
- Journal de Projet, Registre des Incidences, Registre Qualité et Registre des Risques ;
- Rapports d'Avancement et Rapports de Progression ;
- Lots de Travaux achevés ;
- Plans de Séquence avec les données réelles ;
- Observation et expérience des processus du projet.

A.14.4 Format et présentation

Un Journal des Retours d'Expérience peut se présenter sous plusieurs formes, y compris :

- Un document, une feuille de calcul ou une base de données ;
- Un journal indépendant ou un report dans le compte-rendu d'une revue d'avancement ;
- Une entrée dans un outil de management de projet ;
- Le Journal des Retours d'Expérience peut faire partie d'un registre de projet intégré rassemblant tous les risques, actions, décisions, hypothèses, incidences, retours d'expérience etc.

A.14.5 Critères qualité

- L'état indique si une action a été prise ;
- Les retours d'expérience sont identifiés de façon unique, avec notamment les produits auxquels ils se réfèrent ;
- Un processus est défini pour la mise à jour du Journal des Retours d'Expérience ;
- L'accès au Journal des Retours d'Expérience est contrôlé ;
- Le Journal des Retours d'Expérience est conservé en lieu sûr.

A.15 RAPPORT DES RETOURS D'EXPÉRIENCE

A.15.1 Finalité

Communiquer toutes les leçons qui peuvent être avantageusement appliquées à d'autres projets.

Le but de ce rapport est de susciter des actions de sorte que les leçons positives deviennent partie intégrante du mode de travail de la ou des organisations et que la ou les organisations puissent éviter les expériences négatives lors des projets futurs.

Un Rapport des Retours d'Expérience peut être généré à tout moment au cours d'un projet, pas nécessairement à la fin. Normalement, un Rapport des Retours d'Expérience doit être inclus dans un Rapport de Fin de Séquence et un Rapport de Fin de Projet. Il peut être approprié (et nécessaire) de rédiger plusieurs Rapports des Retours d'Expérience pour cibler les différentes organisations (par ex. utilisateur, fournisseur, entreprise/programme).

Les données contenues dans le rapport doivent être utilisées par le groupe de direction responsable du système de management de la qualité, afin d'affiner, de modifier et d'améliorer les normes. En outre, les statistiques sur l'effort qui a été nécessaire pour les produits peuvent aider à améliorer les estimations futures.

A.15.2 Composition

- Sommaire ;
- Périmètre du rapport (par ex. séquence ou projet) ;
- Une revue de ce qui s'est bien passé, ce qui s'est mal passé et toutes les recommandations à examiner par la Direction de l'Entreprise ou de Programme. En particulier :
  - la méthode de management du projet ;
  - toutes les méthodes spécialisées utilisées ;
  - les stratégies du projet (risques, qualité, communications et configuration) ;
  - les contrôles du projet (et l'efficacité de toute adaptation) ;
  - les événements anormaux entraînant des déviations.
- Une revue des mesures utiles telles que :
  - l'effort qui a été nécessaire pour créer les produits ;
  - l'efficacité de la Stratégie Qualité pour concevoir, développer et livrer des produits adaptés aux besoins (par exemple, combien d'erreurs ont été trouvées après que les produits aient subi les vérifications de qualité) ;
  - des statistiques sur les incidences et les risques.
- Pour les Retours d'Expérience significatifs, il peut être utile de fournir des détails supplémentaires sur les éléments suivants :
  - événement ;
  - effet (par ex. impact financier positif/négatif) ;
  - causes/déclencheur ;
  - s'il y a eu des signes avant-coureurs ;
  - recommandations ;
  - s'il a précédemment été identifié comme un risque (menace ou opportunité).

A.15.3 Origine

- Documentation d'Initialisation de Projet (pour la position référencée) ;
- Journal des Retours d'Expérience (pour l'identification des retours d'expérience) ;
- Registre Qualité, Registre des Incidences, Registre des Risques (pour les analyses statistiques) ;
- Enregistrements Qualité (pour analyse statistique) ;
- Stratégie de Communication (pour la liste de diffusion).

A.15.4 Format et présentation

Un Rapport des Retours d'Expérience peut se présenter sous plusieurs formes, y compris :

- Un rapport verbal au Comité de Pilotage de Projet (en personne ou au téléphone) ;
- Une présentation lors d'une revue d'avancement (réunion en personne ou conférence téléphonique) ;
- Un document ou un courriel envoyé au Comité de Pilotage de Projet ;
- Une entrée dans un outil de management de projet.

A.15.5 Critères qualité

- Chaque contrôle de management a été pris en compte ;
- Des statistiques sur les estimations par rapport aux données réelles sont fournies ;
- Des statistiques sur le succès des contrôles qualité sont fournies ;
- Tous les responsables chargés de l'Assurance Projet sont d'accord avec le rapport ;
- Les risques non prévus sont passés en revue pour déterminer s'ils auraient pu être anticipés ;
- Des actions recommandées sont fournies pour chaque leçon (remarque : les leçons sont pas "tirées" tant qu'une action n'est pas prise).

A.16 PLAN

A.16.1 Finalité

Un Plan décrit quand et comment les objectifs vont être réalisés, en montrant les principaux produits, activités et ressources requis pour couvrir le périmètre du plan. PRINCE2 gère trois niveaux de plan : Projet, Séquence et équipe.

Un Plan d'Exception est créé au même niveau que le plan qu'il remplace.

Un Plan de Projet fournit les coûts prévus au Cas d'Affaire, identifie les séquences de management et les autres points de contrôle. Le Plan de Projet est utilisé par le Comité de Pilotage de Projet comme un référentiel par rapport auquel il peut surveiller l'avancement du projet.

Les Plans de Séquence couvrent les Lots de Travaux, les produits, les ressources, les activités, les contrôles spécifiques liés à la séquence et sont utilisés comme un référentiel par rapport auquel l'avancement de la séquence peut être surveillé.

Les Plans d'équipe (s'il y a lieu) couvrent les produits, les ressources, les activités et les contrôles spécifiques à l'équipe.

Un plan doit non seulement couvrir les activités permettant de créer les produits, mais aussi les activités nécessaires pour gérer leur création, y compris les activités d'assurance, de management de la qualité, de gestion des risques, de gestion de la configuration, de communication et tous les autres contrôles de projet requis.

A.16.2 Composition

- **Description du plan :** contient une brève description de ce qui est couvert par le Plan (projet, séquence, équipe, exception) et l'approche de planification ;
- **Pré-requis :** tous les aspects fondamentaux qui doivent être en place et rester en place pour que le plan puisse réussir ;
- **Dépendances externes :** les éléments susceptibles d'influencer le plan ;
- **Hypothèses de planification** : sur lesquelles repose le plan ;
- **Retours d'expérience incorporés :** les détails des leçons pertinentes tirées de projets antérieurs similaires et qui ont été révisées et intégrées à ce plan ;
- **Surveillance et contrôle :** comment le plan sera suivi et contrôlé ;
- **Budgets :** couvre les délais et les coûts, avec des dispositions pour tenir compte des risques et des changements ;
- **Tolérances :** les tolérances de durée, de coûts et de périmètre pour le niveau du plan (tolérance de niveau Projet, tolérance de niveau Séquence, tolérance de niveau Lot de Travaux) ;
- **Descriptions de Produit :** (voir section A.17) couvre les produits compris dans le périmètre du Plan (pour le Plan de Projet, ce sera le Produit du Projet, pour le Plan de Séquence ce sera les produits de la séquence et pour un Plan d'équipe ce sera une référence au Lot de Travaux affecté). Les tolérances qualité seront définies dans chaque Description de Produit ;
- **Calendrier :** peut inclure les représentations graphiques suivantes :
  - diagramme de Gantt ou diagramme à barres ;
  - structure de décomposition du produit (voir Annexe D pour un exemple) ;
  - diagramme de flux des produits (voir Annexe D pour un exemple) ;
  - réseau d'activités ;
  - tableau des besoins en ressources – par type de ressource (par ex. 4 ingénieurs, 1 responsable de test, 1 analyste financier) ;
  - tableau des ressources spécifiques demandées/affectées – par nom (par ex. Nicole, Jacques, Françoise).

A.16.3 Origine

- Exposé du Projet ;
- Stratégie Qualité (pour les activités de management de la qualité à inclure dans le plan) ;
- Stratégie des Risques (pour les activités de gestion des risques à inclure dans le plan) ;
- Stratégie de Communication (pour les activités de communication à inclure dans le plan) ;
- Stratégie de Configuration (pour les activités de gestion de la configuration à inclure dans le plan) ;
- Disponibilité des ressources ;
- Registres et Journaux.

A.16.4 Format et présentation

Un plan peut se présenter sous plusieurs formes, y compris :

- Un document indépendant ou une section du Document d'Initialisation de Projet ;
- Un document, une feuille de calcul, des diapositives de présentation ou un mindmap ;
- Une entrée dans un outil de management de projet.

Le calendrier peut prendre la forme d'une Liste de Contrôle des Produits (qui est une liste des produits à livrer compris dans le périmètre du plan accompagnés des dates d'état clés telles que version préliminaire prête, contrôle qualité effectué, approuvé). Le calendrier peut aussi être le résultat d'un outil de planification de projet.

A.16.5 Critères qualité

- Le plan est réaliste ;
- Les estimations reposent sur une consultation des ressources qui effectueront le travail et/ou sur des données historiques ;
- Les Chefs d'équipe conviennent que leur partie du plan est réaliste ;
- Le plan est décrit à un niveau de détail approprié (pas trop détaillé mais suffisamment) ;
- Le plan respecte les normes de l'entreprise ou de programme applicables ;
- Le plan comprend les retours d'expérience des projets précédents ;
- Le plan comprend toutes les obligations légales ;
- Le plan couvre les activités de management et de contrôle (comme la qualité) ainsi que les activités nécessaires pour créer les produits concernés ;
- Le plan soutient la Stratégie Qualité, la Stratégie de Configuration, la Stratégie des Risques, la Stratégie de Communication et l'Approche du Projet ;
- Le plan soutient les contrôles de management définis dans la Documentation d'Initialisation de Projet.

Tableau A.1 Exemple de Liste de Contrôle des Produits

Identifiant Produit	Titre produit	Description de Produit approuvée		Ebauche prête		Contrôle qualité finale achevé		Approuvé		Remise (si nécessaire)	
		Planifié	Réel	Planifié	Réel	Planifié	Réel	Planifié	Réel	Planifié	Réel
...											
121	Plan test	02/01	02/01	07/02	07/02	14/02	21/02	21/02	28/02	NA	NA
124	Pompe à eau	02/01	02/01	13/03	13/03	14/06		30/06		14/07	
...											

A.17 DESCRIPTION DE PRODUIT

A.17.1 Finalité

Une Description de Produit permet de :

- Comprendre en détail la nature, l'objectif, la fonction et l'apparence du produit ;
- Définir qui utilisera le produit ;
- Identifier les sources d'information ou d'approvisionnement du produit ;
- Identifier le niveau de qualité requis pour le produit ;
- Identifier les activités nécessaires pour produire, vérifier et approuver le produit ;
- Spécifier les personnes ou les compétences requises pour produire, vérifier et approuver le produit.

A.17.2 Composition

- **Identifiant :** une clé unique, généralement assignée par la méthode de gestion de la configuration ;
- **Titre :** le nom sous lequel le produit est connu ;
- **Finalité :** définit l'objectif du produit et qui l'utilisera. Est-ce le moyen de parvenir à une fin ou une fin en soi ? La finalité est très utile pour mieux comprendre les fonctions, la taille, la qualité, la complexité, la robustesse, etc. du produit ;
- **Composition :** une liste des différentes parties constituant le produit. Par exemple, si le produit est un document, ce sera une liste des chapitres ou sections prévues ;
- **Origine :** de quelles sources le produit provient-il ? Exemples :
  - une conception est dérivée d'une spécification ;
  - un produit est acheté auprès d'un fournisseur ;
  - une déclaration des bénéfices attendus est obtenue de l'utilisateur ;
  - un produit est obtenu d'un autre service ou équipe.
- **Format et présentation :** toute forme standard à respecter par le produit. Par exemple, si le produit est un rapport, il sera spécifié si le rapport doit être un document, une présentation ou un courriel ;
- **Compétences requises en matière de développement :** indique les compétences requises pour développer le produit ou la ou les entités devant fournir les ressources de développement. Les personnes réelles peuvent être identifiées lors de la séquence de planification au cours de laquelle le produit va être créé ;
- **Critères qualité :** quelles sont les caractéristiques de qualité à satisfaire par le produit et quelles mesures de qualité doivent être appliquées par les personnes inspectant le produit achevé ? Ce peut être une simple référence à une ou plusieurs normes communes documentées autre part ou une explication complète de certains critères à respecter. Si le produit doit être développé et approuvé pour différents états (par ex. machine démontée, machine déplacée et machine remontée), les Critères Qualité doivent être regroupés en fonction de ceux qui s'appliquent à chaque état ;
- **Tolérance qualité :** les détails de toutes les fourchettes utilisées dans la spécification des critères qualité pour définir les limites d'acceptabilité du produit ;
- **Méthode qualité :** quels types de méthode qualité – par exemple, vérification de la conception, essai pilote, test, inspection ou revue – vont être utilisés pour vérifier la qualité ou la fonctionnalité du produit ?
- **Compétences requises en matière de qualité :** indique les compétences requises pour effectuer la méthode qualité ou la ou les entités devant fournir les ressources de vérification. L'identité des personnes peut être indiquée lors de la séquence de planification au cours de laquelle les vérifications qualité vont être réalisées ;
- **Responsabilités qualité :** définit le Producteur, le ou les Vérificateurs et le ou les Approbateurs du produit.

A.17.3 Origine

- Structure de décomposition du produit ;
- Utilisateurs finaux du produit ;
- Stratégie Qualité ;
- Stratégie de Configuration.

A.17.4 Format et présentation

Une Description de Produit peut se présenter sous plusieurs formes, y compris :

- Un document, des diapositives de présentation ou un mindmap ;

- Une entrée dans un outil de management de projet.

A.17.5 Critères qualité

- La finalité est claire et compatible avec les autres produits ;
- Le produit est décrit suffisamment en détail pour planifier et gérer son développement ;
- La Description de Produit est concise mais suffisante pour permettre de produire, vérifier et approuver le produit ;
- La responsabilité pour le développement du produit est clairement identifiée ;
- La responsabilité pour le développement du produit est compatible avec les rôles et les responsabilités décrites dans l'organisation de l'équipe de projet et la Stratégie Qualité ;
- Les critères qualité sont compatibles avec les normes qualité du projet, les listes de contrôle standard et les critères d'acceptation ;
- Les critères qualité peuvent être utilisés pour déterminer si le produit répond à ses objectifs ;
- Les types de vérification de la qualité requis permettent de vérifier si le produit respecte ou non ses critères qualité convenus ;
- Le ou les Utilisateurs Principaux confirment que leurs exigences vis à vis du produit, telles qu'elles sont spécifiées dans la Description de Produit, sont correctement définies ;
- Le ou les Fournisseurs Principaux confirment que leurs exigences vis à vis du produit, telles qu'elles sont spécifiées dans la Description de Produit, sont réalisables.

A.18 RAPPORT D'ÉTAT DU PRODUIT

A.18.1 Finalité

Le Rapport d'état du Produit fournit des informations sur l'état des produits par rapport à des limites définies. Les limites peuvent varier. Par exemple, le rapport pourrait couvrir l'ensemble du projet, une séquence particulière ou un domaine particulier du projet. Ce rapport est particulièrement utile si le Chef de Projet souhaite vérifier le numéro de version des produits.

A.18.2 Composition

- **Périmètre du rapport :** décrit la portée du rapport (par ex. pour l'ensemble du projet, par séquence, par type de produit, par fournisseur, etc. L'attribut du produit peut être utilisé pour sélectionner le sous-ensemble de produits pour le rapport) ;
- **Date de production :** la date à laquelle le rapport a été généré ;
- **Etat du produit :** pour chaque produit dans le périmètre du rapport, le rapport peut contenir les informations suivantes :
  - identifiant et nom du produit ;
  - version ;
  - état et date du dernier changement d'état ;
  - statut du produit ;
  - propriétaire ;
  - détenteur de copie ;
  - emplacement ;
  - utilisateur(s) ;
  - producteur et date d'attribution au producteur ;
  - date prévue et réelle de référencement de la Description de Produit ;
  - date prévue et réelle de référencement du produit ;
  - date prévue pour le prochain référencement ;
  - liste des produits associés ;
  - liste des incidences associées (y compris les requêtes de changement en attente et approuvées) et les risques.

A.18.3 Origine

- Enregistrements de Configuration ;
- Plan de Séquence.

A.18.4 Format et présentation

Un Rapport d'état du Produit peut se présenter sous plusieurs formes, y compris :

- Un document, une feuille de calcul, un rapport de base de données ;
- Le résultat d'un outil de management de projet.

A.18.5 Critères qualité

- Les détails et les dates correspondent à ceux du Plan de Séquence ;
- Le nom du produit correspond au nom dans la structure de décomposition du produit et au nom dans l'Enregistrement de Configuration.

A.19 EXPOSÉ DU PROJET

A.19.1 Finalité

Le but d'un Exposé du Projet est de fournir une base complète et stable pour l'initialisation du projet. Il est créé pendant le processus *Elaborer le Projet.*

Dans le processus *Initialiser le Projet,* le contenu de l'Exposé du Projet est développé et détaillé dans la Documentation d'Initialisation de Projet, à la suite de quoi l'Exposé du Projet n'est plus tenu à jour.

A.19.2 Composition

- **Définition du Projet :** explique ce que le projet doit réaliser. Elle contient :
  - le contexte ;
  - les objectifs du projet (en termes de durée, coûts, qualité, périmètre, risques, objectifs de performance des bénéfices) ;
  - les résultats souhaités ;
  - le périmètre du projet et les exclusions ;
  - les contraintes et les hypothèses ;
  - les tolérances de projet ;
  - le ou les utilisateurs et toutes les autres parties intéressées connues ;
  - les interfaces.
- **Ebauche de Cas d'Affaire :** les raisons expliquant le besoin du projet et l'option choisie par l'entreprise. Ceci sera développé par la suite dans un Cas d'Affaire détaillé pendant le processus *Initialiser le Projet ;*
- **Description de Produit du Projet :** comprend les exigences qualité du client, les critères d'acceptation de l'utilisateur et les critères d'acceptation en matière d'exploitation et de maintenance ;
- **Approche du Projet :** définit le choix de la solution qui sera utilisée par le projet pour mener à bien l'option sélectionnée par l'entreprise en s'appuyant sur le Cas d'Affaire et en tenant compte de l'environnement opérationnel dans lequel doit s'intégrer la solution ;
- **Structure de l'équipe de projet :** un diagramme indiquant qui participera au projet ;
- **Description des rôles :** pour l'équipe de projet et toutes les autres ressources clés identifiées à ce stade ;
- **Références :** à tous les documents ou produits associés.

A.19.3 Origine

- Un mandat de projet fourni au début du projet ;
- La direction de programme. Si le projet fait partie d'un programme, l'Exposé du Projet sera vraisemblablement fourni par le programme et ne devra donc pas être dérivé d'un mandat de projet ;
- Discussions avec la direction de l'entreprise à propos de la stratégie de l'entreprise et de toutes les politiques et normes applicables ;
- Discussions avec le Comité de Pilotage de Projet et les utilisateurs si le mandat de projet est incomplet ou si aucun mandat de projet n'est fourni ;
- Discussions avec l'organisation opérationnelle et maintenance (le cas échéant) ;
- Discussions avec les fournisseurs (possibles) à propos des cycles de développement spécialistes qui pourraient être utilisés ;
- Journal des Retours d'Expérience.

A.19.4 Format et présentation

Un Exposé de Projet peut se présenter sous plusieurs formes, y compris :

- Un document ou des diapositives de présentation ;
- Une entrée dans un outil de management de projet.

A.19.5 Critères qualité

- L'Exposé du Projet est bref car son objectif à ce stade est de fournir une base solide sur laquelle élaborer un projet. Il sera ensuite détaillé dans le cadre de la Documentation d'Initialisation de Projet ;
- L'Exposé du Projet reflète correctement le mandat de projet et les exigences de l'entreprise et des utilisateurs ;
- L'approche du projet examine un éventail de solutions telles que : sur mesure ou standard, sous-traité ou développé en interne, conception entièrement nouvelle ou modification d'un produit existant, etc.
- L'approche du projet a été choisie pour maximiser les chances de réussite globale du projet ;
- Les objectifs du projet, l'approche du projet et les stratégies sont compatibles avec la directive de responsabilité sociale de l'entreprise ;

- Les objectifs du projet sont Spécifiques, Mesurables, Atteignables, Réalistes et limités dans le Temps (SMART).

A.20 DOCUMENTATION D'INITIALISATION DE PROJET

A.20.1 Finalité

Définir le projet et formaliser les bases de son management et de son évaluation globale. La Documentation d'Initialisation de Projet spécifie la direction et le périmètre du projet et (aux côtés du Plan de Séquence) forme le « contrat » passé entre le Chef de Projet et le Comité de Pilotage de Projet.

La fonction de la Documentation d'Initialisation de Projet est triple :

- Elle permet de s'assurer que le projet dispose de bases solides avant de demander au Comité de Pilotage de Projet de s'engager totalement vis-à-vis du projet ;
- Elle fait office de document de référence et permet au Comité de Pilotage de Projet et au Chef de Projet d'évaluer la progression du projet ainsi que les incidences et les problèmes de viabilité ;
- Elle constitue une source de référence unique par rapport au projet et permet aux collaborateurs qui rejoignent « l'organisation temporaire » de se faire rapidement une idée de l'objectif du projet et de la manière dont il est géré ;

La Documentation d'Initialisation de Projet est un produit dynamique qui reflète en permanence l'état, les plans et les contrôles en cours du projet. Il convient de la mettre à jour et de la référencer à nouveau à la fin de chaque séquence, le cas échéant, afin de tenir compte de l'évolution de ses composants ;

Chaque version de la Documentation d'Initialisation de Projet (et notamment la version utilisée pour obtenir l'autorisation du projet) doit être conservée à titre de référence afin de permettre l'évaluation ultérieure des performances une fois le projet terminé.

A.20.2 Composition

Voici ce que devrait contenir la Documentation d'Initialisation de Projet. Notez que les deux premiers (définition du projet et approche du projet) sont extraits de l'Exposé du Projet.

- **Définition du projet :** explique les objectifs que le projet doit atteindre. Cette étape doit contenir :
  - le contexte ;
  - les objectifs du projet et les résultats recherchés ;
  - le périmètre et les exclusions du projet ;
  - les contraintes et les hypothèses ;
  - le ou les utilisateurs et toutes les autres parties éventuellement intéressées ;
  - les interfaces.
- **Approche du projet :** définit le choix de la solution qui sera utilisée par le projet pour livrer l'option commerciale sélectionnée à partir du Cas d'Affaire, compte tenu de l'environnement opérationnel dans lequel la solution doit s'inscrire.
- **Cas d'Affaire :** décrit la justification du projet en se basant sur les estimations de coûts, de risques et de bénéfices ;
- **Structure de l'équipe de projet :** un diagramme indiquant qui participera au projet ;
- **Description des rôles :** pour l'équipe de projet et toutes les autres ressources clés identifiées à ce stade ;
- **Stratégie Qualité :** décrit les techniques et normes de qualité devant être appliquées ainsi que les responsabilités en matière de réalisation des niveaux de qualité requis ;
- **Stratégie de la Configuration :** décrit les modalités et les responsabilités en matière de contrôle et de protection des produits du projet ;
- **Stratégie des Risques :** décrit les techniques et normes de gestion des risques spécifiques devant être appliquées ainsi que les responsabilités en matière de mise en œuvre d'une procédure de gestion des risques efficace ;
- **Stratégie de Communication :** définit les parties intéressées au projet ainsi que les moyens et la fréquence de communication entre ces dernières et l'équipe Projet ;

- **Plan de Projet :** décrit les modalités (quand/comment) de réalisation des objectifs du projet en mettant en valeur les principaux produits, activités et ressources mobilisés par le projet. Il constitue un référentiel qui permet de suivre la progression du projet étape par étape ;
- **Contrôles du projet :** définit les modalités de contrôle dans le cadre du projet ainsi que les mécanismes d'information et de suivi qui l'accompagnent (par ex. fréquence des Rapport de Progression requis par le Comité de Pilotage de Projet). Comprend également les processus de remontée et d'exception ;
- **Adaptation de PRINCE2 :** résume la manière dont PRINCE2 sera adaptée au projet.

A.20.3 Origine

- Exposé du Projet ;
- Discussions avec les différentes parties prenantes (Utilisateurs, Entreprise et Fournisseurs) concernant les méthodes, les normes et les contrôles.

A.20.4 Format et présentation

La Documentation d'Initialisation de Projet peut se présenter sous plusieurs formes, y compris :

- Un document unique ;
- L'index d'un ensemble de documents ;
- Un document renvoyant à d'autres documents ;
- Un ensemble d'informations au sein d'un outil de management de projet.

A.20.5 Critères qualité

- La Documentation d'Initialisation de Projet est une représentation fidèle du projet ;
- Elle montre un projet viable et réalisable, aligné sur la stratégie de l'entreprise ou les exigences générales d'un programme ;
- La structure d'organisation du projet est complète et comprend les noms et les fonctions. Tous les rôles ont été pris en compte et s'appuient sur des descriptions de rôle convenues. Les relations et les dépendances hiérarchiques sont clairement établies. Le cas échéant, la structure d'organisation du projet spécifie de qui le Comité de Pilotage de Projet dépend hiérarchiquement ;
- Elle établit clairement le système de contrôle, d'information et de direction qui pourra être mis en œuvre en fonction de l'ampleur, du risque et de l'importance du projet pour la Direction de l'Entreprise ou de Programme ;
- Les contrôles couvrent les besoins du Comité de Pilotage de Projet, du Chef de Projet et des Chefs d'équipe et répondent aux exigences d'assurance déléguées ;
- Les rôles chargés des différents contrôles sont clairement définis ;
- Les objectifs, l'approche et les stratégies du projet sont conformes à la directive de responsabilité sociale de l'organisation, et les contrôles mis en place sont adéquats pour assurer la conformité du projet à cette directive ;
- Le format de la Documentation d'Initialisation de Projet a été pris en compte. Un seul document pourra suffire pour les projets plus modestes. Pour les projets de plus grande ampleur, la Documentation d'Initialisation de Projet se compose généralement d'un ensemble de documents indépendants. La volatilité des divers éléments de la Documentation d'Initialisation de Projet permet de déterminer si ceux-ci doivent être indépendants : il sera par exemple préférable de séparer les éléments susceptibles de subir des modifications fréquentes.

A.21 DESCRIPTION DE PRODUIT DU PROJET

A.21.1 Finalité

La Description de Produit du Projet est un type particulier de Description de Produit qui définit ce que le projet doit livrer en vue d'obtenir l'acceptation du client. Elle permet :

- d'obtenir l'accord de l'utilisateur quant au périmètre et aux exigences du projet ;
- de définir les exigences qualité du client ;
- de définir les critères d'acceptation, la méthode et les responsabilités du projet.

La Description de Produit du Projet est générée lors du processus *Elaborer le Projet,* dans le cadre de l'activité d'évaluation initiale du périmètre, et est affinée durant le processus *Initialiser le Projet* lors de la création du Plan de Projet. Elle est également utilisée dans le processus *Clore le Projet* afin de vérifier que le projet a livré ce qui était attendu et que les critères d'acceptation ont été remplis.

A.21.2 Composition

- **Titre :** nom donné au projet
- **Finalité :** définit la finalité du produit du projet aux côtés de ses utilisateurs. Permet également de comprendre les fonctions du produit ainsi que sa taille, qualité, complexité, robustesse, etc.
- **Composition :** décrit les principaux produits devant être livrés par le projet.
- **Origine :** quels sont les produits sources à l'origine de ce produit ? Il peut s'agir :
  - de produits existants qu'il convient de modifier ;
  - de caractéristiques de conception ;
  - d'un rapport de faisabilité ;
  - du mandat de projet.
- **Compétences de développement requises :** précise les compétences requises pour développer le produit ou identifient le ou les domaines chargés de fournir les ressources de développement ;
- **Exigences qualité du client :** décrit la qualité attendue du produit du projet ainsi que les normes et processus qui devront être appliqués pour atteindre cette qualité. Elles ont un impact sur tous les aspects du développement du produit, y compris en termes de durée et de coûts. Les exigences qualité sont identifiées dans le cadre de discussions avec le client (parties prenantes entreprise et utilisateur). Dans la mesure du possible, ces exigences devront être classées par ordre de priorité ;
- **Critères d'acceptation :** liste par ordre de priorité des critères à respecter par le produit du projet avant que le client ne puisse l'accepter – c.-à-d. les définitions mesurables des caractéristiques qui doivent s'appliquer à l'ensemble des produits pour qu'ils puissent être acceptables pour les principales parties prenantes (et en particulier les utilisateurs et les organisations opérationnelles et de maintenance). Par exemple : facilité d'utilisation, facilité d'assistance, facilité de maintenance, aspect, fonctions principales, coûts de développement, coûts d'exploitation, capacité, disponibilité, fiabilité, sécurité, précision, performances ;
- **Tolérances qualité au niveau projet :** spécification des tolérances s'appliquant aux critères d'acceptation ;
- **Méthode d'acceptation :** définit les modalités de confirmation de l'acceptation. Il pourra s'agir simplement de confirmer que tous les produits du projet ont été approuvés ou bien de décrire les dispositions de remise complexes du produit du projet, y compris en cas de remise progressive ;
- **Responsabilités en matière d'acceptation :** identifie la ou les personnes chargées de confirmer l'acceptation du produit du projet.

A.21.3 Origine

- Mandat de projet ;
- Discussions avec l'Utilisateur Principal et l'Exécutif, probablement dans le cadre d'ateliers d'évaluation initiale du périmètre ;
- Demande de proposition (dans un environnement client/fournisseur).

A.21.4 Format et présentation

La Description de Produit du Projet peut se présenter sous plusieurs formes, y compris :

- Un document, des diapositives de présentation ou un mindmap ;
- Une entrée dans un outil de management de projet.

A.21.5 Critères qualité

- La finalité est claire ;
- La composition définit le périmètre total du projet ;
- Les critères d'acceptation constituent la liste d'évaluation complète du projet ;
- Les critères d'acceptation répondent aux exigences des principales parties prenantes (par ex. opérations et maintenance) ;
- La Description de Produit du Projet définit la manière dont les Utilisateurs et les organisations opérationnelles et de maintenance évalueront l'acceptabilité des produits achevés :
  - tous les critères sont mesurables ;
  - chaque critère est en soi réaliste ;
  - les critères ensemble sont réalistes et cohérents. A titre d'exemple, il pourra y avoir incompatibilité entre un degré de qualité élevée, une livraison anticipée et un coût moindre ;

- tous les critères peuvent être démontrés durant le cycle de vie du projet (par ex. le débit maximum d'une pompe à eau) ou par le biais de mesures de substitution, capables d'indiquer de manière raisonnable si les critères d'acceptation seront atteints une fois le projet achevé (par ex. pompe à eau conforme aux normes de fiabilité, de conception et de fabrication).
- Les exigences qualité tiennent compte :
  - des caractéristiques des principales exigences de qualité (par ex. rapide/lent, grand/petit, national/mondial) ;
  - des éléments du système de management de la qualité du client devant être utilisés ;
  - des autres normes qu'il convient d'utiliser ;
  - du niveau de satisfaction de la clientèle/du personnel qui devrait être atteint s'il y avait un sondage.

A.22 STRATÉGIE QUALITÉ

A.22.1 Finalité

La Stratégie Qualité permet de définir les techniques et normes de qualité devant être appliquées ainsi que les diverses responsabilités en matière de réalisation des niveaux de qualité requis durant le projet.

A.22.2 Composition

- **Introduction :** détermine la finalité, les objectifs, le périmètre et la responsabilité de la stratégie ;
- **Procédure qualité :** description de (ou référence à) la procédure qualité devant être utilisée. Toute déviation par rapport aux normes de qualité de la Direction de l'Entreprise ou de Programme doit être soulignée et justifiée. La procédure doit couvrir :
  - La planification de la qualité ;
  - Le contrôle qualité : l'approche du projet en matière d'activités de contrôle qualité, y compris :
    - les normes de qualité ;
    - les modèles et formulaires devant être utilisés (par ex. Description de Produits, Registre Qualité) ;
    - les définitions des types d'activités de vérification de la qualité (par ex. inspection, pilote) ;
    - la métrique devant être utilisée pour soutenir le contrôle qualité.
  - Assurance qualité : l'approche du projet en matière d'activités d'assurance qualité. Cela peut comprendre :
    - les responsabilités du Comité de Pilotage de Projet ;
    - les audits de conformité ;
    - les revues de la Direction de l'Entreprise ou de Programme.
- **Outils et techniques :** renvoie à tous les systèmes ou outils de management de la qualité devant être utilisés ainsi qu'aux techniques préconisées pour les différentes étapes de la procédure qualité ;
- **Enregistrements :** définition des enregistrements qualité requis et de l'endroit où ils seront conservés ;
- **Informations :** décrit les rapports de management de la qualité qui doivent être générés, ainsi que leur finalité, leur calendrier et leurs destinataires ;
- **Calendrier des activités de management de la qualité :** définit les étapes durant lesquelles les activités « formelles » de management de la qualité devront se dérouler, par ex. les audits (peut faire référence au Registre Qualité) ;
- **Rôles et responsabilités :** définit les rôles et responsabilités de l'équipe de Projet par rapport aux activités de management de la qualité, y compris les responsabilités de qualité de la Direction de l'Entreprise ou de Programme.

A.22.3 Origine

- Comité de Pilotage de Projet ;
- Exposé du Projet ;
  - structure de l'équipe de projet (rôles et responsabilités) ;
  - Description de Produit du Projet (exigences qualité du client et critères d'acceptation).
- Normes organisationnelles ;
- Systèmes de management de la qualité du client et du fournisseur ;
- Exigences de configuration ;
- Exigences de maîtrise des changements ;
- Stratégies d'entreprise ou de programme ;
- Ateliers dirigés et discussions informelles.

A.22.4 Format et présentation

Une stratégie de management de la qualité peut se présenter sous plusieurs formes, y compris :

- Un document indépendant ou une partie de la Documentation d'Initialisation de Projet ;
- Une entrée dans un outil de management de projet.

A.22.5 Critères Qualité

- La stratégie définit clairement la manière dont les exigences qualité du client seront respectées ;
- Les moyens définis sont suffisants pour atteindre la qualité requise ;
- Les responsabilités de qualité sont définies jusqu'à un niveau indépendant du projet et du Chef de Projet ;
- La stratégie est conforme aux systèmes de management de la qualité du client et du fournisseur ;
- La stratégie est conforme à la politique de qualité de l'entreprise ou de programme ;
- Les approches qualité du projet sont appropriées pour les normes retenues.

A.23 REGISTRE QUALITÉ

A.23.1 Finalité

Le Registre Qualité permet de résumer l'ensemble des activités de management de la qualité qui sont planifiées/se sont déjà déroulées et fournit des informations pour les Rapports de Fin de Séquence et du Rapport de Fin de Projet. Il a pour but :

- de fournir une référence unique pour chaque vérification de la qualité ;
- d'indiquer la documentation de vérification de la qualité d'un produit ;
- de résumer le nombre et le type de vérifications de la qualité effectuées.

A.23.2 Composition

Chaque entrée du Registre Qualité doit comporter les informations suivantes :

- **Identifiant qualité :** fournit une référence unique pour chaque activité de management de la qualité saisie dans le Registre Qualité. Cette référence prend généralement la forme d'une valeur numérique ou alphanumérique ;
- **Identifiant(s) produit :** identifiant unique du ou des produits auxquels l'activité de management de la qualité se rapporte ;
- **Nom(s) du produit :** le ou les noms donné(s) au produit ;
- **Méthode :** la méthode employée pour l'activité de management de la qualité (par ex. pilote, revue qualité, audit, etc.) ;
- **Rôles et responsabilités :** la personne ou l'équipe responsable des activités de management de la qualité (par ex. l'auditeur) ou des revues qualité (rapporteur ou dans le cas d'une revue qualité, présentateur, vérificateur(s), président, administrateur) ;
- **Dates :** les dates planifiées, prévues et réelles pour :
  - les activités de management de la qualité ;
  - la confirmation que l'activité de management de la qualité est terminée.
- **Résultat :** le résultat de l'activité de management de la qualité (si la revue qualité « rejette » un produit, toute réévaluation devra apparaître sous forme d'entrée séparée dans le registre – c.-à-d. que l'activité de management de la qualité d'origine se termine avec le « rejet » du Produit) ;
- **Enregistrements qualité :** contient les références aux documents d'inspection de la qualité, tels que la description détaillée des actions requises pour rectifier les erreurs et les omissions des produits en cours d'inspection ;

A.23.3 Origine

- Le format et la composition du Registre Qualité sont définis dans la Stratégie Qualité ;
- Les entrées dans le Registre Qualité s'effectuent parallèlement à la saisie de l'activité de management de la qualité dans le Plan de Séquence de la séquence en cours. Le Registre Qualité peut être mis à jour lors de la création d'un Plan d'équipe ;
- Les informations restantes proviennent de l'exécution effective de l'activité de management de la qualité ;
- La date d'approbation correspond à la date d'approbation de tous les éléments des actions correctives.

A.23.4 Format et présentation

Un Registre Qualité peut se présenter sous plusieurs formes, y compris :

- Un document, une feuille de calcul ou une base de données ;
- Un registre indépendant ou un report dans le compte-rendu de la revue d'avancement ;
- Une saisie dans un outil de management de projet ;
- Le Registre Qualité peut faire partie d'un registre de projet intégré pour l'ensemble des risques, actions, décisions, hypothèses, incidences, Retours d'Expérience, etc.

A.23.5 Critères Qualité

- Mise en place d'une procédure visant à s'assurer que chaque activité de management de la qualité est saisie dans le Registre Qualité ;
- Attribution des Responsabilités par rapport au Registre Qualité ;
- Les actions sont clairement décrites et ont un propriétaire ;
- Les entrées possèdent un identifiant unique, qui spécifie le produit auquel elles se réfèrent ;
- L'accès au Registre Qualité est maîtrisé ;
- Le Registre Qualité est conservé dans un lieu sûr ;
- Toutes les vérifications de la qualité correspondent à un niveau de contrôle adéquat.

A.24 STRATÉGIE DES RISQUES

A.24.1 Finalité

La Stratégie des Risques décrit les techniques et normes de gestion des risques spécifiques devant être appliquées ainsi que les responsabilités en matière de réalisation d'une procédure de gestion des risques efficace.

A.24.2 Composition

- **Introduction :** détermine la finalité, les objectifs, le périmètre et la responsabilité de la stratégie ;
- **Procédure de gestion des risques** – Une description de (ou référence à) la procédure de gestion des risques qui doit être appliquée. Toute variation par rapport aux normes de l'entreprise ou de programme doit être identifiée, ainsi qu'une justification. La procédure doit couvrir les activités suivantes :
  - identifier ;
  - apprécier ;
  - planifier ;
  - exécuter ;
  - communiquer.
- **Outils et techniques :** renvoie aux systèmes ou outils de gestion des risques devant être utilisés ainsi qu'aux techniques préconisées pour les différentes étapes de la procédure de gestion des risques ;
- **Enregistrements :** définition de la composition et du format du Registre des Risques requis et de l'endroit où il sera conservé ;
- **Reporting :** décrit les rapports de gestion des risques qui doivent être générés, ainsi que leur finalité, leur calendrier et leurs destinataires ;
- **Calendrier des activités de gestion des risques :** définit les étapes durant lesquelles les activités « formelles » de gestion des risques devront se dérouler (par ex. lors des évaluations de fin de séquence) ;
- **Rôles et responsabilités :** définit les rôles et responsabilités de l'équipe projet par rapport aux activités de gestion des risques ;
  - **Barèmes :** définit les barèmes permettant d'estimer la probabilité et l'impact d'un risque sur le projet et permet de s'assurer que les barèmes de coûts et de durée (par exemple) correspondent aux coûts et au calendrier du projet. Ces barèmes peuvent prendre la forme de grilles d'impact et de probabilité, accompagnées de critères pour chaque niveau. Par ex. « très élevé », « élevé », « moyen », « faible » et « très faible » ;
  - **Proximité :** modalités d'évaluation de la proximité des événements de risque. La proximité renvoie au fait que les risques se produiront à un moment donné et que la gravité de leur impact variera avec le temps. Il existe plusieurs catégories de proximité : imminent, durant la séquence, durant le projet, au-delà du projet ;

- **Catégories de risques : définition des catégories de risques devant être utilisées (le cas échéant).** Elles peuvent être dérivées d'une structure de décomposition du risque ou d'une liste des indicateurs de risque. Si une catégorie ne comporte aucun risque, il est probable que la procédure d'identification des risques n'a pas été aussi approfondie qu'elle aurait dû l'être ;
- **Catégories de réponse au risque :** définition des catégories de réponse au risque devant être utilisées, selon que le risque est perçu comme une menace ou une opportunité ;
- **Précurseurs :** définition des indicateurs devant être utilisés pour assurer le suivi des aspects critiques du projet de manière à déclencher des actions correctives si certains seuils prédéfinis sont atteints. Ces actions seront sélectionnées en fonction de leur pertinence pour les objectifs du projet ;
- **Tolérance de risque :** définit les seuils d'exposition au risque. Une fois ces seuils franchis, le risque doit être référé au niveau de management supérieur (il est par exemple possible d'établir une tolérance de risque de niveau projet pour tout risque susceptible d'entraîner un manque à gagner. Un tel risque devra alors être porté à l'attention de la Direction de l'Entreprise ou de Programme). La tolérance de risque doit définir les attentes de risque de la direction de l'entreprise ou de programme et du Comité de Pilotage de Projet ;
- **Budget de risques :** décrit si un budget de risques est nécessaire et comment celui-ci sera utilisé le cas échéant.

A.24.3 Origine

- Exposé du Projet ;
- Cas d'Affaire ;
- Guide des processus de gestion des risques de l'organisation ou Stratégie des Risques du programme.

A.24.4 Format et présentation

Une Stratégie des Risques peut se présenter sous plusieurs formes, y compris :

- Un document indépendant ou une partie d'une Documentation d'Initialisation de Projet ;
- Une entrée dans un outil de management de projet.

A.24.5 Critères Qualité

- Les responsabilités sont clairement énoncées et comprises du client et du fournisseur ;
- La procédure de gestion des risques est clairement documentée et est compréhensible par toutes les parties ;
- La définition des barèmes, des valeurs attendues et de la proximité est claire et sans ambiguïté ;
- Les barèmes retenus sont adaptés au niveau de contrôle requis ;
- Les exigences de communication du risque sont parfaitement définies.

A.25 REGISTRE DES RISQUES

A.25.1 Finalité

Le Registre des Risques permet d'enregistrer les risques identifiés pour une initiative, y compris leur état et leur historique. Il permet de recueillir et de conserver les informations relatives à l'ensemble des menaces et opportunités identifiées dans le cadre du projet.

A.25.2 Composition

Chaque entrée du Registre Qualité doit comporter les informations suivantes :

- **Identifiant du risque :** fournit une référence unique pour chaque risque saisi dans le Registre des Risques. Cette référence prend généralement la forme d'une valeur numérique ou alphanumérique ;
- **Auteur du risque :** la personne qui a soumis le risque ;
- **Date d'enregistrement :** la date à laquelle le risque a été identifié ;
- **Catégorie de risque :** le type de risque (par ex. calendrier, qualité, juridique, etc.) ;
- **Description du risque :** cause, événement (menace ou opportunité) et effet (description de l'impact) ;
- **Probabilité, impact et valeur attendue :** il est judicieux d'estimer les valeurs *inhérentes* (action pré-réponse) et les valeurs résiduelles (action post-réponse). Celles-ci doivent être enregistrées en conformité avec les barèmes définis pour le projet ;

- **Proximité** : indique généralement la proximité anticipée de l'événement de risque (par ex. imminent, durant la séquence, durant le projet, au-delà du projet). La proximité doit être enregistrée en conformité avec les barèmes définis pour le projet ;
- **Catégories de réponse au risque :**
  - **Menaces :** éviter, réduire, repli, transférer, accepter, partager ;
  - **Opportunités :** améliorer, exploiter, rejeter, partager ;
- **Réponse au risque :** actions menées pour résoudre le risque. Doit être alignée sur les catégories de réponse choisies. Attention : un même risque peut attirer plusieurs réponses au risque ;
- **Etat du risque :** indique généralement si le risque est actif ou clos ;
- **Surveillant du risque :** personne chargée de la gestion du risque (il ne peut y avoir qu'un seul surveillant du risque par risque) ;
- **Exécuteur du risque :** la ou les personnes chargées de mettre en œuvre les actions décrites dans la réponse au risque. Ce rôle peut être ou non tenu par le surveillant du risque.

A.25.3 Origine

- La composition, le format et la présentation du Registre des Risques sont déterminés à partir de la Stratégie des Risques ;
- Les entrées sont saisies dans le Registre des Risques à chaque fois qu'un nouveau risque est identifié.
- Certains risques peuvent être inhérents au mandat de projet.
- D'autres risques pourront être identifiés lors de la création de l'Exposé du Projet, de la conception et de la nomination de l'équipe de Projet, de la mise en place des contrôles du projet, du développement des plans ou encore lors de l'émission des Lots de Travaux et de l'analyse de l'état du Lot de Travaux ou de la Séquence ;
- Journal de Projet – les incidences soumises au Chef de Projet et recueillies dans le Journal de Projet sont en fait le plus souvent des risques qui ne sont identifiés en tant que tels qu'à la suite d'une analyse plus approfondie.

A.25.4 Format et présentation

Le Registre des Risques peut prendre plusieurs formes, y compris :

- Un document, une feuille de calcul ou une base de données ;
- Un registre indépendant ou un report dans le compte-rendu de la revue d'avancement ;
- Une entrée dans un outil de management de projet ;
- Le Registre des Risques peut faire partie d'un registre de projet intégré pour l'ensemble des risques, actions, décisions, hypothèses, Incidence de Projets, Retours d'Expérience, etc.

A.25.5 Critères qualité

- L'état indique si l'action a ou non été menée ;
- Les risques possèdent un identifiant unique, qui spécifie le produit auquel ils se réfèrent ;
- L'accès au Registre des Risques est maîtrisé et il est conservé dans un lieu sûr.

A.26 LOT DE TRAVAUX

A.26.1 Finalité

Un Lot de Travaux est un ensemble d'informations réunies par le Chef de Projet relatives à un ou plusieurs produits requis en vue de transférer formellement la responsabilité des travaux ou de la livraison à un Chef d'équipe ou à un membre de l'équipe.

A.26.2 Composition

Bien que son contenu puisse varier sensiblement en fonction de la relation entre le Chef de Projet et le destinataire du Lot de Travaux, le Lot de Travaux doit comporter les éléments suivants :

- **Date :** la date de l'accord passé entre le Chef de Projet et le Chef d'équipe/la personne autorisée ;
- **Equipe ou personne autorisée :** le nom du Chef d'équipe ou de la personne avec qui l'accord a été passé ;
- **Description du Lot de Travaux :** la description des travaux à effectuer ;

- **Techniques, processus et procédures spécialistes :** ensemble des techniques, outils, normes, processus ou procédures qui doivent être utilisés pour créer les produits spécialistes ;
- **Interfaces de développement :** les interfaces qui doivent être maintenues durant le développement des produits. Il peut s'agir de personnes fournissant ou recevant des informations ;
- **Interfaces opérationnelles et maintenance :** identifie l'ensemble des produits spécialistes avec lesquels le ou les produits du Lot de Travaux devront interfacer durant leur durée de vie opérationnelle. Il pourra s'agir d'autres produits devant être générés par le projet, de produits existants ou de produits émanant d'autres projets (par exemple, si le projet fait partie d'un programme) ;
- **Exigences de gestion de la configuration :** identifie les dispositions qui doivent être prises par le producteur par rapport au contrôle de la version des produits du Lot de Travaux, à l'obtention des copies d'autres produits ou Descriptions de Produits, à l'assujettissement du produit à la gestion de la configuration, aux exigences de stockage ou de sécurité et à la nécessité d'informer le Support Projet des modifications affectant l'état du Lot de Travaux ;
- **Accords communs :** description détaillée des accords passés par rapport aux efforts, aux coûts, aux dates de début et de fin et aux tolérances du Lot de Travaux (les tolérances concernent la durée et le coût, mais peuvent aussi inclure le périmètre et les risques) ;
- **Tolérances :** détails des tolérances du Lot de Travaux (seront défini en termes de durée et de coûts mais peuvent également inclure périmètre et risque) ;
- **Contraintes :** ensemble des contraintes (à l'exception des tolérances) devant être observées par rapport aux travaux, personnels concernés, durée, coûts, règles, (par exemple en matière de sécurité) etc. ;
- **Reporting :** fréquence attendue et contenu des Rapports d'Avancement ;
- **Gestion des problèmes et remontée :** renvoie à la procédure de soumission des incidences et des risques ;
- **Extraits ou références :** ensemble des extraits ou références à des documents connexes, en particulier :
  - **Extrait du Plan de Séquence :** désigne la section correspondante du Plan de Séquence de la séquence de management en cours ou y fait référence ;
  - **Description(s) de Produit :** prend généralement la forme d'une annexe rattachée aux Descriptions de Produit pour les produits identifiés dans le Lot de Travaux (attention : la Description de Produit contient les méthodes qualité devant être utilisées)
- **Méthode d'approbation :** la personne, le rôle ou le groupe chargé d'approuver le Lot de Travaux achevés et la manière dont le Chef de Projet devra être informé de l'achèvement du Lot de Travaux.

Le Lot de Travaux doit prévoir suffisamment d'espace pour enregistrer l'autorisation et l'acceptation du Lot de Travaux achevé. Peut également comprendre une évaluation des travaux qui sera prise en compte dans l'analyse des performances.

Les projets dotés de contrôles communs à l'ensemble des Lots de Travaux pourront simplement renvoyer aux contrôles définis dans le Plan de Projet ou le Plan de Séquence.

A.26.3 Origine

- Accords commerciaux existants entre le client et le fournisseur (le cas échéant) ;
- Stratégie Qualité ;
- Stratégie de la Configuration ;
- Plan de Séquence.

A.26.4 Format et présentation

Le Lot de Travaux peut prendre plusieurs formes, y compris :

- Un document ;
- Une conversation orale entre le Chef de Projet et un Chef d'équipe ;
- Une entrée dans un outil de management de projet.

Le contenu et le degré de formalité du Lot de Travaux varieront selon les circonstances.

Lorsque les travaux sont menés par une équipe travaillant directement sous le Chef de Projet, le Lot de Travaux pourra prendre la forme d'instructions verbales, même s'il est préférable de le consigner à l'écrit, par exemple pour prévenir les malentendus et établir un lien vers l'analyse des performances. Lorsque les travaux sont menés par un fournisseur sous contrat et que le Chef de Projet appartient à l'organisation du client, il devra impérativement y avoir des instructions écrites, conformément aux standards stipulées dans le contrat.

A.26.5 Critères qualité

- Le Lot de Travaux requis est clairement défini et compris des ressources désignées ;
- Il existe une Description de Produit pour le ou les produits requis, appuyée par des critères qualité clairement identifiés et acceptables ;
- La description de produit correspond aux autres documents du Lot de Travaux ;
- Les normes des travaux sont convenues ;
- Les normes définies sont alignées sur les normes appliquées à des produits similaires ;
- Toutes les interfaces nécessaires ont été définies ;
- Les dispositions de reporting prévoient comment les incidences et les risques seront communiqués ;
- Le Chef de Projet et le destinataire ont convenu des actions à mener ;
- Il y a accord sur les contraintes ainsi que sur les efforts, les coûts et les objectifs ;
- Les dates et les efforts sont alignés sur ceux du Plan de Séquence de la séquence de management en cours ;
- Les dispositions de reporting sont définies ;
- Les besoins en matière de présence/participation indépendante à la vérification de la qualité sont définis.

Annexe B : Gouvernance

B

Annexe B : Gouvernance

La Gouvernance du management de projet porte sur les aspects de la Gouvernance d'entreprise qui sont spécifiquement liés aux activités de projet. Une Gouvernance efficace du management de projet s'assure que le Portefeuille de Projets d'une organisation correspond aux objectifs de l'organisation, qu'il est réalisé de manière efficace et qu'il est viable. La Gouvernance du management de projet soutient également les moyens permettant au conseil d'administration et à d'autres parties prenantes clés du Projet de disposer d'informations opportunes, pertinentes et fiables.

Tableau B.1 Principes de Gouvernance du management de projet

Principes de Gouvernance du management de projet	Repris par PRINCE2 ?
Le conseil d'administration assume la responsabilité globale en matière de Gouvernance du management de projet.	Ce principe de gouvernance renvoie au conseil d'administration de l'organisation hôte et échappe par-là même au périmètre PRINCE2.
Les rôles, responsabilités et critères de performance de la Gouvernance du management de projet sont clairement définis.	Partiellement. Le projet dispose de rôles, de responsabilités et de critères de performance clairement définis en matière de gouvernance, mais l'approche PRINCE2 ne s'étend pas jusqu'aux responsabilités de gouvernance des rôles de l'entreprise.
Des dispositions de gouvernance disciplinées, appuyées par des méthodes et des contrôles appropriés, sont appliquées tout au long du cycle de vie du projet.	Totalement.
Il existe une relation de soutien cohérente évidente entre la stratégie globale de l'entreprise et le portefeuille de projets.	Partiellement. Tout projet PRINCE2 doit démontrer qu'il est aligné sur la stratégie d'entreprise à travers son Cas d'Affaire. PRINCE2 fournit des recommandations sur le management de portefeuille de projets.
Tous les projets disposent d'un plan approuvé, articulé autour de points d'autorisation permettant de revoir et d'approuver le Cas d'Affaire. Les décisions arrêtées au niveau de ces points d'autorisation sont enregistrées et communiquées.	Totalement.
Les membres des organismes d'autorisation délégués disposent d'une représentation, de compétences, d'une autorité et de ressources suffisantes pour pouvoir prendre les bonnes décisions.	Partiellement. PRINCE2 fournit une structure de délégation efficace. Les compétences du personnel du projet échappent au périmètre PRINCE2.
Le Cas d'Affaire du projet s'appuie sur des informations pertinentes et réalistes qui constituent une base fiable pour prendre des décisions d'autorisation.	Totalement.
Le conseil d'administration ou ses agents délégués déterminent la fréquence à laquelle les projets et les systèmes de management de projets doivent être examinés indépendamment, et assurent en conséquence la mise en œuvre de ces examens.	Partiellement. PRINCE2 recommande un examen indépendant par la Direction de l'Entreprise ou de Programme dans le cadre des responsabilités d'Assurance Projet.

suite ...

suite du Tableau B.1

Il existe des critères clairement définis pour rendre compte de l'état du projet et pour remonter les risques et les incidences aux niveaux requis par l'organisation.	Totalement.
L'organisation encourage une culture d'amélioration et de communication interne franche par rapport aux informations du projet.	Partiellement. PRINCE2 encourage une communication ouverte par l'application d'un management par exception et des structures d'assurance.
Les parties prenantes du projet sont engagées à un niveau qui reflète leur importance aux yeux de l'organisation et d'une manière qui favorise la confiance.	Totalement.

Appliquée dans l'esprit de ses principes, l'approche PRINCE2 offre une structure de gouvernance efficace. Le Tableau B.1 illustre la manière dont PRINCE2 reprend les principes de gouvernance publiés par l'*Association for Project Management.*

Annexe C : Rôles et responsabilités

Annexe C : Rôles et responsabilités

C.1 COMITÉ DE PILOTAGE DE PROJET

Le Comité de Pilotage de Projet est redevable de la réussite du projet vis à vis de la Direction de l'Entreprise ou de Programme et détient l'autorité de diriger le projet selon les attributions qui lui ont été confiées par la Direction de l'Entreprise ou de Programme et qui ont été documentées dans le Mandat de Projet.

Le Comité de Pilotage de Projet est également responsable des communications entre l'équipe de Projet et les parties prenantes extérieures à l'équipe de Projet (par ex. Direction de l'Entreprise ou de Programme).

En fonction de l'envergure, de la complexité, de l'importance et des risques du projet, les membres du Comité de Pilotage de Projet peuvent déléguer certaines tâches de l'Assurance Projet à d'autres personnes. Le Comité de Pilotage de Projet peut aussi déléguer la prise de décisions concernant des changements à une Autorité de Changement.

C.1.1 Responsabilités générales

Pendant l'élaboration et l'initialisation :

- Confirmer les tolérances du projet avec la Direction de l'Entreprise ou de Programme ;
- Approuver l'Exposé du Projet ;
- Approuver le Plan de Séquence pour la séquence d'initialisation ;
- Autoriser l'initialisation du projet ;
- Décider de l'introduction d'une Autorité de Changement et, le cas échéant, convenir du niveau d'autorité à déléguer ;
- Définir le barème des niveaux de gravité pour les incidences ;
- Définir le barème des niveaux de priorité pour les Requêtes de Changement et les Hors-spécifications ;
- Approuver le contrat du fournisseur (si le client et le fournisseur entretiennent une relation commerciale) ;
- Approuver la Documentation d'Initialisation de Projet (et ses composants) ;
- Autoriser le démarrage du projet.

Tout au long du projet :

- Définir les tolérances pour chaque séquence et approuver les Plans de Séquence ;
- Autoriser chaque séquence et approuver leurs Descriptions de Produit ;
- Approuver les Plans d'Exception si un dépassement est anticipé pour les tolérances au niveau de la séquence ;
- Communiquer avec les parties prenantes conformément à la Stratégie de Communication (et notamment tenir la Direction de l'Entreprise ou de Programme au courant de la progression du projet) ;
- Fournir des conseils et une orientation globale pour le projet, en s'assurant qu'il reste viable et dans les limites des contraintes spécifiées ;
- Répondre aux demandes de conseil émanant du Chef de Projet ;
- S'assurer que les risques sont suivis et gérés aussi efficacement que possible ;
- Approuver les changements (sauf si cette responsabilité a été déléguée à une Autorité de Changement) ;
- Prendre des décisions sur les incidences remontées ;
- Remonter les incidences et les risques à la Direction de l'Entreprise ou de Programme si un dépassement de tolérance de projet est anticipé ;
- Approuver les produits achevés.

A la fin du projet :

- Donner l'assurance que tous les produits ont été livrés d'une manière satisfaisante ;
- Donner l'assurance que tous les Critères d'Acceptation ont été respectés ;
- Confirmer l'acceptation du Produit de Projet ;
- Approuver le Rapport de Fin de Projet et s'assurer que toutes les Incidences de Projet, Retours d'Expérience et Risques en suspens sont documentés et transmis à l'entité appropriée ;
- Autoriser la diffusion des actions de suivi et des Rapport des Retours d'Expérience à la Direction de l'Entreprise ou de Programme ;

- Transférer la responsabilité du Plan de Revue des Bénéfices mis à jour à la Direction de l'Entreprise ou de Programme ;
- Autoriser la clôture du projet et envoyer une Notification de Clôture à la Direction de l'Entreprise ou de Programme.

C.1.2 Compétences

Pour réussir, le Comité de Pilotage de Projet doit :

- Disposer d'une autorité suffisante pour prendre des décisions, approuver les plans et autoriser des déviations par rapport aux Plans de Séquence ;
- Disposer d'une autorité suffisante pour allouer des ressources au projet ;
- Etre capable de représenter correctement les intérêts de l'entreprise, des utilisateurs et des fournisseurs ;
- Dans l'idéal, être en mesure d'accompagner le projet pendant tout son cycle de vie.

Les compétences clés doivent couvrir les aspects suivants :

- Prise de décision ;
- Délégation ;
- Qualités de dirigeant ;
- Négociation et résolution des conflits.

C.2 EXÉCUTIF

L'Exécutif est la personne qui est l'ultime responsable du projet, avec le soutien de l'Utilisateur Principal et du Fournisseur Principal. Le rôle de l'Exécutif est de s'assurer que le projet reste, pendant tout son cycle de vie, focalisé sur la réalisation de ses objectifs et sur la livraison d'un produit qui permettra d'obtenir les bénéfices prévus. L'Exécutif doit s'assurer que le projet est un investissement de valeur et suit une approche économe tout en gérant équitablement les demandes de l'entreprise, de l'utilisateur et du fournisseur.

Durant tout le cycle du projet, l'Exécutif est le propriétaire du Cas d'Affaire.

Le Comité de Pilotage de Projet n'est pas une démocratie à suffrage universel. L'Exécutif est l'ultime décisionnaire, avec le soutien de l'Utilisateur Principal et du Fournisseur Principal.

C.2.1 Responsabilités

En plus des responsabilités collectives du Comité de Pilotage de Projet, l'Exécutif doit :

- Composer et nommer l'équipe de Projet (en particulier le Chef de Projet) ;
- Superviser le développement de l'Exposé du Projet et de l'ébauche du Cas d'Affaire en s'assurant que le projet soutient les stratégies de l'entreprise (si nécessaire, soumettre l'ébauche du Cas d'Affaire à l'approbation de la Direction de l'Entreprise ou de Programme) ;
- Superviser le développement du Cas d'Affaire détaillé ;
- Obtenir le financement pour le projet ;
- Approuver tous les contrats de fournisseurs supplémentaires (si l'utilisateur et le fournisseur entretiennent une relation commerciale) ;
- Engager la responsabilité du Fournisseur Principal vis à vis de la qualité et de l'intégrité de l'approche spécialiste et des produits spécialistes créés pour le projet ;
- Engager la responsabilité de l'Utilisateur Principal pour réaliser les bénéfices définis dans le Cas d'Affaire, en s'assurant que des Revues des Bénéfices aient lieu pour surveiller la mesure dans laquelle les bénéfices du Cas d'Affaire sont obtenus, soit pendant le projet, soit après ;
- Transférer la responsabilité des Revues des Bénéfices post projet à la Direction de l'Entreprise ou de Programme ;
- Surveiller et contrôler la progression du projet à un niveau stratégique, en particulier en révisant régulièrement le Cas d'Affaire ;
- S'assurer que les risques associés aux bénéfices économiques sont identifiés, évalués et contrôlés ;
- Prendre des décisions sur les incidences remontées, en faisant particulièrement attention à maintenir la justification commerciale ;
- Organiser et présider les réunions de Comité de Pilotage de Projet ;
- Prendre en charge l'Assurance Entreprise globale du projet – le projet doit continuer à cibler les objectifs de livraison des produits qui réaliseront les bénéfices économiques attendus et le projet doit être accompli en respectant les tolérances convenues. Le cas échéant, déléguer certaines activités commerciales

d'Assurance Projet. Voir section C.7 pour obtenir des compléments d'information sur les responsabilités de l'Assurance Projet..

C.3 UTILISATEUR PRINCIPAL

L'Utilisateur Principal ou les Utilisateurs Principaux ont pour responsabilité de spécifier les besoins de ceux qui utiliseront les produits du projet, d'assurer la communication entre les utilisateurs et l'équipe de projet et de veiller à ce que la solution satisfasse à ces besoins en respectant les contraintes du Cas d'Affaire en termes de qualité, fonctionnalité et facilité d'emploi.

Ce rôle représente les intérêts de tous ceux qui utiliseront les produits du projet (y compris les opérations et la maintenance), tous ceux pour qui les produits réaliseront un objectif ou tous ceux qui utiliseront les produits pour réaliser des bénéfices. L'Utilisateur Principal engage des ressources utilisateur et surveille les produits par rapport aux exigences. Il peut s'avérer nécessaire de partager ce rôle entre plusieurs personnes pour couvrir tous les intérêts des utilisateurs. Pour rester efficace, il est toutefois préférable de restreindre le nombre de personnes impliquées.

En tant que bénéficiaire des bénéfices, le ou les Utilisateurs Principaux sont tenus pour responsables et doivent démontrer que les bénéfices prévus, qui ont formé la base de l'approbation du projet, sont effectivement réalisés. L'engagement nécessaire dépassera probablement la fin du cycle de vie du projet.

C.3.1 Responsabilités

En plus des responsabilités collectives du Comité de Pilotage de Projet, l'Utilisateur Principal doit :

- Fournir les Exigences Qualité du Client et définir des Critères d'Acceptation pour le projet ;
- S'assurer que les résultats souhaités sont spécifiés pour le projet ;
- S'assurer que le projet génère des produits qui apporteront les résultats souhaités et satisferont les exigences des utilisateurs ;
- S'assurer que les bénéfices attendus (dérivés des résultats du projet) sont réalisés ;
- Fournir une comparaison entre les bénéfices réels et les bénéfices prévus lors des Revues des Bénéfices ;
- Résoudre les conflits entre les exigences des utilisateurs et les priorités ;
- S'assurer que toutes les ressources utilisateur requises pour le projet sont disponibles (par ex. pour effectuer des inspections qualité et des approbations de produit par les utilisateurs) ;
- Prendre des décisions sur les incidences remontées, en faisant particulièrement attention à maintenir les bénéfices attendus ;
- Informer et conseiller la direction utilisateur sur tous les points concernant le projet ;
- Maintenir la stabilité des performances de l'entreprise pendant la transition du projet aux "affaires courantes" ;
- Donner une perspective utilisateur sur les recommandations d'actions de suivi ;
- Assurer la réalisation des bénéfices présentés dans le Cas d'Affaire ;
- Effectuer l'Assurance Projet d'un point de vue utilisateur (assurance utilisateur) et s'il y a lieu, déléguer les activités d'Assurance Projet utilisateur. Voir section C.7 pour obtenir des compléments d'information sur les responsabilités de l'Assurance Projet utilisateur.

C.4 FOURNISSEUR PRINCIPAL

Le Fournisseur Principal représente les intérêts de ceux qui conçoivent, développent, facilitent, approvisionnent et mettent en œuvre les produits du projet. Ce rôle est redevable de la qualité des produits livrés par le ou les fournisseurs et de l'intégrité technique du projet. Au besoin, plusieurs personnes peuvent être requises pour représenter les fournisseurs.

En fonction de l'environnement client/fournisseur donné, le client peut aussi choisir de nommer une personne ou un groupe indépendant pour se charger de l'assurance pour les produits des fournisseurs (par exemple, si le client et le fournisseur entretiennent une relation commerciale).

C.4.1 Responsabilités

En plus des responsabilités collectives du Comité de Pilotage de Projet, le Fournisseur Principal doit :

- Evaluer et confirmer la viabilité de l'Approche du Projet ;

- S'assurer que les propositions pour concevoir et développer les produits sont réalistes ;
- Conseiller sur le choix des méthodes de conception, de développement et d'acceptation ;
- S'assurer que les ressources fournisseur requises pour le projet sont rendues disponibles ;
- Prendre des décisions sur les incidences remontées, en faisant particulièrement attention à maintenir l'intégrité de la solution complète ;
- Résoudre les conflits entre les exigences des fournisseurs et les priorités ;
- Informer les membres de la direction non spécialistes sur les aspects du projet ayant trait aux fournisseurs ;
- S'assurer que les procédures qualité sont utilisées correctement pour garantir que les produits répondent aux exigences ;
- Effectuer l'Assurance Projet d'un point de vue fournisseur (assurance fournisseur) et s'il y a lieu, déléguer les activités d'Assurance Projet fournisseur. Voir section C.7 pour obtenir des compléments d'information sur les responsabilités d'Assurance Projet fournisseur.

C.5 CHEF DE PROJET

Le Chef de Projet détient l'autorité et la responsabilité de gérer le projet au quotidien pour le compte du Comité de Pilotage de Projet, et ce dans les limites convenues avec le Comité de Pilotage de Projet.

La responsabilité principale du Chef de Projet est de s'assurer que le projet livre les produits requis en respectant les tolérances spécifiées en matière de durée, coûts, qualité, périmètre, risques et bénéfices. Le Chef de Projet doit également s'assurer que le projet génère un résultat capable de réaliser les bénéfices définis dans le Cas d'Affaire.

C.5.1 Responsabilités

Les responsabilités du Chef de Projet couvrent les aspects suivants :

- Préparer les Produits Management référencés suivants, conjointement avec tous les rôles d'Assurance Projet, et s'accorder à leur propos avec le Comité de Pilotage de Projet :
  - Exposé du Projet, dont la Description de Produit du Projet ;
  - Plan de Revue des Bénéfices ;
  - Documentation d'Initialisation de Projet et ses composants ;
  - Plan de Séquence/d'Exception et ses composants ;
- Préparer les rapports suivants :
  - Rapports de Progression ;
  - Rapports de Fin de Séquence ;
  - Rapports d'Exception ;
  - Rapport de Fin de Projet ;
  - Rapport des Retours d'Expérience.
- Communiquer avec la Direction de l'Entreprise ou de Programme pour s'assurer qu'aucune activité n'est oubliée ni dupliquée par des projets connexes ;
- Communiquer avec tous les fournisseurs extérieurs ou chargés de compte ;
- Diriger et motiver l'équipe de projet ;
- Gérer les flux d'information entre les niveaux de direction et de livraison du projet ;
- Gérer la production des produits requis, en prenant la responsabilité de la progression générale et de l'utilisation des ressources et engager des actions correctives si nécessaire ;
- Mettre en place et gérer les procédures du projet – gestion des risques, contrôle des incidences et des changements, gestion de la configuration et communication ;
- Mettre en place et gérer les contrôles du projet – surveillance et comptes-rendus ;
- Autoriser les Lots de Travaux ;
- Conseiller le Comité de Pilotage de Projet sur les éventuelles déviations par rapport aux plans ;
- Assurer le rôle de Chef d'équipe, à moins que ce rôle n'ait été attribué à une ou d'autres personnes (voir C.6) ;
- Assurer le rôle de Support Projet, à moins que ce rôle n'ait été attribué à une autre personne (ou une fonction de niveau entreprise/programme) (voir C.9) ;
- Assurer le rôle de Gestionnaire de la Configuration, à moins que ce rôle n'ait été attribué à une autre personne (ou une fonction de niveau entreprise/programme) ;
  - proposer et convenir de la Stratégie de Configuration (les processus à utiliser, les produits à contrôler, les conventions

de désignation à utiliser, les mécanismes de stockage et de récupération, toutes les exigences afférentes à la sécurité des produits, les informations à enregistrer, toutes les normes à respecter et tous les outils à utiliser) ;
- mettre en œuvre la Stratégie de Configuration ;
- s'assurer que le personnel du projet se conforme à la Stratégie de Configuration ;
- planifier des audits de configuration pour vérifier que les produits physiques sont conformes aux Enregistrements de Configuration et engager les éventuelles actions correctives nécessaires.

C.5.2 Compétences

Les types de compétences requises en management de projet varient en fonction des projets. Pour réussir, le Chef de Projet doit être capable d'équilibrer les différents aspects du rôle de Chef de Projet pour un projet particulier.

Les compétences clés doivent couvrir les aspects suivants :

- Planification ;
- Gestion du temps ;
- Management humain ;
- Résolution des problèmes ;
- Attention aux détails ;
- Communication ;
- Négociation ;
- Résolution des problèmes ;
- Gestion des conflits.

C.6 CHEF D'ÉQUIPE

Le Chef d'équipe est essentiellement chargé de veiller à la production des produits définis par le Chef de Projet selon des critères de qualité, de durée et de coûts acceptables aux yeux du Comité de Pilotage de Projet. Le Chef d'équipe rend compte au Chef de Projet et en dépend hiérarchiquement.

C.6.1 Responsabilités

- Préparer le Plan d'équipe et en convenir avec le Chef de Projet ;
- Produire des Rapports d'Avancement en accord avec le Chef de Projet ;
- Planifier, surveiller et gérer le travail de l'équipe ;
- Assumer la responsabilité de la progression du travail de l'équipe et de l'utilisation des ressources de l'équipe, et engager des actions correctives si nécessaire, en respectant les contraintes établies par le Chef de Projet ;
- Identifier et conseiller le Chef de Projet à propos de toutes les incidences et risques associés à un Lot de Travaux ;
- Conseiller le Chef de Projet sur toutes les déviations par rapport au plan, recommander des actions correctives et contribuer à la préparation des éventuels Plans d'Exception ;
- Transmettre au Chef de Projet les produits qui ont été achevés et approuvés conformément aux exigences convenues pour le Lot de Travaux ;
- Communiquer avec tous les rôles de l'Assurance Projet et du Support Projet ;
- S'assurer que les activités qualité liées au travail de l'équipe sont planifiées et exécutées correctement tout en respectant les tolérances ;
- S'assurer que les entrées appropriées sont saisies dans le Registre Qualité ;
- Gérer les incidences et les risques spécifiques, selon les instructions du Chef de Projet ;
- Prêter assistance au Chef de Projet pour examiner les incidences et les risques ;
- S'assurer que toutes les Incidences de Projet sont convenablement signalées à la personne chargée de tenir à jour le Registre des Incidences.

C.6.2 Compétences

Les types de compétences requises en management d'équipe dépendent du projet.

Les compétences essentielles sont similaires à celles du Chef de Projet.

C.7 ASSURANCE PROJET

L'Assurance Projet couvre les intérêts des principales parties prenantes (entreprise, utilisateur et fournisseur).

L'Assurance Projet doit être indépendante du Chef de Projet. Le Comité de Pilotage de Projet ne peut donc déléguer aucune de ses activités d'assurance au Chef de Projet..

C.7.1 Responsabilités

La mise en œuvre des responsabilités d'assurance doit répondre à la question : "De quoi faut-il s'assurer ?" Une liste des possibilités applicables aux intérêts des parties prenantes de niveau entreprise, utilisateur et fournisseur comprendrait l'assurance que :

- La communication est maintenue entre l'entreprise, l'utilisateur et le fournisseur pendant tout le cycle du projet ;
- Les risques sont maîtrisés ;
- Les personnes adéquates participent à la rédaction des Descriptions de Produit ;
- Il est prévu d'impliquer les personnes adéquates dans le contrôle qualité aux points appropriés du développement des produits ;
- Le personnel est convenablement formé aux procédures de contrôle qualité ;
- Les procédures de contrôle qualité sont correctement suivies ;
- Les actions de suivi du contrôle qualité sont traitées correctement ;
- Une solution acceptable est développée ;
- Le périmètre du projet ne change pas sans être remarqué ;
- Les communications internes et externes fonctionnent ;
- Les normes applicables sont utilisées ;
- Les besoins liés aux intérêts des spécialistes (par exemple, la sécurité) sont pris en compte.

Responsabilités de l'Assurance Entreprise

- Aider le Chef de Projet à développer le Cas d'Affaire et le Plan de Revue des Bénéfices (s'il est préparé par le Chef de Projet) ;
- Conseiller sur le choix des membres de l'équipe de projet ;
- Conseiller sur la Stratégie des Risques ;
- Examiner le Cas d'Affaire pour vérifier la conformité aux normes de l'entreprise ou du programme ;
- Valider le Cas d'Affaire par rapport aux événements extérieurs et à la progression du projet ;
- Vérifier que le Cas d'Affaire est respecté pendant tout le cycle de vie du projet ;
- Vérifier que le projet reste aligné avec la stratégie de l'Entreprise ou de Programme ;
- Examiner le budget du projet pour le compte du client ;
- Vérifier que la solution continue à représenter un investissement de valeur ;
- Vérifier régulièrement que le projet reste viable ;
- Vérifier que l'exposition globale aux risques reste comprise dans les tolérances du projet ;
- Vérifier que tous les paiements aux fournisseurs et sous-traitants sont autorisés ;
- Passer en revue les Incidences de Projet et les risques en évaluant leur impact sur le Cas d'Affaire ;
- Limiter les excès coté utilisateurs et fournisseurs ;
- Informer l'équipe de projet de tous les changements causés par un programme dont le projet fait partie (cette responsabilité peut être transférée s'il y a d'autres représentants du programme dans l'équipe de projet) ;
- Surveiller la progression des séquences et du projet par rapport aux tolérances convenues.

Responsabilités de l'Assurance Utilisateur

- Conseiller sur l'engagement des parties prenantes ;
- Conseiller sur la Stratégie de Communication ;
- S'assurer que la spécification des besoins utilisateur est correcte, complète et non ambiguë ;
- Vérifier que la solution répondra aux besoins utilisateur et qu'elle progresse vers cette cible ;
- Conseiller sur l'impact des changements possibles d'un point de vue utilisateur ;
- Surveiller les risques pour les utilisateurs ;
- S'assurer que le contrôle qualité des produits pour toutes les séquences a une représentation utilisateur appropriée ;
- S'assurer que les procédures de contrôle qualité sont utilisées correctement pour garantir que les produits répondent aux exigences des utilisateurs ;
- Assurer le fonctionnement efficace de la communication avec les utilisateurs.

Responsabilités de l'Assurance Fournisseur

- Passer en revue les Descriptions de Produit ;
- Conseiller sur la Stratégie Qualité et la Stratégie de Configuration ;
- Conseiller sur le choix de la stratégie, du modèle et des méthodes de développement ;

- S'assurer que toutes les normes fournisseur et opérationnelles définies pour le projet sont suivies à bon escient ;
- Conseiller sur les changements possibles et leur impact sur l'exactitude, l'exhaustivité et l'intégrité des produits par rapport à leur Description de Produit d'un point de vue fournisseur ;
- Surveiller tous les risques relatifs aux aspects de production du projet ;
- Vérifier que les procédures de contrôle qualité sont utilisées correctement pour garantir le respect des exigences par les produits.

C.7.2 Compétences

Pour réussir, l'Assurance Projet doit :

- Etre capable de représenter convenablement les intérêts des parties prenantes de l'entreprise, des utilisateurs et des fournisseurs ;
- Avoir suffisamment de crédibilité pour s'assurer que les conseils et directives sont suivis ;
- Avoir suffisamment de connaissances spécialisées dans les domaines des parties prenantes de l'entreprise, des utilisateurs et des fournisseurs ;
- Dans l'idéal, être en mesure d'accompagner le projet pendant tout son cycle de vie.

Les compétences clés doivent couvrir les aspects suivants :

- Diplomatie ;
- Minutie ;
- Attention aux détails ;
- Communication.

C.8 AUTORITÉ DE CHANGEMENT

Le Comité de Pilotage de Projet peut déléguer l'autorité d'approbation des réponses aux Incidences de Projet à une personne ou à un groupe séparé, appelé Autorité de Changement. Le Chef de Projet peut être désigné comme Autorité de Changement pour certains aspects du projet (par ex. changer des Lot de Travaux référencés si les tolérances de séquence restent respectées).

C.8.1 Responsabilités

- Réviser et approuver ou refuser toutes les Requêtes de Changement en respectant les tolérances ou le budget de changement établis par le Comité de Pilotage de Projet ;
- Consulter le Comité de Pilotage de Projet si l'on prévoit que des tolérances ou un budget de changement alloué soient dépassés.

C.8.2 Compétences

L'Autorité de Changement doit :

- Etre capable de représenter convenablement les intérêts des parties prenantes de l'entreprise, des utilisateurs et des fournisseurs ;
- Avoir suffisamment de crédibilité pour s'assurer que les conseils et directives sont suivis ;
- Avoir suffisamment de connaissances spécialisées dans les domaines des parties prenantes de niveau entreprise, utilisateur et fournisseur.

Les compétences clés comprennent :

- Prise de décision ;
- Planification ;
- Attention aux détails ;
- Résolution des problèmes.

C.9 SUPPORT PROJET

La mise en place d'un Support Projet sur une base formelle est facultative. Si ce rôle n'est pas délégué à une fonction ou personne séparée, il devra être assuré par le Chef de Projet.

Le Support Projet doit couvrir la gestion de la configuration. En fonction de la taille et de l'environnement du projet, il sera peut-être nécessaire de la formaliser et cette tâche peut s'avérer trop importante pour être gérée seul par le Chef de Projet.

Les fonctions du Support Projet peuvent être assurées par un Bureau de Projet ou par des ressources spécifiques au projet. Consulter les lignes directrices de l'OGC sur les *Bureaux de Portefeuilles, Programmes et Projets* pour obtenir des compléments d'information sur l'utilisation d'un Bureau de Projet.

C.9.1 Responsabilités

Liste de tâches suggérée :

- Créer et maintenir les dossiers de projet ;
- Etablir les procédures de contrôle des documents ;
- Rassembler les données réelles et les prévisions ;
- Mettre les plans à jour ;
- Administrer ou participer au processus de revue qualité ;
- Administrer ou participer aux réunions de Comité de Pilotage de Projet ;
- Aider à la rédaction des rapports ;
- Apporter son expertise pour les outils et techniques spécialistes (par exemple, outils de planification et de contrôle, analyse des risques) ;
- Maintenir les registres et les journaux pour le compte du Chef de Projet ;
- Assurer le rôle de Gestionnaire de la Configuration, à moins que ce rôle n'ait été attribué à une autre personne (ou une fonction de niveau entreprise/programme) :
  - administrer la réception, l'identification, les versions, le stockage et les incidences de tous les Produits du Projet ;
  - fournir des informations sur l'état de tous les produits (en préparant et en publiant des Rapports d'état du Produit) ;
  - archiver les copies de produit obsolètes ;
  - assurer la sécurité et la conservation des originaux de tous les Produits de Projet ;
  - maintenir un registre de toutes les copies publiées ;
  - notifier les lecteurs de tout changement apporté à leurs copies ;
  - numéroter, enregistrer, stocker et diffuser les Incidences de Projet ;
  - mener des audits de la configuration.

C.9.2 Compétences

Les compétences types requises pour les rôles de Support Projet dépendent du type de projet et de l'organisation.

Les compétences clés doivent couvrir les aspects suivants :

- Administration et organisation ;
- Connaissance des outils et techniques spécialistes ;
- Connaissance des normes organisationnelles applicables au projet.

Annexe D : Exemple de planification basée sur le produit

D

Annexe D : Exemple de planification basée sur le produit

D.1 SCÉNARIO

Un projet est nécessaire pour organiser et animer une conférence réunissant 80 à 100 congressistes. La date retenue et le thème choisi pour la conférence ont été communiqués. Le thème consiste à informer les membres d'une profession particulière des derniers développements en matière de procédures et de normes professionnelles. La conférence se tiendra dans un lieu à identifier dont il faudra vérifier la disponibilité, les services et le prix avant d'effectuer la réservation. Les congressistes seront tous membres de la profession et une liste de diffusion est disponible. Des conférenciers appropriés doivent être identifiés, contactés et réservés. Une fois les conférenciers réservés, un ordre du jour et un programme détaillés doivent être établis. Cent "dossiers participants" seront nécessaires, et la couverture devra refléter le thème choisi. Ces dossiers doivent contenir une copie imprimée de l'ordre du jour indiquant le programme convenu, des copies des diapositives et des notes de support des conférenciers ainsi qu'un formulaire de satisfaction reposant sur le programme pour recueillir les commentaires des congressistes. Il faut établir les dispositions de réservation, convenir des besoins du programme et sélectionner et réserver le lieu avant de procéder au publipostage. Une fois le lieu réservé, il faudra préparer et publier un communiqué de presse reposant sur le programme. La liste des congressistes sera mise à jour avec les réponses après la publication du communiqué de presse et l'envoi du publipostage. Du personnel doit être recruté pour aider le jour même, en fonction de la liste finale des congressistes.

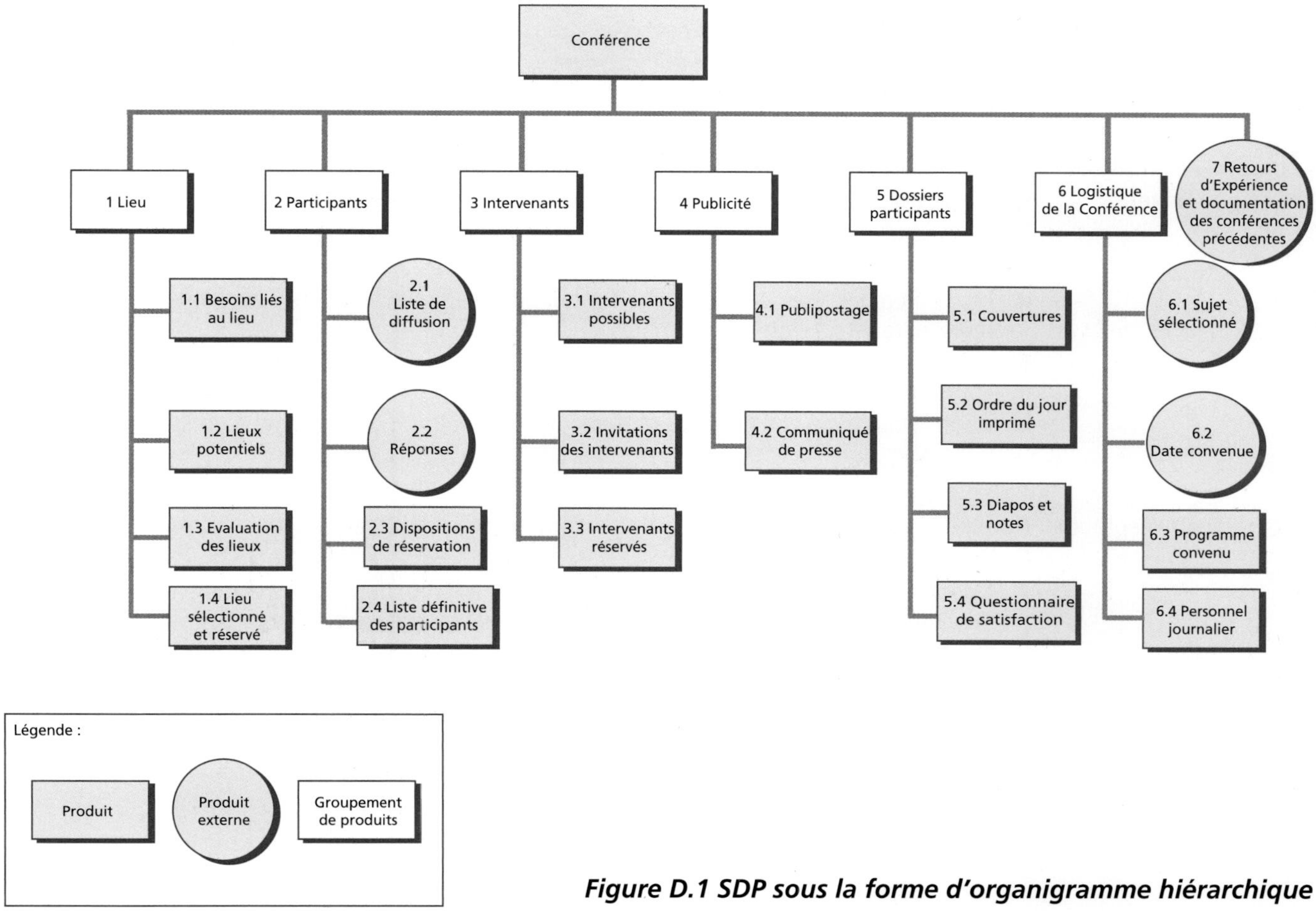

Figure D.1 SDP sous la forme d'organigramme hiérarchique

Tableau D.1 Exemple de Description de Produit de Projet pour une conférence annuelle

Titre	Conférence annuelle
Finalité	La conférence est la vitrine annuelle de la profession et donne à ses membres l'opportunité de se mettre au courant des derniers développements en termes de procédures et de normes professionnelles et aussi de rencontrer d'autres membres de la profession.
Composition	■ Lieu de la conférence ■ Congressistes ■ Conférenciers ■ Publicité ■ Dossiers participants ■ Logistique de la conférence
Origine	■ Thème sélectionné ■ Liste de diffusion ■ Retours d'expérience et documentations des conférences précédentes ■ Date convenue
Compétences de développement requises	■ Gestion de conférence ■ Marketing ■ Relations publiques
Exigences Qualité du Client	Priorité 1 : ■ Une conférence professionnelle qui doit satisfaire aux besoins d'un large éventail de membres (des débutants aux professionnels confirmés) ; ■ L'événement donnera l'opportunité d'établir des prises de contact ; ■ Une participation répétée aux conférences futures est générée par la satisfaction des membres
	Priorité 2 : ■ Les conférenciers seront choisis en fonction de leurs connaissances, de leur expérience et de leur expertise. Leur intervention n'aura pas d'objectif publicitaire ; ■ La conférence adoptera un style interactif ; ■ La conférence se tiendra dans un endroit central de façon à minimiser les déplacements.
Critères d'Acceptation et tolérance qualité au niveau du projet	Par ordre de priorité : ■ Le coût de la conférence est couvert par les frais d'inscription ; ■ 80 personnes minimum et 100 personnes maximum assistent à la conférence ; ■ Plus de 50 % des présentations sont interactives (des travaux dirigés plutôt que des cours magistraux). ■ Les conférenciers et le programme sont approuvés par le « comité éditorial », qui représente les intérêts des membres. ■ L'enquête de satisfaction des congressistes doit indiquer que >75 % participeront à la conférence de l'année suivante et/ou la recommanderont à des collègues. ■ L'hôtel pour le lieu de conférence est à moins de 5 km d'une gare de train sur une ligne principale
Méthode d'Acceptation	Comme la conférence ne peut pas être recommencée si elle s'avérait inacceptable, le Comité de Pilotage de Projet accordera : ■ Une Acceptation Préliminaire – en fonction de l'approbation du programme convenu par le "comité éditorial" et d'une assurance indépendante que les prévisions pour le nombre de congressistes et le coût de la conférence sont acceptables ; ■ Une Acceptation finale – si le Rapport de Fin de Projet fournit des preuves que les critères d'acceptation ont été remplis.
Responsabilités en matière d'acceptation	■ L'Utilisateur Principal et l'Exécutif sont responsables de confirmer l'Acceptation.

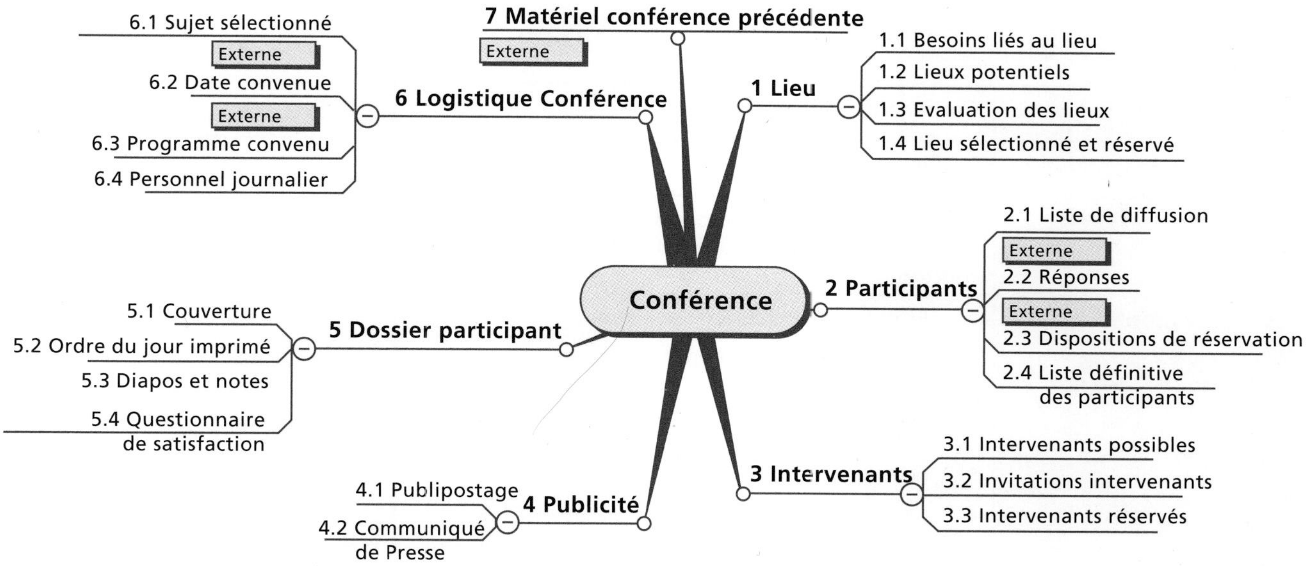

Figure D.2 SDP sous la forme de mindmap

D.3 EXEMPLE DE STRUCTURE DE DÉCOMPOSITION DU PRODUIT

PRINCE2 ne spécifie pas le format dans lequel une SDP est produite. Trois exemples de formats sont présentés pour le projet conférence :

- Organigramme hiérarchique (Figure D.1) ;
- Mindmap (Figure D.2) ;
- Liste décalée.

Exemple de SDP sous la forme d'une liste décalée :

Décomposition du Produit Conférence

1 Lieu
- Besoins liés au lieu
- Lieux potentiels
- Evaluation des lieux
- Lieu sélectionné et réservé

2 Congressistes
- Liste de diffusion (externe)
- Réponses (externe)
- Dispositions de réservation
- Liste finale des congressistes

3 Conférenciers
- Conférenciers possibles
- Invitations des conférenciers
- Conférenciers réservés

4 Publicité
- Publipostage
- Communiqué de presse

5 Packs conférence
- Retours d'expérience et documentations des conférences précédentes (externe)
- Couvertures
- Ordre du jour imprimé
- Diapositives et notes
- Questionnaire de satisfaction

6 Logistique de la conférence
- Thème sélectionné (externe)
- Date convenue (externe)
- Programme convenu
- Personnel journalier

D.4 EXEMPLE DE DESCRIPTION DE PRODUIT

Identifiant	Conférence/4.1/version 1.0
Titre	Publipostage
Finalité	Le publipostage est le principal moyen de faire connaître la conférence aux éventuels participants. Il sera envoyé à une liste de professionnels travaillant dans le secteur concerné.
Composition	• Enveloppe postale • Lettre donnant une présentation générale de la conférence • Dépliant donnant des explications détaillées sur la conférence, le lieu et les dispositions de réservation • Formulaire de réservation • Enveloppe de réponse
Origine	• Liste de diffusion • Programme convenu • Dispositions de réservation • Lieu sélectionné
Format et présentation	Lettre au format A4 sur un papier à en-tête standard Dépliant et formulaire de réservation au format A5 Enveloppe postale au format C5
Compétences requises en matière de développement	Compétences de marketing, conception et rédaction publicitaire requises Connaissance des conférences nécessaire
Responsabilité qualité	• **Producteur** – Société de management des événements • **Vérificateurs** – comme indiqué sous "Compétences requises en matière de qualité" • **Approbateur** – Secrétaire aux adhésions

Critères qualité	**Tolérance qualité**	**Méthode qualité**	**Compétences requises en matière de qualité**
Conforme aux standards de l'identité d'entreprise	Selon les normes d'identité de l'entreprise	Revue Qualité PRINCE2	Equipe marketing
Lettre et brochure reflète correctement tous les détails convenus de la conférence	Aucune	Inspection	Chef de Projet conférence
Aucune faute d'orthographe ni de grammaire dans aucun des documents du publipostage	Aucune	Vérificateur d'orthographe du traitement de texte Inspection	Correcteur d'épreuves
La lettre d'accompagnement tient sur un côté A4	Peut continuer sur le verso d'une feuille simple A4	Inspection	Correcteur d'épreuves

D.5 DIAGRAMME DE FLUX DES PRODUITS

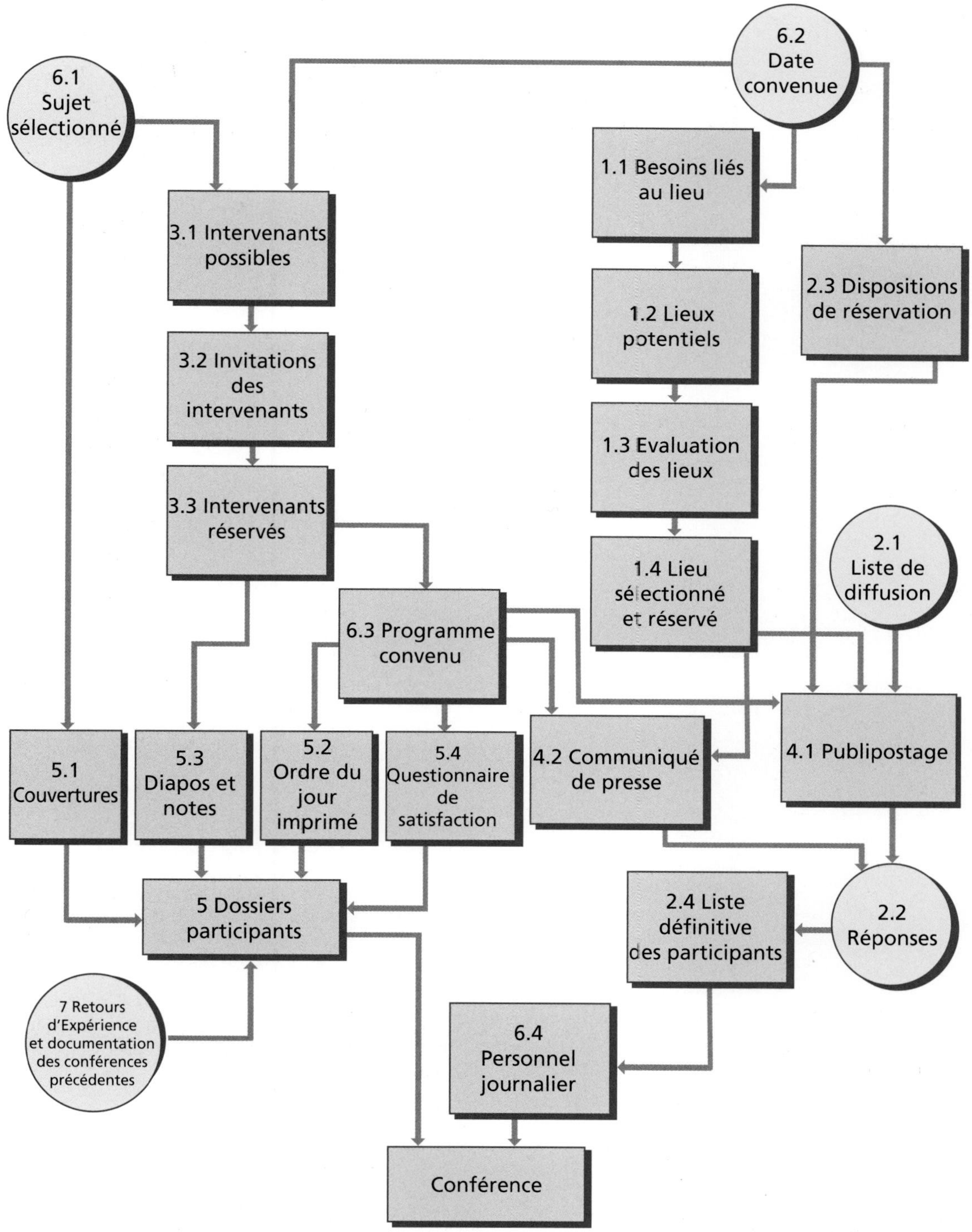

Figure D.3 Exemple de DFP pour le projet conférence

Seuls les produits sont transférés de la SDP au DFP. Lors de la création du DFP, tout regroupement collectif utilisé dans la SDP doit être ignoré. Par exemple, dans ce scénario le planificateur a utilisé « publicité » dans la SDP comme un regroupement collectif pour le publipostage et le communiqué de presse. « Publicité » n'est pas un produit qui en soi demande du travail mais un moyen pratique de décrire les produits qui font de la publicité pour la conférence.

Annexe E : Listes de Contrôle

E

Annexe E : Listes de Contrôle

Les Listes de Contrôle ci-dessous sont orientées processus et peuvent être utilisées à divers stades du projet afin d'assurer la prise en compte adéquate des principaux aspects PRINCE2. Bien qu'elles ne soient pas exhaustives, ces Listes de Contrôle doivent néanmoins permettre de déterminer de manière raisonnable si un projet est géré conformément à PRINCE2 ou non.

Attention : toute référence à un Produit Management signifie « conformément à la Description de Produit de l'Annexe A ». En particulier, les critères de qualité de ces Produits Management devront également être passés en revue.

E.1 ÉLABORER LE PROJET

Question		Oui/Non
1	Les rôles de l'équipe de projet ont-ils été attribués pour :	
	a L'Exécutif ?	
	b Le Chef de Projet ?	
	c Le ou les Utilisateurs Principaux ?	
	d Le ou les Fournisseurs Principaux (si une telle nomination est appropriée à ce stade) ?	
	e Le Support de Projet ?	
	f Les Chefs d'équipe (si une telle nomination est appropriée à ce stade) ?	
	g L'Assurance Projet ?	
	h L'Autorité de Changement (si une telle nomination est appropriée à ce stade) ?	
2	Les membres du Comité de Pilotage de Projet justifient-ils d'une autorité, d'une disponibilité et d'une crédibilité suffisantes pour diriger le projet ?	
3	Les parties prenantes du projet sont-elles suffisamment représentées par le Comité de Pilotage de Projet ?	
4	Existe-t-il des descriptions de rôle pour chaque nomination clé ?	
5	Les personnes désignées ont-elles confirmé qu'elles acceptaient leur nomination ?	
6	Un Recueil de Projet a-t-il été mis en place ?	
7	Le Recueil des Retours d'Expérience a-t-il été mis en place ?	
8	Les retours d'expérience de projets antérieurs similaires ont-ils été identifiés et, le cas échéant, appliqués ?	
9	Si l'organisation n'a jamais entrepris de projet de ce type auparavant, s'est-on efforcé d'identifier les retours d'expérience de projets comparables, mais extérieurs à l'organisation ?	
10	L'Exposé du Projet a-t-il été produit ?	
11	Existe-t-il une ébauche de Cas d'Affaire ?	
12	La Description de Produit du Projet a-t-elle été produite ?	
13	L'approche du projet a-t-elle été déterminée ?	
14	Existe-t-il un Plan de Séquence pour la séquence d'initialisation ?	

E.2 DIRIGER LE PROJET

E.2.1 Autoriser l'Initialisation

Question		Oui/Non
15	Le Comité de Pilotage de Projet a-t-il approuvé l'Exposé du Projet ? A-t-il notamment :	
	■ Confirmé la définition et l'approche du projet ?	
	■ Examiné et approuvé la Description de Produit du Projet ?	
	■ Confirmé formellement la nomination des principaux membres de l'équipe de projet ?	
	■ Examiné et approuvé l'ébauche de Cas d'Affaire, et plus particulièrement les bénéfices projetés ?	
16	Le Comité de Pilotage de Projet a-t-il approuvé le Plan de Séquence d'Initialisation ? A-t-il notamment :	
	■ Approuvé le plan pour développer la Documentation d'Initialisation de Projet ?	
	■ Obtenu ou engagé les ressources requises par le Plan de Séquence pour la séquence d'initialisation ?	
	■ Vérifié que des mécanismes de compte rendu et de contrôle adéquats sont en place pour la séquence d'initialisation ?	
	■ Défini des tolérances pour la séquence d'initialisation ?	
	■ Demandé le soutien logistique nécessaire (par exemple : locaux, moyens de communication, équipement et Support de Projet) auprès de la Direction de l'Entreprise ou de Programme ?	
	■ Confirmé qu'il comprend les risques susceptibles d'affecter la décision d'autorisation de la séquence d'initialisation ?	
	■ Confirmé au Chef de Projet que les travaux définis dans le Plan de Séquence d'Initialisation peuvent démarrer ?	
17	Le Comité de Pilotage de Projet a-t-il informé la Direction de l'Entreprise ou de Programme (et les autres parties intéressées) que l'initialisation du projet a été autorisée ?	

E.2.2 Autoriser le Projet

Question		Oui/Non
18	Le Comité de Pilotage de Projet a-t-il approuvé la Documentation d'Initialisation de Projet ? A-t-il notamment :	
	■ Confirmé que le Cas d'Affaire est viable, souhaitable et réalisable et qu'il répond aux attentes et aux normes de la Direction de l'Entreprise ou de Programme, et l'a-t-il approuvé ?	
	■ Confirmé que les retours d'expérience de projets antérieurs similaires ont été analysés et incorporés ?	
	■ Confirmé que la Stratégie Qualité répondra aux exigences en matière de qualité, et l'a-t-il approuvée ?	
	■ Confirmé que la Stratégie de Configuration se traduira par l'approche attendue, et l'a-t-il approuvée ?	
	■ Confirmé que la Stratégie des Risques protégera le projet, et l'a-t-il approuvée ?	
	■ Confirmé que l'évaluation des risques a eu lieu et que des actions de réponse au risque ont été planifiées ?	
	■ Confirmé la validité et la faisabilité du Plan de Projet, et les a-t-il approuvées ?	
	■ Confirmé que le Plan de Revue des Bénéfices couvre tous les bénéfices attendus, et l'a-t-il approuvé ?	
	■ Confirmé que tous les membres de l'équipe de projet ont accepté leurs rôles (structure, rôles et responsabilités de l'équipe de projet) ?	

Question		Oui/Non
	■ Vérifié que les contrôles du projet sont adaptés à la nature du projet ?	
	■ Vérifié que les besoins en information et le calendrier des communications, tels que définis dans la Stratégie de Communication, sont adaptés à la nature du projet, et les a-t-il approuvés ?	
	■ Examiné les tolérances de projet fournies par la Direction de l'Entreprise ou de Programme afin de s'assurer qu'elles sont appropriées et réalistes ?	
	■ Evalué la cohérence des divers composants et approuvé la Documentation d'Initialisation de Projet dans son ensemble ?	
19	Le Comité de Pilotage de Projet a-t-il informé la Direction de l'Entreprise ou de Programme (et les autres parties intéressées) que le projet a été autorisé ?	

E.2.3 Autoriser un Plan de Séquence ou d'Exception

Question		Oui/Non
20	Le Comité de Pilotage de Projet a-t-il examiné le Rapport de Fin de Séquence ? Et en particulier :	
	■ A-t-il examiné les performances du projet à partir du Rapport de Fin de Séquence de la séquence de management en cours ?	
	■ A-t-il examiné les bénéfices réalisés et les leçons assimilées durant la séquence ?	
21	Le Comité de Pilotage de Projet a-t-il évalué la viabilité globale du projet ? A-t-il notamment :	
	■ Examiné le Plan de Projet et la position par rapport aux tolérances de projet convenues avec la Direction de l'Entreprise ou de Programme ?	
	■ Examiné le Cas d'Affaire pour s'assurer que le projet est toujours justifié ?	
	■ Examiné les principaux risques pour s'assurer que le niveau d'exposition demeure acceptable et que des actions de réponse sont planifiées ?	
	■ Obtenu des décisions hors projet par rapport à toute déviation potentielle par rapport aux tolérances du projet ? (Par exemple, si le projet fait partie d'un programme, la direction du programme doit avoir examiné son impact sur le programme et mené des actions appropriées.)	
22	Le Comité de Pilotage de Projet a-t-il examiné et approuvé le Plan de Séquence suivante (ou le Plan d'Exception) ? A-t-il notamment :	
	■ Examiné le plan que le Chef de Projet souhaite faire approuver ? (Plan de Séquence de la séquence de management suivante ou Plan d'Exception.)	
	■ Autorisé le Chef de Projet à poursuivre le plan proposé (Plan de Séquence ou Plan d'Exception) ou demandé au Chef de Projet de clore prématurément le projet ?	
	■ Défini les tolérances pour la séquence de management suivante ou (dans le cas d'un Plan d'Exception) révisé les tolérances de séquence en cours s'il y a lieu ?	
23	Le Comité de Pilotage de Projet a-t-il informé la Direction de l'Entreprise ou de Programme (et les autres parties intéressées) que la séquence suivante a été autorisée (ou qu'un plan d'exception a été approuvé pour la séquence en cours ?)	

E.2.4 Donner des directives appropriées

Question		Oui/Non
24	Le Comité de Pilotage de Projet a-t-il répondu aux requêtes du Chef de Projet ? A-t-il notamment :	
	■ Examiné la requête ? (Il pourra s'agir d'une requête informelle ou formelle, qui prendra alors la forme d'un Rapport d'Incidence.)	
	■ Pris une décision – a-t-il par exemple approuvé, rejeté, reporté la décision ou demandé plus d'informations ?	
	■ Conseillé le Chef de Projet ?	
25	Le Comité de Pilotage de Projet a-t-il répondu aux rapports ? A-t-il notamment :	
	■ Examiné le dernier Rapport de Progression afin de mieux comprendre l'état du projet et vérifier, en concertation avec le Chef de Projet, que la séquence se déroule conformément au plan ?	
	■ Pris des décisions concernant les Rapports d'Exception et ajusté les tolérances ou approuvé les réponses au cas d'exception selon les besoins ?	
	■ Pris des décisions concernant les Rapports d'Incidence dans les limites d'autorité déléguées du Comité de Pilotage de Projet, ou demandé conseil auprès de la Direction de l'Entreprise ou de Programme ?	
26	Le Comité de Pilotage de Projet a-t-il tenu compte des influences externes ? A-t-il notamment :	
	■ Veillé à ce que le projet soit tenu informé des événements externes susceptibles de l'affecter ?	
	■ Veillé à ce que le projet demeure centré sur les objectifs d'entreprise ou du programme définis et conserve toute sa justification commerciale ?	
	■ Veillé à ce que le Chef de Projet soit averti de tout changement au sein de l'environnement de l'entreprise ou du programme, susceptible d'avoir un impact sur le projet, et que les actions appropriées soient menées ?	
27	Le Comité de Pilotage de Projet a-t-il informé la Direction de l'Entreprise ou de Programme (et les autres parties intéressées) de l'avancement du projet conformément à la Stratégie de Communication ?	

E.2.5 Autoriser la clôture du Projet

Question		Oui/Non
28	Le Comité de Pilotage de Projet a-t-il confirmé la remise et l'acceptation ? A-t-il notamment :	
	■ Vérifié que la remise du produit du projet s'est effectuée conformément à la Stratégie de Configuration, et en particulier que les enregistrements de toute acceptation utilisateur et opérationnelle/de maintenance requise existent ?	
	■ Vérifié, s'il y a lieu, que les changements qui en résultent au niveau de l'entreprise sont supportés et durables ?	
	■ Vérifié que les exigences qualité du client qui ne peuvent être confirmées qu'après la clôture du projet (par ex. les niveaux de performance relatifs à la fiabilité) sont incluses dans le Plan de Revue des Bénéfices en tant que vérification postérieure au projet ?	
29	Le Comité de Pilotage de Projet a-t-il approuvé le Rapport de Fin de Projet ? A-t-il notamment :	
	■ Utilisé la version de la Documentation d'Initialisation de Projet qui a été approuvée lors de l'initialisation du projet en tant que référentiel afin d'évaluer si le projet a dévié de sa base initiale et de fournir des informations permettant de déterminer la réussite du projet ?	
	■ Vérifié que les recommandations d'actions de suivi ont été correctement enregistrées dans le Rapport de Fin de Projet et que les groupes appropriés sont conscients de leurs responsabilités vis-à-vis de ces recommandations ?	

Question		Oui/Non
	■ Approuvé le Rapport de Fin de Projet à des fins de distribution à toutes les parties intéressées, y compris la Direction de l'Entreprise ou de Programme ?	
30	Le Comité de Pilotage de Projet a-t-il examiné le Rapport des Retours d'Expérience et convenu de ses destinataires ? Le Comité de Pilotage de Projet s'est-il assuré que les groupes appropriés (par ex. la Direction de l'Entreprise ou de Programme ou le centre d'excellence) sont conscients de leurs responsabilités vis-à-vis de ces recommandations ?	
31	Le Comité de Pilotage de Projet a-t-il confirmé le Cas d'Affaire ? A-t-il notamment confirmé le Cas d'Affaire actualisé en comparant les bénéfices, les coûts et les risques réels et prévus, au Cas d'Affaire approuvé dans la Documentation d'Initialisation de Projet ? (Il pourra être impossible de confirmer tous les bénéfices puisque certains ne pourront être réalisés qu'après la clôture du projet.)	
32	Le Comité de Pilotage de Projet a-t-il approuvé le Plan de Revue des Bénéfices actualisé ? A-t-il notamment :	
	■ Examiné et fait approuver le Plan de Revue des Bénéfices actualisé, en s'assurant qu'il prend en compte les bénéfices attendus qui ne peuvent être encore confirmés ?	
	■ Confirmé que la responsabilité du Plan de Revue des Bénéfices a été transférée à la Direction de l'Entreprise ou de Programme ?	
33	Le Comité de Pilotage de Projet a-t-il émis la notification de clôture de projet ? A-t-il notamment :	
	■ Examiné et envoyé la notification de clôture de projet conformément à la Stratégie de Communication ?	
	■ Informé les personnes qui ont fourni l'infrastructure et les ressources de support du projet que celles-ci peuvent être à présent retirées ?	
	■ Libéré les ressources fournies pour le projet ?	
	■ Spécifié une date de clôture pour l'imputation des coûts au projet ?	

E.3 INITIALISER LE PROJET

Question		Oui/Non
34	Les retours d'expérience de projets antérieurs similaires ont-ils été identifiés et, le cas échéant, ont-ils été appliqués ?	
35	La Stratégie des Risques a-t-elle été définie et documentée ?	
36	Le Registre des Risques a-t-il été établi et complété ?	
37	La Stratégie de Configuration a-t-elle été définie et documentée ?	
38	Les Enregistrements de Configuration initiaux ont-ils été établis ?	
39	Le Registre des Incidences a-t-il été établi et complété ?	
40	La Stratégie Qualité a-t-elle été définie et documentée ?	
41	Le Registre Qualité a-t-il été établi et complété ?	
42	La Stratégie de Communication a-t-elle été définie et documentée ?	
43	Les contrôles du projet ont-ils été déterminés et établis ?	
44	Le Plan de Projet a-t-il été créé ?	
45	La structure de l'équipe de projet a-t-elle été actualisée pour refléter la nomination des nouveaux rôles ou l'évolution des responsabilités des rôles existants ?	
46	Concernant les nouvelles nominations, existe-t-il des descriptions de rôle, et les personnes désignées ont-elles confirmé qu'elles acceptaient leur nomination ?	
47	L'ébauche de Cas d'Affaire a-t-elle été affinée pour produire un Cas d'Affaire détaillé ?	

Question		Oui/Non
48	Le Plan de Revue des Bénéfices a-t-il été créé (le cas échéant par la Direction de l'Entreprise ou de Programme) ?	
49	La Documentation d'Initialisation de Projet a-t-elle été assemblée ?	

E.4 CONTRÔLER UNE SÉQUENCE

Question		Oui/Non
50	Les Lots de Travaux ont-ils été créés et émis ?	
51	Tous les Chefs d'équipe ont-ils convenu de tous leurs Lots de Travaux ?	
52	Les produits achevés ont-ils été générés conformément au Lot de Travaux et à la Description de Produit ?	
53	Les Enregistrements de Configuration pertinents ont-ils été créés/actualisés ?	
54	Le Registre Qualité a-t-il été tenu à jour ?	
55	Certains produits ont-ils été remis dans le cadre d'une livraison progressive ? Si tel est le cas, la remise s'est-elle effectuée conformément à la Stratégie de Configuration ?	
56	Le Registre des Risques a-t-il été tenu à jour ?	
57	Le Registre des Incidences a-t-il été tenu à jour ?	
58	Le Plan de Séquence a-t-il été actualisé à partir des données réelles et des prévisions révisées ?	
59	Le Recueil de Projet a-t-il été tenu à jour ?	
60	Des Rapports d'Avancement ont-ils été reçus pour chaque Lot de Travaux et émis à la fréquence et au format convenus ?	
61	La progression (réelle et prévue) a-t-elle été vérifiée par rapport aux tolérances convenues ?	
62	Si certaines tolérances menaçaient d'être dépassées, cette information a-t-elle été transmise au Comité de Pilotage de Projet ?	
63	Si des actions correctives se sont avérées nécessaires, ont-elles été consignées, mises en œuvre et suivies ?	
64	La viabilité continue du Cas d'Affaire a-t-elle été périodiquement vérifiée ?	
65	Des Rapports de Progression ont-ils été créés et émis conformément au format et à la fréquence de compte-rendu convenus ?	
66	Existe-t-il des Rapports d'Incidence pour toutes les incidences gérées de manière formelle ?	
67	Existe-t-il des Rapports d'Exception pour toutes les exceptions générées par le Comité de Pilotage de Projet ?	
68	Le Journal des Retours d'Expérience a-t-il été actualisé à partir des nouveaux enseignements ?	

E.5 GÉRER LA LIVRAISON DES PRODUITS

Question		Oui/Non
69	Le Lot de Travaux et la ou les Description(s) de Produit contenaient-ils suffisamment d'informations, y compris des références croisées, pour permettre au Chef d'équipe de générer les produits requis ?	
70	Un Plan d'équipe a-t-il été créé et démontre-t-il que le Lot de Travaux peut être achevé dans les limites de tolérances convenues ?	
71	Le Plan d'équipe a-t-il été actualisé à partir des données réelles et des prévisions révisées ?	
72	La progression (réelle et prévue) a-t-elle été vérifiée par rapport aux tolérances convenues ?	
73	Si certaines tolérances menaçaient d'être dépassées, cette information a-t-elle été transmise au Chef de Projet ?	

Question		Oui/Non
74	Les Rapports d'avancement ont-ils été adressés au Chef de Projet à la fréquence et au format convenus ?	
75	Le Chef d'équipe a-t-il informé le Chef de Projet des incidences et des risques ?	
76	Existe-t-il des enregistrements d'approbation pour chaque produit achevé ?	
77	Le Chef d'équipe a-t-il informé le Support de Projet de la nécessité d'actualiser les Enregistrements de Configuration et le Registre Qualité ?	
78	Le Chef d'équipe a-t-il informé le Chef de Projet que tous les produits du Lot de Travaux ont été livrés ?	

E.6 GÉRER UNE LIMITE DE SÉQUENCE

Question		Oui/Non
79	Tous les produits devant être achevés au cours de la séquence ont-ils été approuvés ?	
80	Un Rapport d'état du Produit a-t-il été créé pour vérifier l'état des produits de la séquence ?	
81	Si une remise de produit a eu lieu durant la séquence, les incidences connexes non résolues ont-elles été documentées sous forme de recommandations d'actions de suivi, prêtes à être distribuées sous réserve d'approbation du Comité de Pilotage de Projet ?	
82	Le Journal des Retours d'Expérience a-t-il été examiné et actualisé ?	
83	Le cas échéant, un Rapport des Retours d'Expérience a-t-il été créé, prêt à être distribué sous réserve d'approbation du Comité de Pilotage de Projet ?	
84	Le Plan de Séquence a-t-il été actualisé à partir des données réelles ?	
85	La Stratégie des Risques a-t-elle été examinée et (le cas échéant) actualisée ?	
86	Le Registre des Risques a-t-il été examiné et actualisé ?	
87	La Stratégie de Configuration a-t-elle été examinée et (le cas échéant) actualisée ?	
88	Les Enregistrements de Configuration ont-ils été examinés et actualisés ?	
89	Le Registre des Incidences a-t-il été examiné et actualisé ?	
90	La Stratégie Qualité a-t-elle été examinée et (le cas échéant) actualisée ?	
91	Le Registre Qualité a-t-il été examiné et actualisé ?	
92	La Stratégie de Communication a-t-elle été examinée et (le cas échéant) actualisée ?	
93	Les contrôles du projet ont-ils été examinés et (le cas échéant) actualisés ?	
94	Le Plan de Projet a-t-il été examiné et (le cas échéant) actualisé ?	
95	La structure de l'équipe de projet a-t-elle été actualisée pour refléter la nomination des nouveaux rôles ou l'évolution des responsabilités des rôles existants ?	
96	Concernant les nouvelles nominations, existe-t-il des descriptions de rôle, et les personnes désignées ont-elles confirmé qu'elles acceptaient leur nomination ?	
97	Le Cas d'Affaire a-t-il été examiné et (le cas échéant) actualisé ?	
98	Le Plan de Revue des Bénéfices a-t-il été examiné et (le cas échéant) actualisé ?	
99	La Documentation d'Initialisation du Projet a-t-elle été examinée et (le cas échéant) actualisée ?	
100	Un Rapport de Fin de Séquence a-t-il été produit pour comparer les données réelles aux performances prévues et pour résumer les retours d'expérience et les recommandations d'actions de suivi ?	
101	Le Rapport de Fin de Séquence a-t-il été adressé au Comité de Pilotage de Projet conformément aux contrôles du projet ?	

Pour la séquence suivante

Question		Oui/Non
102	Un Plan de Séquence a-t-il été créé pour la séquence suivante ?	
103	Des Descriptions de Produit ont-elles été créées pour les produits de la séquence suivante ?	
104	Le Comité de Pilotage de Projet a-t-il reçu une demande d'autorisation de la séquence suivante ?	
Pour les exceptions		
105	Un Plan d'Exception a-t-il été créé (sur demande du Comité de Pilotage de Projet) ?	
106	Les Descriptions de Produit ont-elles été créées/actualisées pour le Plan d'Exception ?	
107	Le Comité de Pilotage de Projet a-t-il reçu une demande d'approbation du Plan d'Exception ?	

E.7 CLORE LE PROJET

Question		Oui/Non
108	Tous les produits ont-ils été achevés et approuvés ?	
109	Le Rapport d'état du Produit a-t-il été créé pour vérifier l'état de tous les produits ?	
110	Toutes les incidences non résolues ont-elles été documentées sous forme de recommandations d'actions de suivi, prêtes à être distribuées sous réserve d'approbation du Comité de Pilotage de Projet ?	
111	En cas de clôture prématurée du projet, le Comité de Pilotage de Projet a-t-il approuvé les moyens nécessaires pour récupérer les produits qui ont été achevés ou qui sont en cours ? Un Plan d'Exception a-t-il été créé et approuvé si la demande en a été faite ?	
112	Existe-t-il un enregistrement d'acceptation pour la remise du produit du projet ?	
113	L'enregistrement d'acceptation comprend-il l'acceptation opérationnelle/de maintenance ?	
114	Le Recueil des Retours d'expérience a-t-il été examiné et un Rapport des Retours d'Expérience a-t-il été créé, prêt à être distribué sous réserve d'approbation du Comité de Pilotage de Projet ?	
115	Le Plan de Projet a-t-il été actualisé à partir des données réelles ?	
116	Le Cas d'Affaire a-t-il été actualisé à partir des données réelles ?	
117	Le Plan de Revue des Bénéfices a-t-il été actualisé à partir des données réelles ?	
118	Un Rapport de Fin de Projet a-t-il été produit pour comparer les données réelles aux performances prévues et pour résumer les retours d'expérience et les recommandations d'actions de suivi ?	
119	Le Rapport de Fin de Projet a-t-il été adressé au Comité de Pilotage de Projet conformément aux contrôles du projet ?	
120	Une notification de clôture de projet préliminaire a-t-elle été créée à l'attention du Comité de Pilotage de Projet à des fins d'approbation et de diffusion ?	
121	Tous les registres et recueils ont-ils été clos ?	
122	Toute la documentation de projet a-t-elle été archivée ?	

Annexe F: Liste de termes

F

Annexe F : Liste de termes

Cette section comprend une synthèse des termes spécifiques utilisés dans cette publication accompagnés des termes originaux anglais.

F.1 PRINCIPES

Voici la liste des noms des principes PRINCE2 dont vous trouverez le détail dans le chapitre 2.

Anglais	Français
Continued business justification	Justification continue pour l'entreprise
Learn from experience	Leçons tirées de l'expérience
Defined roles and responsibilities	Rôles et responsabilités définis
Manage by stage	Management par séquences
Manage by exception	Management par exception
Focus on products	Focalisation produit
Tailor to suit the project environment	Adaptation à l'environnement de projet

F.2 THEMES

Voici la liste des noms des thèmes PRINCE2 dont vous trouverez le détail dans les chapitres 3 à 10.

Anglais	Français
Business Case	Cas d'Affaire
Organization	Organisation
Quality	Qualité
Plans	Plans
Risk	Risque
Change	Changement
Progress	Progression

F.3 PROCESSUS ET ACTIVITES

Voici la liste des processus et activités dont vous trouverez le détail dans les chapitres 11 à 18.

Anglais	Français
Starting up a project	**Élaborer le Projet**
Appointing the Executive and the Project Manager	Nommer l'Exécutif et le Chef de Projet
Capture previous lessons	Recueillir les retours d'expérience antérieurs
Design and appoint the project management team	Composer et nommer l'équipe de projet
Prepare the outline Business Case	Préparer l'ébauche du Cas d'Affaire
Select the project approach and assemble the Project Brief	Définir l'approche du projet et assembler l'Exposé du Projet
Plan the initiation stage	Planifier la séquence d'initialisation
Directing a Project	**Diriger le Projet**
Authorise initiation	Autoriser l'initialisation
Authorise the project	Autoriser le projet
Authorise a Stage or Exception Plan	Autoriser un Plan de Séquence ou d'Exception
Give ad hoc direction	Donner des directives appropriées
Authorise project closure	Autoriser la clôture du projet
Initiating a Project	**Initialiser le Projet**
Prepare the Risk Management Strategy	Préparer la Stratégie des Risques
Prepare the Configuration Management Strategy	Préparer la Stratégie de Configuration
Prepare the Quality Management Strategy	Préparer la Stratégie Qualité
Prepare the Communication Management Strategy	Préparer la Stratégie de Communication
Set up the project controls	Mettre en place les contrôles du projet
Create the Project Plan	Créer le Plan de Projet
Refine the Business Case	Affiner le Cas d'Affaire
Assemble the Project Initiation Documentation	Assembler la Documentation d'Initialisation de Projet

Anglais	Français
Controlling a Stage	**Contrôler une Séquence**
Authorise a Work Package	Autoriser un Lot de Travaux
Review Work Package status	Examiner l'état d'un Lot de Travaux
Receive completed Work Packages	Réceptionner des Lots de Travaux achevés
Review the stage status	Examiner l'état de la séquence
Report highlights	Rapporter la progression
Capture and Examine issues and risks	Recueillir et examiner les incidences et les risques
Escalating issues and risks	Remonter les incidences et les risques
Take corrective action	Mener des actions correctives
Managing Product Delivery	**Gérer la Livraison des Produits**
Accept a Work Package	Accepter un Lot de Travaux
Execute a Work Package	Exécuter un Lot de Travaux
Deliver a Work package	Livrer un Lot de Travaux
Managing a Stage Boundary	**Gérer une Limite de Séquence**
Plan the Next Stage	Planifier la séquence suivante
Update the Project Plan	Actualiser le Plan de Projet
Update the Business Case	Actualiser le Cas d'Affaire
Report stage end	Rapporter la fin de séquence
Produce an Exception Plan	Produire un Plan d'Exception
Closing a Project	**Clore le Projet**
Prepare Planned Closure	Préparer la clôture planifiée
Prepare Premature Closure	Préparer une clôture prématurée
Hand Over Products	Remettre les produits
Evaluate the Project	Évaluer le projet
Recommend Project Closure	Recommander la clôture du projet

F.4 PRODUITS MANAGEMENT PRINCE2

Voici la liste des noms de tous les produits management proposés par PRINCE2. Vous trouverez une description complète du contenu de ceux-ci dans l'Annexe A.

Anglais	Français
A1 Benefits Review Plan	A.1 Plan de Revue des Bénéfices
A2 Business Case	A.2 Cas d'Affaire
A3 Checkpoint Report	A.3 Rapport d'Avancement
A4 Communication Management Strategy	A.4 Stratégie de Communication
A5 Configuration Item Record	A.5 Enregistrement de Configuration
A6 Configuration Management Strategy	A.6 Stratégie de Configuration
A7 Daily Log	A.7 Journal de Projet
A8 End Project Report	A.8 Rapport de Fin de Projet
A9 End Stage Report	A.9 Rapport de Fin de Séquence
A10 Exception Report	A.10 Rapport d'Exception
A11 Highlight Report	A.11 Rapport de Progression
A12 Issue Register	A.12 Registre des Incidences
A13 Issue Report	A.13 Rapport d'Incidence
A14 Lessons Log	A.14 Journal des Retours d'Expérience
A15 Lessons Report	A.15 Rapport des Retours d'Expérience
A16 Plan	A.16 Plan
A17 Product Description	A.17 Description de Produit
A18 Product Status Account	A.18 Rapport d'état du Produit
A19 Project Brief	A.19 Exposé du Projet
A20 Project Initiation Document	A.20 Documentation d'Initialisation de Projet
A21 Project Product Description	A.21 Description de Produit du Projet
A22 Quality Management Strategy	A.22 Stratégie Qualité
A23 Quality Register	A.23 Registre Qualité
A24 Risk Management Strategy	A.24 Stratégie des Risques
A25 Risk Register	A.25 Registre des Risques
A26 Work Package	A.26 Lot de Travaux

F.5 ROLES

Voici la liste des rôles PRINCE2 dont le détail se trouve à l'Annexe C.

Anglais	Français
Project Board	Comité de Pilotage de Projet
Executive	Exécutif
Senior User	Utilisateur Principal
Senior Supplier	Fournisseur Principal
Project Manager	Chef de Projet
Team Manager	Chef d'équipe
Project Assurance	Assurance Projet
Change Authority	Autorité de Changement
Project Support	Support Projet
Chair (Quality Review)	Président
Presenter (Quality Review)	Représentant
Reviewer (Quality Review)	Vérificateur
Administrator (Quality Review)	Administrateur

F.6 GLOSSAIRE

Ceci est la liste de traduction des termes du glossaire.

Anglais	Français
accept (risk response)	accepter (réponse au risque)
acceptance	acceptation
acceptance criteria	critères d'acceptation
activity	activité
approval	approbation
approver	approbateur
assumption	hypothèse
authority	autorité
authorization	autorisation
avoid (risk response)	éviter (réponse au risque)
baseline	référentiel
baseline management product	produit management référencé
benefit	bénéfice
benefits tolerance	tolérance des bénéfices
centre of excellence	centre d'excellence
change budget	budget de changement
change control	maîtrise des changements
checkpoint	point d'avancement
closure notification	notification de clôture
closure recommendation	recommandation de clôture
concession	compromis
configuration item	élément de configuration
configuration management	gestion de la configuration
constraints	contraintes
corporate or programme standards	normes de l'entreprise ou du programme
corrective action	action corrective
customer	client
customer's quality expectations	exigences qualité du client
deliverable	livrable
dependencies (plan)	dépendances (plan)
dis-benefit	contre-bénéfice
embedding (PRINCE2)	incorporation (PRINCE2)
end stage assessment	évaluation de fin de séquence
enhance (risk response)	améliorer (réponse au risque)
event-driven control	contrôle réactif
exception	exception
exception assessment	évaluation d'exception
exploit (risk response)	exploiter (réponse au risque)
fallback (risk response)	repli (réponse au risque)
follow-on action recommendations	recommandations d'actions de suivi
governance (corporate)	gouvernance (entreprise)
handover	remise
host site	site
impact (of risk)	impact (de risque)
inherent risk	risque inhérent
initiation stage	séquence d'initialisation
issue	incidence
management product	produit management
management stage	séquence management
milestone	échéance
off-specification	hors-spécification
operational and maintenance acceptance	acceptation opérationnelle et de maintenance
outcome	résultat
output	livrable
performance targets	objectifs de performance
plan	plan
planned closure	clôture planifiée
planning horizon	horizon de planification
portfolio	portefeuille
premature closure	clôture prématurée
prerequisites (plan)	pré-requis (plan)

Anglais	Français
probability	probabilité
problem/concern	problème/souci
procedure	procédure
process	processus
producer	producteur
product	produit
product breakdown structure	structure de décomposition du produit
product checklist	liste de contrôle des produits
product flow diagram	diagramme de flux des produits
product-based planning	planification basée sur le produit
programme	programme
project approach	approche du projet
project authorization notification	notification d'autorisation de projet
project initiation notification	notification d'initialisation de projet
project lifecycle	cycle de vie du projet
project management team structure	structure de l'équipe de projet
project mandate	mandat de projet
project office	bureau de projet
project product	produit de projet
proximity (of risk)	proximité (du risque)
quality assurance	assurance qualité
quality control	contrôle qualité
quality criteria	critères qualité
quality inspection	inspection de la qualité
quality management	management de la qualité
quality management system	système de management de la qualité
quality records	enregistrements qualité
quality review	revue qualité
records	enregistrements
reduce (risk response)	réduire (réponse au risque)
registers	registres
reject (risk response)	rejeter (réponse au risque)
release	version livrée
reports	rapports
request for change	requête de changement
residual risk	risque résiduel
reviewer	vérificateur
risk actionee	exécuteur du risque

Anglais	Français
risk appetite	appétit du risque
risk estimation	estimation du risque
risk evaluation	évaluation de risque
risk management	gestion des risques
risk owner	surveillant du risques
risk profile	profil des risques
risk response	réponse au risques
risk response category	catégorie de réponse au risque
risk tolerance line	ligne de tolérance de risque
role description	description de rôle
schedule	calendrier
scope	périmètre
Senior Responsible Owner (SRO)	Directeur Exécutif de Programme (DEP)
share (risk response)	partager (réponse au risque)
specialist product	produit spécialiste
sponsor	sponsor
stage	séquence
Stage Plan	Plan de Séquence
stakeholder	partie prenante
start up	élaboration
supplier	fournisseur
tailoring	adaptation
technical stage	séquence technique
time-driven control	contrôle périodique
tolerance	tolérance
transfer (risk response)	transférer (réponse au risque)
trigger	déclencheur
user acceptance	acceptation utilisateur
user	utilisateur
variant	variante
version	version

Renseignements complémentaires

R

Renseignements complémentaires

DE L'OFFICE OF GOVERNMENT COMMERCE

PRINCE2

PRINCE2 fait partie d'une série de guides développés par l'Office of Government Commerce (OGC), visant à aider les organisations et individus à gérer leurs projets, programmes et services. Le cas échéant, ces guides sont soutenus par un schéma de qualification et des services de conseil et formation accrédités.

Réussir le Management de Projets avec PRINCE2 (2009). The Stationery Office, Londres.

Réussir la Direction de Projets avec PRINCE2 (2009). The Stationery Office, Londres.

M_o_R : Management of Risk

La Gestion des Risques. Les projets existent dans un monde fondamentalement incertain, donc la gestion efficace des risques est essentielle à la gestion de la livraison des produits du projet, leurs résultats et les bénéfices ultimes qui ont été identifiés. Management of Risk (M_o_R) met la gestion des risques de projet dans le contexte de la plus grande portée de l'environnement commercial.

Management of Risk : Guidance for Practitioners (2007). The Stationery Office, Londres.

Managing Successful Programmes (MSP)

Réussir le Management de Programmes est un guide qui représente la bonne pratique de management de programmes éprouvée dans la livraison réussie du changement transformationnel à travers une large gamme d'organisations, tant dans le secteur privé que dans le secteur public. Il fournit un référentiel pour diriger et surveiller la mise en œuvre d'un ensemble de projets et activités liés afin de livrer des résultats et des bénéfices rattachés aux objectifs stratégiques de l'organisation.

Managing Successful Programmes (2007). The Stationery Office, Londres.

Portfolio Management Guide

Le **Guide de Management de Portefeuille** explique les principes clé de management de portefeuille, basé sur l'expérience d'organisations du secteur privé ou public dans le Royaume-Uni et partout dans le monde. Il offre des conseils pratiques sur la mise en œuvre d'une fonction de management de portefeuille, illustrée avec des exemples de la vie réelle et terminant par une section sur les conseils complémentaires. Ce guide est destiné principalement aux équipes responsables de coordonner des programmes et des projets, particulièrement ceux qui soutiennent des décisions d'investissement et la création de rapports sur le suivi des progrès destinés à la Direction. Ce guide suppose une connaissance pratique de management de programmes et projets et de l'expérience de reporting sur le suivi des progrès.

Portfolio, Programme and Project Management Maturity Model (P3M3™)

Modèle de Maturité du Management de Portefeuilles, de Programmes et de Projet (P3M3) est un guide de référence pour la meilleure pratique structurée. Il décompose les larges disciplines du management de portefeuilles, de programmes et de projets dans une hiérarchie de perspectives.

L'approche hiérarchique permet aux organisations d'évaluer leur capacité actuelle et ensuite tracer une route vers l'amélioration priorisée par les perspectives qui auront le plus grand impact sur la performance.

P3O : Portfolio, Programme and Project Offices

Le guide **Bureaux Portefeuille, Programme et Projet** fournit des conseils sur la manière de définir, établir et fonctionner un bureau de projets, programmes et portefeuilles. Il couvre la gamme de fonctions et de services fournis par un P3O et inclut des références aux techniques qui peuvent être employées.

Portfolio, Programme and Project Offices (2008). The Stationery Office, Londres.

PRINCE2 Maturity Model (P2MM)

Le **Modèle de Maturité PRINCE2** décrit un ensemble de domaines de processus clé (« Key Process Areas » - KPAs) exigé pour la mise en œuvre et l'utilisation efficace de PRINCE2 dans une organisation. Voici la valeur de base de P2MM : le manuel PRINCE2 décrit comment gérer un projet simple, il n'inclut pas de processus d'incorporation de PRINCE2, contrairement à P2MM qui le fait.

P2MM décrit des pratiques clé alignées sur les processus et composants PRINCE2 afin de permettre l'application reproductible de la méthode (Niveau 2) et va plus loin en décrivant les pratiques clé exigées pour institutionnaliser la méthode (Niveau 3) comme un processus commercial standard pour le management des projets.

Processus de Revue OGC Gateway

Le processus de Revue **OGC Gateway** est un processus de revue d'assurance de programmes et projets bien établi qui est mandaté pour tous les projets et programmes à risque gérés par le gouvernement britannique. La Revue OGC Gateway délivre une revue interne, dans laquelle les praticiens indépendants hors du programme/projet utilisent leur expérience et expertise pour examiner le progrès et évaluer la probabilité de livraison réussie du programme ou du projet. Le processus de revue est utilisé pour fournir une perspective supplémentaire de valeur sur les incidences auxquelles l'équipe interne fait face, et un défi externe à la robustesse de plans et de processus. Ce service est basé sur la bonne pratique et il y a beaucoup d'exemples semblables à travers tous les secteurs commerciaux de ce type de revue interne conçue pour fournir de l'assurance au responsable du programme ou du projet.

Des détails du processus de revue OGC Gateway sont disponibles auprès du site internet OGC.

Achieving Excellence in Construction

Le conseil d'approvisionnement **L'Accomplissement de l'Excellence dans la Construction** se compose d'un ensemble de 11 guides et deux guides de haut niveau. Il tire parti de l'expérience récente de départements du gouvernement central du Royaume-Uni, soutient la stratégie future et est aligné sur le processus de revue OGC Gateway.

Par le biais de l'initiative Achieving Excellence in Construction, les départements du gouvernement central et les organisations du secteur public s'engagent à réaliser une amélioration continue dans le but de maximiser l'efficience, l'efficacité et le rapport qualité-prix de leur approvisionnement de nouveaux travaux, entretien et rénovation.

ITIL® : Pratiques de Gestion des Services

ITIL est l'approche la plus largement acceptée dans le monde dans le domaine de la gestion des services informatiques. Il fournit un ensemble cohérent des conseils de la meilleure pratique tirés des secteurs privé et public à travers le monde, et a subi récemment une importante révision.

La Gestion des Services Informatiques (« IT Service Management » - ITSM) tire d'énormes bénéfices d'une approche des meilleures pratiques. Puisqu'ITSM est dirigée tant par la technologie que par l'énorme gamme d'environnements organisationnels dans lesquels elle opère, elle est dans un état d'évolution constante. Cette meilleure pratique, basée sur le conseil spécialisé et la contribution des utilisateurs d'ITIL, est actuelle et pratique, en combinant les tendances actuelles et le bon sens rationnel.

Continual Service Improvement (2007).
The Stationery Office, Londres.

Conception des Services
traduction française de *Service Design* (2009).
The Stationery Office, Londres.

Exploitation des Services
traduction française de *Service Operation* (2009).
The Stationery Office, Londres.

Service Strategy (2007).
The Stationery Office, Londres.

Transition des Services
traduction française de *Service Transition* (2009).
The Stationery Office, Londres.

LES PRODUITS DE THE STATIONERY OFFICE (PUBLICATIONS COMPLÉMENTAIRES)

APMP for PRINCE2 Practitioners

Ce guide d'étude permet aux candidats qui connaissent PRINCE2 de se préparer à l'examen APMP. Il fournit aux candidats d'examens APMP une source simple de matériel de référence qui couvre tous les aspects du syllabus APMP, en incluant tant du matériel préliminaire au cours que du matériel de cours, tout en l'alignant sur la méthode PRINCE2. Cela permet aux praticiens PRINCE2 (ou le personnel de management de projet travaillant dans un environnement PRINCE2) de développer leurs connaissances de management de projet afin de couvrir tous les thèmes dans le syllabus APMP.

APMP for PRINCE2 Practitioners (2008).
The Stationery Office, Londres.

Série de publications « Focus on Skills » (ensemble de trois livres)

La série de publications « Focus on Skills » examine les nombreux 'savoirs comportementaux' qui sont démontrés par les chefs de projet et de programme efficaces, puisque les aspects de coordination, motivation et de communication quotidiennes de management de projets et programmes sont très similaires.

Leadership Skills for Project and Programme Managers (2008). The Stationery Office, Londres.

Team Management Skills for Project and Programme Managers (2008). The Stationery Office, Londres.

Communication Skills for Project and Programme Managers (2008). The Stationery Office, Londres.

Agile Project Management: Running PRINCE2 Projects with DSDM Atern

Cette publication innovante montre comment les utilisateurs peuvent combiner les atouts des deux approches considérées, pour qu'ils se complètent et créent un nouveau référentiel haut de gamme qui convient à tous les environnements de projet. Basé sur PRINCE2 et DSDM Atern, les deux approches de management de projet les plus répandues et reconnues dans le monde, cette publication examine les différences entre les deux approches, et montre où elles chevauchent et comment elles peuvent être intégrées. Alors que DSDM Atern est une méthodologie de management de projet de propre droit, cette nouvelle publication se trouve dans la série des publications PRINCE2.

Agile Project Management: Running PRINCE2 Projects with DSDM Atern (2007).
The Stationery Office, Londres.

Improving Project Performance using the PRINCE2 Maturity Model

On cite PRINCE2 comme la méthode de management de projet la plus largement utilisée dans le monde entier, mais, pendant que le manuel PRINCE2 décrit comment gérer un projet simple, il ne fournit pas de conseils sur la mise en place de PRINCE2 dans une organisation.

De tels conseils sont disponibles maintenant : cette publication décrit les processus et pratiques organisationnels nécessaires pour la mise en œuvre efficace de PRINCE2 comme une norme organisationnelle. Il inclut des conseils sur la l'attribution de la propriété, l'adaptation de la méthode, la formation, l'intégration de PRINCE2 avec d'autres systèmes de gestion et l'établissement de mécanismes d'assurance qualité pour gagner une capacité d'amélioration continue.

En lisant Improving Project Performance using the PRINCE2 Maturity Model, vous découvrirez comment les organisations peuvent profiter au maximum de la méthode PRINCE2. Il contient des conseils pratiques à propos de l'utilisation du Modèle de Maturité PRINCE2 (P2MM) d'OGC et montre comment P2MM peut être appliqué dans différentes situations.

Improving Project Performance using the PRINCE2 Maturity Model (2007).
The Stationery Office, Londres.

DES SOURCES ADDITIONNELLES

Vous trouverez ci-dessous une liste de références utiles, dont certaines ont été citées par les auteurs PRINCE2.

Adair, John (2004) *The John Adair Handbook of Management and Leadership*, Thorogood, ISBN 978-1854182043.

APM GoPM Specific Interest Group (2005) Directing Change: *A Guide to the Governance of Project Management*, 2ème édition, Association for Project Management, High Wycombe, ISBN 1-903494-15-X.

Association of Project Management (2006) *APM Body of Knowledge*, 5ème édition, High Wycombe, ISBN 978-1903494134.

British Standards Institution (2002) BS6079–1:2002 *A Guide to Project Management,* BSI, Londres.

Goldratt, Eliyahu M. (1997) *Critical Chain*, Avebury, ISBN 978-0566080388.

International Project Management Association (2006) *ICB-IPMA Competency Baseline*, version 3.0, ISBN 0-9553213-0-1.

Project Management Institute (2004) *A Guide to the Project Management Body of Knowledge: PMBOK Guide*, 3ème édition, ISBN 978-1930699458.

Winter, Mark and Smith, Charles (2006) *Rethinking Project Management*, EPSRC Network 2004–2006.

G Glossaire

Glossaire

acceptation

L'acte formel de reconnaître que le projet a répondu aux critères d'acceptation convenus et donc a respecté les exigences de ses parties prenantes.

acceptation opérationnelle et de maintenance

Un type d'acceptation spécifique par la personne ou le groupe qui supportera le produit quand il sera remis à l'environnement opérationnel.

acceptation utilisateur

Un type d'acceptation spécifique par la personne ou le groupe qui utilisera le produit quand il sera remis à l'environnement opérationnel.

accepter (réponse au risque)

Une réponse au risque face à une menace où une décision consciente et délibérée est prise de conserver la menace, après avoir déterminé qu'il est plus économique de procéder ainsi que de tenter une action de réponse au risque. Il est alors nécessaire de continuer à surveiller la menace pour s'assurer qu'elle reste tolérable.

action corrective

Ensemble d'actions destinées à éliminer une menace aux tolérances d'un plan ou un défaut dans un produit.

activité

Une activité est un processus, une fonction ou une tâche qui se déroule au fil du temps, qui produit des résultats reconnaissables et qui est gérée. Les activités sont généralement définies dans le cadre de processus ou de plans.

adaptation

Utilisation appropriée de PRINCE2 dans le cadre d'un projet donné, tout en s'assurant que les activités de planification, de contrôle et de gouvernance sont suffisantes et que les processus et les thèmes sont correctement utilisés. L'adoption de l'approche PRINCE2 à l'échelle d'une organisation est désignée sous le terme d'incorporation.

améliorer (réponse au risque)

Une réponse au risque face à une opportunité, où des actions proactives sont prises pour :

- Améliorer la probabilité de l'occurrence de l'événement ;
- Améliorer l'impact de l'événement s'il se produit.

appétit du risque

Attitude propre à une organisation vis-à-vis de la prise de risque et qui détermine le degré de risque qu'elle juge acceptable.

approbateur

La personne ou le groupe (par ex. un Comité de Pilotage de Projet) identifié comme qualifié et autorisé à approuver un produit (management ou spécialiste) comme achevé et adapté au besoin.

approbation

La confirmation formelle qu'un produit est terminé et qu'il respecte ses exigences (hormis les éventuels compromis) telles qu'elles sont définies dans sa Description de Produit.

approche du projet

Description de la manière dont on doit aborder le projet. Par exemple : le produit doit-il être construit de bout en bout ou s'agit-il d'acheter un produit qui existe déjà ?

assurance
Toutes les actions systématiques nécessaires pour donner l'assurance que le but (système, processus, organisation, programme, projet, résultat, bénéfice, aptitude, sortie de produit, livrable) est pertinent. La pertinence peut être définie de manière subjective ou objective selon les circonstances. L'implication est que l'assurance aura un niveau d'indépendance par rapport à ce qui est assuré. Voir « Assurance Projet » et « Assurance qualité ».

Assurance Projet
Responsabilités du Comité de Pilotage de Projet visant à s'assurer que le projet est correctement mené. Les membres du Comité de Pilotage de Projet disposent chacun d'un domaine d'Assurance Projet spécifique : assurance entreprise pour l'Exécutif, assurance utilisateur pour le ou les Utilisateurs Principaux et assurance fournisseur pour le ou les Fournisseurs Principaux.

assurance qualité
Vérifications indépendantes visant à démontrer que les produits sont adaptés à l'usage ou satisfont aux exigences.

autorisation
Accord donné pour une autorité.

autorité
Le droit d'affecter des ressources et de prendre des décisions (s'applique aux niveaux projet, séquence et équipe).

Autorité de Changement
Une personne or un groupe auquel le Comité de Pilotage peut déléguer la responsabilité pour l'examen des requêtes de changement ou des hors-spécifications. L'Autorité de Changement peut disposer d'un budget de changement et peut approuver les changements dans les limites de ce budget.

autorité responsable
La personne ou le groupe qui commandite le projet (généralement la Direction de l'Entreprise ou de Programme) et qui dispose de l'autorité nécessaire pour engager les ressources et les fonds au nom de l'organisation commanditaire.

bénéfice
L'amélioration mesurable consécutive à un résultat et perçue comme un avantage par une ou plusieurs parties prenantes.

budget de changement
L'argent alloué à l'Autorité de Changement pour le financement des requêtes de changement autorisées.

bureau de projet
Bureau temporaire créé pour appuyer la livraison d'une initiative de changement spécifique sous forme de projet. Le cas échéant, le bureau de projet peut assumer les responsabilités du rôle de Support Projet.

calendrier
Représentation graphique d'un plan (par exemple un diagramme de Gantt) décrivant généralement une séquence des tâches et les ressources affectées, celles-ci formant collectivement le plan. Dans le cadre d'un projet PRINCE2, les activités ne doivent être documentées que dans les calendriers associés à un Plan de Projet, un Plan de Séquence ou un Plan d'équipe. Les actions qui sont assignées dans le cadre de la gestion quotidienne peuvent être documentées dans le recueil de projet pertinent (c.-à-d. Registre des Risques, Journal de Projet, Registre des Incidences, Registre Qualité) si elles ne nécessitent pas d'activité importante.

Cas d'Affaire
La justification d'une activité organisationnelle (projet) couvrant typiquement les coûts, les bénéfices, les risques et la durée et qui est utilisée pour valider la viabilité dans la durée.

catégorie de réponse au risque
Pour les menaces, la catégorie de réponse au risque pourra être : éviter, réduire, transférer, accepter ou partager. Pour les opportunités, la catégorie de réponse au risque pourra être : exploiter, améliorer, rejeter ou partager.

centre d'excellence

Fonction de coordination de l'entreprise pour les portefeuilles, programmes et projets, dont le rôle est de définir les normes et d'assurer la cohérence des méthodes et des processus, la gestion des connaissances, l'assurance et la formation.

Chef d'équipe

Personne responsable de la production des produits affectés par le Chef de Projet et définis dans un Lot de Travaux selon des critères de qualité, de durée et de coûts acceptables aux yeux du Comité de Pilotage de Projet. Le Chef d'équipe dépend hiérarchiquement du Chef de Projet. Au cas où un Chef d'équipe ne serait pas désigné, le Chef de Projet assumera les responsabilités du rôle de Chef d'équipe.

Chef de Projet

Personne ayant l'autorité et la responsabilité de gérer le projet au quotidien pour livrer les produits requis dans les limites convenues avec le Comité de Pilotage de Projet.

client

La personne ou le groupe qui a commandité le travail et qui bénéficiera des résultats finaux.

clôture planifiée

L'activité PRINCE2 pour clôturer un projet.

clôture prématurée

L'activité PRINCE2 pour clôturer un projet avant sa date de clôture prévue. Le Chef de Projet doit s'assurer que le travail en cours n'est pas simplement abandonné, mais que le projet récupère toute la valeur créée jusque là et doit vérifier que toutes les lacunes résultant de l'annulation du projet sont communiquées à la Direction de l'Entreprise ou de Programme.

compromis

Hors-spécification acceptée par le Comité de Pilotage de Projet sans action corrective.

contingence

Quelque chose qui est gardé en réserve, typiquement pour gérer les délais et les écarts de coûts ou les risques. PRINCE2 n'encourage pas le recours aux contingences car : l'estimation des écarts est gérée en définissant des tolérances ;

les risques sont gérés par l'intermédiaire de réponses aux risques appropriées (y compris la réponse de rechange) qui est conditionnée par la matérialisation d'un risque.

contraintes

Les restrictions ou limites à respecter par le projet.

contre-bénéfice

Résultat perçu comme négatif par une ou plusieurs parties prenantes. Les contre-bénéfices sont les conséquences réelles d'une activité alors que, par définition, un risque présente un certain degré d'incertitude quant à sa matérialisation.

contrôles périodiques

Contrôles effectués à échéances déterminées en vue de permettre à l'autorité supérieure de suivre la progression du projet (toutes les 2 semaines par exemple). PRINCE2 comporte deux rapports périodiques clés : le Rapport d'Avancement et le Rapport de Progression.

contrôle qualité

La procédure de suivi des résultats spécifiques d'un projet visant à déterminer s'ils sont conformes aux normes pertinentes et à identifier la meilleure manière d'éliminer les causes de performances peu satisfaisantes.

contrôles réactifs

Contrôles appliqués quand un événement spécifique se produit. Ce peut être par exemple la fin d'une séquence, l'achèvement de la Documentation d'Initialisation de Projet ou la création d'un Rapport d'Exception. Ils peuvent également couvrir des événements organisationnels susceptibles d'affecter le projet, comme la fin de l'exercice financier.

critère d'acceptation

Une liste par ordre de priorité de critères à respecter par le produit du projet pour que le client puisse l'accepter : des définitions mesurables des attributs qui doivent s'appliquer à l'ensemble des produits pour qu'ils puissent être acceptables pour les principales parties prenantes.

critères qualité

Description des caractéristiques de qualité auxquelles le produit doit satisfaire et des mesures de qualité qui seront appliquées par les personnes inspectant le produit achevé.

cycle de vie du projet

Période allant de l'élaboration du projet à l'acceptation de ses produits.

déclencheur

Un événement ou une décision qui déclenche un processus PRINCE2.

dépendances (plan)

La relation entre les produits ou les activités. Par exemple, le produit C ne peut pas démarrer avant que les produits A et B soient terminés. Les dépendances peuvent être internes ou externes.

Les dépendances internes sont celles qui sont sous le contrôle du Chef de Projet. Les dépendances externes sont celles qui sont hors du contrôle du Chef de Projet. Par exemple, la livraison d'un produit requis par ce projet de la part d'un autre projet.

Description de Produit

Description de l'objectif, de la composition, de l'origine et des critères qualité d'un produit. La Description de Produit est générée lors de la planification, dès que le besoin du produit est identifié.

Description de Produit du Projet

Type de Description de Produit spécifique permettant d'obtenir l'accord de l'utilisateur par rapport à la portée et aux exigences du projet et de définir les exigences qualité du client ainsi que les critères d'acceptation du projet.

description de rôle

Décrit l'ensemble des responsabilités propres à un rôle.

diagramme de flux des produits

Schéma illustrant l'ordre de production et les interdépendances des produits répertoriés dans une structure de décomposition du produit.

Directeur Exécutif de Programme

Le Directeur Exécutif de Programme n'est pas un terme PRINCE2, mais il est utilisé dans de nombreuses organisations gouvernementales au Royaume-Uni. Directeur Exécutif de Programme est chargé de s'assurer qu'un projet ou un programme de changement atteint ses objectifs fixés et livre les bénéfices projetés. Ce doit être le propriétaire du changement d'entreprise global soutenu par le projet. Il doit s'assurer que le changement ne dévie pas des objectifs fixés, qu'il bénéficie d'une autorité clairement définie et que le contexte, y compris les risques, est activement géré. Directeur Exécutif de Programme doit être un cadre supérieur et assumer personnellement la responsabilité pour la bonne livraison du projet. Son statut doit être reconnu à l'échelle de l'organisation.

Le Directeur Exécutif de Programme nomme l'Exécutif du projet (ou dans certains cas, peut choisir d'assumer lui-même ce rôle).

Documentation d'Initialisation de Projet

Ensemble logique de documents réunissant toutes les informations clés nécessaires pour démarrer le projet sur une base solide et communiquer ces informations à toutes les parties concernées par le projet.

DSDM Atern

Infrastructure de livraison de projet agile qui a été mise au point et qui appartient au consortium DSDM. Atern utilise une approche itérative de blocs de temps (« Time-Box ») pour le développement des produits. Cette infrastructure est compatible avec PRINCE2.

échéance

Un événement important dans le calendrier du plan, comme l'achèvement de Lots de Travaux clés, d'une séquence technique, ou d'une séquence management.

élaboration
Activités antérieures au projet, effectuées par l'Exécutif et le Chef de Projet pour produire l'ébauche du Cas d'Affaire, l'Exposé du Projet et le Plan de Séquence d'initialisation.

élément de configuration
Entité assujettie à la gestion de la configuration. L'entité peut être un composant d'un produit, un produit ou encore un ensemble de produits dans une version livrée.

enregistrements
Produits management dynamiques destinés à consigner les informations relatives à l'avancement du projet.

Enregistrement de Configuration
Enregistrement qui décrit l'état, la version et la variante d'un élément de configuration et tous les détails des relations importantes entre les différents éléments de configuration.

enregistrements qualité
Documentation archivée démontrant que les activités d'Assurance Qualité et de Contrôle Qualité ont bien été effectuées.

équipe de projet
Terme couvrant l'ensemble de la structure de management, y compris le Comité de Pilotage de Projet, le Chef de Projet et les rôles de Chef d'équipe, d'Assurance Projet et de Support Projet.

estimation du risque
Estimation de la probabilité et de l'impact d'un risque particulier, compte tenu des normes prédéterminées, des niveaux de risque cibles, des interdépendances et des autres facteurs pertinents.

évaluation de fin de séquence
Revue effectuée par le Comité de Pilotage de Projet et le Chef de Projet sur le Rapport de Fin de Séquence pour statuer sur l'approbation du Plan de Séquence suivante. En fonction de la taille et de la criticité du projet, la revue peut être formelle ou informelle. L'autorisation de poursuivre doit être consignée dans un document formel.

évaluation de risque
Processus d'analyse de l'impact net sur une activité de l'ensemble des menaces et des opportunités identifiées.

évaluation d'exception
Revue menée par le Comité de Pilotage de Projet pour approuver (ou rejeter) un Plan d'Exception.

éviter (réponse au risque)
Une réponse au risque face à une menace de sorte que la menace ne puisse plus avoir d'impact ou soit éliminée.

exception
Situation permettant la possibilité d'une déviation au-delà des tolérances approuvées entre le Chef de Projet et le Comité de Pilotage de Projet (ou entre le Comité de Pilotage de Projet et la Direction de l'Entreprise ou de Programme).

exécuteur du risque
Certaines actions peuvent échapper au contrôle explicite du surveillant du risque ; il convient dans un tel cas de confier la responsabilité de l'action à une personne chargée de gérer le risque. L'exécuteur du risque doit informer le surveillant du risque de l'évolution de la situation.

Exécutif
Individu assumant la responsabilité globale de s'assurer que le projet tiendra ses objectifs et produira les bénéfices attendus. Cette personne doit également s'assurer que le projet maintient sa focalisation commerciale, qu'il impose son autorité et que le travail, avec notamment les risques, est activement géré. L'Exécutif est le président du Comité de Pilotage de Projet, il représente les intérêts du client et il est responsable du Cas d'Affaire.

exigences qualité du client
Une déclaration sur la qualité attendue, spécifiée dans la Description de Produit du Projet.

exploiter (réponse au risque)
Une réponse au risque face à une opportunité, où l'opportunité est saisie pour s'assurer qu'elle se produira et que l'impact se matérialisera.

Exposé du Projet

Document qui décrit l'objectif, le coût, les délais, les exigences de performance et les contraintes d'un projet. Il est élaboré avant le projet, durant le processus Elaborer le Projet, et utilisé tout au long du processus Initialiser le Projet pour créer la Documentation d'Initialisation de Projet et ses composants. Il est ensuite remplacé par la Documentation d'Initialisation de Projet et n'est pas conservé.

fournisseur

La personne ou le ou les groupes responsables de la fourniture des produits spécialistes du projet.

Fournisseur Principal

Rôle du Comité de Pilotage de Projet justifiant du savoir-faire et de l'expérience nécessaires par rapport aux principales disciplines de production des livrables du projet. Il représente les intérêts des fournisseurs au sein du projet et met à disposition les ressources fournisseur.

gestion de la configuration

Les activités techniques et administratives afférentes à la création, à la maintenance et au changement contrôlé de la configuration pendant toute la durée de vie d'un produit.

gestion des risques

Application systématique des principes, approches et processus en termes d'identification et d'évaluation des risques ainsi que de planification et de mise en œuvre des réponses au risque.

gouvernance (entreprise)

L'activité continue consistant à maintenir un système robuste de contrôle interne, selon lequel les directeurs et les cadres d'une organisation s'assurent que des systèmes de management efficaces, y compris des systèmes de surveillance et de contrôle financiers, ont été mis en place pour protéger les biens, acquérir la capacité et établir la réputation de l'organisation.

gouvernance (projet)

Aspects de la gouvernance d'entreprise qui sont spécifiquement liés aux activités de projet. Une gouvernance efficace du management de projet s'assure que le portefeuille de projets d'une organisation correspond aux objectifs de l'organisation, qu'il est réalisé de manière efficace et qu'il est viable.

horizon de planification

La période de temps pendant laquelle il est possible de planifier avec précision.

hors-spécification

Une hors-spécification est un type d'incidence. Elément qui devrait être fourni par le projet mais qui ne l'est pas encore (ou lorsqu'il est prévu qu'il ne le sera pas), et que le Chef de Projet n'est pas en mesure de résoudre sans dépasser les tolérances convenues. Il peut s'agir d'un produit manquant ou d'un produit non conforme à sa spécification.

hypothèse

Une affirmation considérée comme vraie pour les besoins de planification d'un projet, mais qui pourrait changer par la suite. Une hypothèse est faite quand certains faits ne sont pas encore connus ou décidés. Elle se limite généralement aux aspects d'une importance telle que, s'ils venaient à changer ou s'ils se révélaient faux, une replanification considérable serait nécessaire.

impact (de risque)

Le résultat d'une menace particulière ou d'une opportunité qui se matérialise.

incidence

Désigne tout événement qui se produit pendant le projet et qui, s'il n'était pas résolu, entraînerait un changement à un produit, un plan ou un objectif référencé (durée, coûts, qualité, périmètre, risque ou bénéfices).

incorporation (PRINCE2)

Ce que l'organisation doit faire pour adopter PRINCE2 en tant que méthode de management des projets pour l'entreprise. Elle se distingue de l'adaptation qui définit ce que le projet doit faire pour appliquer la méthode à un environnement de projet spécifique.

inspection de la qualité
Evaluation structurée et systématique d'un produit, exécutée de manière planifiée, documentée et organisée par deux personnes ou plus triées sur le volet (l'équipe de revue).

Journal de Projet
Utilisé pour enregistrer les problèmes/soucis qui peuvent être traitées de façon informelle par le Chef de Projet.

Journal des Retours d'Expérience
Recueil de projet informel pour les leçons tirées et susceptibles de s'appliquer à ce projet ou à des projets futurs.

journaux
Recueils informels gérés par le Chef de Projet et ne nécessitant pas d'accord du Comité de Pilotage de Projet quant à leur format et leur composition. PRINCE2 a deux journaux : le Journal de Projet et le Journal des Retours d'Expérience.

ligne de tolérance de risque
Ligne tracée sur le résumé du profil des risques. Les risques qui apparaissent au-dessus de cette ligne ne peuvent être acceptés sans en référer à un niveau d'autorité supérieur. Dans le cas d'un projet, le Chef de Projet en référera au Comité de Pilotage de Projet.

liste de contrôle des produits
Liste des principaux produits d'un plan, accompagnée des dates clés de leur livraison.

livrable
Produit spécialiste remis à l'utilisateur (ou aux utilisateurs). Notez que les produits management ne sont pas des livrables mais qu'ils sont uniquement créés dans le but de manager le projet.

Lot de Travaux
Ensemble des informations utiles à la création d'un ou plusieurs produits. Il contient la description des travaux, la ou les Descriptions de Produit, les détails des contraintes de production et la confirmation de l'accord entre le Chef de Projet et la personne ou le Chef d'équipe qui doit mettre en œuvre le Lot de Travaux sur la réalisation du travail dans le cadre des contraintes.

maîtrise des changements
Procédure garantissant que tous les changements susceptibles d'affecter les objectifs convenus du projet sont identifiés, évalués et ensuite approuvés, refusés ou reportés.

management de projet
Planification, délégation, suivi et contrôle de tous les aspects du projet ainsi que de la motivation des parties impliquées en vue de mener à bien les objectifs du projet conformément aux exigences de performances en matière de durée, de coûts, de qualité, de périmètre, de bénéfices et de risques.

management de la qualité
Ensemble d'activités coordonnées visant à diriger et à contrôler une organisation en termes de qualité.

mandat de projet
Produit externe généré par l'autorité ayant commandité le projet et qui permet de déclencher le processus Elaborer le Projet.

méthodes agiles
Les méthodes agiles sont (principalement) des méthodes de développement de logiciels qui suivent une approche de projet reposant sur des itérations courtes et de durée fixe (« Time-Box »), où les produits sont développés de manière incrémentale. PRINCE2 est compatible avec les principes agiles.

méthodes en cascade
La méthode en cascade décrit une approche linéaire et séquentielle du développement et comporte des objectifs distinctifs pour chaque phase de développement. Une fois une phase de développement achevée, le développement passe à la phase suivante et les phases antérieures ne sont pas réexaminées (d'où l'analogie de la cascade, dans la mesure où l'eau ne peut remonter en amont).

normes de l'entreprise ou du programme
Il s'agit de normes très importantes à respecter par le projet. Elles influencent les quatre stratégies du projet (Stratégie de Communication, Stratégie de Configuration, Stratégie Qualité et Stratégie des Risques) ainsi que les contrôles du projet.

notification d'autorisation de projet

Avis du Comité de Pilotage de Projet informant toutes les parties prenantes et les sites du projet que le projet a été autorisé, et demandant la mise en place d'un soutien logistique suffisant (moyens de communication, équipement, support projet, etc.) pour toute la durée du projet.

notification de clôture

Avis du Comité de Pilotage de Projet informant toutes les parties prenantes et les sites du projet que les ressources du projet peuvent être libérées et que les services tels que les locaux, les équipements et l'accès peuvent être démobilisés. La notification doit spécifier une date de clôture pour l'imputation des coûts au projet.

notification d'initialisation de projet

Avis du Comité de Pilotage de Projet informant toutes les parties prenantes et les sites du projet que le projet a été initialisé, et demandant la mise en place d'un soutien logistique suffisant (moyens de communication, équipement, support projet, etc.) pour toute la séquence d'initialisation.

objectif de performance

Les objectifs du plan en matière de durée, de coûts, de qualité, de périmètre, de bénéfices et de risque.

partager (réponse au risque)

Réponse à un risque ou une opportunité sur le principe « peine/gain » : les parties se partagent le gain (dans des limites prédéfinies) si le coût est inférieur au coût planifié et toutes les deux se partagent « la peine » (dans des limites prédéfinies) si le coût du plan est dépassé.

partie prenante

Toute personne, groupe ou organisation qui peut affecter, être affecté ou avoir le sentiment d'être affecté par une initiative (programme, projet, activité, risque).

périmètre

Le périmètre d'un plan est la somme totale de ses produits et l'étendue de leurs exigences. Elle est décrite par la structure de décomposition du produit du plan et les Descriptions de Produit connexes.

plan

Proposition détaillant ce qui doit être réalisé ou atteint, quand, comment et par qui. PRINCE2 gère uniquement les types de plan suivants : Plan de Projet, Plan de Séquence, Plan d'équipe, Plan d'Exception et Plan de Revue des Bénéfices.

plan d'équipe

Niveau de plan facultatif servant de base au contrôle de la gestion d'équipe lors de l'exécution des Lots de Travaux.

Plan d'Exception

Ce plan est souvent préparé à la suite d'un Rapport d'Exception. Dans le cas d'une exception de Plan de Séquence, il doit couvrir la période allant de la date actuelle à la fin de la séquence en cours. Si l'exception a lieu au niveau projet, le Plan de Projet doit être remplacé.

Plan de Projet

Plan de haut niveau traitant des principaux produits du projet, de leurs dates de livraison et de leurs coûts. Un Plan de Projet initial est présenté dans le cadre de la Documentation d'Initialisation de Projet. Il est mis à jour dès que des informations sur la progression du projet deviennent disponibles. Il s'agit d'un document de contrôle majeur pour le Comité de Pilotage de Projet afin de comparer la progression réelle du projet aux attentes.

Plan de Revue des Bénéfices

Définit comment et quand une mesure de la réalisation des bénéfices du projet peut être réalisée. Si le projet est géré dans le cadre d'un programme, cette information peut être créée et maintenue au niveau du programme.

plan de Séquence

Plan détaillé formant la base du contrôle de management de projet tout au long de la Séquence.

planification basée sur le produit

Technique permettant d'établir un plan exhaustif, basé sur la création et la livraison des livrables nécessaires. La technique tient compte des produits préalables, des exigences de qualité et des dépendances entre les produits.

Index

Note : Les numéros de page en **gras** font référence aux Tableaux et les numéros de page en *italique* font référence aux Figures.

A

acceptation 57, 58, 59, 63, 64, 93, 150, 155, 199, 215, 225, 276, 291, 312, 316, 321
  acceptation des produits 14
  acceptation opérationnelle et de maintenance 215
  acceptation utilisateur 93, 215, 221
  activités d'acceptation 14
  conflits d'acceptation 14, 51
  critère d'acceptation 24, 321
  critère d'acceptation xiii, 53–64, 138, 147, 164, 171, 209, 223, 255, 273, 274, 291, 293, 302
  critères d'acceptation 132, 223
  Enregistrements d'acceptation 63
  Lot de Travaux 283
  Méthode d'acceptation 302
  méthodes d'acceptation 56
acceptation opérationnelle et de maintenance 321
acceptation utilisateur 93, 150, 155, 221, 312, 322, 331
Accepter
  réponse au risque 92
Accepter un Lot de Travaux
  activité 200
action corrective 5, 69, 80, 106, 111, 115, 180, 194, 321, 331, 333
Action corrective 181
activité
  Accepter un Lot de Travaux 200
  Actualiser le Cas d'Affaire 212
  Actualiser le Plan de Projet 210
  Affiner le Cas d'Affaire 172
  Assembler la Documentation d'Initialisation de Projet 174
  Autoriser la clôture du projet 154
  Autoriser le projet 147
  Autoriser l'initialisation 146
  Autoriser un Lot de Travaux 180
  Autoriser un Plan de Séquence ou d'Exception 149
  Composer et nommer l'équipe de projet 135
  Créer le Plan de Projet 170
  Définir l'Approche du Projet et préparer l'Exposé du Projet 138
  Donner les directives appropriées 152
  Evaluer le projet 226
  Examiner l'état de la séquence 185
  Examiner l'état d'un Lot de Travaux 182
  Exécuter un Lot de Travaux 201
  Livrer un Lot de Travaux 204
  Mener des actions correctives 194
  Mettre en place les contrôles du projet 167
  Nommer l'Exécutif et le Chef de Projet 132
  Planifier la séquence d'initialisation 140
  Planifier la séquence suivante 209
  Préparer la clôture planifiée 222
  Préparer la Stratégie de Communication 166
  Préparer la Stratégie de Configuration 162
  Préparer la Stratégie des Risques 161
  Préparer la Stratégie Qualité 164
  Préparer l'ébauche du Cas d'Affaire 137
  Préparer une clôture prématurée 223
  Produire un Plan d'Exception 215
  Rapporter la fin de séquence 213
  Rapporter la progression 188
  Réceptionner les Lots de Travaux achevés 184
  Recommander la clôture du projet 228
  Recueillir et analyser les incidences et les risques 190
  Recueillir les retours d'expérience antérieurs 134
  Remettre les produits 224
  Remonter les incidences et les risques 192
activités et les dépendances 74
Actualiser le Cas d'Affaire
  activité 212
Actualiser le Plan de Projet
  activité 210
adaptation 11, 14, 39, 56, 62, 117, 148, 149, 168, 211, 227, **233**, 233–250, 269, 276, 319, 331
  Influences sur le besoin ***234***
  Processus 246
  Produits management 246
  Thèmes 243
Adaptation 233
  présentation 6
Adaptation à l'environnement de projet
  principe 11
Administrateur
  revue qualité 60, 321
Affiner le Cas d'Affaire
  activité 172
Améliorer
  réponse au risque 93
analyse de Monte Carlo 90
analyse de Pareto 89
analyse de sensibilité 28
analyse des options ***105***
analyse du chemin critique 7

approbateur 58, 61, 64, 272, 321, 331
approbation 17, 24, 25, 38, 51, 56, 57, 58, 59, 62, 63, 64, 67, 69, 71, 79, 87, 101, 109, 116, 124, 146, 149, 151, 152, 155, 161, 163, 165, 167, 169, 171, 173, 181, 182, 184, 199, 200, 202, 208, 210, 212, 215, 223, 224, 227, 242, 245, 255, 262, 263, 279, 283, 292, 293, 297, 302, 315, 316, 321, 331, 335
approche descendante et ascendante 75
approche du projet 56, 131, 132, 138–142, 147, 171, 174, 209, 224, 271, 274, 275, 278, 293, 309, 310, 319, 322, 331
Approche PRINCE2
  Cas d'Affaire 22
  Changements 100
  Organisation 35
  Plans ***70***
  Progression 110
  Qualité 53
  Risque 84
arbres de probabilité 89
Assembler la Documentation d'Initialisation de Projet
  activité 174
assurance 5, 8, 13, 38, 44, 332, 333, 344
  entreprise 29, 332
  fournisseur 332
  projet 23, 24, 29, 36, 38, 41, 42, 46, 47, 52, 332, 335, 341
  qualité 45, 52–64, 332, 335
  utilisateur 332
Assurance Projet 23, 24, 29, 36–48, 52, **53**, 56, 64, 95, 101, 106, 112, 119, 136, 146, 148, 149, 152, 154, 161, 163, 165, 167, 169, 171, 173, 174, 182, 200, 201, 203, 209, 215, 233, 237, 240, 244, 247, 263, 264, 270, 287, 291–298, 309, 321, 332, 335, 341
  responsabilités 29, 47, 64, 80, 95, 106, 119
Assurance Projet et assurance qualité **53**
assurance qualité 45, 52–64, 53, 56, 59, 64, 165, 258, 278, 322, 332, 335
autorisation 24, 25, 103, 111, 112, 115, 141, 147, 174, 180, 181, 208, 275, 283, 287, 310, 316, 321, 332, 335
Autoriser la clôture du projet
  activité 154
Autoriser le projet
  activité 147
Autoriser l'initialisation
  activité 146
Autoriser un Lot de Travaux
  activité 180
Autoriser un Plan de Séquence ou d'Exception
  activité 149
Autorité de Changement 39, 101–106, 148, 163, 237, 239, 260, 291, 309, 321, 297
autorité responsable 132, 332

B

bénéfice 4–8, 11, 13, 21–30, 33, 35, 37, 45, 51, 55, 67, 83, 88, 95, 99, 104, 106, 109, 110, 124, 145–156, 159, 212, 221, 236, 249, 332
  planification basée sur le produit 71
  tolérance 13
bénéfices nets 28
Bloc de connaissances
  Comparaison avec PRINCE2 **250**
Blocs de connaissances en management de projet 250
BoK 250
Budget de risque 94

C

Cas d'Affaire 21–30
  Approche PRINCE2 22
  chemin de développement ***23***
  Responsabilités **29**
  thème 21–30
Cas d'Affaire 3, 11, 80, 91, 95, 104, 109, 119, 149, 160, 174, 180, 227, 236, 242, 243, 255, 287, 332
  actualiser 210, 212
  composition 255
  ébauche 131, 147, 248, 274, 292, 309
  évolutif 248
chaîne critique 77
changements
  Approche PRINCE2 100
Changements
  thème 99–106
Chef de Projet 17, 23, 41, 52, 53, 68, 101, 105, 109, 111, 124, 132, 133, 145, 160, 180, 199, 208, 209, 222, 239, 294, 309, 333
  contrôles 112
  Lot de Travaux 115
  niveau de management 35
  responsabilités 29, 47, 64, 80, 95, 106, 119
  rôle 5, ***41***
Chef d'équipe 41, 69, 100, 136, 182, 199, 200, 245, 295, 333
  contrôles 111
  Lot de Travaux 115
  par le Chef de Projet 180
  Rapport d'Avancement 117
  responsabilités 47, 64, 80, 95, 106, 119
chemin critique 7, 76, 79
  diagramme 78
chemin de développement
  Cas d'Affaire ***23***
chemin de développement du Cas d'Affaire ***23***
client/fournisseur 22, 33, 34, 41, 62, 69, 139, 146, 200
Clore le Projet 56, 63, 112, 117, 118, 208, 221–230

liste d'activités 222
Vue d'ensemble ***221***
Comité de Pilotage de Projet 6, 8, 14, 21–30, 34, 36, 52, 53, 64, 68, 77, 80, 85, 89, 93, 101, 105, 109, 111, 112, 119, 123–128, 132, 136, 145, 146–156, 160, 167, 169, 179, 188, 193, 207, 222, 237, 291
contrôles 111
décisions **105**
niveau de management 35
taille 39
Comparaison entre projets et programmes ***236***
Composer et nommer l'équipe de projet
activité 135
compromis 55, 63
hors-spécification 105, 153, 187, 193, 224, 262, 263, 267, 333
Conseils et astuces
revue qualité 61
contrôle
Plan d'Exception 115
procédure de gestion de la configuration 103
séquences management 112
contrôle des incidences et de maîtrise des changements
procédure ***103***
contrôle périodique
Rapport d'Avancement 115
Rapport de Progression 115
contrôle réactif
Journal de Projet 116
Journal des Retours d'Expérience 117
Lot de Travaux 115
Plan de Projet 115
Plan de Séquence 115
Plan d'Exception 115
Rapport de Fin de Projet 118
Rapport de Fin de Séquence 118
Rapport des Retours d'Expérience 117
Rapport d'état du Produit 116
Rapport d'Exception 115
Registre des Incidences 116
Registre des Risques 116
Registre Qualité 116
Contrôler une Séquence 112, 115, 141, 149, 160, 179–196, 199, 245
liste d'activités 180
Vue d'ensemble ***179***
contrôles
Chef de Projet 112
Chef d'équipe 111
Comité de Pilotage de Projet 111
COTS 138
courbe en S 116
coûts
tolérance 13, 78
coûts de service cumulés 28
Créer le Plan de Projet
activité 170
critères d'acceptation 278
Critères d'acceptation 277
Critères Qualité
Description de Produit 57
cycle de vie
étude de faisabilité ***248***
modèles 247

D

décisions
Comité de Pilotage de Projet **105**
Définir l'Approche du Projet et préparer l'Exposé du Projet
activité 138
délai de récupération 28
démarche qualité ***54***
démarche Qualité de PRINCE2 53
dépendances 74
dérive du périmètre 180
dériver 222
Description de Produit 56, 59, 64, 71, 72, 105, 151, 184, 187, 199, 223, 235, 310, 334
composition 272
exemple **302**, **304**
rédiger 71, 73
Description de Produit du projet 86
Description de Produit du Projet 54, 56, 64, 71, 138, 160, 223, 294, 309, 334
approuver 147
composition 276
contenu 56
Descriptions de Produits 73
d'évaluation
méthode qualité 59
DFP
Exemple **305**
diagramme à barres 270
diagramme de chemin critique 78
Diagramme de Flux des Produits 73
diagramme de Gantt 78, 270
Directeur Exécutif de Programme 249
direction
niveau de management 35
Direction de l'Entreprise ou de Programme
niveau de management 35
responsabilités 29, 47, 64, 80, 95, 106, 119
Diriger le Projet 23, 40, 111, 145–156, 160, 249
liste d'activités 146
Vue d'ensemble ***145***

Documentation d'Initialisation de Projet 14, 111, 124, 132, 148, 154, 182, 221, 227, 242, 310, 334
actualiser 208
approuver 291
assembler 174
composition 275
contenu 242
Donner les directives appropriées
activité 152
durée
tolérance 13

E

échéance 68, 78, 147, 182, 187, 200, 239, 334
définir 78
déterminer 138
identifier 171
Elaborer le Projet 23, 38, 54, 68, 131–142, 239
liste d'activités 132
processus pré-projet 112
vue d'ensemble 131
en cours de processus
méthode qualité 59
Enregistrement de Configuration 182, 335
composition 259
enregistrements
type de produit management 253
Environnement commercial client/fournisseur 243
équipe de Projet
structure ***36***
estimation ascendante 74
estimation comparative 75
estimation descendante 74
estimation des risques
analyse de Pareto 89
arbres de probabilité 89
grille probabilité et impact 89
valeur attendue 89
estimation en trois points 75
estimations 23, 75, 182, 226
approche descendante et ascendante 75
estimation ascendante 74
estimation comparative 75
estimation descendante 74
estimation en trois points 75
estimation unique 75
préparer 75
règles de base 75
estimation unique 75
établissement des priorités
MoSCoW 55
état des flux de trésorerie 28
étude de faisabilité 248
cycle de vie ***248***
évaluation de la progression 116
courbe en S 116
gestion de la valeur des revenus 117
graphique des dates butoir 116
evaluation des risques
modèles de risque 90
Valeur monétaire attendue 90
évaluation d'investissement 28
analyse de sensibilité 28
bénéfices nets 28
coûts de service cumulés 28
délai de récupération 28
état des flux de trésorerie 28
retour sur investissement (RSI) 28
valeur actualisée nette 28
Evaluer le projet
activité 226
Eviter
réponse au risque 92
Examiner l'état de la séquence
activité 185
Examiner l'état d'un Lot de Travaux
activité 182
exception
définition 109
Lot de Travaux 118
tolérances
accroître 153
exceptions et tolérances 109
Exécuter un Lot de Travaux
activité 201
Exécuteur du risque 93
Exécutif 21, 23, 37, 132, 146, 212, 222, 235, 238, 292, 302, 309, 335
responsabilités 29, 64, 80, 95, 106, 119
exigences qualité
exemple 55
exigences qualité du client 55, 56, 86, 138, 160, 164, 209, 216, 335
confirmer 147
définition 54
responsabilités 64
Exploiter
réponse au risque 93
Exposé du Projet 23, 56, 86, 123, 131, 146, 168, 242, 291, 292, 294, 309, 336
approuver 147
assembler 139
composition 274
préparer 138

F

feuille de calcul 78
focalisation produit 8, 51
Focalisation produit
  principe 11
fournisseur principal 237
Fournisseur Principal 38, 146, 201, 293, 336
  responsabilités 29, 47, 64, 80, 95, 106, 119

G

Gérer la Livraison des Produits 41, 68, 141, 199–204, 247
  liste d'activités 200
  Vue d'ensemble ***199***
Gérer une Limite de Séquence 25, 37, 68, 112, 134, 174, 180, 207–218
  liste d'activités 208
  Vue d'ensemble ***207***
gestion de la configuration 99, 100, 162, 182
  procédure 102
  responsabilités 106
gestion de la valeur des revenus 117
gestion des risques 83, 85–96, 336
  approche 84
  procédure 86
gouvernance
  principes **287**
graphique des dates butoir 116
grille probabilité et impact 89

H

hors-spécification 39, 100, 101, 102, 105, 116, 153, 190, 262, 336
  compromis 193
  responsabilités 106

I

identification
  procédure de gestion de la configuration 102
impact ***90***
incidence
  types **100**
Incorporation et adaptation **233**
Initialiser le Projet 23, 46, 55, 100, 112, 134, 159–176
  Création de la DIP 174
  création du Plan de Projet 68
  liste d'activités 160
  Vue d'ensemble ***159***

J

Journal de Projet 79, 100, 102, 116, 124, 133, 137, 161–176, 188, 194, 242, 337
  fermer 228
Journal des Retours d'Expérience 117, 124, 135, 162, 165, 169, 188, 314, 337
  composition 268
  créer 134
  fermer 228
justification continue pour l'entreprise 83, 89, 109, 207, 212
Justification continue pour l'entreprise 11

L

leçons 134, 162, 166, 215
  tirer parti 117
leçons tirées 75
Leçons tirées de l'expérience 12
  principe 11
leçons tirées l'expérience 62
limites
  séquence ***114***
liste de contrôle des produits 79
Liste de Contrôle des Produits
  exemple **271**
Listes de Contrôle 309–316
livrables, les résultats et les bénéfices ***22***
livraison
  niveau de management 35
Livrer un Lot de Travaux
  activité 204
Lot de Travaux 41, 69, 78, 80, 100, 106, 109, 115, 149, 180, 199, 245, 314, 337
  acceptation 283
  accepter 200
  actions 182
  autoriser 180
  Chef d'équipe 115
  composition 282
  contenu 182
  examiner 182
  exécuter 201
  livrer 204
  réceptionner 182

M

maîtrise des changements 14, 55, 71, 99, 100, 124, 162, 184, 190, 239, 245, 337
  responsabilités 106
management
  niveau de management 35

management de projet *5*
définition 4
quatre niveaux ***35***
management par exception 8, 13, 35, 37, 111, 112, 145, 167, 192
Management par exception
principe 11
management par séquences 109
Management par séquences
principe 11
meilleures pratiques ***7***
membres de l'équipe
niveau de management 35
Mener des actions correctives
activité 194
Méthode d'acceptation 277, 302
méthode qualité 14, 57
d'évaluation 59
en cours de processus 59
méthodes d'estimation 171
Mettre en place les contrôles du projet
activité 167
Modèle de processus PRINCE2 ***125***
modèles de risque 90
Monte Carlo
analyse de 90
MoSCoW xiii, 55, 101
priorités des incidences 101

N

niveau de management
Chef de Projet 35
Comité de Pilotage de Projet 35
direction 35
Direction de l'Entreprise ou de Programme 35
livraison 35
management 35
membres de l'équipe 35
niveaux de plans ***68***

O

OGC
publications 37, 42, 44, 45, 84, 85, 236, 237, 297
recommandations 6
revue Gateway 249
options
analyse ***105***
ordonnancement 76
préparer 76
Ordre du jour
revue qualité 60
organisation
structure ***238***
Organisation
approche PRINCE2 35
Responsabilités **47**
thème 33–48

P

Pareto 89
Partager
réponse au risque 92
périmètre
dérive 180
tolérance 13
PESTLE 88
plan
définition 67
Plan
composition 270
Plan de Projet 13, 23, 27, 56, 91, 111, 115, 147, 170, 180, 187, 191, 193, 207, 239
actualiser 210, 223
composition 270
créer 68, 160, 170
documenter 171
pendant Initialiser le Projet 68
Plan d'équipe
composition 270
Plan d'équipe 13, 69, 200, 245
actualiser 203, 204
créer 199, 200
revoir 182
Plan de Revue des Bénéfices 25, 29, 68, 149, 155, 173, 187, 212, 237, 242, 243, 253, 262, 294, 296, 310, 312, 320, 338
Plan de Séquence 13, 68, 91, 111, 146, 149, 180, 187, 199, 207, 214, 222, 239, 243
actualiser 182, 184
composition 270
créer 209
Plan de Séquence d'initialisation 68, 146, 160, 310
créer 68
Plan d'Exception 24
Plan d'Exception 69, 112, 115, 149, 181, 208, 224, 249
contrôle 115
créer 106, 118, 208, 215
demande 153, 193
planification
procédure de gestion de la configuration 102
planification basée sur le produit 7, 67, 69, ***71***
bénéfices 71
Description de Produit du Projet 71
Descriptions de Produits 73
diagramme de flux des produits 73
exemple 301
structure de décomposition du produit 72
technique 7, 71

Planifier la séquence d'initialisation
activité 140
Planifier la séquence suivante
activité 209
plans
Approche PRINCE2 *70*
niveaux *68*
Plan de Projet 68
Plan de Séquence 68
planification basée sur le produit *71*
Plans d'équipe 69
Plans d'Exception 69
Responsabilités **80**
Plans
thème 67–80
potentiel-tâches *77*
Préparation
revue qualité 60
Préparer la clôture planifiée
activité 222
Préparer la Stratégie de Communication
activité 166
Préparer la Stratégie de Configuration
activité 162
Préparer la Stratégie des Risques
activité 161
Préparer la Stratégie Qualité
activité 164
Préparer l'ébauche du Cas d'Affaire
activité 137
Préparer une clôture prématurée
activité 223
Président
revue qualité 60, 321
PRINCE2 7
Adaptation 6
Adaptation de PRINCE2 6
Bénéfices 8
Ce que PRINCE2 ne couvre pas 7
comparaison avec un Bloc de connaissances **250**
Modèle de processus *125*
Présentation de PRINCE2 4
processus *123*
Structure 6
Thèmes PRINCE2 17
principe
Adaptation à l'environnement de projet 14
Focalisation produit 14
Justification continue pour l'entreprise 11
Leçons tirées de l'expérience 11
Management par exception 13
Management par séquences 13
Rôles et responsabilités définis 11, 12
principes
présentation 6
principes PRINCE2 11
priorité et gravité
exemple 101
priorités des incidences
MoSCoW 101
probabilité *90*
probabilité et impact *90*
problème/souci 102, 105, 153, 190, 339
procédure
contrôle des incidences et de maîtrise des changements *103*
gestion de la configuration 102
gestion des risques *86*
procédure de gestion de la configuration 102
contrôle 103
identification 102
planification 102
suivi d'état 103
vérification et audit 103
procédures de remontée
confirmer 169
processus
adaptation 246
Clore le Projet 221–230
Contrôler une Séquence 179–196
Diriger le Projet 145–156
Elaborer le Projet 131–142
Gérer la Livraison des Produits 199–204
Gérer une Limite de Séquence 207–218
Initialiser le Projet 159–176
présentation 6, 123
processus, activités et actions *126*
processus PRINCE2 123
producteur 58, 60, 339
Produire un Plan d'Exception
activité 215
Produits management
adaptation 246
profil des risques *90*
programmes
Comparaison *236*
Progression
Approche PRINCE2 110
Responsabilités **119**
thème 109–120
projet
approche 331
Comparaison *236*
définition 3
exemples **241**
quatre niveaux *35*
trois intérêts *34*
projet d'étude de faisabilité 248
projet en évolution 247

Q

qualité
  démarche *54*
  tolérance 13
Qualité
  Approche PRINCE2 53
  Registre **58**
  Responsabilités **64**
  thème 51–64
quatre niveaux
  projet *35*

R

Rapport d'Avancement 117, 182, 245, 340
Rapport de Fin de Projet 112, 154, 227, 242, 291, 302, 312, 340
  créer 118
Rapport de Fin de Séquence 25, 77, 112, 150, 214, 215, 243, 311, 340
  composition 263, 264
  créer 118
Rapport de Progression 115, 117, 152, 188, 243, 312, 340
  composition 265
Rapport des Retours d'Expérience 117, 150, 154, 215, 227, 242, 291, 313, 340
  composition 269
  créer 215
  préparer 227
Rapport d'état du Produit 102, 103, 116, 187, 188, 214, 223, 224, 242, 315, 340
  composition 273
Rapport d'Exception 85, 115, 118, 152, 153, 192, 194, 207, 214, 215, 340
  composition 264
  préparer 105
Rapport d'Incidence 102, 104, 105, 106, 118, 152, 187, 190, 194, 224, 243, 312, 340
  composition 267
Rapporter la fin de séquence
  activité 213
Rapporter la progression
  activité 188
rapports
  type de produit management 253
Réceptionner les Lots de Travaux achevés
  activité 184
recommandations
  OGC 6
Recommander la clôture du projet
  activité 228
Recueillir et analyser les incidences et les risques
  activité 190
Recueillir les retours d'expérience antérieurs
  activité 134
Réduire
  réponse au risque 92
référencer 60
référentiel 29, 53, 67, 68, 99, 100, 103, 115, 154, 159, 193, 221, 253
  type de produit management 253
Registre des Incidences 100, 102, 104, 106, 115, 116, 119, 124, 163–176, 182, 190, 210, 224, 243, 295, 313, 341
  composition 266
  fermer 228
Registre des Risques 23, 72, 79, 85, 89, 95, 124, 165, 172, 187, 188, 190, 194, 201, 210, 212, 240, 313, 341
  actualiser 163, 169, 171, 182, 184, 194, 213, 216
  composition 281
  contenu 85
  créer 161
  fermer 228
Registre Qualité 54, **58**, 64, 116, 119, 187, 201, 204, 210, 216, 295, 313, 341
  actualiser 182
  composition 279
  créer 165
  exemple 58
  fermer 228
Rejeter
  réponse au risque 93
Remettre les produits
  activité 224
Remonter les incidences et les risques
  activité 192
Repli
  réponse au risque 92
réponse au risque 85, 91
  Accepter 92
  améliorer 282, 321, 331
  Améliorer 93
  Eviter 92
  Exploiter 93
  Partager 92
  Réduire 92
  Rejeter 93
  Repli 92
  Transférer 92
Réponses
  menaces et opportunités ***91***
reporting
  structure ***40***
Représentant
  revue qualité 60, 321
requête de changement 39, 100, 102, 105, 152, 153, 190, 193, 244, 341
Responsabilités
  Cas d'Affaire **29**

  Changements **106**
  Exemple **126**
  Organisation **47**
  Plans **80**
  Progression **119**
  Qualité **64**
  Risque **95**
Responsabilités de l'activité
  accepter un Lot de Travaux **201**
  actualiser le Cas d'Affaire **213**
  actualiser le Plan de Projet **211**
  affiner le Cas d'Affaire **173**
  assembler la Documentation d'Initialisation de Projet **174**
  autoriser la clôture du projet **156**
  autoriser le projet **149**
  autoriser l'initialisation **147**
  autoriser un Lot de Travaux **183**
  autoriser un Plan de Séquence ou d'Exception **151**
  composer et nommer l'équipe de projet **136**
  créer le Plan de Projet **172**
  définir l'approche du projet et préparer l'Exposé du Projet **140**
  donner les directives appropriées **154**
  évaluer le projet **227**
  examiner l'état de la séquence **188**
  examiner l'état d'un Lot de Travaux **184**
  exécuter un Lot de Travaux **203**
  livrer un Lot de Travaux **204**
  mener des actions correctives **196**
  mettre en place les contrôles du projet **169**
  nommer l'Exécutif et le Chef de Projet **134**
  planifier la séquence d'initialisation **141**
  planifier la séquence suivante **210**
  préparer la clôture planifiée **223**
  préparer la Stratégie de Communication **167**
  préparer la Stratégie de Configuration **164**
  préparer la Stratégie des Risques **162**
  préparer la Stratégie Qualité **165**
  préparer l'ébauche du Cas d'Affaire **138**
  préparer une clôture prématurée **224**
  produire un Plan d'Exception **217**
  rapporter la fin de séquence **215**
  rapporter la progression **190**
  réceptionner les Lots de Travaux achevés **185**
  recommander la clôture du projet **229**
  recueillir et analyser les incidences et les risques **192**
  recueillir les retours d'expérience antérieurs **135**
  remettre les produits **226**
  remonter les incidences et les risques **194**
Responsabilités en matière d'acceptation 277, 302
Résumé de l'activité
  accepter un Lot de Travaux *200*
  actualiser le Cas d'Affaire *212*
  actualiser le Plan de Projet *211*
  affiner le Cas d'Affaire *172*
  assembler la Documentation d'Initialisation de Projet *175*
  autoriser la clôture du projet *155*
  autoriser le projet *148*
  autoriser l'initialisation *146*
  autoriser un Lot de Travaux *181*
  autoriser un Plan de Séquence ou d'Exception *150*
  composer et nommer l'équipe de projet *135*
  créer le Plan de Projet *170*
  définir l'approche du projet et assembler l'Exposé du Projet *139*
  donner les directives appropriées *152*
  évaluer le projet *226*
  examiner l'état de la séquence *186*
  examiner l'état d'un Lot de Travaux *183*
  Exécuter un Lot de Travaux *202*
  livrer un Lot de Travaux *203*
  mener des actions correctives *195*
  mettre en place les contrôles du projet *168*
  nommer l'Exécutif et le Chef de Projet *133*
  planifier la séquence d'initialisation *140*
  planifier la séquence suivante *209*
  préparer la clôture planifiée *222*
  préparer la Stratégie de Configuration *163*
  préparer la Stratégie des Risques *161*
  préparer la Stratégie Qualité *164*
  préparer l'ébauche du Cas d'Affaire *137*
  préparer une clôture prématurée *223*
  produire un plan d'exception *216*
  rapporter la fin de séquence *214*
  rapporter la progression *189*
  réceptionner les Lots de Travaux achevés *185*
  recommander la clôture du projet *228*
  recueillir et analyser les incidences et les risques *191*
  recueillir les retours d'expérience antérieurs *134*
  remettre les produits *225*
  remonter les incidences et les risques *193*
Résumé de l'activité préparer la Stratégie de Communication
  préparer la Stratégie de Communication *166*
Retour sur investissement 28
Revue OGC Gateway 249
revue qualité 7, 59, 199, 298, 342
  Administrateur 60, 321
  Conseils et astuces 61
  Description de Produit 58
  Ordre du jour 60
  Préparation 60
  Président 60, 321
  producteur 60
  Représentant 60, 321
  Suivi 61
  technique 7, 60, 62, 343
  Vérificateur 60, 321
Rien ne bouge et rien ne change 103

risque
- appétit du 84, 212, 322, 331
- cause *88*
- cause, événement et effet *88*
- effet *88*
- événement *88*
- organisation *84*
- probabilité et impact *90*
- procédure *86*
- profil *90*
- réponses **92**
- réponses aux menaces et aux opportunités *91*
- Responsabilités **95**
- structure de décomposition *88*
- technique de valeur monétaire attendue **90**
- tolérance 13

Risque
- Approche PRINCE2 84
- thème 83–96

risques
- estimation 89

rôle
- Assurance Projet 38
- Autorité de Changement 39
- Chef de Projet *41*
- Chef d'équipe 41
- Exécutif 37
- Fournisseur Principal 38
- Support Projet 42
- Utilisateur Principal 38

rôle du Chef de Projet 5
rôles et responsabilités définis 34
Rôles et responsabilités définis
- principe 11

RSI 28

S

SDP
- mindmap *303*
- organigramme hiérarchique *301*

séquence
- limites *114*
- management *114*
- technique *114*

séquences management 112
Stratégie de Communication 33, 37, 40, 46, 47, 94, 146, 187, 228, 234, 253, 291, 311, 342
- contenu 167
- préparation 166

Stratégie de Configuration 42, 100, 103, 148, 155, 182, 225, 234, 239, 310, 342
- contenu 162
- définir 39
- format 261
- préparation 162

Stratégie des Risques 85, 95, 148, 182, 190, 234, 239, 296, 310, 342
- composition 280
- contenu 161
- préparer 161

Stratégie Qualité 54, 56, 64, 148, 164, 174, 182, 209, 234, 239, 296, 310
- composition 278
- contenu 165
- préparer 164

Structure
- équipe de projet *36*
- reporting *40*

structure de décomposition
- risque *88*

structure de décomposition du produit 72
- mindmap *303*
- organigramme hiérarchique *301*

suggestion 100
Suivi
- revue qualité 61

suivi d'état
- procédure de gestion de la configuration 103

Support Projet 41, 42, 53, 85, 214, 223, 237, 343
- responsabilités 29, 47, 64, 95, 106, 119

Surveillant du risque 93
Symboles **127**

T

technique
- chaîne critique 77
- Delphi 75
- estimation des risques 89
- évaluation de la progression 116
- évaluation d'investissement 28
- MoSCoW 55, 101
- planification basée sur le produit 7, *71*
- revue qualité 7, 60
- valeur monétaire attendue **90**

tests d'acceptation 93
thèmes
- Cas d'Affaire 21–30
- Changements 99–106
- Organisation 33–48
- Plans 67–80
- présentation 6
- Progression 109–120
- Qualité 51–64
- Risque 83–96

Thèmes
- adaptation 243

Thèmes PRINCE2 17
tolérance
- bénéfice 13
- coûts 13, 78

délégation ***111***
durée 13
périmètre 13
qualité 13, 57
risque 13, 84, 161
six domaines 13
tolérance qualité 57
tolérances 13, 26, 35, 53, 69, 104, 109, 124, 168, 169, 182, 187, 201, 207, 227
accroître 153
augmenter 193
bénéfice 13
bénéfices 236
Chef de Projet 111
Chef d'équipe 111
Comité de Pilotage de Projet 111
confirmer 169, 173
contrôle 112
coût 13, 239
définir 147, 151
Direction de l'Entreprise ou de Programme 111
durée 13, 239
examiner 148, 151
identifier 139
Lot de Travaux 111, 180
périmètre 13
projet 111, 169, 212, 239
qualité 13
risque 13, 161, 212, 239
séquence 111
Transférer
réponse au risque 92
trois intérêts du projet ***34***
type de produit management
enregistrements 253
rapports 253
référentiel 253
types d'incidence **100**
hors-spécification 100, 105, 266, 267
problème/souci 100, 105, 266, 267
requête de changement 100, 266, 267

U

Utilisateur Principal 21, 38, 71, 100, 138, 237, 238, 293, 302, 344
responsabilités 29, 47, 64, 80, 95, 106, 119

V

valeur actualisée nette 28
valeur attendue 89
valeur monétaire attendue
technique **90**
variante 102, 148, 259, 344
organisation 33
Vérificateur
revue qualité 60, 321
vérification et audit
procédure de gestion de la configuration 103
version 99, 103, 148, 154, 174, 242, 344
version livrée 99, 103, 187, 224, 344
Vue d'ensemble
Clore le Projet ***221***
Contrôler une Séquence ***179***
Diriger le Projet ***145***
Elaborer le Projet ***131***
Gérer la Livraison des Produits ***199***
Gérer une Limite de Séquence ***207***
Initialiser le Projet ***159***